吉林省普通本科高校省级重点教材

数学物理方程与特殊函数

主编 杨守文 汪宏年

中国教育出版传媒集团
高等教育出版社 · 北京

内容简介

本书是根据作者在吉林大学物理学院多年的数学物理方法课程教学经验编写而成的。本书内容包括基础数学知识、数学物理方程定解问题概述、行波法、积分变换法、直角坐标系下的分离变量法、球坐标系下的拉普拉斯方程、柱坐标系下的拉普拉斯方程、波动方程和热传导方程、厄米方程、连带拉盖尔方程和拉盖尔方程、格林函数法和变分法,共12章。

本书注重与物理学类专业课程、MATLAB计算方法的衔接。全书语言通俗易懂,公式推导比较细致,便于教师课堂讲授和学生自学。每章都包含典型例题的讲解和配套习题,学生可以通过课下练习,加深对内容的理解。

本书可以作为普通高等学校理工科非数学类专业本科生的教材,也可以作为广大科技工作者的参考书。

图书在版编目(CIP)数据

数学物理方程与特殊函数/杨守文,汪宏年主编. --北京:高等教育出版社,2023.6(2025.7重印)

ISBN 978-7-04-059945-9

Ⅰ.①数… Ⅱ.①杨… ②汪… Ⅲ.①数学物理方程-高等学校-教材②特殊函数-高等学校-教材 Ⅳ.①O411.1②O174.6

中国国家版本馆CIP数据核字(2023)第024768号

SHUXUE WULI FANGCHENG YU TESHU HANSHU

策划编辑 吴 荻　责任编辑 吴 荻　封面设计 马天驰　版式设计 张 杰
责任绘图 黄云燕　责任校对 胡美萍　责任印制 张益豪

出版发行 高等教育出版社
社 址 北京市西城区德外大街4号
邮政编码 100120
印 刷 北京中科印刷有限公司
开 本 787mm×1092mm 1/16
印 张 18
字 数 430千字
购书热线 010-58581118
咨询电话 400-810-0598
网 址 http://www.hep.edu.cn
http://www.hep.com.cn
网上订购 http://www.hepmall.com.cn
http://www.hepmall.com
http://www.hepmall.cn
版 次 2023年6月第1版
印 次 2025年7月第3次印刷
定 价 43.00元

物 料 号 59945-00

前　　言

国内偏重于物理学类的数学物理方法课程的经典教材有很多，笔者大学时期学习数学物理方法课程使用的是梁昆淼先生编写的教材，工作以后又逐渐接触到吴崇试、姚端正、胡嗣柱、顾樵等编写的教材，从中受益匪浅。

数学物理方法，尤其是数学物理方程和特殊函数部分，公式推导较多，令学生望而生畏。我们一直希望编写一本行文通俗、逻辑清晰、推导详细的数学物理方法教材，能够适合各层次的学生使用。在讲授吉林大学物理学院“数学物理方法Ⅱ”课程的过程中，通过十余年的教学积累，并综合国内外优秀的数学物理方法教材的优点，我们逐步编写了一本适用于自己教学的讲义，并不断修订至今。其间，学生对这本讲义兴趣极大，更有不少学生对讲义提出了积极的建议，还有一些学生一直督促我们出版这本讲义，方便他们学习和查阅。因此，近年来，我们开始着手本书的出版工作。

本书是根据吉林大学物理学院“数学物理方法Ⅱ”课程编写的，主要章节仅包含数学物理方程和特殊函数部分，不包含复变函数部分。本书从典型物理问题出发引出常见的三类偏微分方程，以求解不同类型的偏微分方程为主线，引入行波法、积分变换法、分离变量法、格林函数法等求解偏微分方程的常用方法，并详细介绍了求解过程中产生的各类特殊函数，将特殊函数融入具体的物理问题中，强调特殊函数的物理背景。为了保证内容体系的连贯性，本书在第 1 章提供了必备的基础数学知识。另外，傅里叶变换和拉普拉斯变换是求解偏微分方程的重要方法，虽然它们的定义和性质属于复变函数部分的内容，但为了学生能够无障碍地学习利用这两种积分变换求解偏微分方程，本书也简要地介绍了这两种积分变换的定义和性质。

本书比较注重数学物理方法与电动力学、量子力学等专业课程的衔接。为了充分说明厄米方程和连带拉盖尔方程的级数解退化为多项式的原因，本书在第 9 章和第 10 章分别介绍了这两个方程在量子力学中的应用背景以及波函数对这两个方程的解的限制条件。为了引导学生学习利用 MATLAB 软件求解物理问题，本书在部分章节针对性地提供了 MATLAB 的内部指令和代码。为便于读者学习，本书通过二维码的形式，提供了配套的电子课件和习题参考答案。

笔者感谢马琰铭教授、邹勃教授等吉林大学物理学院领导对本书的出版提供了一切必要的支持；感谢吉林大学物理学院张汉壮教授、郑以松教授、王海军教授、王文全教授详细阅读书稿并在物理内容方面提出中肯的意见；感谢姚海波副教授针对书稿中有瑕疵的细节与我们展开深入的讨论，在讨论中碰撞出的火花对书稿的完善产生了重要的影响；感谢吉林大学物理学院历届本科生在听课过程中对讲义提出勘误意见，正是追求严谨的他们，才给了我们出版本书的勇气；感谢吉林省教育厅普通本科高校省级重点教材项目和吉林大学本科“十四五”规划教材项目对本书的支持。

由于笔者能力有限,虽经过多轮认真校对,但书中不妥或谬误之处仍在所难免,恳请各位专家和读者批评指正。

谨以此书向吉林大学物理学院70周年华诞献礼。

编　者

2023年春于吉林大学物理楼

目　　录

第 1 章　基础数学知识

无论在高等数学、数学物理方法等数学基础课程中，还是在电动力学、量子力学等物理专业课程中，我们都会遇到哈密顿算子（Hamiltonian operator）和拉普拉斯算子（Laplacian operator）。这两个算子的运算规则、不同坐标系下的表示形式以及梯度、散度和旋度等公式，是学习这些课程的基础。本章主要介绍这两个算子的定义、运算规则及关于它们的常用公式。另外，在本章最后，我们对本书常用的二阶常系数齐次常微分方程的通解问题也进行了简要概括。

第 1 章
课件资源

§1.1　哈密顿算子与拉普拉斯算子

本节分别给出在直角坐标系、柱坐标系和球坐标系下的哈密顿算子、拉普拉斯算子以及梯度、散度和旋度的定义。

授课视频

1.1.1　直角坐标系

1. 哈密顿算子

$$\nabla=\hat{\boldsymbol{e}}_x\frac{\partial}{\partial x}+\hat{\boldsymbol{e}}_y\frac{\partial}{\partial y}+\hat{\boldsymbol{e}}_z\frac{\partial}{\partial z}, \tag{1.1.1}$$

哈密顿算子既是一个矢量算子，又包含微分运算，因此，也称为**矢量微分算子**。

2. 梯度

若一个标量函数 $u(x,y,z)$ 在区域 Ω 内具有一阶连续偏导数，则该函数在区域内任意一点的梯度定义为

$$\nabla u=\frac{\partial u}{\partial x}\hat{\boldsymbol{e}}_x+\frac{\partial u}{\partial y}\hat{\boldsymbol{e}}_y+\frac{\partial u}{\partial z}\hat{\boldsymbol{e}}_z. \tag{1.1.2}$$

由(1.1.2)式可以看出，标量函数 $u(x,y,z)$ 在点 (x,y,z) 处的梯度是一个矢量，标量函数的梯度 $\nabla u(x,y,z)$ 在 Ox、Oy 和 Oz 轴方向的分量分别等于标量函数 $u(x,y,z)$ 对变量 x、y 和 z 的偏导数。

以二元标量函数 $u(x,y)$ 为例，其在单位矢量 $\hat{\boldsymbol{e}}_l$ 上的方向导数为

$$\frac{\partial u}{\partial l}=\nabla u\cdot\hat{\boldsymbol{e}}_l$$

显然，当 $\hat{\boldsymbol{e}}_l$ 与 ∇u 方向相同时，$\frac{\partial u}{\partial l}$ 取最大值。说明沿梯度方向，函数 $u(x,y)$ 增长得最快。另外，平面上二元函数 $u(x,y)$ 相等的值构成一个等值线，沿等值线的法线且由低等值线指向高等值线的方向，函数 $u(x,y)$ 增长得也最快。说明函数梯度 ∇u 的方向就是等值线的法线方向，且由低等值线指向高等值线。

类似地，对于三元函数 $u(x,y,z)$，点 (x,y,z) 处函数梯度 $\nabla u(x,y,z)$ 的方向是该点处函数

$u(x,y,z)$增长最快的方向，也是函数$u(x,y,z)$等值面的法线方向，且由低等值面指向高等值面。$\nabla u(x,y,z)$的大小描述函数$u(x,y,z)$在点(x,y,z)处沿等值面法线方向上增长的快慢。

例如温度场的热传导问题，温度$u(x,y,z)$和热流强度$\boldsymbol{q}(x,y,z)$满足傅里叶定律$\boldsymbol{q}=-k\nabla u$，$k$为介质的导热系数。$\nabla u$的方向代表温度增长最快的方向，由低等温面垂直指向高等温面；而热流是由高等温面垂直流向低等温面，因此，热流$\boldsymbol{q}$的方向为温度的负梯度方向。图1.1中两条虚线代表不同温度的等温面，空间中任意一点N处的热流强度的方向垂直于该点的等温面，且由靠近热源的高等温面指向低等温面。

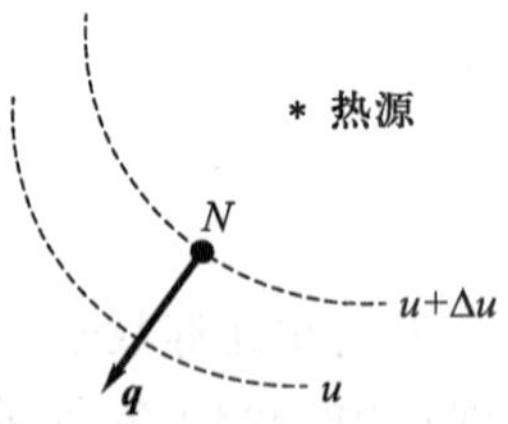

图1.1 热源形成的有梯度的温度场

又例如，静电场中的电势$u(x,y,z)$和电场强度$\boldsymbol{E}=(x,y,z)$满足梯度公式$\boldsymbol{E}=-\nabla u$，即电场强度等于电势的负梯度。该式说明，沿着电场强度方向，电势下降得最快。

3. 散度

若一个矢量函数$\boldsymbol{A}(x,y,z)$的三个分量在区域Ω内都具有一阶连续偏导数，则该函数在区域内任意一点的散度定义为

$$\nabla\cdot\boldsymbol{A}=\left(\hat{\boldsymbol{e}}_x\frac{\partial}{\partial x}+\hat{\boldsymbol{e}}_y\frac{\partial}{\partial y}+\hat{\boldsymbol{e}}_z\frac{\partial}{\partial z}\right)\cdot(A_x\hat{\boldsymbol{e}}_x+A_y\hat{\boldsymbol{e}}_y+A_z\hat{\boldsymbol{e}}_z)=\frac{\partial A_x}{\partial x}+\frac{\partial A_y}{\partial y}+\frac{\partial A_z}{\partial z}. \tag{1.1.3}$$

由(1.1.3)式可以看出，矢量函数$\boldsymbol{A}$的散度等于该矢量函数的三个分量分别对变量x、y和z的偏导数之和，是一个标量函数。$\nabla\cdot\boldsymbol{A}(x,y,z)$描述矢量$\boldsymbol{A}$在点$(x,y,z)$处发散(或汇聚)的强弱程度。

我们以真空中点电荷产生的电场强度为例，介绍散度的物理含义。点电荷产生的电场强度满足高斯定理$\nabla\cdot\boldsymbol{E}=\dfrac{\rho(x,y,z)}{\varepsilon_0}$，其中，$\boldsymbol{E}$为电场强度矢量，$\rho(x,y,z)$为电荷密度函数，$\varepsilon_0$为真空介电常量。如果点$(x,y,z)$处的电场强度的散度大于零，即$\nabla\cdot\boldsymbol{E}>0$，代表点$(x,y,z)$处存在一个源[带正电的点电荷，如图1.2(a)所示]，该源产生一个由源向外发散的静电场；如果点(x,y,z)处的电场强度的散度小于零，即$\nabla\cdot\boldsymbol{E}<0$，代表点$(x,y,z)$处存在一个源[带负电的点电荷，如图1.2(b)所示]，该源产生一个由外部向内汇聚的静电场；如果点(x,y,z)处电场强度的散度等于零，即$\nabla\cdot\boldsymbol{E}=0$，代表点$(x,y,z)$处不存在源。

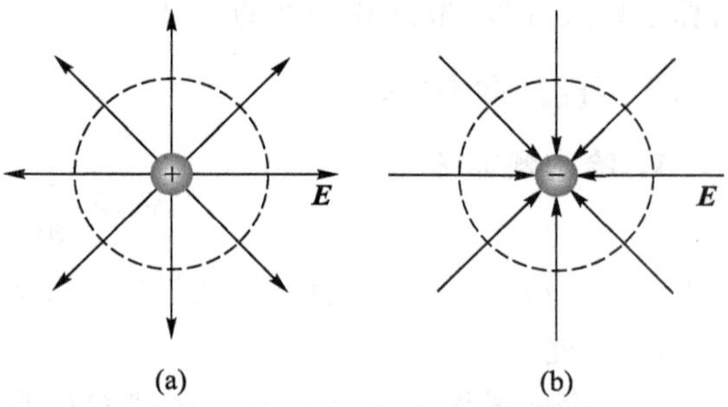

图1.2 带正电和带负电的点电荷分别产生的向外发散和向内汇聚的静电场

类似由静电荷产生的向外发散或者向内汇聚的静电场的场称为有源场。

4. 旋度

若一个矢量函数$\boldsymbol{A}(x,y,z)$的三个分量在区域Ω内都具有一阶连续偏导数，则该函数在区域内任意一点的旋度定义为

$$\nabla\times\boldsymbol{A}=\begin{vmatrix}\hat{\boldsymbol{e}}_x & \hat{\boldsymbol{e}}_y & \hat{\boldsymbol{e}}_z\\ \dfrac{\partial}{\partial x} & \dfrac{\partial}{\partial y} & \dfrac{\partial}{\partial z}\\ A_x & A_y & A_z\end{vmatrix}=\left(\frac{\partial A_z}{\partial y}-\frac{\partial A_y}{\partial z}\right)\hat{\boldsymbol{e}}_x+\left(\frac{\partial A_x}{\partial z}-\frac{\partial A_z}{\partial x}\right)\hat{\boldsymbol{e}}_y+\left(\frac{\partial A_y}{\partial x}-\frac{\partial A_x}{\partial y}\right)\hat{\boldsymbol{e}}_z. \tag{1.1.4}$$

由(1.1.4)式可以看出,矢量函数 $\boldsymbol{A}(x,y,z)$ 的旋度仍然是一个矢量函数。为方便记忆,我们将$\nabla\times\boldsymbol{A}$ 构造成行列式的形式,行列式的第一行是直角坐标系的三个单位矢量,第二行是对 x、y 和 z 的三个偏导数,第三行是矢量 $\boldsymbol{A}$ 的三个分量。按行列式规则展开,即$\nabla\times\boldsymbol{A}$ 的定义。$\nabla\times\boldsymbol{A}(x,y,z)$ 的大小描述的是矢量 $\boldsymbol{A}$ 环绕点(x,y,z)旋转的强弱程度。

我们以真空中通电直导线产生的磁场为例,介绍旋度的物理含义。通电直导线产生的磁感应强度满足安培环路定理$\nabla\times\boldsymbol{B}=\mu_0\boldsymbol{J}$,其中,$\boldsymbol{B}$ 为磁感应强度矢量,$\boldsymbol{J}$ 为电流密度矢量,μ_0 为磁导率。如图 1.3 所示,磁感应强度 $\boldsymbol{B}$ 和电流密度 $\boldsymbol{J}$ 的方向满足右手螺旋定则,右手拇指指向电流密度 $\boldsymbol{J}$ 的方向,则四指的环绕方向即磁感应强度的方向。磁感应强度环绕电流,构成一个具有闭合路径的矢量。类似由电流产生的“涡旋”状的磁场的场称为有旋场。

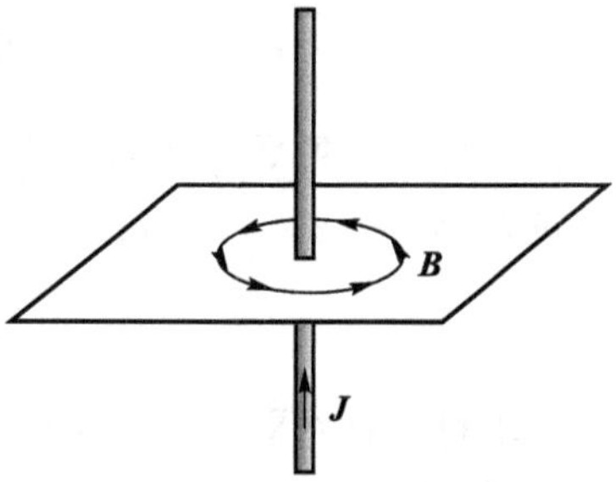

图 1.3 真空中通电直导线产生的环绕电流的磁场

5. 拉普拉斯算子

$$\nabla^2=\frac{\partial^2}{\partial x^2}+\frac{\partial^2}{\partial y^2}+\frac{\partial^2}{\partial z^2}, \tag{1.1.5}$$

拉普拉斯算子是一个标量算子。拉普拉斯算子作用于标量函数 $u(x,y,z)$ 的表达式为

$$\nabla^2 u(x,y,z)=\frac{\partial^2 u(x,y,z)}{\partial x^2}+\frac{\partial^2 u(x,y,z)}{\partial y^2}+\frac{\partial^2 u(x,y,z)}{\partial z^2}. \tag{1.1.6}$$

若标量函数 u 是二维函数或者一维函数,则(1.1.6)式分别退化为

$$\nabla^2 u(x,y)=\frac{\partial^2 u(x,y)}{\partial x^2}+\frac{\partial^2 u(x,y)}{\partial y^2}, \tag{1.1.7}$$

$$\nabla^2 u(x)=\frac{\mathrm{d}^2 u(x)}{\mathrm{d}x^2}. \tag{1.1.8}$$

拉普拉斯算子也可以作用于矢量函数 $\boldsymbol{A}(x,y,z)$,这相当于分别作用在矢量函数 $\boldsymbol{A}(x,y,z)$ 的三个分量上,即

$$\begin{aligned}\nabla^2\boldsymbol{A}(x,y,z)=&\left[\frac{\partial^2 A_x(x,y,z)}{\partial x^2}+\frac{\partial^2 A_x(x,y,z)}{\partial y^2}+\frac{\partial^2 A_x(x,y,z)}{\partial z^2}\right]\hat{\boldsymbol{e}}_x\\&+\left[\frac{\partial^2 A_y(x,y,z)}{\partial x^2}+\frac{\partial^2 A_y(x,y,z)}{\partial y^2}+\frac{\partial^2 A_y(x,y,z)}{\partial z^2}\right]\hat{\boldsymbol{e}}_y\\&+\left[\frac{\partial^2 A_z(x,y,z)}{\partial x^2}+\frac{\partial^2 A_z(x,y,z)}{\partial y^2}+\frac{\partial^2 A_z(x,y,z)}{\partial z^2}\right]\hat{\boldsymbol{e}}_z.\end{aligned}$$

【例 1】 证明$\nabla r=\hat{\boldsymbol{e}}_r$,其中,$r=\sqrt{x^2+y^2+z^2}$,$\hat{\boldsymbol{e}}_r$ 为矢量 $\boldsymbol{r}$ 方向的单位矢量。

证明:根据梯度的定义,可得

$$\nabla r=\frac{\partial r}{\partial x}\hat{\boldsymbol{e}}_x+\frac{\partial r}{\partial y}\hat{\boldsymbol{e}}_y+\frac{\partial r}{\partial z}\hat{\boldsymbol{e}}_z.$$

计算 r 对 x 的偏导数:

$$\frac{\partial r}{\partial x}=\frac{\partial\sqrt{x^2+y^2+z^2}}{\partial x}=\frac{x}{\sqrt{x^2+y^2+z^2}}=\frac{x}{r},$$

同理,可计算得到 r 对 y 和 z 的偏导数:

$$\frac{\partial r}{\partial y}=\frac{y}{r},\quad \frac{\partial r}{\partial z}=\frac{z}{r}.$$

将 r 对 x、y 和 z 的偏导数代入梯度的定义,可得

$$\nabla r=\frac{x}{r}\hat{\boldsymbol{e}}_x+\frac{y}{r}\hat{\boldsymbol{e}}_y+\frac{z}{r}\hat{\boldsymbol{e}}_z=\frac{\boldsymbol{r}}{r}=\hat{\boldsymbol{e}}_r.$$

【例 2】 证明$\nabla\cdot\boldsymbol{r}=3$,其中,$\boldsymbol{r}=x\,\hat{\boldsymbol{e}}_x+y\,\hat{\boldsymbol{e}}_y+z\,\hat{\boldsymbol{e}}_z$.

证明:将 $\boldsymbol{r}=x\,\hat{\boldsymbol{e}}_x+y\,\hat{\boldsymbol{e}}_y+z\,\hat{\boldsymbol{e}}_z$ 代入散度的定义,可得

$$\nabla\cdot\boldsymbol{r}=\frac{\partial x}{\partial x}+\frac{\partial y}{\partial y}+\frac{\partial z}{\partial z}=3.$$

【例 3】 证明$\nabla\times\boldsymbol{r}=0$,其中,$\boldsymbol{r}=x\,\hat{\boldsymbol{e}}_x+y\,\hat{\boldsymbol{e}}_y+z\,\hat{\boldsymbol{e}}_z$.

证明:将 $\boldsymbol{r}=x\,\hat{\boldsymbol{e}}_x+y\,\hat{\boldsymbol{e}}_y+z\,\hat{\boldsymbol{e}}_z$ 代入旋度的定义,可得

$$\nabla\times\boldsymbol{r}=\left(\frac{\partial z}{\partial y}-\frac{\partial y}{\partial z}\right)\hat{\boldsymbol{e}}_x+\left(\frac{\partial x}{\partial z}-\frac{\partial z}{\partial x}\right)\hat{\boldsymbol{e}}_y+\left(\frac{\partial y}{\partial x}-\frac{\partial x}{\partial y}\right)\hat{\boldsymbol{e}}_z=0.$$

1.1.2 柱坐标系

在柱坐标系下的哈密顿算子、拉普拉斯算子以及梯度、散度、旋度的定义,可以根据它们在直角坐标系下的定义,结合柱坐标系和直角坐标系的变量转换关系得到,详细推导见附录 A。柱坐标系与直角坐标系的关系如图 1.4 所示。

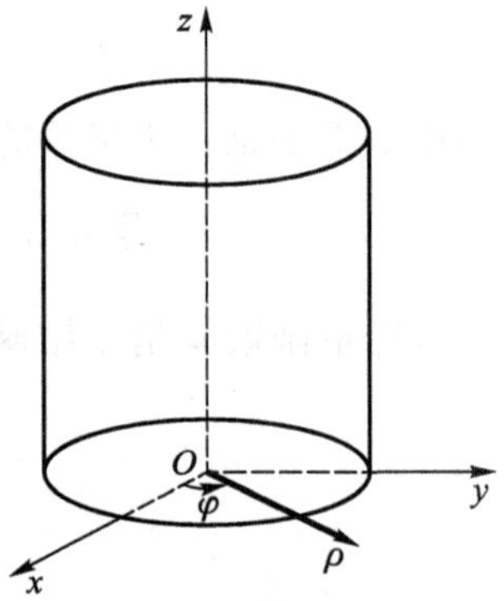

图 1.4 柱坐标系与直角坐标系的关系图

1. 哈密顿算子

$$\nabla=\hat{\boldsymbol{e}}_\rho\frac{\partial}{\partial\rho}+\hat{\boldsymbol{e}}_\varphi\frac{1}{\rho}\frac{\partial}{\partial\varphi}+\hat{\boldsymbol{e}}_z\frac{\partial}{\partial z}.\tag{1.1.9}$$

2. 梯度

标量函数 $u(\rho,\varphi,z)$ 的梯度定义为

$$\nabla u=\frac{\partial u}{\partial\rho}\hat{\boldsymbol{e}}_\rho+\frac{1}{\rho}\frac{\partial u}{\partial\varphi}\hat{\boldsymbol{e}}_\varphi+\frac{\partial u}{\partial z}\hat{\boldsymbol{e}}_z.\tag{1.1.10}$$

3. 散度

矢量函数 $\boldsymbol{A}(\rho,\varphi,z)$ 的散度定义为

$$\nabla\cdot\boldsymbol{A}=\frac{1}{\rho}\frac{\partial}{\partial\rho}(\rho A_\rho)+\frac{1}{\rho}\frac{\partial A_\varphi}{\partial\varphi}+\frac{\partial A_z}{\partial z}.\tag{1.1.11}$$

4. 旋度

矢量函数 $\boldsymbol{A}(\rho,\varphi,z)$ 的旋度定义为

$$\begin{aligned}\nabla\times\boldsymbol{A}&=\begin{vmatrix}\frac{1}{\rho}\hat{\boldsymbol{e}}_\rho & \hat{\boldsymbol{e}}_\varphi & \frac{1}{\rho}\hat{\boldsymbol{e}}_z\\ \frac{\partial}{\partial\rho} & \frac{\partial}{\partial\varphi} & \frac{\partial}{\partial z}\\ A_\rho & \rho A_\varphi & A_z\end{vmatrix}\\&=\left(\frac{1}{\rho}\frac{\partial A_z}{\partial\varphi}-\frac{\partial A_\varphi}{\partial z}\right)\hat{\boldsymbol{e}}_\rho+\left(\frac{\partial A_\rho}{\partial z}-\frac{\partial A_z}{\partial\rho}\right)\hat{\boldsymbol{e}}_\varphi+\left[\frac{1}{\rho}\frac{\partial(\rho A_\varphi)}{\partial\rho}-\frac{1}{\rho}\frac{\partial A_\rho}{\partial\varphi}\right]\hat{\boldsymbol{e}}_z.\end{aligned}\tag{1.1.12}$$

5. 拉普拉斯算子

$$\nabla^2=\frac{1}{\rho}\frac{\partial}{\partial\rho}\left(\rho\frac{\partial}{\partial\rho}\right)+\frac{1}{\rho^2}\frac{\partial^2}{\partial\varphi^2}+\frac{\partial^2}{\partial z^2}. \tag{1.1.13}$$

拉普拉斯算子作用于标量函数 $u(\rho,\varphi,z)$ 的表达式为

$$\nabla^2 u(\rho,\varphi,z)=\frac{1}{\rho}\frac{\partial}{\partial\rho}\left(\rho\frac{\partial u}{\partial\rho}\right)+\frac{1}{\rho^2}\frac{\partial^2 u}{\partial\varphi^2}+\frac{\partial^2 u}{\partial z^2}. \tag{1.1.14}$$

若标量函数 u 与变量 z 无关,则(1.1.14)式退化为极坐标系下的形式:

$$\nabla^2 u(\rho,\varphi)=\frac{1}{\rho}\frac{\partial}{\partial\rho}\left(\rho\frac{\partial u}{\partial\rho}\right)+\frac{1}{\rho^2}\frac{\partial^2 u}{\partial\varphi^2}. \tag{1.1.15}$$

若标量函数 u 具有 Oz 轴旋转对称性,即与方位角 φ 无关,则(1.1.14)式退化为

$$\nabla^2 u(\rho,z)=\frac{1}{\rho}\frac{\partial}{\partial\rho}\left(\rho\frac{\partial u}{\partial\rho}\right)+\frac{\partial^2 u}{\partial z^2}. \tag{1.1.16}$$

若标量函数 u 与方位角 φ 和变量 z 均无关,则(1.1.14)式退化为

$$\nabla^2 u(\rho)=\frac{1}{\rho}\frac{\mathrm{d}}{\mathrm{d}\rho}\left(\rho\frac{\mathrm{d}u}{\mathrm{d}\rho}\right). \tag{1.1.17}$$

1.1.3 球坐标系

在球坐标系下的哈密顿算子、拉普拉斯算子以及梯度、散度、旋度的定义,同样可以根据它们在直角坐标系下的定义,结合球坐标系和直角坐标系的变量转换关系得到,详细推导见附录 B。

笔者注意到不同教材对球坐标系中两个角度符号的使用不太一致,为了避免混淆,明确一下本书球坐标系中两个角度的定义。如图 1.5 所示,原点到球面上任意一点的连线与 Oz 轴正半轴的夹角,定义为极角,用符号 θ 表示,定义域为$[0,\pi]$;原点到球面上任意一点的连线在 Oxy 平面内的投影线与 Ox 轴正半轴的夹角,定义为方位角,用符号 φ 表示,定义域为$[0,2\pi]$.

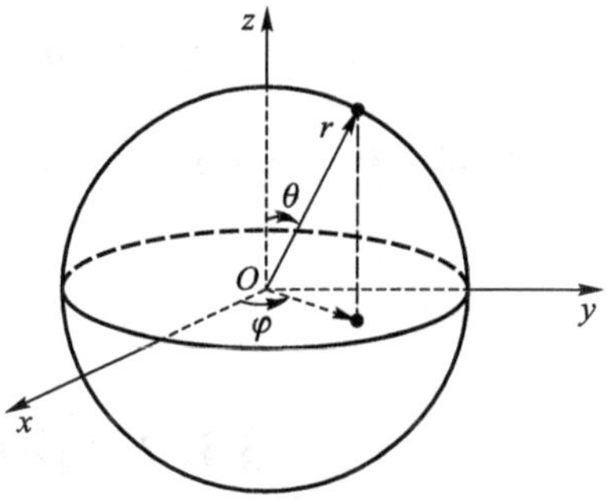

图 1.5 球坐标系与直角坐标系的关系图

1. 哈密顿算子

$$\nabla=\hat{\boldsymbol{e}}_r\frac{\partial}{\partial r}+\hat{\boldsymbol{e}}_\theta\frac{1}{r}\frac{\partial}{\partial\theta}+\hat{\boldsymbol{e}}_\varphi\frac{1}{r\sin\theta}\frac{\partial}{\partial\varphi}. \tag{1.1.18}$$

2. 梯度

标量函数 $u(r,\theta,\varphi)$ 的梯度定义为

$$\nabla u=\frac{\partial u}{\partial r}\hat{\boldsymbol{e}}_r+\frac{1}{r}\frac{\partial u}{\partial\theta}\hat{\boldsymbol{e}}_\theta+\frac{1}{r\sin\theta}\frac{\partial u}{\partial\varphi}\hat{\boldsymbol{e}}_\varphi. \tag{1.1.19}$$

3. 散度

矢量函数 $\boldsymbol{A}(r,\theta,\varphi)$ 的散度定义为

$$\nabla\cdot\boldsymbol{A}=\frac{1}{r^2}\frac{\partial}{\partial r}(r^2A_r)+\frac{1}{r\sin\theta}\frac{\partial}{\partial\theta}(\sin\theta A_\theta)+\frac{1}{r\sin\theta}\frac{\partial A_\varphi}{\partial\varphi}. \tag{1.1.20}$$

4. 旋度

矢量函数 $\boldsymbol{A}(r,\theta,\varphi)$ 的旋度定义为

$$\nabla\times\boldsymbol{A}=\begin{vmatrix}\dfrac{1}{r^2\sin\theta}\hat{\boldsymbol{e}}_r & \dfrac{1}{r\sin\theta}\hat{\boldsymbol{e}}_\theta & \dfrac{1}{r}\hat{\boldsymbol{e}}_\varphi\\ \dfrac{\partial}{\partial r} & \dfrac{\partial}{\partial\theta} & \dfrac{\partial}{\partial\varphi}\\ A_r & rA_\theta & r\sin\theta A_\varphi\end{vmatrix}$$

$$=\left[\frac{1}{r\sin\theta}\frac{\partial(\sin\theta A_\varphi)}{\partial\theta}-\frac{1}{r\sin\theta}\frac{\partial A_\theta}{\partial\varphi}\right]\hat{\boldsymbol{e}}_r+\left[\frac{1}{r\sin\theta}\frac{\partial A_r}{\partial\varphi}-\frac{1}{r}\frac{\partial(rA_\varphi)}{\partial r}\right]\hat{\boldsymbol{e}}_\theta+\left[\frac{1}{r}\frac{\partial(rA_\theta)}{\partial r}-\frac{1}{r}\frac{\partial A_r}{\partial\theta}\right]\hat{\boldsymbol{e}}_\varphi.\tag{1.1.21}$$

5. 拉普拉斯算子

$$\nabla^2=\frac{1}{r^2}\frac{\partial}{\partial r}\left(r^2\frac{\partial}{\partial r}\right)+\frac{1}{r^2\sin\theta}\frac{\partial}{\partial\theta}\left(\sin\theta\frac{\partial}{\partial\theta}\right)+\frac{1}{r^2\sin^2\theta}\frac{\partial^2}{\partial\varphi^2},\tag{1.1.22}$$

拉普拉斯算子作用于标量函数 $u(r,\theta,\varphi)$ 的表达式为

$$\nabla^2u(r,\theta,\varphi)=\frac{1}{r^2}\frac{\partial}{\partial r}\left(r^2\frac{\partial u}{\partial r}\right)+\frac{1}{r^2\sin\theta}\frac{\partial}{\partial\theta}\left(\sin\theta\frac{\partial u}{\partial\theta}\right)+\frac{1}{r^2\sin^2\theta}\frac{\partial^2u}{\partial\varphi^2}.\tag{1.1.23}$$

若标量函数 u 具有 Oz 轴旋转对称性,即与方位角 φ 无关,则(1.1.23)式退化为

$$\nabla^2u(r,\theta)=\frac{1}{r^2}\frac{\partial}{\partial r}\left(r^2\frac{\partial u}{\partial r}\right)+\frac{1}{r^2\sin\theta}\frac{\partial}{\partial\theta}\left(\sin\theta\frac{\partial u}{\partial\theta}\right).\tag{1.1.24}$$

若标量函数 u 具有球对称性,即与极角 θ 和方位角 φ 均无关,则(1.1.23)式退化为

$$\nabla^2u(r)=\frac{1}{r^2}\frac{\mathrm{d}}{\mathrm{d}r}\left(r^2\frac{\mathrm{d}u}{\mathrm{d}r}\right).\tag{1.1.25}$$

§1.2　梯度、散度、旋度运算的常用公式

本节介绍关于梯度、散度、旋度混合运算的常用公式。公式中涉及的标量函数 $u(\boldsymbol{r})$ 和矢量函数 $\boldsymbol{A}(\boldsymbol{r})$ 都是空间矢量 $\boldsymbol{r}$ 的函数。为简单起见,我们仅在直角坐标系下给予证明,但这些公式在柱坐标系和球坐标系下仍然是成立的。

授课视频

1. $\nabla\times(\nabla u)=0.$　(1.2.1)

证明:根据在直角坐标系下的梯度和旋度的定义,可得

$$\nabla\times(\nabla u)=\nabla\times\left(\frac{\partial u}{\partial x}\hat{\boldsymbol{e}}_x+\frac{\partial u}{\partial y}\hat{\boldsymbol{e}}_y+\frac{\partial u}{\partial z}\hat{\boldsymbol{e}}_z\right)=\begin{vmatrix}\hat{\boldsymbol{e}}_x & \hat{\boldsymbol{e}}_y & \hat{\boldsymbol{e}}_z\\ \dfrac{\partial}{\partial x} & \dfrac{\partial}{\partial y} & \dfrac{\partial}{\partial z}\\ \dfrac{\partial u}{\partial x} & \dfrac{\partial u}{\partial y} & \dfrac{\partial u}{\partial z}\end{vmatrix}$$

$$=\left(\frac{\partial^2u}{\partial y\partial z}-\frac{\partial^2u}{\partial y\partial z}\right)\hat{\boldsymbol{e}}_x+\left(\frac{\partial^2u}{\partial x\partial z}-\frac{\partial^2u}{\partial x\partial z}\right)\hat{\boldsymbol{e}}_y+\left(\frac{\partial^2u}{\partial x\partial y}-\frac{\partial^2u}{\partial x\partial y}\right)\hat{\boldsymbol{e}}_z$$

$$=0.$$

2. $\nabla \cdot (\nabla \times \boldsymbol{A}) = 0.$　　(1.2.2)

证明:根据在直角坐标系下的旋度和散度的定义,可得

$$\nabla \cdot (\nabla \times \boldsymbol{A}) = \nabla \cdot \begin{vmatrix} \hat{\boldsymbol{e}}_x & \hat{\boldsymbol{e}}_y & \hat{\boldsymbol{e}}_z \\ \frac{\partial}{\partial x} & \frac{\partial}{\partial y} & \frac{\partial}{\partial z} \\ A_x & A_y & A_z \end{vmatrix}$$

$$= \left(\hat{\boldsymbol{e}}_x \frac{\partial}{\partial x} + \hat{\boldsymbol{e}}_y \frac{\partial}{\partial y} + \hat{\boldsymbol{e}}_z \frac{\partial}{\partial z}\right) \cdot \left[\left(\frac{\partial A_z}{\partial y} - \frac{\partial A_y}{\partial z}\right)\hat{\boldsymbol{e}}_x + \left(\frac{\partial A_x}{\partial z} - \frac{\partial A_z}{\partial x}\right)\hat{\boldsymbol{e}}_y + \left(\frac{\partial A_y}{\partial x} - \frac{\partial A_x}{\partial y}\right)\hat{\boldsymbol{e}}_z\right]$$

$$= \frac{\partial^2 A_z}{\partial x \partial y} - \frac{\partial^2 A_y}{\partial x \partial z} + \frac{\partial^2 A_x}{\partial y \partial z} - \frac{\partial^2 A_z}{\partial x \partial y} + \frac{\partial^2 A_y}{\partial x \partial z} - \frac{\partial^2 A_x}{\partial y \partial z}$$

$$= 0.$$

3. $\nabla \cdot (u\boldsymbol{A}) = \nabla u \cdot \boldsymbol{A} + u\nabla \cdot \boldsymbol{A}.$　　(1.2.3)

证明:根据在直角坐标系下的散度的定义,可得

$$\nabla \cdot (u\boldsymbol{A}) = \frac{\partial (uA_x)}{\partial x} + \frac{\partial (uA_y)}{\partial y} + \frac{\partial (uA_z)}{\partial z}$$

$$= \frac{\partial u}{\partial x}A_x + u\frac{\partial A_x}{\partial x} + \frac{\partial u}{\partial y}A_y + u\frac{\partial A_y}{\partial y} + \frac{\partial u}{\partial z}A_z + u\frac{\partial A_z}{\partial z}$$

$$= \nabla u \cdot \boldsymbol{A} + u\nabla \cdot \boldsymbol{A}.$$

4. $\nabla \times (u\boldsymbol{A}) = \nabla u \times \boldsymbol{A} + u\nabla \times \boldsymbol{A}.$　　(1.2.4)

证明:根据在直角坐标系下的旋度的定义,可得

$$\nabla \times (u\boldsymbol{A}) = \begin{vmatrix} \hat{\boldsymbol{e}}_x & \hat{\boldsymbol{e}}_y & \hat{\boldsymbol{e}}_z \\ \frac{\partial}{\partial x} & \frac{\partial}{\partial y} & \frac{\partial}{\partial z} \\ uA_x & uA_y & uA_z \end{vmatrix}$$

$$= \hat{\boldsymbol{e}}_x\left[\frac{\partial}{\partial y}(uA_z) - \frac{\partial}{\partial z}(uA_y)\right] + \hat{\boldsymbol{e}}_y\left[\frac{\partial}{\partial z}(uA_x) - \frac{\partial}{\partial x}(uA_z)\right] + \hat{\boldsymbol{e}}_z\left[\frac{\partial}{\partial x}(uA_y) - \frac{\partial}{\partial y}(uA_x)\right]$$

$$= \left[\hat{\boldsymbol{e}}_x\left(\frac{\partial u}{\partial y}A_z - \frac{\partial u}{\partial z}A_y\right) + \hat{\boldsymbol{e}}_y\left(\frac{\partial u}{\partial z}A_x - \frac{\partial u}{\partial x}A_z\right) + \hat{\boldsymbol{e}}_z\left(\frac{\partial u}{\partial x}A_y - \frac{\partial u}{\partial y}A_x\right)\right]$$
$$+ u\left[\hat{\boldsymbol{e}}_x\left(\frac{\partial A_z}{\partial y} - \frac{\partial A_y}{\partial z}\right) + \hat{\boldsymbol{e}}_y\left(\frac{\partial A_x}{\partial z} - \frac{\partial A_z}{\partial x}\right) + \hat{\boldsymbol{e}}_z\left(\frac{\partial A_y}{\partial x} - \frac{\partial A_x}{\partial y}\right)\right]$$

$$= (\nabla u) \times \boldsymbol{A} + u(\nabla \times \boldsymbol{A}).$$

5. $\nabla \times (\nabla \times \boldsymbol{A}) = \nabla(\nabla \cdot \boldsymbol{A}) - \nabla^2 \boldsymbol{A}.$　　(1.2.5)

证明:根据在直角坐标系下的旋度的定义,可得

$$
\begin{aligned}
\nabla\times(\nabla\times\boldsymbol{A}) &= \nabla\times\begin{vmatrix} \hat{\boldsymbol{e}}_x & \hat{\boldsymbol{e}}_y & \hat{\boldsymbol{e}}_z \\ \dfrac{\partial}{\partial x} & \dfrac{\partial}{\partial y} & \dfrac{\partial}{\partial z} \\ A_x & A_y & A_z \end{vmatrix} \\
&= \nabla\times\left[\left(\frac{\partial A_z}{\partial y}-\frac{\partial A_y}{\partial z}\right)\hat{\boldsymbol{e}}_x+\left(\frac{\partial A_x}{\partial z}-\frac{\partial A_z}{\partial x}\right)\hat{\boldsymbol{e}}_y+\left(\frac{\partial A_y}{\partial x}-\frac{\partial A_x}{\partial y}\right)\hat{\boldsymbol{e}}_z\right] \\
&= \begin{vmatrix} \hat{\boldsymbol{e}}_x & \hat{\boldsymbol{e}}_y & \hat{\boldsymbol{e}}_z \\ \dfrac{\partial}{\partial x} & \dfrac{\partial}{\partial y} & \dfrac{\partial}{\partial z} \\ \left(\dfrac{\partial A_z}{\partial y}-\dfrac{\partial A_y}{\partial z}\right) & \left(\dfrac{\partial A_x}{\partial z}-\dfrac{\partial A_z}{\partial x}\right) & \left(\dfrac{\partial A_y}{\partial x}-\dfrac{\partial A_x}{\partial y}\right) \end{vmatrix} \\
&= \left(\frac{\partial^2 A_y}{\partial x\partial y}-\frac{\partial^2 A_x}{\partial y^2}-\frac{\partial^2 A_x}{\partial z^2}+\frac{\partial^2 A_z}{\partial x\partial z}\right)\hat{\boldsymbol{e}}_x+\left(\frac{\partial^2 A_z}{\partial y\partial z}-\frac{\partial^2 A_y}{\partial z^2}-\frac{\partial^2 A_y}{\partial x^2}+\frac{\partial^2 A_x}{\partial x\partial y}\right)\hat{\boldsymbol{e}}_y \\
&\quad+\left(\frac{\partial^2 A_x}{\partial x\partial z}-\frac{\partial^2 A_z}{\partial x^2}-\frac{\partial^2 A_z}{\partial y^2}+\frac{\partial^2 A_y}{\partial y\partial z}\right)\hat{\boldsymbol{e}}_z \\
&= \left(-\frac{\partial^2 A_x}{\partial x^2}-\frac{\partial^2 A_x}{\partial y^2}-\frac{\partial^2 A_x}{\partial z^2}\right)\hat{\boldsymbol{e}}_x+\left(-\frac{\partial^2 A_y}{\partial y^2}-\frac{\partial^2 A_y}{\partial z^2}-\frac{\partial^2 A_y}{\partial x^2}\right)\hat{\boldsymbol{e}}_y \\
&\quad+\left(-\frac{\partial^2 A_z}{\partial z^2}-\frac{\partial^2 A_z}{\partial x^2}-\frac{\partial^2 A_z}{\partial y^2}\right)\hat{\boldsymbol{e}}_z+\left(\frac{\partial^2 A_x}{\partial x^2}+\frac{\partial^2 A_y}{\partial x\partial y}+\frac{\partial^2 A_z}{\partial x\partial z}\right)\hat{\boldsymbol{e}}_x \\
&\quad+\left(\frac{\partial^2 A_y}{\partial y^2}+\frac{\partial^2 A_z}{\partial y\partial z}+\frac{\partial^2 A_x}{\partial x\partial y}\right)\hat{\boldsymbol{e}}_y+\left(\frac{\partial^2 A_z}{\partial z^2}+\frac{\partial^2 A_x}{\partial x\partial z}+\frac{\partial^2 A_y}{\partial y\partial z}\right)\hat{\boldsymbol{e}}_z \\
&= -\nabla^2 A_x\,\hat{\boldsymbol{e}}_x-\nabla^2 A_y\,\hat{\boldsymbol{e}}_y-\nabla^2 A_z\,\hat{\boldsymbol{e}}_z \\
&\quad+\hat{\boldsymbol{e}}_x\frac{\partial}{\partial x}\left(\frac{\partial A_x}{\partial x}+\frac{\partial A_y}{\partial y}+\frac{\partial A_z}{\partial z}\right)+\hat{\boldsymbol{e}}_y\frac{\partial}{\partial y}\left(\frac{\partial A_y}{\partial y}+\frac{\partial A_z}{\partial z}+\frac{\partial A_x}{\partial x}\right) \\
&\quad+\hat{\boldsymbol{e}}_z\frac{\partial}{\partial z}\left(\frac{\partial A_z}{\partial z}+\frac{\partial A_x}{\partial x}+\frac{\partial A_y}{\partial y}\right) \\
&= -\nabla^2\boldsymbol{A}+\nabla(\nabla\cdot\boldsymbol{A}).
\end{aligned}
$$

§1.3 高斯公式与斯托克斯公式

授课视频

1.3.1 高斯公式

假设 Ω 是由分片光滑的闭合曲面 $\partial\Omega$ 围成的闭合区域，矢量函数 $\boldsymbol{A}$ 的三个分量在区域 Ω 内具有一阶连续偏导数，则有

$$\iiint_{\Omega} \nabla \cdot \boldsymbol{A} \mathrm{d}V = \oiint_{\partial\Omega} \boldsymbol{A} \cdot \hat{\boldsymbol{e}}_{\mathrm{n}} \mathrm{d}S, \tag{1.3.1}$$

上式称为**高斯公式**(Gauss formula)。其中,$\hat{\boldsymbol{e}}_{\mathrm{n}}$ 为闭合曲面$\partial\Omega$外法向的单位矢量,$\oiint_{\partial\Omega} \mathrm{d}S$ 代表在闭合曲面$\partial\Omega$上的面积分。

若矢量函数 $\boldsymbol{A}$ 是平面区域 D 上的二维函数,则高斯公式退化为二维形式,即

$$\iint_{D} \nabla \cdot \boldsymbol{A} \mathrm{d}S = \oint_{\partial D} \boldsymbol{A} \cdot \hat{\boldsymbol{e}}_{\mathrm{n}} \mathrm{d}l, \tag{1.3.2}$$

其中,$\hat{\boldsymbol{e}}_{\mathrm{n}}$ 代表平面区域边界线∂D外法向的单位矢量,$\oint_{\partial D} \mathrm{d}l$ 代表沿边界线∂D的环路积分。

高斯公式建立了区域内的体积分和区域外表面上的面积分的转换关系,其物理意义可作如下解释:$\nabla \cdot \boldsymbol{A}$ 为矢量 $\boldsymbol{A}$ 在区域 Ω 内任意一点的散度,可以视为分布在区域 Ω 内的"源",这些源产生向外发散的矢量流 $\boldsymbol{A}$,对$\nabla \cdot \boldsymbol{A}$ 进行区域 Ω 内的体积分,代表由这些"源"产生的流体总量;$\boldsymbol{A} \cdot \hat{\boldsymbol{e}}_{\mathrm{n}}$ 表示矢量流 $\boldsymbol{A}$ 在闭合曲面$\partial\Omega$外法向上的投影,对其进行面积分,代表着通过闭合曲面$\partial\Omega$流出的流体总量。(1.3.1)式表示在闭合曲面$\partial\Omega$围成的一个闭合区域内,由"源"产生的流体总量应该等于通过闭合曲面$\partial\Omega$流出的流体总量。

(1.3.1)式是高斯公式的矢量形式,可以将其写为分量形式。设矢量 $\boldsymbol{A} = A_x \hat{\boldsymbol{e}}_x + A_y \hat{\boldsymbol{e}}_y + A_z \hat{\boldsymbol{e}}_z$,闭合曲面$\partial\Omega$外法向的单位矢量$\hat{\boldsymbol{e}}_{\mathrm{n}} = \cos\alpha\, \hat{\boldsymbol{e}}_x + \cos\beta\, \hat{\boldsymbol{e}}_y + \cos\gamma\, \hat{\boldsymbol{e}}_z$,$\cos\alpha$、$\cos\beta$ 和 $\cos\gamma$ 是曲面$\partial\Omega$的外法向的方向余弦,将其代入(1.3.1)式,则高斯公式的分量形式为

$$\iiint_{\Omega} \left(\frac{\partial A_x}{\partial x} + \frac{\partial A_y}{\partial y} + \frac{\partial A_z}{\partial z} \right) \mathrm{d}x\mathrm{d}y\mathrm{d}z = \oiint_{\partial\Omega} (A_x \cos\alpha + A_y \cos\beta + A_z \cos\gamma) \mathrm{d}S. \tag{1.3.3}$$

若分别用函数 P、Q 和 R 代表矢量 $\boldsymbol{A}$ 的三个分量,即令 $A_x = P$、$A_y = Q$、$A_z = R$,则上式可改写为高等数学中的高斯公式的形式:

$$\iiint_{\Omega} \left(\frac{\partial P}{\partial x} + \frac{\partial Q}{\partial y} + \frac{\partial R}{\partial z} \right) \mathrm{d}x\mathrm{d}y\mathrm{d}z = \oiint_{\partial\Omega} (P\cos\alpha + Q\cos\beta + R\cos\gamma) \mathrm{d}S. \tag{1.3.4}$$

【例 1】 由电场强度满足的高斯定理的微分形式推导其积分形式。

解:电场强度满足的高斯定理的微分形式为

$$\nabla \cdot \boldsymbol{E}(\boldsymbol{r}) = \frac{\rho(\boldsymbol{r})}{\varepsilon_0},$$

其中,$\boldsymbol{E}(\boldsymbol{r})$为电场强度,$\rho(\boldsymbol{r})$为电荷密度,$\varepsilon_0$ 为真空介电常量。

对上式两边在区域 Ω 内进行体积分,可得

$$\iiint_{\Omega} \nabla \cdot \boldsymbol{E} \mathrm{d}V = \frac{1}{\varepsilon_0} \iiint_{\Omega} \rho \mathrm{d}V.$$

利用高斯公式,上式左侧的体积分可转换为面积分,即

$$\iiint_{\Omega} \nabla \cdot \boldsymbol{E} \mathrm{d}V = \oiint_{\partial\Omega} \boldsymbol{E} \cdot \hat{\boldsymbol{e}}_{\mathrm{n}} \mathrm{d}S.$$

由以上两式可得高斯定理的积分形式:

$$\oiint_{\partial\Omega} \boldsymbol{E} \cdot \hat{\boldsymbol{e}}_{\mathrm{n}} \mathrm{d}S = \frac{1}{\varepsilon_0} \iiint_{\Omega} \rho \mathrm{d}V.$$

1.3.2 斯托克斯公式

假设∂D是分段光滑的有向闭合曲线，D 是由∂D 围成的分片光滑的有向曲面，且闭合曲线∂D 的正方向和曲面 D 的外法向满足右手螺旋定则。如果矢量 $\boldsymbol{A}$ 的三个分量在曲面 D 上具有一阶连续偏导数，则有

$$\iint_D \nabla \times \boldsymbol{A} \cdot \hat{\boldsymbol{e}}_{\mathrm{n}} \mathrm{d}S = \oint_{\partial D} \boldsymbol{A} \cdot \hat{\boldsymbol{e}}_{\mathrm{t}} \mathrm{d}l, \tag{1.3.5}$$

上式称为**斯托克斯公式**(Stokes formula)。其中，$\hat{\boldsymbol{e}}_{\mathrm{n}}$ 代表曲面 D 的外法向单位矢量，$\hat{\boldsymbol{e}}_{\mathrm{t}}$ 代表闭合曲线∂D 的正切向单位矢量。

斯托克斯公式建立了一个有向曲面上的面积分与其边界上单重环路线积分的关系，其物理意义可作如下解释：$\nabla\times\boldsymbol{A}$ 为矢量 $\boldsymbol{A}$ 在有向曲面 D 上任意一点的旋度，可以视为分布在曲面 D 上的“源”，这些“源”本身是矢量，即矢量“源”，它产生环绕其旋转的矢量流 $\boldsymbol{A}$。对矢量“源”$\nabla\times\boldsymbol{A}$ 在曲面 D 法线方向投影，然后在曲面 D 内进行面积分，代表这些矢量“源”通过曲面 D 的通量；$\boldsymbol{A}\cdot\hat{\boldsymbol{e}}_{\mathrm{t}}$ 代表旋转的矢量流 $\boldsymbol{A}$ 沿闭合曲线∂D 切线方向的投影，对其在闭合曲线∂D 上进行线积分，代表矢量流 $\boldsymbol{A}$ 沿着有向闭合曲线∂D 的环流。(1.3.5)式表示，矢量“源”$\nabla\times\boldsymbol{A}$ 在 D 曲面上的通量等于旋转矢量流 $\boldsymbol{A}$ 沿有向闭合曲线∂D 的环流。

(1.3.5)式是斯托克斯公式的矢量形式，可以将其写为分量形式。设矢量 $\boldsymbol{A}=A_x\hat{\boldsymbol{e}}_x+A_y\hat{\boldsymbol{e}}_y+A_z\hat{\boldsymbol{e}}_z$，闭合曲线$\partial D$ 的正切向单位矢量$\hat{\boldsymbol{e}}_{\mathrm{t}}=\cos\lambda\,\hat{\boldsymbol{e}}_x+\cos\mu\,\hat{\boldsymbol{e}}_y+\cos\nu\,\hat{\boldsymbol{e}}_z$，$\cos\lambda$、$\cos\mu$ 和 $\cos\nu$ 是曲线∂D 的正切向的方向余弦，将其代入(1.3.5)式，则斯托克斯公式的分量形式为

$$\begin{aligned}&\iint_D\left(\frac{\partial A_z}{\partial y}-\frac{\partial A_y}{\partial z}\right)\mathrm{d}y\mathrm{d}z+\left(\frac{\partial A_x}{\partial z}-\frac{\partial A_z}{\partial x}\right)\mathrm{d}z\mathrm{d}x+\left(\frac{\partial A_y}{\partial x}-\frac{\partial A_x}{\partial y}\right)\mathrm{d}x\mathrm{d}y\\&=\oint_{\partial D}(A_x\hat{\boldsymbol{e}}_x+A_y\hat{\boldsymbol{e}}_y+A_z\hat{\boldsymbol{e}}_z)\cdot(\cos\lambda\,\hat{\boldsymbol{e}}_x+\cos\mu\,\hat{\boldsymbol{e}}_y+\cos\nu\,\hat{\boldsymbol{e}}_z)\mathrm{d}l\\&=\oint_{\partial D}A_x\mathrm{d}x+A_y\mathrm{d}y+A_z\mathrm{d}z.\end{aligned} \tag{1.3.6}$$

若 D 是 Oxy 平面上的一块平面区域，则斯托克斯公式退化为格林公式：

$$\iint_D\left(\frac{\partial A_y}{\partial x}-\frac{\partial A_x}{\partial y}\right)\mathrm{d}x\mathrm{d}y=\oint_{\partial D}A_x\mathrm{d}x+A_y\mathrm{d}y. \tag{1.3.7}$$

若分别用函数 P、Q 和 R 代表矢量 $\boldsymbol{A}$ 的三个分量，即令 $A_x=P$、$A_y=Q$、$A_z=R$，则(1.3.6)式可改写为高等数学中的斯托克斯公式的形式：

$$\iint_D\left(\frac{\partial R}{\partial y}-\frac{\partial Q}{\partial z}\right)\mathrm{d}y\mathrm{d}z+\left(\frac{\partial P}{\partial z}-\frac{\partial R}{\partial x}\right)\mathrm{d}z\mathrm{d}x+\left(\frac{\partial Q}{\partial x}-\frac{\partial P}{\partial y}\right)\mathrm{d}x\mathrm{d}y=\oint_{\partial D}P\mathrm{d}x+Q\mathrm{d}y+R\mathrm{d}z. \tag{1.3.8}$$

【例 2】 由磁感应强度满足的安培环路定理的微分形式推导其积分形式。

解：磁感应强度满足的安培环路定理的微分形式为

$$\nabla\times\boldsymbol{B}=\mu_0\boldsymbol{J},$$

其中，$\boldsymbol{B}$ 为磁感应强度，$\boldsymbol{J}$ 为电流密度，μ_0 为真空磁导率。

对上式两边在区域 D 内进行面积分，可得

$$\iint_D\nabla\times\boldsymbol{B}\cdot\hat{\boldsymbol{e}}_{\mathrm{n}}\mathrm{d}S=\mu_0\iint_D\boldsymbol{J}\cdot\hat{\boldsymbol{e}}_{\mathrm{n}}\mathrm{d}S, \tag{1.3.9}$$

其中，$\boldsymbol{J}\cdot\hat{\boldsymbol{e}}_{\mathrm{n}}$ 代表电流密度在曲面 D 法线方向上的投影。

利用斯托克斯公式，(1.3.9)式左侧的面积分可转换为单重环路线积分：

$$\iint_D \nabla\times\boldsymbol{B}\cdot\hat{\boldsymbol{e}}_{\mathrm{n}}\mathrm{d}S=\oint_{\partial D}\boldsymbol{B}\cdot\hat{\boldsymbol{e}}_{\mathrm{t}}\mathrm{d}l. \tag{1.3.10}$$

根据电流的定义，(1.3.9)式右侧的面积分可表示为

$$I=\iint_D \boldsymbol{J}\cdot\hat{\boldsymbol{e}}_{\mathrm{n}}\mathrm{d}S. \tag{1.3.11}$$

将(1.3.10)式和(1.3.11)式代入(1.3.9)式，即可得到安培环路定理的积分形式：

$$\oint_{\partial D}\boldsymbol{B}\cdot\hat{\boldsymbol{e}}_{\mathrm{t}}\mathrm{d}l=\mu_0 I,$$

其中，I 为曲面 D 法线方向的电流大小。

§ 1.4　二阶常系数齐次常微分方程的通解

授课视频

二阶常系数齐次常微分方程(ordinary differential equation，ODE)：

$$y''(x)+py'(x)+qy(x)=0, \tag{1.4.1}$$

其中，p 和 q 是常量。

特征方程是

$$r^2+pr+q=0. \tag{1.4.2}$$

特征方程的根是

$$r_1=\frac{-p+\sqrt{p^2-4q}}{2},\quad r_2=\frac{-p-\sqrt{p^2-4q}}{2}.$$

根据特征根的不同，常微分方程(1.4.1)式的通解形式也不同。

(1) 当 $p^2-4q>0$ 时，r_1 和 r_2 是两个不同的实数根，常微分方程的通解可写为指数形式：

$$y(x)=C\mathrm{e}^{r_1x}+D\mathrm{e}^{r_2x}. \tag{1.4.3}$$

如果 r_1 和 r_2 互为相反数，那么通解还可以写为双曲函数形式：

$$y(x)=A\cosh(r_1x)+B\sinh(r_2x). \tag{1.4.4}$$

(2) 当 $p^2-4q=0$ 时，r_1 和 r_2 是两个相同的实数根，即 $r_1=r_2=r$，常微分方程的通解为

$$y(x)=(C+Dx)\mathrm{e}^{rx}. \tag{1.4.5}$$

(3) 当 $p^2-4q<0$ 时，r_1 和 r_2 是两个共轭的复数根，设 $r_1=\alpha+\mathrm{i}\beta$，$r_2=\alpha-\mathrm{i}\beta$，则常微分方程的通解为

$$y(x)=C\mathrm{e}^{r_1x}+D\mathrm{e}^{r_2x}. \tag{1.4.6}$$

或者

$$y(x)=\mathrm{e}^{\alpha x}[A\cos(\beta x)+B\sin(\beta x)]. \tag{1.4.7}$$

另外，如果 r_1 和 r_2 是两个共轭的虚数根，即特征根的实部 $\alpha=0$，那么常微分方程的通解为

$$y(x)=C\mathrm{e}^{\mathrm{i}\beta x}+D\mathrm{e}^{-\mathrm{i}\beta x}. \tag{1.4.8}$$

或者

$$y(x)=A\cos(\beta x)+B\sin(\beta x). \tag{1.4.9}$$

【例 1】　写出常微分方程 $y''(x)-2y'(x)-3y(x)=0$ 的通解。

解：特征根是两个不同的实数根：$r_1=3$，$r_2=-1$. 常微分方程的通解为 $y(x)=Ce^{3x}+De^{-x}$.

```
%求解微分方程通解的 MATLAB 指令
  syms x y(x);
  f=diff(y,x,2)-2*diff(y,x,1)-3*y==0;
  sol=dsolve(f,'x')
```

【例 2】　写出常微分方程 $y''(x)-2y'(x)+5y(x)=0$ 的通解。

解：特征根是两个共轭的复数根：$r=1\pm 2\mathrm{i}$. 常微分方程的通解为 $y(x)=Ce^{(1+2\mathrm{i})x}+De^{(1-2\mathrm{i})x}$，或者 $y(x)=e^{x}[C\cos(2x)+D\sin(2x)]$.

【例 3】　写出常微分方程 $y''(x)+4y(x)=0$ 的通解。

解：特征根是两个共轭的虚数根：$r=\pm 2\mathrm{i}$. 常微分方程的通解为 $y(x)=Ce^{2\mathrm{i}x}+De^{-2\mathrm{i}x}$，或者 $y(x)=C\cos(2x)+D\sin(2x)$.

【例 4】　写出常微分方程 $y''(x)-9y(x)=0$ 的通解。

解：特征根是两个互为相反数的实数根：$r=\pm 3$. 常微分方程的通解为 $y(x)=Ce^{3x}+De^{-3x}$，或者 $y(x)=C\cosh(3x)+D\sinh(3x)$.

第 1 章习题

1. 证明 $\nabla\cdot\hat{\boldsymbol{e}}_r=\dfrac{2}{r}$，其中，$\hat{\boldsymbol{e}}_r=\dfrac{\boldsymbol{r}}{r}=\dfrac{x}{r}\hat{\boldsymbol{e}}_x+\dfrac{y}{r}\hat{\boldsymbol{e}}_y+\dfrac{z}{r}\hat{\boldsymbol{e}}_z$，$r=\sqrt{x^2+y^2+z^2}$.

2. 证明 $\nabla\times\hat{\boldsymbol{e}}_r=0$，其中，$\hat{\boldsymbol{e}}_r=\dfrac{\boldsymbol{r}}{r}=\dfrac{x}{r}\hat{\boldsymbol{e}}_x+\dfrac{y}{r}\hat{\boldsymbol{e}}_y+\dfrac{z}{r}\hat{\boldsymbol{e}}_z$，$r=\sqrt{x^2+y^2+z^2}$.

3. 证明 $\nabla\left(\dfrac{1}{r}\right)=-\dfrac{1}{r^2}\hat{\boldsymbol{e}}_r$，其中，$r=\sqrt{x^2+y^2+z^2}$，$\hat{\boldsymbol{e}}_r$ 为矢量 $\boldsymbol{r}$ 的单位矢量。

4. 计算均匀电场的电场强度的散度，并解释其物理原因。

习题参考答案

第 2 章　数学物理方程定解问题概述

要对物理问题进行定量求解，首先需要将物理问题转化为等价的数学问题，然后再选择适当的方法进行求解。以匀加速直线运动为例，只有写出物体做匀加速直线运动的数学方程，以及物体在初始时刻的速度和位移，才能计算出物体在任意时刻的运动速度和位移等物理量，从而描述物体在任意时刻的运动状态。简单的物理问题如此，复杂的物理问题亦如此。学习数学物理方程，是为了解决两方面的问题：其一，如何将物理问题转化为等价的数学方程、边界条件以及初始条件；其二，如何求解这些数学方程在不同边界条件和初始条件下的解。

本章主要解决第一个问题。基于一些典型的物理问题，推导出它们对应的数学方程、边界条件以及初始条件。

第 2 章
课件资源

§2.1　数学物理偏微分方程

我们把能够描述物理问题、反映物理量变化规律的数学方程统称为**数学物理方程**。如果方程包含对多元函数的偏导数，并且这些多元函数及其偏导数都是线性的，则将这样的方程称为线性偏微分方程(partial differential equation, PDE)。本书重点研究偏导数最高为二阶的线性偏微分方程。波动(振动)方程、热传导(扩散)方程、拉普拉斯方程和泊松方程是物理上比较典型的几类二阶线性偏微分方程，其形式概括如下：

授课视频

波动(振动)方程，也称双曲型方程，表现为场的波动性，方程形式为

$$\begin{cases} u_{tt}(\boldsymbol{r},t)-a^2\nabla^2 u(\boldsymbol{r},t)=0, \\ u_{tt}(\boldsymbol{r},t)-a^2\nabla^2 u(\boldsymbol{r},t)=f(\boldsymbol{r},t). \end{cases}$$

热传导(扩散)方程，也称抛物型方程，表现为不可逆的输运过程，方程形式为

$$\begin{cases} u_t(\boldsymbol{r},t)-a^2\nabla^2 u(\boldsymbol{r},t)=0, \\ u_t(\boldsymbol{r},t)-a^2\nabla^2 u(\boldsymbol{r},t)=f(\boldsymbol{r},t). \end{cases}$$

拉普拉斯方程和泊松方程，也称椭圆型方程，表现为场的稳定分布，方程形式为

$$\begin{cases} \nabla^2 u(\boldsymbol{r})=0, \\ \nabla^2 u(\boldsymbol{r})=-f(\boldsymbol{r}). \end{cases}$$

在上述方程中，$\boldsymbol{r}$ 是三维空间的位置矢量，t 为时间变量。在直角坐标系、柱坐标系或球坐标系下，$\nabla^2 u(\boldsymbol{r})$ 可以展开成不同的表示形式；根据物理量 $u(\boldsymbol{r})$ 的空间对称性，$\nabla^2 u(\boldsymbol{r})$ 的展开形式可以进行不同程度的简化。在不产生歧义的情况下，本书对函数的偏导数写成下角标的

形式,例如,$u_{tt}(\boldsymbol{r},t)=\dfrac{\partial^2 u(\boldsymbol{r},t)}{\partial t^2}$, $u_t(\boldsymbol{r},t)=\dfrac{\partial u(\boldsymbol{r},t)}{\partial t}$.

2.1.1 波动方程

1. 弦的横振动方程

如图 2.1 所示,在 x 轴上的 A、B 两点之间拉紧一根均匀轻质弦,该弦在 x 轴附近做振幅极为微小的横向振动。弦上各点振动方向垂直于 x 轴,而波形传播方向平行于 x 轴,我们将弦的这种振动方式称为弦的横振动。假设弦还受到单位长度上大小为 $F(x,t)$ 的外力,方向垂直于 x 轴。用 $u(x,t)$ 表示在 t 时刻弦上 x 点偏离平衡位置的位移,研究弦上各点的横向位移 $u(x,t)$ 所满足的方程。

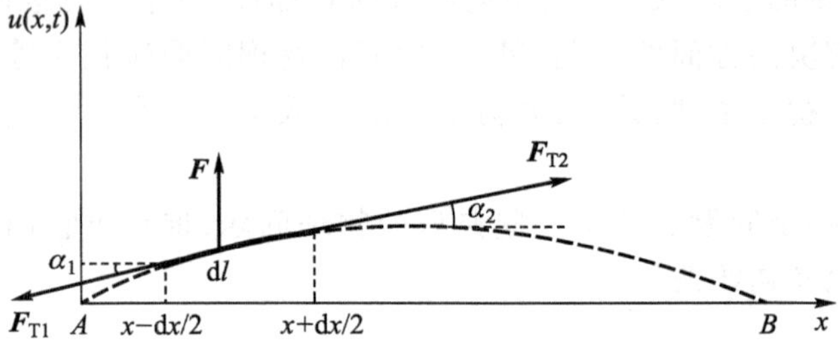

图 2.1 弦的横振动

弦的横振动是一种机械运动,机械运动遵循的是质点力学。将弦细分为许多极小的小段,则每个小段可视为质点。如图 2.1 所示,取小区域$[x-\mathrm{d}x/2,x+\mathrm{d}x/2]$上的 $\mathrm{d}l$ 段作为研究对象。该段弦线的左、右两端处分别受到相邻段的拉力(张力)$\boldsymbol{F}_{\mathrm{T1}}$和 $\boldsymbol{F}_{\mathrm{T2}}$,它们分别沿着两端处弦线的切线方向。设两端处切线与 x 轴的夹角分别为 α_1和 α_2,忽略 $\mathrm{d}l$ 段弦的重力,由牛顿第二定律可知,这段弦在纵向和横向的运动分别满足如下方程:

$$F_{\mathrm{T1}}\cos\alpha_1=F_{\mathrm{T2}}\cos\alpha_2, \tag{2.1.1}$$

$$F_{\mathrm{T2}}\sin\alpha_2-F_{\mathrm{T1}}\sin\alpha_1+F(x,t)\,\mathrm{d}x=\rho\,\mathrm{d}x\,u_{tt}(x,t). \tag{2.1.2}$$

整个弦线沿垂直于 x 轴的方向做上下振动,$\mathrm{d}l$ 段的弦振动至 x 轴时就是 $\mathrm{d}x$ 段的弦,故上式中 $\mathrm{d}l$ 段弦线的质量为 $\rho\mathrm{d}x$,ρ 为弦线处于 x 轴时的线密度。当弦线偏离 x 轴时,ρ 会发生略微变化,但不影响该段弦的质量。

限于考虑弦做微小振动的情况,α_1和 α_2 皆为小量,因此有如下的几个近似条件:

$$\cos\alpha_1\approx 1,\quad \cos\alpha_2\approx 1. \tag{2.1.3}$$

$$\begin{cases}\sin\alpha_1\approx\tan\alpha_1=u_x(x-\mathrm{d}x/2,t),\\ \sin\alpha_2\approx\tan\alpha_2=u_x(x+\mathrm{d}x/2,t).\end{cases} \tag{2.1.4}$$

$$\mathrm{d}l=\sqrt{1+u_x^2}\,\mathrm{d}x\approx\mathrm{d}x. \tag{2.1.5}$$

将(2.1.3)式代入(2.1.1)式,可知,$F_{\mathrm{T1}}\approx F_{\mathrm{T2}}$,即 $\mathrm{d}l$ 段弦两端的张力近似相等,而弦可以分为任意多的小段,说明弦上各处张力都近似相等。另外,由(2.1.5)式可以看出,在弦振动过程中,$\mathrm{d}x$ 段弦线的长度近似不变,由胡克定律可知,弦中张力也不随时间变化。弦中张力既不依赖 x,也不依赖 t,因此其恒为常量,即

$$F_{T1}=F_{T2}=F_T. \tag{2.1.6}$$

将(2.1.4)式和(2.1.6)式代入(2.1.2)式，可得

$$F_T\frac{u_x(x+\mathrm{d}x/2,t)-u_x(x-\mathrm{d}x/2,t)}{\mathrm{d}x}\mathrm{d}x+F(x,t)\mathrm{d}x=\rho\mathrm{d}xu_{tt}(x,t). \tag{2.1.7}$$

利用微分公式并进行化简，可得 $u(x,t)$ 满足如下的方程：

$$u_{tt}(x,t)=\frac{F_T}{\rho}u_{xx}(x,t)+\frac{F(x,t)}{\rho}. \tag{2.1.8}$$

令 $a^2=\frac{F_T}{\rho}$，$f(x,t)=\frac{F(x,t)}{\rho}$，则上式简化为

$$u_{tt}(x,t)-a^2u_{xx}(x,t)=f(x,t). \tag{2.1.9}$$

有外力作用而发生的振动，物理学上称为受迫振动，(2.1.9)式是弦的受迫振动方程。通过量纲分析，可知常量 a 具有速度的量纲，代表波形沿 x 方向传播的速度；$f(x,t)$ 表示单位质量的弦所受的外力。

无外力作用而发生的振动，物理学上称为自由振动。令(2.1.9)式中的 $f(x,t)=0$，可得弦的自由振动方程为

$$u_{tt}(x,t)-a^2u_{xx}(x,t)=0. \tag{2.1.10}$$

2. 杆的纵振动方程

类似于弹簧振动，一根弹性杆会发生沿着杆长方向的纵向微小振动。杆上各点振动方向和波形传播方向都沿着杆长方向，我们将杆的这种振动方式称为杆的纵振动。

假设一根均匀的弹性杆放置于 x 轴上，杆的密度为 ρ，横截面积为 S，杨氏模量为 Y. 杆上受到沿 x 轴方向的单位长度、单位截面积上的外力大小为 $F(x,t)$，弹性杆沿着杆长方向发生微小的纵向振动，研究杆上各点的纵向位移 $u(x,t)$ 满足的方程。

如图 2.2 所示，取杆上任意一段微元 AB 作为研究对象。假设未振动时 A 端的位置为 $x-\mathrm{d}x/2$，B 端的位置为 $x+\mathrm{d}x/2$；在 t 时刻，A 端的位移为 $u(x-\mathrm{d}x/2,t)$，B 端的位移为 $u(x+\mathrm{d}x/2,t)$，即图 2.2 中 $A'B'$所示。

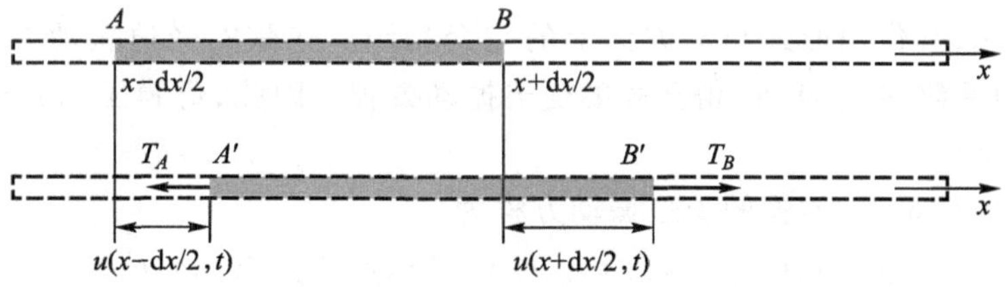

图 2.2　杆的纵振动

由胡克定律可知，AB 中间的弹性力计算公式为

$$T(x)=YS\frac{|A'B'|-|AB|}{|AB|}, \tag{2.1.11}$$

其中，$|A'B'|$表示 $A'B'$的长度，$|AB|$表示 AB 的长度。由图 2.2 可知

$$|AB|=\mathrm{d}x, \tag{2.1.12}$$

$$|A'B'|-|AB|=u(x+\mathrm{d}x/2)-u(x-\mathrm{d}x/2). \tag{2.1.13}$$

将(2.1.12)式和(2.1.13)式代入(2.1.11)式,可得微元 AB 中间的弹性力为

$$T(x)=YS\frac{u(x+\mathrm{d}x/2)-u(x-\mathrm{d}x/2)}{\mathrm{d}x}=YSu_x(x,t). \tag{2.1.14}$$

根据上式可知,A 和 B 两端处的弹性力分别为

$$T_A=YSu_x(x-\mathrm{d}x/2,t), \tag{2.1.15}$$

$$T_B=YSu_x(x+\mathrm{d}x/2,t). \tag{2.1.16}$$

由牛顿第二定律可知,微元 AB 满足如下的运动方程:

$$YSu_x(x+\mathrm{d}x/2,t)-YSu_x(x-\mathrm{d}x/2,t)+F(x,t)S\mathrm{d}x=\rho S\mathrm{d}xu_{tt}(x,t).$$

整理上式得到,$u(x,t)$ 满足如下的方程:

$$u_{tt}(x,t)=\frac{Y}{\rho}u_{xx}(x,t)+\frac{F(x,t)}{\rho}. \tag{2.1.17}$$

令 $a^2=\dfrac{Y}{\rho}$, $f(x,t)=\dfrac{F}{\rho}$,则上式简化为

$$u_{tt}(x,t)-a^2u_{xx}(x,t)=f(x,t). \tag{2.1.18}$$

上式是杆的受迫纵振动方程,通过量纲分析,可知常量 a 也具有速度的量纲,代表波形沿 x 方向传播的速度;$f(x,t)$ 表示单位质量的杆所受的外力。

另外,如果杆不受外力作用,即 $f(x,t)=0$,则可得到杆的自由纵振动方程:

$$u_{tt}(x,t)-a^2u_{xx}(x,t)=0. \tag{2.1.19}$$

3. 薄膜的振动方程

鼓上蒙的鼓皮和麦克风中绷紧的振膜都可以当成薄膜来处理。将一个张紧的均匀薄膜的边缘固定在 Oxy 平面内的一个环状或者其他形状的铁丝上,则薄膜可以在垂直于 Oxy 平面的方向上发生微小的振动。薄膜的振动位移需要用两个空间坐标变量和一个时间变量来描述,即 $u(x,y,t)$ 的形式,它表示 t 时刻(x,y)处薄膜在垂直方向上的振动位移。取(x,y)处在 Oxy 平面上投影为矩形的微元 $\mathrm{d}x\mathrm{d}y$ 作为研究对象,这个微元满足的运动方程与弦线微元的运动方程相似。唯一不同的是,矩形微元除了受到 x 方向上相邻微元的拉力作用,还受到 y 方向上相邻微元的拉力作用,其作用形式与 x 方向上的完全相同。在弦的受迫振动方程(2.1.9)式中加上与 u_{xx} 项相同系数的 u_{yy} 项,即得薄膜的受迫振动方程。因此,薄膜振动方程可视为一维弦振动方程的二维推广。

在平面直角坐标系下,薄膜的受迫振动方程为

$$u_{tt}(x,y,t)-a^2[u_{xx}(x,y,t)+u_{yy}(x,y,t)]=f(x,y,t), \tag{2.1.20}$$

其中,a^2 是与薄膜应力和密度有关的常量,$f(x,y,t)$ 表示(x,y)处单位质量的薄膜所受外力。

在平面直角坐标系下,薄膜的自由振动方程为

$$u_{tt}(x,y,t)-a^2[u_{xx}(x,y,t)+u_{yy}(x,y,t)]=0. \tag{2.1.21}$$

如果薄膜的形状是圆形,那么在极坐标系下描述薄膜的振动方程更为方便。在极坐标系下,薄膜的受迫振动方程为

$$\frac{\partial^2u(\rho,\varphi,t)}{\partial t^2}-a^2\left[\frac{1}{\rho}\frac{\partial}{\partial\rho}\left(\rho\frac{\partial u(\rho,\varphi,t)}{\partial\rho}\right)+\frac{1}{\rho^2}\frac{\partial^2u(\rho,\varphi,t)}{\partial\varphi^2}\right]=f(\rho,\varphi,t). \tag{2.1.22}$$

在极坐标系下,薄膜的自由振动方程为

$$\frac{\partial^2 u(\rho,\varphi,t)}{\partial t^2}-a^2\left[\frac{1}{\rho}\frac{\partial}{\partial\rho}\left(\rho\frac{\partial u(\rho,\varphi,t)}{\partial\rho}\right)+\frac{1}{\rho^2}\frac{\partial^2 u(\rho,\varphi,t)}{\partial\varphi^2}\right]=0. \tag{2.1.23}$$

如果薄膜的振动位移与方位角 φ 无关,则上式退化为

$$\frac{\partial^2 u(\rho,t)}{\partial t^2}-a^2\frac{1}{\rho}\frac{\partial}{\partial\rho}\left(\rho\frac{\partial u(\rho,t)}{\partial\rho}\right)=0. \tag{2.1.24}$$

4. 电磁波的波动方程

电磁波在真空中传播,假设研究空间中没有任何自由电荷和电流源,即自由电荷密度 $\rho=0$,电流密度 $\boldsymbol{J}=0$,则电磁波的电场强度 $\boldsymbol{E}(\boldsymbol{r},t)$ 和磁场强度 $\boldsymbol{H}(\boldsymbol{r},t)$ 满足如下的麦克斯韦方程组:

$$\begin{cases}\nabla\times\boldsymbol{E}=-\mu_0\dfrac{\partial\boldsymbol{H}}{\partial t},\\ \nabla\times\boldsymbol{H}=\varepsilon_0\dfrac{\partial\boldsymbol{E}}{\partial t},\\ \nabla\cdot\boldsymbol{E}=0,\\ \nabla\cdot\boldsymbol{H}=0.\end{cases} \tag{2.1.25}$$

其中,ε_0 和 μ_0 分别为真空介电常量和真空磁导率。

将方程组(2.1.25)式中第一个方程的左右两边进行旋度计算,可得

$$\nabla\times(\nabla\times\boldsymbol{E})=-\mu_0\frac{\partial}{\partial t}\nabla\times\boldsymbol{H}. \tag{2.1.26}$$

将方程组(2.1.25)式中第二个方程代入上式,可得

$$\nabla\times(\nabla\times\boldsymbol{E})=-\varepsilon_0\mu_0\frac{\partial^2\boldsymbol{E}}{\partial t^2}. \tag{2.1.27}$$

利用公式$\nabla\times(\nabla\times\boldsymbol{A})=\nabla(\nabla\cdot\boldsymbol{A})-\nabla^2\boldsymbol{A}$,并结合公式$\nabla\cdot\boldsymbol{E}=0$,上式简化为

$$\frac{\partial^2\boldsymbol{E}}{\partial t^2}-a^2\nabla^2\boldsymbol{E}=0. \tag{2.1.28}$$

其中,$a^2=\dfrac{1}{\varepsilon_0\mu_0}=c^2$,$c$ 为真空中的光速。

同理可推出,磁场强度也满足波动方程:

$$\frac{\partial^2\boldsymbol{H}}{\partial t^2}-a^2\nabla^2\boldsymbol{H}=0. \tag{2.1.29}$$

由此可见,电磁波在真空中传播,电场强度和磁场强度都满足波动方程。另外,如果电磁波在一般介质中传播,则 a 代表电磁波在该介质中的传播速度。

2.1.2　热传导方程

如果介质中的温度分布不均匀,热量将从温度高的地方向温度低的地方传递,这种现象称为热传导。介质中热传导的强弱由热流强度 $\boldsymbol{q}(\boldsymbol{r},t)$ 描述,它代表 $\boldsymbol{r}$ 点处单位时间内流过单位面积的热量。根据傅里叶定律可知,介质中的温度 $u(\boldsymbol{r},t)$ 和热流强度 $\boldsymbol{q}(\boldsymbol{r},t)$ 满足如下公式:

$$\boldsymbol{q}(\boldsymbol{r},t)=-k\nabla u(\boldsymbol{r},t), \tag{2.1.30}$$

其中,k 为与介质材料有关的导热系数。

选取介质中任意一点 $\boldsymbol{r}$ 处的小体积元 ΔV 作为研究对象,它的外表面记为 ΔS. 假设体积元中还存在热源,该热源单位时间单位体积所放出的热量为 $Q(\boldsymbol{r},t)$.

根据能量守恒定律,单位时间内 ΔV 内增加的热量,等于 ΔV 内热源释放的热量减去通过其表面 ΔS 流出的热量,即

$$\iiint_{\Delta V} u_t c\rho \mathrm{d}V = \iiint_{\Delta V} Q\mathrm{d}V - \oint\!\!\oint_{\Delta S} \boldsymbol{q}\cdot\hat{\boldsymbol{e}}_{\mathrm{n}}\mathrm{d}S. \tag{2.1.31}$$

其中,c 和 ρ 分别表示介质的比热容和密度,在均匀介质中,它们都是常量。

利用高斯公式,将上式中右边第二项的面积分转换成体积分,则上式写为

$$\iiint_{\Delta V} u_t c\rho \mathrm{d}V = \iiint_{\Delta V} Q\mathrm{d}V - \iiint_{\Delta V} \nabla\cdot\boldsymbol{q}\mathrm{d}V. \tag{2.1.32}$$

上式中三个体积分均在体积元 ΔV 中进行,被积函数应该相等,即

$$u_t(\boldsymbol{r},t)c\rho = Q(\boldsymbol{r},t) - \nabla\cdot\boldsymbol{q}(\boldsymbol{r},t).$$

将(2.1.30)式代入上式,可得温度 $u(\boldsymbol{r},t)$ 满足的方程为

$$u_t(\boldsymbol{r},t) = \frac{Q(\boldsymbol{r},t)}{c\rho} + \frac{k}{c\rho}\nabla^2 u(\boldsymbol{r},t), \tag{2.1.33}$$

令 $a^2 = \dfrac{k}{c\rho}, f(\boldsymbol{r},t) = \dfrac{Q(\boldsymbol{r},t)}{c\rho}$,则上式简化为

$$u_t(\boldsymbol{r},t) - a^2\nabla^2 u(\boldsymbol{r},t) = f(\boldsymbol{r},t), \tag{2.1.34}$$

上式是均匀介质中的温度所满足的热传导方程。

温度的稳定分布:

介质中温度 $u(\boldsymbol{r},t)$ 随时间的演化遵从上述的热传导方程。在稳定的热源和特定的边界条件下,经过一段时间的热传导,温度可能会达到一个稳定的状态,即温度 $u(\boldsymbol{r},t)$ 只与空间变量 $\boldsymbol{r}$ 有关,与时间变量 t 无关。稳定的温度所满足的方程由(2.1.34)式退化为如下的**泊松方程**:

$$\nabla^2 u(\boldsymbol{r}) = -f(\boldsymbol{r})/a^2. \tag{2.1.35}$$

或者退化为**拉普拉斯方程**(无热源):

$$\nabla^2 u(\boldsymbol{r}) = 0. \tag{2.1.36}$$

另外,由于浓度不均匀而引起的物质的扩散运动,其物理机制与热传导过程类似,满足的方程也与热传导方程类似。此处,直接给出物质在均匀介质中的扩散方程:

$$u_t(\boldsymbol{r},t) - a^2\nabla^2 u(\boldsymbol{r},t) = f(\boldsymbol{r},t), \tag{2.1.37}$$

其中,$u(\boldsymbol{r},t)$ 为物质的浓度,a 为与扩散系数有关的常量。

2.1.3　拉普拉斯方程和泊松方程

真空中,静电场中电场强度满足的高斯定理的微分形式为

$$\nabla\cdot\boldsymbol{E}(\boldsymbol{r}) = \frac{\rho(\boldsymbol{r})}{\varepsilon_0}, \tag{2.1.38}$$

其中,ε_0 为真空介电常量,$\rho(\boldsymbol{r})$ 为自由电荷密度。静电场中的电场强度是无旋场,满足

$$\nabla\times\boldsymbol{E}(\boldsymbol{r}) = 0. \tag{2.1.39}$$

根据公式$\nabla\times(\nabla u)=0$,可引入电势$u(\boldsymbol{r})$,令

$$\boldsymbol{E}(\boldsymbol{r})=-\nabla u(\boldsymbol{r}). \tag{2.1.40}$$

将上式代入(2.1.38)式,可以得到静电场中的电势满足如下的泊松方程:

$$\nabla^2 u(\boldsymbol{r})=-\frac{\rho(\boldsymbol{r})}{\varepsilon_0}. \tag{2.1.41}$$

若空间内没有自由电荷,即$\rho(\boldsymbol{r})=0$,则静电场中的电势满足如下的拉普拉斯方程:

$$\nabla^2 u(\boldsymbol{r})=0. \tag{2.1.42}$$

§2.2 定 解 问 题

一个数学物理方程代表的是一类物理问题。例如,一维振动方程不仅可以描述弦的横振动,也可以描述杆的纵振动。因此,仅靠一个数学物理方程并不足以完整描述一个具体的物理问题,必须把影响物理问题的条件也考虑进来。如果一个数学物理方程加上必要的物理条件,能够完整地描述给定的物理问题,我们就将这个数学物理方程和物理条件的集合体,称为**定解问题**。

授课视频

2.2.1 定解问题

定解问题包含如下几个概念。

泛定方程:描述某类物理问题的数学物理方程。

边界条件:描述物理量(或者其外法向的一阶导数以及二者的线性组合)在研究区域边界上的约束情况。

初始条件:描述物理量(可能包含物理量对时间的导数)在初始时刻的状态。

定解条件:边界条件和初始条件的合称。

定解问题:泛定方程与定解条件的集合体。

【举例】 一根长为l、张紧的弦的横振动满足的定解问题为

$$u_{tt}(x,t)-a^2u_{xx}(x,t)=0, \tag{2.2.1}$$

$$u(x,t)\big|_{x=0}=0,u(x,t)\big|_{x=l}=0, \tag{2.2.2}$$

$$u(x,t)\big|_{t=0}=\varphi(x),u_t(x,t)\big|_{t=0}=\psi(x), \tag{2.2.3}$$

其中,(2.2.1)式为泛定方程;(2.2.2)式为泛定方程的边界条件;(2.2.3)式为泛定方程的初始条件。(2.2.2)式与(2.2.3)式合称为泛定方程的定解条件;(2.2.1)式、(2.2.2)式和(2.2.3)式的集合体称为定解问题。

2.2.2 边界条件

1. 第一类边界条件

又称**狄利克雷边界条件**(Dirichlet boundary condition)。

特点:给出物理量在研究区域边界上的定义,其一般形式为

$$u\big|_{\partial\Omega}=f(t), \tag{2.2.4}$$

$$u\big|_{\partial\Omega}=0,\tag{2.2.5}$$

其中，$f(t)$ 为已知函数。

类似(2.2.4)式的物理量本身在边界上有定义，且不为零的边界条件称为**第一类非齐次边界条件**；类似(2.2.5)式的物理量本身在边界上等于零的边界条件称为**第一类齐次边界条件**。

在一维热传导问题中，如果两端点处的温度随时间的变化量分别为 $f_1(t)$ 和 $f_2(t)$，则温度在两端点处满足第一类非齐次边界条件，即

$$\begin{cases}u(x,t)\big|_{x=0}=f_1(t),\\ u(x,t)\big|_{x=l}=f_2(t).\end{cases}\tag{2.2.6}$$

在弦的横振动问题中，如果弦的两端点固定，则横向位移在两端点处满足第一类齐次边界条件，即

$$\begin{cases}u(x,t)\big|_{x=0}=0,\\ u(x,t)\big|_{x=l}=0.\end{cases}\tag{2.2.7}$$

2. 第二类边界条件

又称**诺伊曼边界条件**(Neumann boundary condition)。

特点：给出物理量的法向偏导数在研究区域边界上的定义，其一般形式为

$$\left.\frac{\partial u}{\partial n}\right|_{\partial\Omega}=f(t),\tag{2.2.8}$$

$$\left.\frac{\partial u}{\partial n}\right|_{\partial\Omega}=0,\tag{2.2.9}$$

其中，n 代表边界外法向上的自变量，$f(t)$ 为已知函数。

类似(2.2.8)式的物理量的法向偏导数在边界上有定义，且不为零的边界条件称为**第二类非齐次边界条件**；类似(2.2.9)式的物理量的法向偏导数在边界上等于零的边界条件称为**第二类齐次边界条件**。

在杆的纵振动问题中，如果杆的 $x=l$ 端受到一个随时间变化的外力 $f(t)$，则由胡克定律 $YSu_x(x,t)\big|_{x=l}=f(t)$ 可知，杆的纵振动位移在 $x=l$ 端满足第二类非齐次边界条件，即

$$u_x(x,t)\big|_{x=l}=f(t)/YS.\tag{2.2.10}$$

如果杆在 $x=0$ 端自由振动(没有施加外力)，则杆的纵振动位移在 $x=0$ 端满足第二类齐次边界条件，即

$$u_x(x,t)\big|_{x=0}=0.\tag{2.2.11}$$

在一维热传导问题中，如果在 $x=0$ 和 $x=l$ 端均有向外流出的热流，热流强度大小均为 q_0，则由傅里叶定律 $\nabla u=-\boldsymbol{q}/k$ 可知，温度在两端满足第二类非齐次边界条件，即

$$\begin{cases}u_x(x,t)\big|_{x=0}=q_0/k,\\ u_x(x,t)\big|_{x=l}=-q_0/k.\end{cases}\tag{2.2.12}$$

需要注意，$x=l$ 端外法向为 x 轴正方向，而 $x=0$ 端外法向为 x 轴负方向，因此，(2.2.12)式中的两式相差一个负号。

如果杆的两端均绝热(与外界没有热量传递)，则温度在两端满足第二类齐次边界条件，即

$$\begin{cases}u_x(x,t)\big|_{x=0}=0,\\ u_x(x,t)\big|_{x=l}=0.\end{cases}\tag{2.2.13}$$

在三维热传导问题中，如果在半径为 ρ_0 的圆柱体侧面上有垂直向外流出的均匀热流，热流强度大小为 q_0，则温度在圆柱体侧面上满足第二类非齐次边界条件，即

$$u_\rho(\rho,\varphi,z,t)\big|_{\rho=\rho_0}=-q_0/k, \tag{2.2.14}$$

如果圆柱体侧面上绝热，则温度在圆柱体侧面上满足第二类齐次边界条件，即

$$u_\rho(\rho,\varphi,z,t)\big|_{\rho=\rho_0}=0. \tag{2.2.15}$$

3. 第三类边界条件

又称**罗宾边界条件**(Robin boundary condition)。

特点：混合型的边界条件，给出物理量本身及其法向偏导数的线性组合在研究区域边界处的定义，其一般形式为

$$\left(\alpha\frac{\partial u}{\partial n}+\beta u\right)\bigg|_{\partial\Omega}=f(t), \tag{2.2.16}$$

$$\left(\alpha\frac{\partial u}{\partial n}+\beta u\right)\bigg|_{\partial\Omega}=0, \tag{2.2.17}$$

其中，n 代表边界外法向上的自变量，$f(t)$ 为已知函数，α 和 β 均为大于零的常量。

类似(2.2.16)式的物理量本身及其偏导数的线性组合在边界上有定义，且不为零的边界条件称为**第三类非齐次边界条件**；类似(2.2.17)式的物理量本身及其偏导数的线性组合在边界上等于零的边界条件称为**第三类齐次边界条件**。

下面以热传导问题中的牛顿冷却定律为例，介绍第三类边界条件。所谓牛顿冷却定律，是指单位时间从单位表面垂直流出的热量(即热流强度的法向分量 q_n)同表面处该介质的温度 $u|_{\partial\Omega}$与周围环境的温度 u_0 之差成正比，即

$$q_n\big|_{\partial\Omega}=-k\frac{\partial u}{\partial n}\bigg|_{\partial\Omega}=b(u|_{\partial\Omega}-u_0),$$

其中，k 和 b 分别为导热系数和热交换系数，且 $k>0$、$b>0$. 整理上式，可得温度在边界上满足如下的第三类非齐次边界条件：

$$\left(k\frac{\partial u}{\partial n}+bu\right)\bigg|_{\partial\Omega}=bu_0. \tag{2.2.18}$$

如果外部温度为零，即当 $u_0=0$ 时，温度在边界上满足如下的第三类齐次边界条件：

$$\left(k\frac{\partial u}{\partial n}+bu\right)\bigg|_{\partial\Omega}=0, \tag{2.2.19}$$

将(2.2.18)式和(2.2.19)式写成第三类边界条件的一般形式，即(2.2.16)式和(2.2.17)式，并可以验证常量 α 和 β 均大于零。

在一维热传导问题中，如果温度在 $x=0$ 端和 $x=l$ 端均满足第三类非齐次边界条件，由于 $\left.\frac{\partial u}{\partial n}\right|_{x=0}=-\left.\frac{\partial u}{\partial x}\right|_{x=0}$、$\left.\frac{\partial u}{\partial n}\right|_{x=l}=\left.\frac{\partial u}{\partial x}\right|_{x=l}$，所以，根据(2.2.16)式，温度在两端满足的第三类非齐次边界条件为

$$\begin{cases}\left(-\alpha\dfrac{\partial u}{\partial x}+\beta u\right)\bigg|_{x=0}=f(t),\\[2ex]\left(\alpha\dfrac{\partial u}{\partial x}+\beta u\right)\bigg|_{x=l}=f(t),\end{cases} \tag{2.2.20}$$

其中,α 和 β 均为大于零的常量。

4. 自然边界条件

某些物理问题,要求物理量在原点或者无穷远点应为有限值。一般情况下,这类条件并不会直接给出,而是属于物理上自然存在的条件,称为**自然边界条件**。自然边界条件往往存在于直角坐标系中的原点、柱坐标系下的轴心线、球坐标系下的球心以及无穷远点。

我们以一个球形区域内部的温度分布为例,说明温度在此问题中所满足的自然边界条件。假设球壳上温度分布为 $f(\theta,\varphi)$,球壳内部没有热源。通过物理分析可知,球壳内部的温度是连续的,在球心处,温度应是一个有限大小的值,因此,温度在球心处需要满足自然边界条件。

5. 周期边界条件

如果物理量 $u(\alpha,\beta,\gamma)$ 中自变量 γ 的定义域 $[0,T]$ 构成一个闭合的环路,那么对于相同的 α 和 β,$\gamma=0$ 和 $\gamma=T$ 是定义域空间中的同一点。物理量在空间同一点处应该是单值且有限的,因此,在自变量 $\gamma=0$ 和 $\gamma=T$ 的交界处,物理量 $u(\alpha,\beta,\gamma)$ 需要满足如下的连续条件:

$$u(\alpha,\beta,0)=u(\alpha,\beta,T). \tag{2.2.21}$$

如果物理量 $u(\alpha,\beta,\gamma)$ 满足的是关于 γ 的二阶偏微分方程,要保证物理量关于 γ 的二阶偏导数在 $\gamma=0$ 和 $\gamma=T$ 边界处有意义,其一阶偏导数也应该是连续的,因此,物理量 $u(\alpha,\beta,\gamma)$ 还应该满足关于 γ 的一阶偏导数连续的条件:

$$u_\gamma(\alpha,\beta,0)=u_\gamma(\alpha,\beta,T). \tag{2.2.22}$$

类似(2.2.21)式和(2.2.22)式的边界条件称为周期边界条件。以球坐标系或柱坐标系下的依赖于方位角 φ 的函数 $\Phi(\varphi)$ 为例,说明函数 $\Phi(\varphi)$ 需要满足的周期边界条件。假设函数 $\Phi(\varphi)$ 满足二阶常微分方程

$$\Phi''(\varphi)+\lambda\Phi(\varphi)=0, \tag{2.2.23}$$

其中,$\varphi\in[0,2\pi]$。由于 $\varphi=0$ 和 $\varphi=2\pi$ 代表同一点,因此函数 $\Phi(\varphi)$ 满足周期边界条件:

$$\Phi(0)=\Phi(2\pi), \tag{2.2.24}$$

$$\Phi'(0)=\Phi'(2\pi). \tag{2.2.25}$$

6. 连接条件

如果研究系统中不同区域的介质材料不同,那么,定解条件除了包含初始条件和边界条件外,还应包含物理量在两种介质的交界面上的连接条件。

例如,一根粗细均匀的细杆是由材料不同的两段细杆在 $x=x_0$ 处连接而成的。在杆的纵振动问题中,两段杆中的纵向位移 $u_1(x,t)$ 和 $u_2(x,t)$ 满足不同的振动方程,纵向位移在连接处应该满足连接条件:

$$u_1(x,t)\big|_{x=x_0}=u_2(x,t)\big|_{x=x_0}. \tag{2.2.26}$$

另外,连接处两种材料的弹性力连续,根据弹性力公式(2.1.14)式,有

$$Y_1S\left.\frac{\partial u_1(x,t)}{\partial x}\right|_{x=x_0}=Y_2S\left.\frac{\partial u_2(x,t)}{\partial x}\right|_{x=x_0}, \tag{2.2.27}$$

其中,Y_1 和 Y_2 分别是两种材料的杨氏模量,由于两种材料连接处的横截面积 S 相同,所以,上式中的 S 可以消去。

在静电场问题中,两种不同电介质交界面上的电势 $u(\boldsymbol{r})$ 应保持连续,即

$$u_1(\boldsymbol{r})\big|_{\partial\Omega}=u_2(\boldsymbol{r})\big|_{\partial\Omega}. \tag{2.2.28}$$

另外,在交界面上,电位移矢量的法向分量也要保持连续,即 $D_{1n}|_{\partial\Omega}=D_{2n}|_{\partial\Omega}$. 根据电位移矢量、电场强度和电势的关系,$\boldsymbol{D}=\varepsilon\boldsymbol{E}=-\varepsilon\frac{\partial u}{\partial n}\hat{\boldsymbol{e}}_n$,可推得电势在交界面上还应满足如下的连接条件:

$$\varepsilon_1\frac{\partial u_1(\boldsymbol{r})}{\partial n}\Big|_{\partial\Omega}=\varepsilon_2\frac{\partial u_2(\boldsymbol{r})}{\partial n}\Big|_{\partial\Omega},\tag{2.2.29}$$

其中,ε_1 和 ε_2 分别是两种介质的介电常量,n 代表交界面法向方向上的自变量,$\hat{\boldsymbol{e}}_n$ 代表交界面上由一种介质指向另一种介质的法线方向上的单位矢量。

【例 1】 一根长为 l 的均匀细杆,初始时刻杆左端的温度为零,右端的温度为 u_0,杆上的温度呈线性分布。现左端保持温度不变,右端与外界绝热。请写出杆上温度所满足的定解问题。

解:杆上温度所满足的定解问题为

$$\begin{cases}u_t(x,t)-a^2u_{xx}(x,t)=0,0<x<l,t>0,\\ u(x,t)|_{x=0}=0,u_x(x,t)|_{x=l}=0,\\ u(x,t)|_{t=0}=\dfrac{u_0}{l}x.\end{cases}$$

解析:当右端突然与外界绝热以后,杆上温度将随时间发生变化,温度变化满足热传导方程;杆的右端保持绝热,即右端的热流强度 $\boldsymbol{q}=0$,根据傅里叶定律$\nabla u=-\boldsymbol{q}/k$,可得温度在杆右端的边界条件为 $u_x|_{x=l}=0$;初始时刻,杆上温度从左至右呈线性变化,可以推得初始时刻杆的温度 $u|_{t=0}=\frac{u_0}{l}x$.

【例 2】 一个圆形薄膜,边缘固定在半径为 ρ_0 的刚性圆环上。薄膜在垂直于圆平面的方向上做微小振动。在以圆环中心为坐标原点的极坐标系下,薄膜上各点的初始位移为 $u(\rho,\varphi,t=0)=1-\frac{\rho^2}{\rho_0^2}$,初始速度为零。请写出薄膜振动位移 $u(\rho,\varphi,t)$ 所满足的定解问题。

解:薄膜振动位移 $u(\rho,\varphi,t)$ 满足二维波动方程,且薄膜是圆形的,因此选用极坐标系,其定解问题为

$$\begin{cases}u_{tt}-a^2\left[\dfrac{1}{\rho}\dfrac{\partial}{\partial\rho}\left(\rho\dfrac{\partial u}{\partial\rho}\right)+\dfrac{1}{\rho^2}\dfrac{\partial^2u}{\partial\varphi^2}\right]=0,0<\rho<\rho_0,t>0,\\ u|_{\rho=0}\to\text{有限值},u|_{\rho=\rho_0}=0,\\ u|_{t=0}=1-\dfrac{\rho^2}{\rho_0^2},u_t|_{t=0}=0.\end{cases}$$

此例题中,薄膜的振动与薄膜的初始状态有关,而薄膜初始位移与方位角 φ 无关,因此,可以判断,任意时刻薄膜振动位移与方位角 φ 无关。这样,薄膜振动位移 $u(\rho,t)$ 所满足的定解问题可简化为

$$\begin{cases}u_{tt}-a^2\dfrac{1}{\rho}\dfrac{\partial}{\partial\rho}\left(\rho\dfrac{\partial u}{\partial\rho}\right)=0,0<\rho<\rho_0,t>0,\\ u|_{\rho=0}\to\text{有限值},u|_{\rho=\rho_0}=0,\\ u|_{t=0}=1-\dfrac{\rho^2}{\rho_0^2},u_t|_{t=0}=0.\end{cases}$$

【例3】 假设一个半径为 r_0 的空心球内没有任何自由电荷，且在以球心为坐标原点的球坐标系下，球面电势可写为$u(r,\theta,\varphi)\big|_{r=r_0}=1+2\cos\theta+\sin^2\theta$. 请写出球内电势 $u(r,\theta,\varphi)$ 所满足的定解问题。

解：球内电势 $u(r,\theta,\varphi)$ 满足的定解问题为

$$\begin{cases}\dfrac{1}{r^2}\dfrac{\partial}{\partial r}\left(r^2\dfrac{\partial u}{\partial r}\right)+\dfrac{1}{r^2\sin\theta}\dfrac{\partial}{\partial\theta}\left(\sin\theta\dfrac{\partial u}{\partial\theta}\right)+\dfrac{1}{r^2\sin^2\theta}\dfrac{\partial^2 u}{\partial\varphi^2}=0,0<r<r_0,\\ u\big|_{r=0}\to\text{有限值},u\big|_{r=r_0}=1+2\cos\theta+\sin^2\theta,\\ u(r,\theta,0)=u(r,\theta,2\pi),u_\varphi(r,\theta,0)=u_\varphi(r,\theta,2\pi).\end{cases}$$

解析：球内没有自由电荷，因此，球内静电场的电势满足拉普拉斯方程；球心处电势应为有限值，满足自然边界条件；题中给出了球面上的电势分布，满足第一类边界条件。另外，电势关于 φ 还应该满足周期边界条件；$\theta=0$ 和 $\theta=\pi$ 处还需要满足自然边界条件，即在这两处，电势应为有限值，这部分内容将在§6.1中介绍。

此例题中，球内电势的分布与球面上电势分布有关，而球面上电势分布与方位角 φ 无关，因此，可以判断，球内电势分布也与方位角 φ 无关。这样，球内电势 $u(r,\theta)$ 所满足的定解问题可简化为

$$\begin{cases}\dfrac{1}{r^2}\dfrac{\partial}{\partial r}\left(r^2\dfrac{\partial u}{\partial r}\right)+\dfrac{1}{r^2\sin\theta}\dfrac{\partial}{\partial\theta}\left(\sin\theta\dfrac{\partial u}{\partial\theta}\right)=0,0<r<r_0,\\ u\big|_{r=0}\to\text{有限值},u\big|_{r=r_0}=1+2\cos\theta+\sin^2\theta.\end{cases}$$

【例4】 一个半径为 r_0 的接地导体球放置在电场强度大小为 E_0 的均匀电场中，空间中没有自由电荷。请写出球外电势所满足的定解问题。

解：以导体球的球心为原点，电场强度方向为极轴（z 轴），建立球坐标系。球外电势 $u(r,\theta,\varphi)$ 所满足的定解问题为

$$\begin{cases}\dfrac{1}{r^2}\dfrac{\partial}{\partial r}\left(r^2\dfrac{\partial u}{\partial r}\right)+\dfrac{1}{r^2\sin\theta}\dfrac{\partial}{\partial\theta}\left(\sin\theta\dfrac{\partial u}{\partial\theta}\right)+\dfrac{1}{r^2\sin^2\theta}\dfrac{\partial^2 u}{\partial\varphi^2}=0,r>r_0,\\ u\big|_{r=r_0}=0,u\big|_{r\to\infty}=-E_0r\cos\theta.\end{cases}$$

在所选球坐标系下，球外电势关于极轴具有旋转对称性，即电势与方位角 φ 无关。因此，球外电势 $u(r,\theta)$ 的定解问题简化为

$$\begin{cases}\dfrac{1}{r^2}\dfrac{\partial}{\partial r}\left(r^2\dfrac{\partial u}{\partial r}\right)+\dfrac{1}{r^2\sin\theta}\dfrac{\partial}{\partial\theta}\left(\sin\theta\dfrac{\partial u}{\partial\theta}\right)=0,r>r_0,\\ u\big|_{r=r_0}=0,u\big|_{r\to\infty}=-E_0r\cos\theta.\end{cases}$$

解析：导体球接地，因此，定义导体球的电势为零；导体球处于外部均匀电场中，沿着电场强度方向，电势逐渐降低，因此，无穷远点的电势$u\big|_{r\to\infty}=-E_0z=-E_0r\cos\theta$.

【例5】 半径为 ρ_0、高为 H 的均匀圆柱体，导热系数为 k，上顶面有均匀分布的恒定热流（热流强度大小为 q_0）垂直流入，下底面有相同的热流垂直流出，圆柱体的侧面温度保持零度。请写出圆柱体内稳定的温度分布所满足的定解问题。

解：圆柱体内稳定的温度 $u(\rho,z)$ 满足的定解问题为

$$\begin{cases}\dfrac{1}{\rho}\dfrac{\partial}{\partial\rho}\left(\rho\dfrac{\partial u}{\partial\rho}\right)+\dfrac{\partial^2 u}{\partial z^2}=0,0<\rho<\rho_0,0<z<H,\\ u\big|_{\rho=0}\to\text{有限值},u\big|_{\rho=\rho_0}=0,\\ u_z\big|_{z=0}=q_0/k,u_z\big|_{z=H}=q_0/k.\end{cases}$$

解析：无热源情况下，稳定的温度分布满足拉普拉斯方程，由于研究的是圆柱体内部的温度，所以选择柱坐标系，泛定方程为柱坐标系下的拉普拉斯方程；由于圆柱体内部的温度分布与方位角 φ 无关，所以，拉普拉斯方程中$\dfrac{\partial^2 u}{\partial\varphi^2}=0$；轴心处的温度应该有限，满足自然边界条件；柱侧温度保持零度，满足第一类齐次边界条件；上顶面、下底面有热量传递，根据傅里叶定律$\nabla u=-\boldsymbol{q}_0/k$，可得温度对 z 的偏导数在上顶面和下底面的定义。

根据法向梯度和 z 轴正方向的定义以及热流的方向判断 u_z 在边界上的正负号，容易出错。可以先写出边界处 u_z 的绝对值结果，然后从物理上判断 u_z 的正负号。以上顶面有热流强度大小为 q_0 的均匀热流垂直流入为例，写出温度在上顶面的边界条件：先根据傅里叶定律写出上顶面处 u_z 绝对值的结果，即 $|u_z|_{z=H}=q_0/k$；然后根据热量由高温区向低温区流动的特点，可知上顶面处 $u_z\big|_{z=H}>0$；最终可得温度在上顶面的边界条件为$u_z\big|_{z=H}=q_0/k$. 同样，如果下底面有热流强度大小为 q_0 的均匀热流向外垂直流出，根据相同的思路，可得温度在下底面的边界条件应为 $u_z\big|_{z=0}=q_0/k$.

授课视频

第 2 章习题

1. 一根长为 l 的均匀轻质弹性杆，忽略其所受的重力。上端固定在电梯的天花板上，杆身竖直向下，下端自由。电梯以速度 v_0 匀速下降时突然停止。请写出杆纵向振动所满足的定解问题。

2. 一根张紧的、长为 l 的弦，左端固定，右端按 $A\sin\omega t$（A 为常量）做周期振动，弦的初始位移和初始速度均是零。请写出弦的横向振动所满足的定解问题。

3. 一个边长为 x_0 和 y_0 的矩形薄板，两板面不透热，它的一边 $y=y_0$ 保持绝热，其余三边保持温度为零，假设板的初始温度分布为$f(x,y)$. 请写出板内温度所满足的定解问题。

4. 真空中（介电常量为 ε_0）存在电场强度大小为 E_0 的均匀电场，将一个半径为 a、介电常量为 ε 的介质球放置在该均匀电场中。请分别写出球内外电势所满足的定解问题。

5. 一个半径为ρ_0、高度为 H 的均匀圆柱体，导热系数为 k，圆柱体侧面有均匀分布的恒定热流（热流强度大小为 q_0）垂直流入，上顶面和下底面保持恒定温度 u_0. 请写出圆柱体内部稳定的温度分布所满足的定解问题。

6. 一个半径为ρ_0、高度为 H 的均匀圆柱体，导热系数为 k，圆柱体下底面有均匀分布的恒定热流（热流强度大小为 q_0）垂直流入，侧面和上顶面的温度均保持为零。请写出圆柱体内部稳定的温度分布所满足的定解问题。

7. 一个半径为 r_0 的匀质球，初始时刻，球体温度为 u_0. 现把它放入一个温度为 U_0 的烤箱中，球体表面温度保持为 U_0. 请写出此过程中球内温度变化所满足的定解问题。

习题参考答案

第3章 行 波 法

行波法是求解无界空间波动方程的一种方法。它的求解思路与常微分方程的解法类似,即先求出偏微分方程的通解,然后利用定解条件确定函数的具体形式。

第3章
课件资源

授课视频

§3.1 无界弦的自由振动

3.1.1 一维齐次波动方程的通解

假设 $u(x,t)$ 满足如下的一维齐次波动方程:

$$\frac{\partial^2 u(x,t)}{\partial t^2}-a^2\frac{\partial^2 u(x,t)}{\partial x^2}=0,-\infty<x<\infty,t>0. \tag{3.1.1}$$

设变量

$$\varepsilon=x+at,\eta=x-at. \tag{3.1.2}$$

利用复合函数求导法则,可得

$$\frac{\partial u}{\partial x}=\frac{\partial u}{\partial \varepsilon}\frac{\partial \varepsilon}{\partial x}+\frac{\partial u}{\partial \eta}\frac{\partial \eta}{\partial x}=\frac{\partial u}{\partial \varepsilon}+\frac{\partial u}{\partial \eta},$$

进一步对 x 进行求导,可得

$$\frac{\partial^2 u}{\partial x^2}=\frac{\partial}{\partial x}\left(\frac{\partial u}{\partial \varepsilon}+\frac{\partial u}{\partial \eta}\right)=\frac{\partial \varepsilon}{\partial x}\frac{\partial}{\partial \varepsilon}\left(\frac{\partial u}{\partial \varepsilon}+\frac{\partial u}{\partial \eta}\right)+\frac{\partial \eta}{\partial x}\frac{\partial}{\partial \eta}\left(\frac{\partial u}{\partial \varepsilon}+\frac{\partial u}{\partial \eta}\right).$$

整理上式可得

$$\frac{\partial^2 u}{\partial x^2}=\frac{\partial^2 u}{\partial \varepsilon^2}+2\frac{\partial^2 u}{\partial \varepsilon\partial \eta}+\frac{\partial^2 u}{\partial \eta^2}. \tag{3.1.3}$$

同理可得

$$\frac{\partial^2 u}{\partial t^2}=a^2\left(\frac{\partial^2 u}{\partial \varepsilon^2}-2\frac{\partial^2 u}{\partial \varepsilon\partial \eta}+\frac{\partial^2 u}{\partial \eta^2}\right). \tag{3.1.4}$$

将(3.1.3)式和(3.1.4)式代入(3.1.1)式中,可得关于 $u(\varepsilon,\eta)$ 的二阶偏微分方程:

$$\frac{\partial^2 u(\varepsilon,\eta)}{\partial \varepsilon\partial \eta}=0. \tag{3.1.5}$$

经过变量代换得到的关于 $u(\varepsilon,\eta)$ 方程,可以通过两次不定积分,确定其通解。首先,对 η 进行不定积分,可得

$$\frac{\partial u}{\partial \varepsilon}=f(\varepsilon), \tag{3.1.6}$$

其中，$f(\varepsilon)$是关于ε的任意函数。

然后，将(3.1.6)式对ε进行不定积分，可得

$$u(\varepsilon,\eta)=\int f(\varepsilon)\mathrm{d}\varepsilon+f_2(\eta). \tag{3.1.7}$$

由于$f(\varepsilon)$是关于ε的任意函数，其不定积分必然也是关于ε的任意函数，所以，可设$f_1(\varepsilon)=\int f(\varepsilon)\mathrm{d}\varepsilon$，则有

$$u(\varepsilon,\eta)=f_1(\varepsilon)+f_2(\eta), \tag{3.1.8}$$

其中，$f_1(\varepsilon)$和$f_2(\eta)$分别是关于ε和η的任意函数。

将(3.1.2)式代入(3.1.8)式，可得到一维齐次波动方程(3.1.1)式的通解

$$u(x,t)=f_1(x+at)+f_2(x-at). \tag{3.1.9}$$

这个通解的物理解释：假设函数$f_1(x)$为某种确定的波形，则$f_1(x+at)$表示这个波形无畸变地以速度a沿着x轴负方向传播。同理，$f_2(x-at)$表示波形$f_2(x)$无畸变地以速度a沿x轴正方向传播。这种保持波形不变、整体沿某个方向传播的波称为行波。(3.1.1)式的通解是两列传播方向相反的行波的叠加，因此，我们将一维齐次波动方程的这种求解方法称为**行波法**。

3.1.2 达朗贝尔公式

上一小节仅得到了一维齐次波动方程的通解。由于没有附加的定解条件，所以无法确定函数$f_1(x)$和$f_2(x)$的具体形式。本节将根据给定的定解条件，确定函数$f_1(x)$和$f_2(x)$的具体形式。

以一维无界弦的自由振动问题为例，假设弦的横向位移$u(x,t)$满足如下定解问题：

$$\begin{cases}u_{tt}(x,t)-a^2u_{xx}(x,t)=0,-\infty<x<\infty,t>0,\\ u|_{t=0}=\varphi(x),u_t|_{t=0}=\psi(x),\end{cases} \tag{3.1.10}$$

其中，$\varphi(x)$和$\psi(x)$分别代表弦的初始位移和初始速度。由上一小节的内容可知，(3.1.10)式中一维齐次波动方程的通解为(3.1.9)式。

将通解(3.1.9)式代入初始条件，可得如下两个方程：

$$f_1(x)+f_2(x)=\varphi(x), \tag{3.1.11}$$

$$af_1'(x)-af_2'(x)=\psi(x). \tag{3.1.12}$$

对(3.1.12)式两边在区间$[x_0,x]$进行积分，可得

$$f_1(x)-f_2(x)=\frac{1}{a}\int_{x_0}^{x}\psi(\xi)\mathrm{d}\xi+C, \tag{3.1.13}$$

其中，$C=f_1(x_0)-f_2(x_0)$.

由(3.1.11)式和(3.1.13)式，可得

$$\begin{cases}f_1(x)=\dfrac{1}{2}\varphi(x)+\dfrac{1}{2a}\displaystyle\int_{x_0}^{x}\psi(\xi)\mathrm{d}\xi+\dfrac{C}{2},\\ f_2(x)=\dfrac{1}{2}\varphi(x)-\dfrac{1}{2a}\displaystyle\int_{x_0}^{x}\psi(\xi)\mathrm{d}\xi-\dfrac{C}{2}.\end{cases} \tag{3.1.14}$$

由上式可知,波动方程通解中的函数 $f_1(x)$ 和 $f_2(x)$ 的具体形式是由初始位移和初始速度确定的。

将(3.1.14)式代入(3.1.9)式中,并将 $f_1(x)$ 中的变量 x 替换为 $x+at$, $f_2(x)$ 中的变量 x 替换为 $x-at$,从而得到定解问题(3.1.10)式的解:

$$u(x,t)=\frac{1}{2}[\varphi(x+at)+\varphi(x-at)]+\frac{1}{2a}\int_{x-at}^{x+at}\psi(\xi)\mathrm{d}\xi, \tag{3.1.15}$$

上式称为**达朗贝尔公式**(d'Alembert formula).

达朗贝尔公式的物理意义:$\varphi(x+at)$ 表示弦的初始波形以速度 a 沿着 x 轴负方向传播;而 $\varphi(x-at)$ 表示弦的初始波形以速度 a 沿着 x 轴正方向传播。若弦振动的初始速度为零,则 t 时刻空间 x 点处的振动位移由行至此处的原$(x-at)$点处的初始位移和原$(x+at)$点处的初始位移叠加而成,即(3.1.15)式的第一项;若弦振动的初始速度不为零,原$(x-at)$和$(x+at)$点处的位移在行进过程中均发生变化,二者变化量为速度 $\psi(\xi)$ 在行进区域 $[x-at,x+at]$ 内的积累,即(3.1.15)式的第二项。

【例 1】 求解如下无界波动方程的定解问题:

$$\begin{cases}\dfrac{\partial^2 u(x,t)}{\partial t^2}-a^2\dfrac{\partial^2 u(x,t)}{\partial x^2}=0,-\infty<x<\infty,t>0,\\ u\big|_{t=0}=\mathrm{e}^{-x^2},\quad u_t\big|_{t=0}=2ax\mathrm{e}^{-x^2}.\end{cases}$$

解:利用达朗贝尔公式,可得定解问题的解为

$$\begin{aligned}u(x,t)&=\frac{1}{2}[\varphi(x+at)+\varphi(x-at)]+\frac{1}{2a}\int_{x-at}^{x+at}\psi(\xi)\mathrm{d}\xi\\&=\frac{1}{2}[\mathrm{e}^{-(x+at)^2}+\mathrm{e}^{-(x-at)^2}]+\frac{1}{2a}\int_{x-at}^{x+at}2a\xi\mathrm{e}^{-\xi^2}\mathrm{d}\xi\\&=\mathrm{e}^{-(x-at)^2}.\end{aligned}$$

§3.2 无界弦的受迫振动

授课视频

3.2.1 杜阿梅尔原理

1. 杜阿梅尔原理

设 $v(x,t;\tau)$ 表示以 x、t 为自变量,且带有参变量 τ 的函数,其中,$\tau\in[0,t]$。若 $v(x,t;\tau)$ 是定解问题

$$\begin{cases}v_{tt}(x,t;\tau)-a^2v_{xx}(x,t;\tau)=0,-\infty<x<\infty,t>\tau,\\ v(x,t;\tau)\big|_{t=\tau}=0,v_t(x,t;\tau)\big|_{t=\tau}=f(x,\tau)\end{cases} \tag{3.2.1}$$

的解,则

$$u(x,t)=\int_0^t v(x,t;\tau)\mathrm{d}\tau \tag{3.2.2}$$

是定解问题

$$\begin{cases}u_{tt}(x,t)-a^2u_{xx}(x,t)=f(x,t),-\infty<x<\infty,t>0,\\ u(x,t)\big|_{t=0}=0,u_t(x,t)\big|_{t=0}=0\end{cases}\tag{3.2.3}$$

的解。

由杜阿梅尔原理(Duhamel principle)可知，为求解带有齐次初始条件的非齐次微分方程的定解问题(3.2.3)式，可先求解带有非齐次初始条件的齐次微分方程的定解问题(3.2.1)式，然后利用(3.2.2)式，即可得到定解问题(3.2.3)式的解。

证明：下面从定解问题(3.2.1)式和(3.2.2)式出发，推导出定解问题(3.2.3)式中的泛定方程和初始条件，从而证明杜阿梅尔原理。

将 $t=0$ 代入(3.2.2)式，可推得(3.2.3)式中的第一个初始条件 $u(x,t)\big|_{t=0}=0$.

将(3.2.2)式两边对变量 t 求偏导，利用隐函数的求导法则，可得

$$u_t(x,t)=v(x,t;t)+\int_0^t v_t(x,t;\tau)\,\mathrm{d}\tau.\tag{3.2.4}$$

由(3.2.1)式中的第一个初始条件可知，$v(x,\tau;\tau)=0$。当参变量 $\tau=t$ 时，有 $v(x,t;t)=0$. 因此，上式简化为

$$u_t(x,t)=\int_0^t v_t(x,t;\tau)\,\mathrm{d}\tau.\tag{3.2.5}$$

将 $t=0$ 代入上式，可推得(3.2.3)式中的第二个初始条件 $u_t(x,t)\big|_{t=0}=0$.

将(3.2.5)式两边对变量 t 求偏导，可得

$$u_{tt}(x,t)=v_t(x,t;t)+\int_0^t v_{tt}(x,t;\tau)\,\mathrm{d}\tau.\tag{3.2.6}$$

由(3.2.1)式中的第二个初始条件，可知 $v_t(x,\tau;\tau)=f(x,\tau)$. 取参变量 $\tau=t$，可得

$$v_t(x,t;t)=f(x,t).\tag{3.2.7}$$

由(3.2.1)式中的方程可得

$$v_{tt}(x,t;\tau)=a^2v_{xx}(x,t;\tau).\tag{3.2.8}$$

将(3.2.7)式和(3.2.8)式代入(3.2.6)式，可得

$$u_{tt}(x,t)=f(x,t)+a^2\frac{\partial^2}{\partial x^2}\int_0^t v(x,t,\tau)\,\mathrm{d}\tau.\tag{3.2.9}$$

最后，将积分公式(3.2.2)式代入上式，即可推得(3.2.3)式中的泛定方程。

2. 杜阿梅尔原理的物理解释

假设定解问题(3.2.3)式描述的是一根张紧的、无限长的弦受到一个随时间连续变化的外力 $f(x,t)$(单位质量弦上的力)而产生受迫振动的问题。其中，$u(x,t)$ 表示弦的横向振动位移，弦初始时刻处于静止状态，且初始振动位移为零。

如果这根静止的弦，在 $[0,t]$ 时间内的任意 τ 时刻，只受到一个瞬时力 $f(x,\tau)$ 后开始振动，那么，τ 时刻以前，弦一直处于静止状态，τ 时刻以后，弦的横向振动位移 $\omega(x,t;\tau)$ 应满足如下定解问题：

$$\begin{cases}\omega_{tt}(x,t;\tau)-a^2\omega_{xx}(x,t;\tau)=0,-\infty<x<\infty,t>\tau,\\ \omega(x,t;\tau)\big|_{t=\tau}=0,\omega_t(x,t;\tau)\big|_{t=\tau}=f(x,\tau)\Delta\tau.\end{cases}\tag{3.2.10}$$

由于瞬时力只发生在 τ 时刻，τ 时刻后，瞬时力已经消失，所以，上式中泛定方程变为齐次的。在 τ 时刻，弦线上各点的位移未来得及发生变化，因此，τ 时刻的初始位移为零，即

$\omega(x,t;\tau)\big|_{t=\tau}=0$. 但是,该瞬时力会产生一个大小为 $f(x,\tau)\Delta\tau$ 的瞬时冲量。根据动量定理,这个冲量将完全转化为单位质量弦上的动量,即弦的初始振动速度 $\omega_t(x,t;\tau)\big|_{t=\tau}=f(x,\tau)\Delta\tau$.

为了便于计算,令

$$\omega(x,t;\tau)=v(x,t;\tau)\Delta\tau. \tag{3.2.11}$$

代入(3.2.10)式,可得

$$\begin{cases}v_{tt}(x,t;\tau)-a^2v_{xx}(x,t;\tau)=0,\\ v(x,t;\tau)\big|_{t=\tau}=0, v_t(x,t;\tau)\big|_{t=\tau}=f(x,\tau).\end{cases} \tag{3.2.12}$$

利用达朗贝尔公式,可得到该定解问题的解 $v(x,t;\tau)$。将其代入(3.2.11)式,即可得 $\omega(x,t;\tau)$,即 τ 时刻的瞬时力所引起的弦的振动位移。

连续力 $f(x,t)$ 引起的振动可以视为在时间 $[0,t]$ 内所有瞬时力引起的振动的叠加,即

$$u(x,t)=\lim_{\Delta\tau\to 0}\sum_{\tau=0}^{t}\omega(x,t;\tau). \tag{3.2.13}$$

将(3.2.11)式代入上式,可得

$$u(x,t)=\int_0^t v(x,t;\tau)\,\mathrm{d}\tau. \tag{3.2.14}$$

利用冲量定理法,也得到与杜阿梅尔原理相同的结论。因此,杜阿梅尔原理也被称为**冲量定理法**。

3.2.2 叠加原理

下面,我们仅以线性微分方程及其定解问题为例,介绍几种叠加原理。

令 $L[u]=f$ 表示线性微分方程,其中,L 为线性微分算子,例如

$$L=a_0(x)+a_1(x)\frac{\mathrm{d}}{\mathrm{d}x}+a_2(x)\frac{\mathrm{d}^2}{\mathrm{d}x^2}+\cdots,$$

$$L=a_0(x,t)+a_1(x,t)\frac{\partial}{\partial x}+b_1(x,t)\frac{\partial}{\partial t}+a_2(x,t)\frac{\partial^2}{\partial x^2}+b_2(x,t)\frac{\partial^2}{\partial t^2}+\cdots.$$

【叠加原理 1】 如果 u_i 是线性微分方程 $L[u]=0$ 的解,则 $u=\sum_{i=1}^{\infty}c_iu_i$ 也是该微分方程 $L[u]=0$ 的解。

【叠加原理 2】 如果 u_i 是线性微分方程 $L[u_i]=f_i$ 的解,则 $u=\sum_{i=1}^{\infty}c_iu_i$ 是线性微分方程 $L[u]=\sum_{i=1}^{\infty}c_if_i$ 的解。

【叠加原理 3】 对于线性微分方程的定解问题,以无界弦的振动的定解问题为例,如果 $u^{(1)}$ 和 $u^{(2)}$ 分别是定解问题

$$\begin{cases}u_{tt}^{(1)}(x,t)-a^2u_{xx}^{(1)}(x,t)=0, -\infty<x<\infty, t>0,\\ u^{(1)}\big|_{t=0}=\varphi(x), u_t^{(1)}\big|_{t=0}=\psi(x).\end{cases}$$

$$\begin{cases}u_{tt}^{(2)}(x,t)-a^2u_{xx}^{(2)}(x,t)=f(x,t), -\infty<x<\infty, t>0,\\ u^{(2)}\big|_{t=0}=0, u_t^{(2)}\big|_{t=0}=0\end{cases}$$

的解,则 $u=u^{(1)}+u^{(2)}$ 是定解问题

$$\begin{cases}u_{tt}(x,t)-a^2u_{xx}(x,t)=f(x,t),-\infty<x<\infty,t>0,\\ u\big|_{t=0}=\varphi(x),u_t\big|_{t=0}=\psi(x)\end{cases}$$

的解。

【叠加原理 4】　如果 $G(\boldsymbol{r},\boldsymbol{r}_0)$ 是无界空间中方程 $\nabla^2G(\boldsymbol{r},\boldsymbol{r}_0)=-\delta(\boldsymbol{r}-\boldsymbol{r}_0)$ 的解，则

$$u(\boldsymbol{r})=\iiint_{\Omega}f(\boldsymbol{r}_0)G(\boldsymbol{r},\boldsymbol{r}_0)\,\mathrm{d}V_0$$

是无界空间中方程 $\nabla^2u(\boldsymbol{r})=-f(\boldsymbol{r})$ 的解。上式中积分区域 Ω 为 $f(\boldsymbol{r}_0)$ 所占据的区域，$\boldsymbol{r}_0$ 为积分变量。

3.2.3　无界弦的受迫振动

1. 初始时刻处于静止状态的无界弦的受迫振动

假设一根无界弦在外力 $f(x,t)$ 的作用下做受迫振动，其初始速度和初始位移均为零，则弦的横向振动位移满足的定解问题为

$$\begin{cases}u_{tt}(x,t)-a^2u_{xx}(x,t)=f(x,t),-\infty<x<\infty,t>0,\\ u(x,t)\big|_{t=0}=0,u_t(x,t)\big|_{t=0}=0.\end{cases}\tag{3.2.15}$$

根据杜阿梅尔原理，首先需要求解如下定解问题：

$$\begin{cases}v_{tt}(x,t;\tau)-a^2v_{xx}(x,t;\tau)=0,-\infty<x<\infty,t>\tau,\\ v(x,t;\tau)\big|_{t=\tau}=0,v_t(x,t;\tau)\big|_{t=\tau}=f(x,\tau).\end{cases}\tag{3.2.16}$$

在 § 3.1 中，我们推导出定解问题

$$\begin{cases}u_{tt}-a^2u_{xx}=0,-\infty<x<\infty,t>0,\\ u\big|_{t=0}=\varphi(x),u_t\big|_{t=0}=\psi(x)\end{cases}$$

的解可由达朗贝尔公式给出，即

$$u(x,t)=\frac{1}{2}[\varphi(x+at)+\varphi(x-at)]+\frac{1}{2a}\int_{x-at}^{x+at}\psi(\xi)\,\mathrm{d}\xi.$$

为了能够应用上述结论，我们对定解问题(3.2.16)式进行变量代换，令 $T=t-\tau$，则 $v(x,T;\tau)$ 满足如下的定解问题：

$$\begin{cases}v_{TT}(x,T;\tau)-a^2v_{xx}(x,T;\tau)=0,\\ v(x,T;\tau)\big|_{T=0}=0,\quad v_T(x,T;\tau)\big|_{T=0}=f(x,\tau).\end{cases}\tag{3.2.17}$$

该定解问题的解可由达朗贝尔公式写出，即

$$v(x,T;\tau)=\frac{1}{2a}\int_{x-aT}^{x+aT}f(\xi,\tau)\,\mathrm{d}\xi.$$

将 $T=t-\tau$ 代入上式，可得

$$v(x,t;\tau)=\frac{1}{2a}\int_{x-a(t-\tau)}^{x+a(t-\tau)}f(\xi,\tau)\,\mathrm{d}\xi.\tag{3.2.18}$$

将上式代入积分关系式 $u(x,t)=\int_0^t v(x,t;\tau)\,\mathrm{d}\tau$，可得

$$u(x,t)=\frac{1}{2a}\int_0^t\int_{x-a(t-\tau)}^{x+a(t-\tau)}f(\xi,\tau)\,\mathrm{d}\xi\mathrm{d}\tau,\tag{3.2.19}$$

上式即初始时刻处于静止状态的无界弦做受迫振动的位移表达式。

2. 初始时刻处于非静止状态的无界弦的受迫振动

假设一根无界弦在外力 $f(x,t)$ 的作用下做受迫振动，其初始位移和初始速度分别为 $\varphi(x)$ 和 $\psi(x)$，则弦的横向振动位移满足如下的定解问题：

$$\begin{cases} u_{tt}(x,t)-a^2u_{xx}(x,t)=f(x,t), -\infty<x<\infty, t>0, \\ u|_{t=0}=\varphi(x), u_t|_{t=0}=\psi(x). \end{cases} \tag{3.2.20}$$

利用叠加原理，可以将上述定解问题分解为两个独立的、相对简单的定解问题。令 $u=u^{(1)}+u^{(2)}$，其中，$u^{(1)}$ 和 $u^{(2)}$ 分别满足如下的定解问题：

$$\begin{cases} u_{tt}^{(1)}(x,t)-a^2u_{xx}^{(1)}(x,t)=0, -\infty<x<\infty, t>0, \\ u^{(1)}|_{t=0}=\varphi(x), u_t^{(1)}|_{t=0}=\psi(x). \end{cases} \tag{3.2.21}$$

$$\begin{cases} u_{tt}^{(2)}(x,t)-a^2u_{xx}^{(2)}(x,t)=f(x,t), -\infty<x<\infty, t>0, \\ u^{(2)}|_{t=0}=0, \quad u_t^{(2)}|_{t=0}=0. \end{cases} \tag{3.2.22}$$

定解问题(3.2.21)式中的泛定方程是齐次的，初始条件是非齐次的，其解可由达朗贝尔公式给出：

$$u^{(1)}(x,t)=\frac{1}{2}[\varphi(x+at)+\varphi(x-at)]+\frac{1}{2a}\int_{x-at}^{x+at}\psi(\xi)\mathrm{d}\xi. \tag{3.2.23}$$

定解问题(3.2.22)式中的方程是非齐次的，初始条件是齐次的，其解可由杜阿梅尔原理得到：

$$u^{(2)}(x,t)=\frac{1}{2a}\int_0^t\int_{x-a(t-\tau)}^{x+a(t-\tau)}f(\xi,\tau)\mathrm{d}\xi\mathrm{d}\tau. \tag{3.2.24}$$

因此，根据叠加原理，定解问题(3.2.20)式的解为

$$u(x,t)=\frac{1}{2}[\varphi(x+at)+\varphi(x-at)]+\frac{1}{2a}\int_{x-at}^{x+at}\psi(\xi)\mathrm{d}\xi+\frac{1}{2a}\int_0^t\int_{x-a(t-\tau)}^{x+a(t-\tau)}f(\xi,\tau)\mathrm{d}\xi\mathrm{d}\tau. \tag{3.2.25}$$

第 3 章习题

1. 利用行波法求解如下无限均匀空间的定解问题：

$$\begin{cases} u_{tt}-a^2u_{xx}=0, -\infty<x<\infty, t>0, \\ u|_{t=0}=\cos x, u_t|_{t=0}=1. \end{cases}$$

2. 已知一维无界弦的自由振动满足方程 $u_{tt}-a^2u_{xx}=0$，$(-\infty<x<\infty, t>0)$，假设弦的初始位移为 $\varphi(x)$，初始速度为 $a\varphi'(x)$，求解该无界弦的自由振动。

习题参考答案

第4章 积分变换法

积分变换法是求解常微分方程和偏微分方程的重要方法之一。积分变换包含傅里叶变换、拉普拉斯变换、汉克尔变换、Z变换以及小波变换等,本书仅介绍傅里叶变换和拉普拉斯变换。通过积分变换(傅里叶变换或者拉普拉斯变换),我们可以将关于原函数的偏微分方程,变换成关于像函数的常微分方程,或者将关于原函数的常微分方程,变换成关于像函数的代数方程;然后求解像函数方程,得到像函数的解;最后对像函数进行积分逆变换(傅里叶逆变换或者拉普拉斯逆变换),得到原方程中原函数的解。

第4章
课件资源

本章首先给出这两种积分变换及逆变换的定义和性质,然后介绍利用这两种积分变换求解常微分方程和偏微分方程的方法。

§4.1 傅里叶变换

授课视频

4.1.1 傅里叶变换的定义

设$f(x)$是定义在$(-\infty,\infty)$上的函数,若$f(x)$在定义域内满足狄利克雷(Dirchlet)条件(函数在任一有限区间上具有有限个极值点和有限个第一类间断点),且在定义域$(-\infty,\infty)$上绝对可积,即$\int_{-\infty}^{\infty}|f(x)|\mathrm{d}x$有限,则函数$f(x)$存在**傅里叶变换**(Fourier transform)

$$\tilde{f}(k)=\int_{-\infty}^{\infty}f(x)\mathrm{e}^{-ikx}\mathrm{d}x, \tag{4.1.1}$$

记为$\tilde{f}(k)=\mathscr{F}[f(x)]$,其中,$k\in(-\infty,\infty)$.

由(4.1.1)式定义的函数$\tilde{f}(k)$存在**傅里叶逆变换**(inverse Fourier transform)

$$f(x)=\frac{1}{2\pi}\int_{-\infty}^{\infty}\tilde{f}(k)\mathrm{e}^{ikx}\mathrm{d}k, \tag{4.1.2}$$

记为$f(x)=\mathscr{F}^{-1}[\tilde{f}(k)]$,上式也称为傅里叶积分。

傅里叶变换及逆变换的MATLAB内部指令

- 傅里叶变换　Fk=fourier(fx,x,k)
- 傅里叶逆变换　fx=ifourier(Fk,k,x)

其中,fx是以x为自变量的原函数;Fk是以k为自变量的像函数。

傅里叶变换及逆变换的公式,可由周期函数的周期趋于无穷时,傅里叶级数的极限情况推得,这属于复变函数部分的内容,本书不再赘述。但我们将在§4.2例6中,利用狄拉克函数的性质,由傅里叶变换公式推导出傅里叶逆变换公式。

函数$f(x)$和$\tilde{f}(k)$分别称为傅里叶变换的原函数和像函数,二者构成一个傅里叶变换对。原函数$f(x)$是空间域的函数,像函数$\tilde{f}(k)$是波数域的函数,此种情形下的傅里叶变换,实际上是把空间域的函数$f(x)$变换成波数域的函数$\tilde{f}(k)$。原函数和像函数也可以分别写为关于时间t和频率ω的函数,$f(t)$和$\tilde{f}(\omega)$也构成一个傅里叶变换对,此种情形下的傅里叶变换,实际上是把时间域的函数$f(t)$变换成频率域的函数$\tilde{f}(\omega)$。一般情况下,默认$f(t)$的自变量$t\in[0,\infty)$。对于此类定义在半无限域的时间函数的傅里叶变换,可以假定当$t<0$时,$f(t)\equiv 0$,将其延拓成自变量$t\in(-\infty,\infty)$的函数。延拓后的函数$f(t)$可进行(4.1.1)式的傅里叶变换,其像函数可进行(4.1.2)式的傅里叶逆变换。

另外,傅里叶变换可以扩展到二维和三维空间,此种情况下的傅里叶变换(包括傅里叶逆变换)公式中的积分分别是二重和三重积分。

下面以三维空间的函数的傅里叶变换为例进行介绍。定义在三维空间的函数$f(x,y,z)$,如果其在定义域内也满足狄利克雷条件,且绝对可积,则它的傅里叶变换定义为

$$\tilde{f}(k_x,k_y,k_z)=\int_{-\infty}^{\infty}\int_{-\infty}^{\infty}\int_{-\infty}^{\infty}f(x,y,z)\,\mathrm{e}^{-\mathrm{i}(k_x x+k_y y+k_z z)}\,\mathrm{d}x\mathrm{d}y\mathrm{d}z, \tag{4.1.3}$$

像函数$\tilde{f}(k_x,k_y,k_z)$的傅里叶逆变换定义为

$$f(x,y,z)=\frac{1}{(2\pi)^3}\int_{-\infty}^{\infty}\int_{-\infty}^{\infty}\int_{-\infty}^{\infty}\tilde{f}(k_x,k_y,k_z)\,\mathrm{e}^{\mathrm{i}(k_x x+k_y y+k_z z)}\,\mathrm{d}k_x\mathrm{d}k_y\mathrm{d}k_z, \tag{4.1.4}$$

其中,原函数的自变量$x、y、z\in(-\infty,\infty)$,像函数的自变量$k_x、k_y、k_z\in(-\infty,\infty)$。

4.1.2 傅里叶变换的性质

如果函数$f(x)$和$\tilde{f}(k)$是满足(4.1.1)式和(4.1.2)式定义的傅里叶变换对,即,$\mathscr{F}[f(x)]=\tilde{f}(k)$,则基于函数$f(x)$的扩展函数的傅里叶变换具有如下性质。

1. 线性性质

空间域线性叠加信号的傅里叶变换等于波数域相应各信号的线性叠加,即

$$\mathscr{F}\left[\sum_{n=1}^{N}c_n f_n(x)\right]=\sum_{n=1}^{N}c_n\tilde{f}_n(k), \tag{4.1.5}$$

其中,$c_n(n=1,2,\cdots,N)$为常量。

证明:$\mathscr{F}\left[\sum_{n=1}^{N}c_n f_n(x)\right]=\int_{-\infty}^{\infty}\sum_{n=1}^{N}c_n f_n(x)\mathrm{e}^{-ikx}\mathrm{d}x=\sum_{n=1}^{N}c_n\int_{-\infty}^{\infty}f_n(x)\mathrm{e}^{-ikx}\mathrm{d}x=\sum_{n=1}^{N}c_n\tilde{f}_n(k)$.

2. 尺度变换性质

原函数的自变量进行尺度伸缩后的傅里叶变换为

$$\mathscr{F}[f(ax)]=\frac{1}{|a|}\tilde{f}\left(\frac{k}{a}\right), \tag{4.1.6}$$

其中，$a\neq0$。

证明：当 $a>0$ 时，$\mathscr{F}[f(ax)]=\int_{-\infty}^{\infty}f(ax)\mathrm{e}^{-\mathrm{i}kx}\mathrm{d}x=\frac{1}{a}\int_{-\infty}^{\infty}f(x')\mathrm{e}^{-\mathrm{i}\frac{k}{a}x'}\mathrm{d}(x')=\frac{1}{a}\tilde{f}\left(\frac{k}{a}\right)$；

当 $a<0$ 时，$\mathscr{F}[f(ax)]=\frac{1}{a}\int_{\infty}^{-\infty}f(x')\mathrm{e}^{-\mathrm{i}\frac{k}{a}x'}\mathrm{d}(x')=\frac{1}{-a}\int_{-\infty}^{\infty}f(x')\mathrm{e}^{-\mathrm{i}\frac{k}{a}x'}\mathrm{d}(x')=\frac{1}{-a}\tilde{f}\left(\frac{k}{a}\right)$.

综合两种情况，可得 $\mathscr{F}[f(ax)]=\frac{1}{|a|}\tilde{f}\left(\frac{k}{a}\right)$。

下面以方波函数的傅里叶变换为例来解释这个性质。由傅里叶变换的公式可以看出，将实函数进行傅里叶变换得到的像函数一般是复函数，但如果原函数是实的偶函数，则不难验证，相应的像函数也为实的偶函数，方波函数的傅里叶变换就是此种情况（见 § 4.1 例 1）。图 4.1(a)和图 4.1(b)分别显示了宽度为 4 的对称的方波函数 $f_1(x)$ 及其像函数 $\tilde{f}_1(k)$ 的图像；图 4.1(c)和图 4.1(d)分别显示了宽度为 2 的对称的方波函数 $f_2(x)$ 及其像函数 $\tilde{f}_2(k)$ 的图像。通过对比相应图像，可以看出，当方波的宽度降为原来的一半时，像函数中各峰宽度扩大到原来的 2 倍，各峰振幅降至原来的一半。

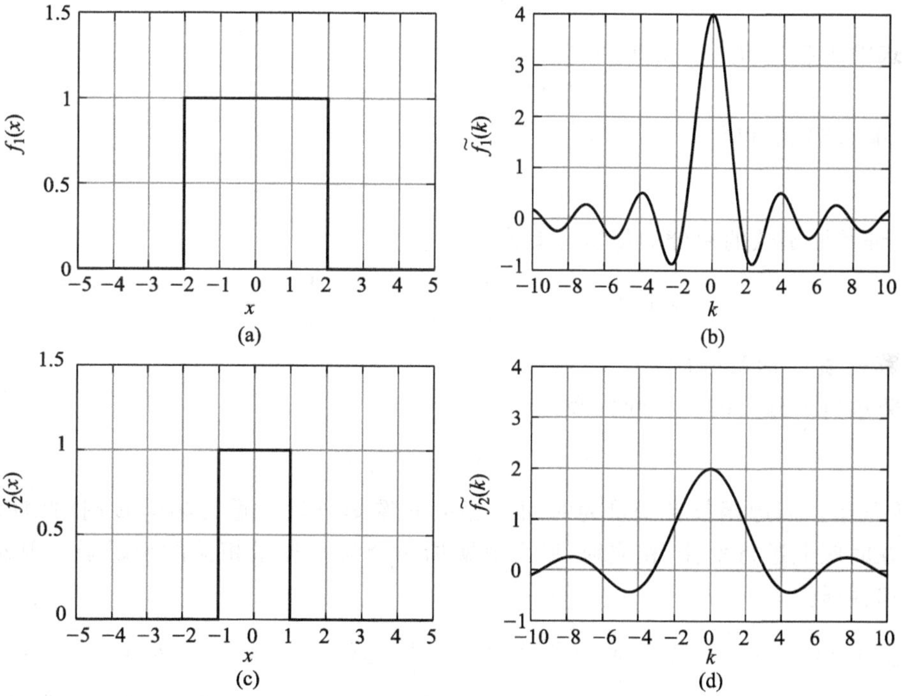

图 4.1　不同宽度方波函数的傅里叶变换

3. 微分性质

如果当 $x\to\pm\infty$ 时，函数 $f(x)$ 及其导数 $f^{(m)}(x)\ (m=1,2,\cdots,n-1)$ 都趋于零，则该函数的 n 阶导数的傅里叶变换为

$$\mathscr{F}[f^{(n)}(x)]=(\mathrm{i}k)^n\tilde{f}(k). \tag{4.1.7}$$

特别地，

$$\mathscr{F}[f'(x)]=\mathrm{i}k\tilde{f}(k),\tag{4.1.8}$$

$$\mathscr{F}[f''(x)]=-k^2\tilde{f}(k).\tag{4.1.9}$$

证明：$\mathscr{F}[f'(x)]=\int_{-\infty}^{\infty}f'(x)\mathrm{e}^{-\mathrm{i}kx}\mathrm{d}x=f(x)\mathrm{e}^{-\mathrm{i}kx}\big|_{-\infty}^{\infty}+\mathrm{i}k\int_{-\infty}^{\infty}f(x)\mathrm{e}^{-\mathrm{i}kx}\mathrm{d}x.$

由前提条件可知，当 $x\to\pm\infty$时，$f(x)=0$，可得上式右边第一项等于零。因此，证得 $\mathscr{F}[f'(x)]=\mathrm{i}k\tilde{f}(k)$。类似地，可证得(4.1.7)式和(4.1.9)式。

函数的一阶导数和二阶导数的傅里叶变换公式是求解二阶微分方程的重要工具。

4. 积分性质

原函数的积分的傅里叶变换为

$$\mathscr{F}\left[\int_{-\infty}^{x}f(\xi)\mathrm{d}\xi\right]=\frac{1}{\mathrm{i}k}\tilde{f}(k).\tag{4.1.10}$$

证明：设 $h(x)=\int_{-\infty}^{x}f(\xi)\mathrm{d}\xi$，两边分别对 x 进行一次求导，可得

$$h'(x)=f(x).$$

将上式两边进行傅里叶变换，可得

$$\mathscr{F}[h'(x)]=\mathscr{F}[f(x)].$$

结合(4.1.8)式，可得

$$\mathrm{i}k\mathscr{F}[h(x)]=\tilde{f}(k).$$

因此，证得原函数的积分的傅里叶变换为

$$\mathscr{F}[h(x)]=\mathscr{F}\left[\int_{-\infty}^{x}f(\xi)\mathrm{d}\xi\right]=\frac{1}{\mathrm{i}k}\tilde{f}(k).$$

5. 平移性质 I(时移性质)

原函数进行平移后的傅里叶变换为

$$\mathscr{F}[f(x-x_0)]=\mathrm{e}^{-\mathrm{i}kx_0}\tilde{f}(k),\tag{4.1.11}$$

其中，x_0 为常量。当原函数自变量为时间 t，相应的像函数自变量为频率 ω 时，此性质描述的是原函数在时间上进行平移，相应地，像函数增加一个与平移量相关的相因子。因此，该性质也称为时移性质。

证明：$\mathscr{F}[f(x-x_0)]=\int_{-\infty}^{\infty}f(x-x_0)\mathrm{e}^{-\mathrm{i}kx}\mathrm{d}x=\mathrm{e}^{-\mathrm{i}kx_0}\int_{-\infty}^{\infty}f(x-x_0)\mathrm{e}^{-\mathrm{i}k(x-x_0)}\mathrm{d}(x-x_0)=\mathrm{e}^{-\mathrm{i}kx_0}\tilde{f}(k).$

下面仍以方波函数的傅里叶变换为例来解释这个性质。图 4.2(a)是一个宽度为 2 的对称的方波函数 $f_1(x)$，图 4.2(b)和图 4.2(c)分别是其像函数 $\tilde{f}_1(k)$ 的模和主辐角(定义区间为$(-\pi,\pi]$)的图像。方波函数 $f_1(x)$ 的像函数 $\tilde{f}_1(k)$ 是个实函数，其虚部恒为零，因此，根据实部的正负，像函数 $\tilde{f}_1(k)$ 的主辐角等于 0 或者 π[如图 4.2(c)所示]。图 4.2(d)是将图 4.2(a)中的方波函数 $f_1(x)$ 向右平移 1 个单位后的方波函数 $f_2(x)$ 的图像，图 4.2(e)和

图 4.2(f)分别是其像函数 $\tilde{f}_2(k)$ 的模和主辐角。对比相应图像,可以看出,当原函数向右平移 1 个单位时,像函数的模保持不变,只有主辐角发生了变化。

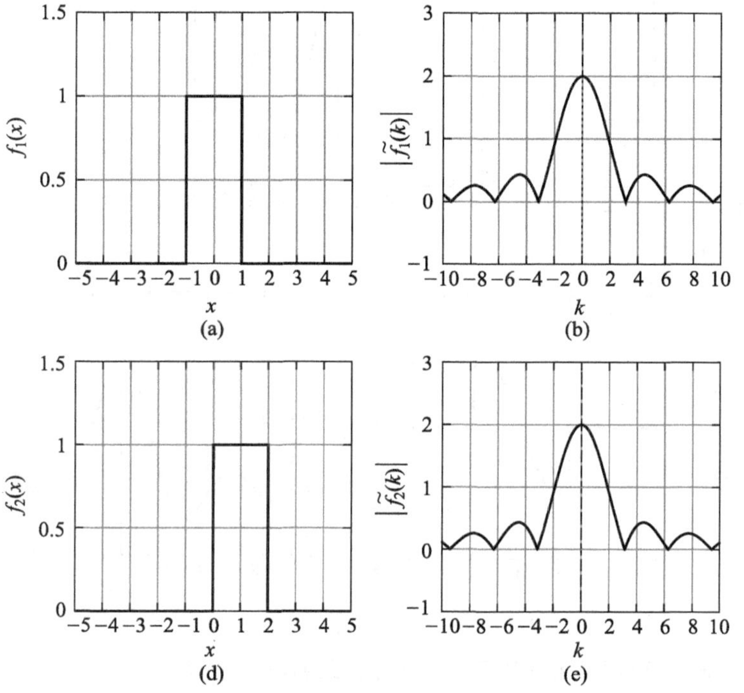

图 4.2　对称的方波函数及其平移后的方波函数的傅里叶变换

6. 平移性质 Ⅱ(频移性质)

原函数乘以相位因子 $\mathrm{e}^{\mathrm{i}k_0x}$后的傅里叶变换为

$$\mathscr{F}[\mathrm{e}^{\mathrm{i}k_0x}f(x)]=\tilde{f}(k-k_0), \tag{4.1.12}$$

其中,k_0 为常量。当原函数自变量为时间 t,相应的像函数自变量为频率 ω 时,此性质描述的是原函数乘以一个相因子,相应地,像函数在频率上进行平移。因此,该性质也称为频移性质。

证明: $\mathscr{F}[\mathrm{e}^{\mathrm{i}k_0x}f(x)]=\int_{-\infty}^{\infty}\mathrm{e}^{\mathrm{i}k_0x}f(x)\mathrm{e}^{-\mathrm{i}kx}\mathrm{d}x=\int_{-\infty}^{\infty}f(x)\mathrm{e}^{-\mathrm{i}(k-k_0)x}\mathrm{d}x=\tilde{f}(k-k_0).$

我们仍以方波函数的傅里叶变换为例来解释这个性质。图 4.3(a)和图 4.3(b)分别显示了宽度为 2 的对称的方波函数 $f_1(x)$和它的像函数 $\tilde{f}_1(k)$ 的实部的图像,方波函数 $f_1(x)$的像函数 $\tilde{f}_1(k)$ 的虚部恒等于零,因此未给出像函数的虚部的图像;方波函数 $f_1(x)$乘以相位因子 $\mathrm{e}^{\mathrm{i}2x}$后的函数 $f_2(x)$是一个复函数,图 4.3(c)和图 4.3(d)分别显示了原函数 $f_2(x)$的实部和虚部的图像。图 4.3(e)显示了它的像函数 $\tilde{f}_2(k)$ 的实部的图像,其虚部的图像也因恒等于零未给出。对比相应的图像,可以看出,将原函数 $f_1(x)$乘以相位因子 $\mathrm{e}^{\mathrm{i}2x}$后,其傅里叶变换的像函数 $\tilde{f}_2(k)$,只是将像函数 $\tilde{f}_1(k)$ 整体向右平移了 2 个单位。

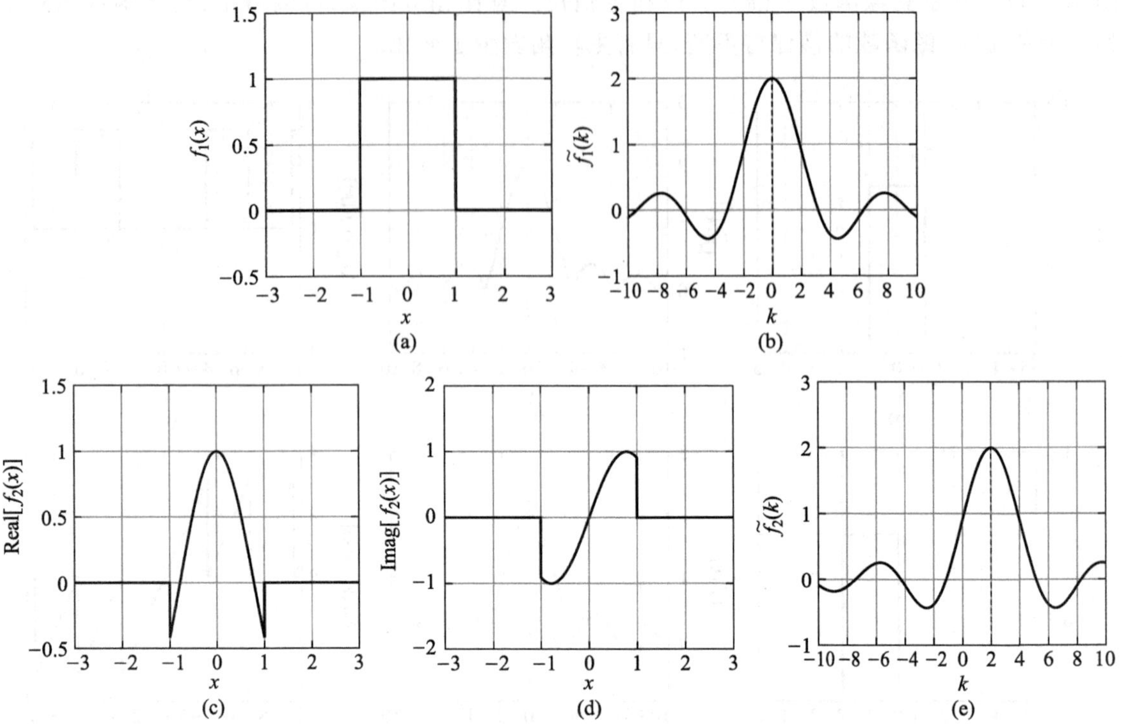

图 4.3　对称的方波函数及其乘以相位因子后的方波函数的傅里叶变换

7. 卷积定理

函数 $f_1(x)$ 和 $f_2(x)$ 的卷积定义为

$$f_1(x) * f_2(x) = \int_{-\infty}^{\infty} f_1(\xi) f_2(x-\xi)\,\mathrm{d}\xi. \tag{4.1.13}$$

若 $\mathscr{F}[f_1(x)] = \tilde{f}_1(k)$，$\mathscr{F}[f_2(x)] = \tilde{f}_2(k)$，则这两个函数的卷积的傅里叶变换为

$$\mathscr{F}[f_1(x) * f_2(x)] = \tilde{f}_1(k)\tilde{f}_2(k). \tag{4.1.14}$$

证明：$\mathscr{F}[f_1(x) * f_2(x)] = \int_{-\infty}^{\infty} \left[\int_{-\infty}^{\infty} f_1(\xi) f_2(x-\xi)\,\mathrm{d}\xi \right] \mathrm{e}^{-\mathrm{i}kx}\mathrm{d}x$，

交换积分次序，可得

$$\mathscr{F}[f_1(x) * f_2(x)] = \int_{-\infty}^{\infty} f_1(\xi) \left[\int_{-\infty}^{\infty} f_2(x-\xi)\mathrm{e}^{-\mathrm{i}kx}\mathrm{d}x \right] \mathrm{d}\xi.$$

根据傅里叶变换的平移性质 I，可得

$$\int_{-\infty}^{\infty} f_2(x-\xi)\mathrm{e}^{-\mathrm{i}kx}\mathrm{d}x = \mathrm{e}^{-\mathrm{i}k\xi}\,\tilde{f}_2(k).$$

因此，证得

$$\mathscr{F}[f_1(x) * f_2(x)] = \int_{-\infty}^{\infty} f_1(\xi)\mathrm{e}^{-\mathrm{i}k\xi}\,\tilde{f}_2(k)\,\mathrm{d}\xi = \tilde{f}_1(k)\,\tilde{f}_2(k).$$

【例 1】 计算方波函数 $f(x)=\begin{cases}1, -1\leqslant x\leqslant 1\\ 0, 其他\end{cases}$ 的傅里叶变换。

解:根据傅里叶变换的定义,可得

$$\tilde{f}(k)=\int_{-\infty}^{\infty} f(x)\mathrm{e}^{-\mathrm{i}kx}\mathrm{d}x=\int_{-1}^{1}\mathrm{e}^{-\mathrm{i}kx}\mathrm{d}x=\frac{2}{k}\sin k.$$

利用 MATLAB 内部指令可以直接计算已知函数的傅里叶变换(见下面代码)。图 4.4(a)和图 4.4(b)分别是利用 MATLAB 绘制的方波函数和它的像函数的图像。

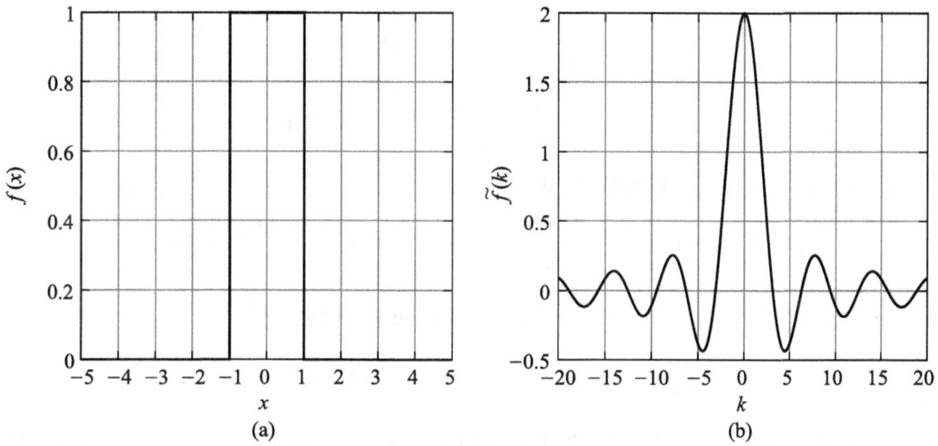

图 4.4 方波函数及其像函数

```
%调用 MATLAB 内部指令计算方波的傅里叶变换
%原函数 fx1;像函数 Fk
syms x k;                                      %定义符号变量
fx=sym(heaviside(x+1)-heaviside(x-1));         %[-1,1]的方波
Fk=fourier(fx,x,k);                            %傅里叶变换
Fk=simplify(Fk)                                %化简 Fk
%原函数画图
subplot(1,3,1)
fplot(fx,'linewidth',2)
axis([-5 5 0 1])
set(gca,'XTick',-5:1:5)
grid on
%像函数画图
subplot(1,3,2)
fplot(Fk,'linewidth',2)
axis([-20 20 -0.5 2])
```

```
set(gca,'XTick',-20:5:20)
grid on
```

【例 2】 计算高斯脉冲函数 $f(x)=Ee^{-(x/\tau)^2}$ 的傅里叶变换，其中，E 和 τ 是给定的参量。

解：根据傅里叶变换的定义，可得

$$\begin{aligned}\tilde{f}(k)&=\int_{-\infty}^{\infty}Ee^{-(x/\tau)^2}e^{-ikx}dx\\&=E\int_{-\infty}^{\infty}e^{-(x^2+ik\tau^2x)/\tau^2}dx\\&=Ee^{-(k\tau/2)^2}\int_{-\infty}^{\infty}e^{-(x+ik\tau^2/2)^2/\tau^2}dx.\end{aligned}$$

设 $(x+ik\tau^2/2)/\tau=u$，则上述积分变为

$$\tilde{f}(k)=Ee^{-(k\tau/2)^2}\int_{-\infty+ik\tau/2}^{\infty+ik\tau/2}e^{-u^2}\tau du=2E\tau e^{-(k\tau/2)^2}\int_0^{\infty}e^{-u^2}du.$$

为便于计算积分 $I=\int_0^{\infty}e^{-u^2}du$，将其乘以一个相同的积分，可得

$$I^2=\int_0^{\infty}e^{-u^2}du\int_0^{\infty}e^{-v^2}dv=\int_0^{\infty}\int_0^{\infty}e^{-(u^2+v^2)}dudv.$$

将直角坐标系下的二重积分转换为极坐标系下的二重积分，设 $u^2+v^2=\rho^2$，则 $dudv=\rho d\rho d\varphi$，将其代入上式，可得

$$I^2=\int_0^{\pi/2}\int_0^{\infty}e^{-\rho^2}\rho d\rho d\varphi=\frac{\pi}{4}.$$

因此，可得积分

$$I=\int_0^{\infty}e^{-u^2}du=\frac{\sqrt{\pi}}{2}.$$

高斯脉冲函数傅里叶变换的像函数为

$$\tilde{f}(k)=\sqrt{\pi}E\tau e^{-(k\tau/2)^2}.$$

【例 3】 计算双边指数函数 $f(x)=e^{-\alpha|x|}$ 的傅里叶变换，其中，α 为一个大于零的参量。

解：根据傅里叶变换的定义，可得

$$\begin{aligned}\tilde{f}(k)&=\int_{-\infty}^{\infty}e^{-\alpha|x|}e^{-ikx}dx\\&=\int_0^{\infty}e^{-\alpha x-ikx}dx+\int_{-\infty}^{0}e^{\alpha x-ikx}dx\\&=\frac{1}{ik+\alpha}-\frac{1}{ik-\alpha}\\&=\frac{2\alpha}{k^2+\alpha^2}.\end{aligned}$$

§ 4.2 狄拉克函数

狄拉克函数(Dirac function)不是常规意义的函数,而是一种广义函数,在物理上有着广泛的应用。物理上常常研究质量密度、电荷密度、能谱密度等物理量在空间域或自变量域内的分布,狄拉克函数可以描述这些物理量在自变量域内的一种极端的分布,即物理量集中于一点的分布。

授课视频

4.2.1 一维狄拉克函数

1. 一维狄拉克函数的定义

下面以带有总电荷量为单位电荷量的电荷分布为例,引入一维狄拉克函数的定义。假设 x_0 为无限长导线上任意一点,单位电荷量的电荷均匀地分布在以 x_0 点为中心、长度为 l 的一段导线上,则这根无限长导线上的电荷线密度函数可写为

$$\rho(x)=\begin{cases}0, & x<x_0-l/2,\\ 1/l, & x_0-l/2\leqslant x\leqslant x_0+l/2,\\ 0, & x>x_0+l/2.\end{cases} \tag{4.2.1}$$

当长度 $l\to 0$ 时,意味着电荷逐渐汇聚到点 x_0 上,从而得到极限情况下的电荷线密度函数:

$$\rho(x)=\begin{cases}\infty, & x=x_0,\\ 0, & x\neq x_0.\end{cases} \tag{4.2.2}$$

对上述电荷线密度函数进行积分,应为电荷的总电荷量,即单位电荷量:

$$Q=\int_{-\infty}^{\infty}\rho(x)\,\mathrm{d}x=1. \tag{4.2.3}$$

(4.2.2)式表示 $x=x_0$ 处的电荷线密度为无穷大,而其他位置处电荷线密度为零;(4.2.3)式表示电荷线密度在定义域内的线积分等于单位电荷量。同时满足(4.2.2)式和(4.2.3)式的这类广义函数称为**狄拉克函数**,记为 $\delta(x-x_0)$,即

$$\delta(x-x_0)=\begin{cases}\infty, & x=x_0,\\ 0, & x\neq x_0.\end{cases} \tag{4.2.4}$$

$$\int_{-\infty}^{\infty}\delta(x-x_0)\,\mathrm{d}x=1. \tag{4.2.5}$$

$\delta(x-x_0)$ 代表放置在 $x=x_0$ 处的单位点电荷的电荷线密度函数。特别地,如果该单位点电荷正好放置在坐标原点,即 $x_0=0$ 处,则电荷线密度函数用狄拉克函数 $\delta(x)$ 表示为

$$\delta(x)=\begin{cases}\infty, & x=0,\\ 0, & x\neq 0.\end{cases} \tag{4.2.6}$$

$$\int_{-\infty}^{\infty}\delta(x)\,\mathrm{d}x=1. \tag{4.2.7}$$

狄拉克函数的 MATLAB 内部指令

- 狄拉克函数　　　　　　dirac (x)
- 狄拉克函数的 n 阶导数　　dirac (n, x)

2. 一维狄拉克函数的常用性质

(1) $\delta(x)$ 函数是偶函数,即

$$\delta(-x)=\delta(x), \tag{4.2.8}$$

$$\delta(x-x_0)=\delta(x_0-x). \tag{4.2.9}$$

(2) 单位阶跃函数的一阶导数是 $\delta(x)$ 函数,即

$$\frac{\mathrm{d}H(x)}{\mathrm{d}x}=\delta(x). \tag{4.2.10}$$

$H(x)$ 为**单位阶跃函数**,也称**赫维赛德阶跃函数**(Heaviside step function)。单位阶跃函数有三种形式的定义,其差异在于 $H(x)$ 在 $x=0$ 处的定义,其中的一种定义为

$$H(x)=\begin{cases}1, & x>0,\\ 1/2, & x=0,\\ 0, & x<0.\end{cases} \tag{4.2.11}$$

另外两种定义分别是 $H(x)$ 在 $x=0$ 点无定义和 $H(0)=1$. 基于(4.2.11)式定义的单位阶跃函数 $H(x)$ 可用符号函数 $\mathrm{sgn}(x)$ 表示:

$$H(x)=\frac{1}{2}+\frac{1}{2}\mathrm{sgn}(x), \tag{4.2.12}$$

其中,符号函数为

$$\mathrm{sgn}(x)=\begin{cases}1, & x>0,\\ 0, & x=0,\\ -1, & x<0.\end{cases} \tag{4.2.13}$$

赫维赛德阶跃函数和符号函数的 MATLAB 内部指令

- 赫维赛德阶跃函数　　heaviside (x)
- 符号函数　　　　　　sign (x)

(3) 若 $f(x)$ 是定义在区间 $(-\infty,\infty)$ 上的任意连续函数,则有

$$\int_{-\infty}^{+\infty} f(x)\delta(x-x_0)\,\mathrm{d}x=f(x_0) \tag{4.2.14}$$

特别地,当 $x_0=0$ 时,有

$$\int_{-\infty}^{+\infty} f(x)\delta(x)\,\mathrm{d}x=f(0). \tag{4.2.15}$$

证明: $\int_{-\infty}^{+\infty} f(x)\delta(x-x_0)\,\mathrm{d}x=\int_{x_0-\varepsilon}^{x_0+\varepsilon} f(x)\delta(x-x_0)\,\mathrm{d}x.$

由积分中值定理得

$$\int_{x_0-\varepsilon}^{x_0+\varepsilon} f(x)\delta(x-x_0)\mathrm{d}x = f(\xi)\int_{x_0-\varepsilon}^{x_0+\varepsilon}\delta(x-x_0)\mathrm{d}x = f(\xi),$$

其中，$x_0-\varepsilon<\xi<x_0+\varepsilon$. 当 $\varepsilon\to 0$ 时，$f(\xi)\to f(x_0)$，因此可得

$$\int_{-\infty}^{+\infty} f(x)\delta(x-x_0)\mathrm{d}x = f(x_0).$$

此性质常用于计算关于狄拉克函数的积分。

(4) 若 $f(x)$ 是定义在区间 $(-\infty,\infty)$ 上的任意连续函数，则有

$$\int_{-\infty}^{+\infty} f(x)\delta'(x-x_0)\mathrm{d}x = -f'(x_0). \tag{4.2.16}$$

$$\int_{-\infty}^{+\infty} f(x)\delta''(x-x_0)\mathrm{d}x = f''(x_0). \tag{4.2.17}$$

特别地，当 $x_0=0$ 时，有

$$\int_{-\infty}^{+\infty} f(x)\delta'(x)\mathrm{d}x = -f'(0). \tag{4.2.18}$$

$$\int_{-\infty}^{+\infty} f(x)\delta''(x)\mathrm{d}x = f''(0). \tag{4.2.19}$$

证明：以(4.2.16)式为例，利用分部积分，可得

$$\int_{-\infty}^{+\infty} f(x)\delta'(x-x_0)\mathrm{d}x = f(x)\delta(x-x_0)\Big|_{-\infty}^{\infty} - \int_{-\infty}^{+\infty} f'(x)\delta(x-x_0)\mathrm{d}x = -f'(x_0).$$

因此，证得(4.2.16)式。同理，利用两次分部积分，即可证得(4.2.17)式。

(5) 如果 a 为不等于零的常量，则有

$$\delta(ax) = \frac{1}{|a|}\delta(x). \tag{4.2.20}$$

证明：对于任意的函数 $f(x)$，其与 $\delta(ax)$ 乘积的积分为

$$\int_{-\infty}^{+\infty} f(x)\delta(ax)\mathrm{d}x = \int_{-\infty}^{+\infty} f(x)\delta(|a|x)\mathrm{d}x = \frac{1}{|a|}\int_{-\infty}^{+\infty} f\left(\frac{x'}{|a|}\right)\delta(x')\mathrm{d}x' = \frac{1}{|a|}f(0).$$

任意的函数 $f(x)$ 与 $\frac{1}{|a|}\delta(x)$ 乘积的积分为

$$\int_{-\infty}^{+\infty} f(x)\frac{1}{|a|}\delta(x)\mathrm{d}x = \frac{1}{|a|}f(0).$$

由以上两式可知，对于任意的函数 $f(x)$，有

$$\int_{-\infty}^{+\infty} f(x)\delta(ax)\mathrm{d}x = \int_{-\infty}^{+\infty} f(x)\frac{1}{|a|}\delta(x)\mathrm{d}x.$$

因此，证得 $\delta(ax)=\frac{1}{|a|}\delta(x)$.

(6) 如果 $\varphi(x)=0$ 的实根 $x_i(i=1,2,\cdots,N)$ 全是单根，则

$$\delta[\varphi(x)] = \sum_{i=1}^{N}\frac{\delta(x-x_i)}{|\varphi'(x_i)|}. \tag{4.2.21}$$

例如，

$$\delta(x^2-a^2) = \frac{\delta(x-a)}{|2x|_{x=a}} + \frac{\delta(x+a)}{|2x|_{x=-a}} = \frac{1}{2|a|}[\delta(x-a)+\delta(x+a)]. \tag{4.2.22}$$

证明：根据狄拉克函数的定义，可知

$$\delta[\varphi(x)]=\begin{cases}0, x\neq x_i,\\ \infty, x=x_i.\end{cases}$$

对于任意的函数 $f(x)$，其与 $\delta[\varphi(x)]$ 乘积的积分为

$$\int_{-\infty}^{\infty} f(x)\delta[\varphi(x)]\mathrm{d}x=\sum_{i=1}^{N}\int_{x_i-\varepsilon}^{x_i+\varepsilon} f(x)\delta[\varphi(x)]\mathrm{d}x=\sum_{i=1}^{N} f(\xi_i)\int_{x_i-\varepsilon}^{x_i+\varepsilon}\delta[\varphi(x)]\mathrm{d}x,$$

其中，$x_i-\varepsilon<\xi_i<x_i+\varepsilon$，且当 $\varepsilon\to 0$ 时，$\xi_i\to x_i$. 上式中，

$$\int_{x_i-\varepsilon}^{x_i+\varepsilon}\delta[\varphi(x)]\mathrm{d}x=\int_{\varphi(x_i-\varepsilon)}^{\varphi(x_i+\varepsilon)}\delta[\varphi(x)]\frac{1}{\varphi'(x)}\mathrm{d}[\varphi(x)]=\frac{1}{|\varphi'(x_i)|}.$$

考虑到 $\varphi(x)$ 在 x_i 邻域的单调性：若 $\varphi'(x_i)>0$，则 $\varphi(x_i+\varepsilon)-\varphi(x_i-\varepsilon)>0$；若 $\varphi'(x_i)<0$，则 $\varphi(x_i+\varepsilon)-\varphi(x_i-\varepsilon)<0$，故上述定积分应恒大于零。因此，最后结果需要加上绝对值。通过以上分析，可得

$$\int_{-\infty}^{\infty} f(x)\delta[\varphi(x)]\mathrm{d}x=\sum_{i=1}^{N}\frac{f(x_i)}{|\varphi'(x_i)|}.$$

另外，根据狄拉克函数的积分性质，有

$$\int_{-\infty}^{\infty} f(x)\sum_{i=1}^{N}\frac{\delta(x-x_i)}{|\varphi'(x_i)|}\mathrm{d}x=\sum_{i=1}^{N}\frac{f(x_i)}{|\varphi'(x_i)|}.$$

比较以上两式，可证得 $\delta[\varphi(x)]=\sum_{i=1}^{N}\dfrac{\delta(x-x_i)}{|\varphi'(x_i)|}$.

(7) $\delta(x)$ 的一阶导数为奇函数，即

$$\delta'(-x)=-\delta'(x). \tag{4.2.23}$$

需要说明的是，性质(5)、(6)和(7)都是在积分意义下的“相等”。

另外，一系列离散的点电荷的分布也可以用狄拉克函数描述，即

$$\rho(x)=\sum_{i=1}^{N} q_i\delta(x-x_i),$$

其中，q_i 代表位于 x_i 处的点电荷的电荷量。

3. 其他形式的狄拉克函数

狄拉克函数描述的是一种宽度无限窄、高度无限高，且与 x 轴围成的面积等于单位 1 的曲线。因此，按照这种定义方式，狄拉克函数还可以用除了(4.2.1)式之外的其他函数的极限形式来定义。

下面仍以无限长导线上的总电荷量为单位电荷量的电荷分布为例。假设单位电荷不是均匀地分布在长度为 l 的这段区域上，而是在导线上 $x=0$ 附近呈高斯分布，则导线上的电荷线密度函数为

$$\rho(x)=A\mathrm{e}^{-x^2/l^2}, \tag{4.2.24}$$

其中，A 为常量。

虽然按照高斯分布的电荷并未完全分布在 $x=0$ 附近的 $-l\leqslant x\leqslant l$ 区域内，但参量 l 仍可以表征电荷分布区域的大小。随着 l 逐渐减小，电荷分布区域逐渐减小；当 $l\to 0$ 时，电荷将集中于一点，满足狄拉克函数定义中的(4.2.6)式。

在整个定义区间内对电荷线密度进行积分，自然等于总电荷量单位 1，即

$$\int_{-\infty}^{\infty} A\mathrm{e}^{-x^2/l^2}\mathrm{d}x = 1. \tag{4.2.25}$$

根据 § 4.1 中例 2 的积分结果 $\int_0^{\infty}\mathrm{e}^{-u^2}\mathrm{d}u=\frac{\sqrt{\pi}}{2}$，可计算得到系数

$$A=\frac{1}{l\sqrt{\pi}}. \tag{4.2.26}$$

因此，按照高斯分布定义的狄拉克函数为

$$\delta(x)=\lim_{l\to 0}\frac{1}{l\sqrt{\pi}}\mathrm{e}^{-x^2/l^2}. \tag{4.2.27}$$

图 4.5 是在参量 l 不同取值情况下的狄拉克函数的图像。随着参量 l 的减小，由上式定义的函数图像在 x 轴方向的宽度逐渐变窄，而在 y 轴方向的高度逐渐变高。当 $l\to 0$ 时，高斯函数的极限形式就是狄拉克函数。

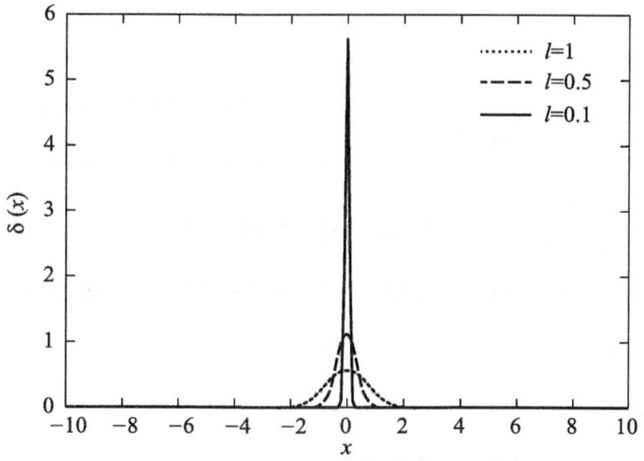

图 4.5　在参量 l 不同取值情况下的狄拉克函数

同理，如下的指数函数、洛伦兹函数以及抽样函数的极限形式也都可以定义为狄拉克函数，即

$$\lim_{l\to 0}\frac{1}{2l}\mathrm{e}^{-|x|/l}=\delta(x). \tag{4.2.28}$$

$$\lim_{l\to 0}\frac{1}{\pi}\frac{l}{x^2+l^2}=\delta(x). \tag{4.2.29}$$

$$\lim_{l\to 0}\frac{\sin\ (x/l)}{\pi x}=\delta(x). \tag{4.2.30}$$

4.2.2　多维狄拉克函数

一维狄拉克函数的定义包含两个方面：其一，在定义域内某点的函数值为无穷大，在其他点的函数值均为零；其二，对整个定义域的积分等于 1. 因此，根据一维狄拉克函数的定义，我

们可以写出二维和三维狄拉克函数。

1. 二维狄拉克函数

(1) 平面直角坐标系的二维狄拉克函数为

$$\delta(x-x_0,y-y_0)=\delta(x-x_0)\delta(y-y_0). \tag{4.2.31}$$

其满足狄拉克函数的定义:

$$\begin{cases}\delta(x-x_0,y-y_0)=\begin{cases}\infty, x=x_0.\text{and}.y=y_0,\\ 0, x\neq x_0.\text{or}.y\neq y_0,\end{cases}\\ \int_{-\infty}^{\infty}\int_{-\infty}^{\infty}\delta(x-x_0,y-y_0)\mathrm{d}x\mathrm{d}y=1.\end{cases}$$

特别地,当源位于平面直角坐标系的原点,即 $x_0=0$ 且 $y_0=0$ 时,其二维狄拉克函数为

$$\delta(x,y)=\delta(x)\delta(y). \tag{4.2.32}$$

(2) 极坐标系下的二维狄拉克函数

$$\delta(\rho-\rho_0,\varphi-\varphi_0)=\frac{\delta(\rho-\rho_0)}{\rho}\delta(\varphi-\varphi_0). \tag{4.2.33}$$

其满足狄拉克函数的定义:

$$\begin{cases}\delta(\rho-\rho_0,\varphi-\varphi_0)=\begin{cases}\infty,\rho=\rho_0.\text{and}.\varphi=\varphi_0,\\ 0,\rho\neq\rho_0.\text{or}.\varphi\neq\varphi_0,\end{cases}\\ \int_0^{2\pi}\int_0^{\infty}\delta(\rho-\rho_0,\varphi-\varphi_0)\rho\mathrm{d}\rho\mathrm{d}\varphi=1.\end{cases}$$

特别地,当源位于极坐标系的原点,即 $\rho_0=0$ 时,根据狄拉克函数的定义,二维狄拉克函数退化为 $\dfrac{\delta(\rho)}{2\pi\rho}$.

2. 三维狄拉克函数

(1) 三维直角坐标系下的狄拉克函数为

$$\delta(x-x_0,y-y_0,z-z_0)=\delta(x-x_0)\delta(y-y_0)\delta(z-z_0). \tag{4.2.34}$$

(2) 柱坐标系下的狄拉克函数为

$$\delta(\rho-\rho_0,\varphi-\varphi_0,z-z_0)=\frac{\delta(\rho-\rho_0)\delta(\varphi-\varphi_0)\delta(z-z_0)}{\rho}. \tag{4.2.35}$$

特别地,当源位于柱坐标系的轴线上,即 $\rho_0=0$ 时,根据狄拉克函数的定义,其狄拉克函数退化为 $\dfrac{\delta(\rho)\delta(z-z_0)}{2\pi\rho}$.

(3) 球坐标系下的狄拉克函数为

$$\delta(r-r_0,\theta-\theta_0,\varphi-\varphi_0)=\frac{\delta(r-r_0)\delta(\theta-\theta_0)\delta(\varphi-\varphi_0)}{r^2\sin\theta}. \tag{4.2.36}$$

特别地,当源位于球坐标系的球心上,即 $r_0=0$ 时,根据狄拉克函数的定义,其狄拉克函数退化为 $\dfrac{\delta(r)}{4\pi r^2}$.

4.2.3 狄拉克函数的傅里叶变换与逆变换

1. 根据傅里叶变换与逆变换的定义,可得 $\delta(x-x_0)$ 函数的傅里叶变换与逆变换为

$$\begin{cases}\mathscr{F}[\delta(x-x_0)]=e^{-ikx_0},\\ \delta(x-x_0)=\dfrac{1}{2\pi}\displaystyle\int_{-\infty}^{+\infty}e^{ik(x-x_0)}\,dk.\end{cases}\tag{4.2.37}$$

特别地,当 $x_0=0$ 时,$\delta(x)$ 函数的傅里叶变换与逆变换为

$$\begin{cases}\mathscr{F}[\delta(x)]=1,\\ \delta(x)=\dfrac{1}{2\pi}\displaystyle\int_{-\infty}^{+\infty}e^{ikx}\,dk,\end{cases}\tag{4.2.38}$$

其中,$\delta(x)=\dfrac{1}{2\pi}\displaystyle\int_{-\infty}^{+\infty}e^{ikx}\,dk$ 可以视为狄拉克函数的一种积分定义。

根据上式中 $\delta(x)$ 函数的积分定义,我们可以等价地写出如下几个类似的积分公式。由于 $\delta(x)$ 是偶函数,可得

$$\delta(x)=\delta(-x)=\frac{1}{2\pi}\int_{-\infty}^{+\infty}e^{-ikx}\,dk.\tag{4.2.39}$$

另外,在(4.2.38)式的 $\delta(x)$ 函数的积分公式中,自变量 x 和积分变量 k 是相互独立的,二者可以交换,因此有

$$\delta(k)=\frac{1}{2\pi}\int_{-\infty}^{+\infty}e^{ikx}\,dx.\tag{4.2.40}$$

同理,由于 $\delta(k)$ 是偶函数,所以由上式可得

$$\delta(k)=\delta(-k)=\frac{1}{2\pi}\int_{-\infty}^{+\infty}e^{-ikx}\,dx.\tag{4.2.41}$$

2. 二维函数 $\delta(x-x_0,y-y_0)$ 的傅里叶变换与逆变换为

$$\begin{cases}\mathscr{F}[\delta(x-x_0,y-y_0)]=e^{-i(k_xx_0+k_yy_0)},\\ \delta(x-x_0,y-y_0)=\dfrac{1}{(2\pi)^2}\displaystyle\int_{-\infty}^{\infty}\int_{-\infty}^{\infty}e^{i[k_x(x-x_0)+k_y(y-y_0)]}\,dk_x dk_y.\end{cases}\tag{4.2.42}$$

特别地,当 $x_0=0$ 且 $y_0=0$ 时,$\delta(x,y)$ 函数的傅里叶变换与逆变换为

$$\begin{cases}\mathscr{F}[\delta(x,y)]=1,\\ \delta(x,y)=\dfrac{1}{(2\pi)^2}\displaystyle\int_{-\infty}^{\infty}\int_{-\infty}^{\infty}e^{i(k_xx+k_yy)}\,dk_x dk_y.\end{cases}\tag{4.2.43}$$

3. 三维函数 $\delta(x-x_0,y-y_0,z-z_0)$ 的傅里叶变换与逆变换为

$$\begin{cases}\mathscr{F}[\delta(x-x_0,y-y_0,z-z_0)]=e^{-i(k_xx_0+k_yy_0+k_zz_0)},\\ \delta(x-x_0,y-y_0,z-z_0)=\dfrac{1}{(2\pi)^3}\displaystyle\int_{-\infty}^{\infty}\int_{-\infty}^{\infty}\int_{-\infty}^{\infty}e^{i[k_x(x-x_0)+k_y(y-y_0)+k_z(z-z_0)]}\,dk_x dk_y dk_z.\end{cases}\tag{4.2.44}$$

特别地,当 $x_0=0$、$y_0=0$ 和 $z_0=0$ 时,$\delta(x,y,z)$ 函数的傅里叶变换与逆变换为

$$
\begin{cases}\mathscr{F}[\delta(x,y,z)]=1,\\ \delta(x,y,z)=\dfrac{1}{(2\pi)^3}\displaystyle\int_{-\infty}^{\infty}\int_{-\infty}^{\infty}\int_{-\infty}^{\infty}e^{i(k_xx+k_yy+k_zz)}dk_xdk_ydk_z.\end{cases}\tag{4.2.45}
$$

【例 1】 利用狄拉克函数的性质计算下列积分：

(1) $\int_{-\infty}^{+\infty}\cos x\delta(x)dx$； (2) $\int_{-\infty}^{+\infty}e^x\delta(x^2-1)dx$；

(3) $\int_{-\infty}^{+\infty}e^x\delta(2x)dx$； (4) $\int_{-\infty}^{+\infty}x^2\delta(x^2-2x-3)dx$.

解：(1) $\int_{-\infty}^{+\infty}\cos x\delta(x)dx=1.$

(2) $\int_{-\infty}^{+\infty}e^x\delta(x^2-1)dx=\dfrac{1}{2}\int_{-\infty}^{+\infty}e^x[\delta(x-1)+\delta(x+1)]dx=\dfrac{1}{2}(e+e^{-1})=\cosh 1.$

(3) $\int_{-\infty}^{+\infty}e^x\delta(2x)dx=\dfrac{1}{2}\int_{-\infty}^{+\infty}e^x\delta(x)dx=\dfrac{1}{2}.$

(4) $\delta(x^2-2x-3)=\dfrac{\delta(x-3)}{|2x-2|_{x=3}}+\dfrac{\delta(x+1)}{|2x-2|_{x=-1}}=\dfrac{\delta(x-3)}{4}+\dfrac{\delta(x+1)}{4},$

$$\int_{-\infty}^{+\infty}x^2\delta(x^2-2x-3)dx=\int_{-\infty}^{+\infty}x^2\left[\frac{\delta(x-3)}{4}+\frac{\delta(x+1)}{4}\right]dx=\frac{5}{2}.$$

【例 2】 计算函数 $\cos(ax)$ 的傅里叶变换，其中 a 为常数。

解：根据傅里叶变换的定义

$$
\begin{aligned}
\mathscr{F}[\cos(ax)]&=\int_{-\infty}^{\infty}\cos(ax)e^{-ikx}dx\\
&=\frac{1}{2}\int_{-\infty}^{\infty}(e^{iax}+e^{-iax})e^{-ikx}dx\\
&=\frac{1}{2}\int_{-\infty}^{\infty}e^{-i(k-a)x}dx+\frac{1}{2}\int_{-\infty}^{\infty}e^{-i(k+a)x}dx.
\end{aligned}
$$

根据(4.2.41)式，可知

$$\int_{-\infty}^{\infty}e^{-i(k-a)x}dx=2\pi\delta(k-a).$$

$$\int_{-\infty}^{\infty}e^{-i(k+a)x}dx=2\pi\delta(k+a).$$

因此，$\cos(ax)$ 的傅里叶变换为

$$\mathscr{F}[\cos(ax)]=\pi[\delta(k-a)+\delta(k+a)].$$

【例 3】 计算常数函数 $f(x)=E$ 的傅里叶变换，其中，E 为常数。

解：由傅里叶变换的定义

$$\tilde{f}(k)=E\int_{-\infty}^{\infty}e^{-ikx}dx.$$

根据(4.2.41)式，可得

$$\tilde{f}(k)=2\pi E\delta(k).$$

例 2 和例 3 中的余弦函数和常数函数，在定义域$(-\infty,\infty)$内并不是绝对可积的，虽然不满

足函数进行傅里叶变换的条件，但是，由于引入了狄拉克函数，所以这两个函数的傅里叶变换仍然是存在的。

【例 4】 计算符号函数的傅里叶变换。

解：符号函数 $\operatorname{sgn}(x)=\begin{cases}1, & x>0,\\ 0, & x=0,\\ -1, & x<0.\end{cases}$

符号函数也不满足绝对可积的条件，但可以将其与双边指数函数相乘，然后取极限，来计算符号函数的傅里叶变换。

设 $f(x)=\operatorname{sgn}(x)\mathrm{e}^{-\alpha|x|}$，其傅里叶变换为

$$\begin{aligned}\tilde{f}(k)&=\int_{-\infty}^{\infty}\operatorname{sgn}(x)\mathrm{e}^{-\alpha|x|}\mathrm{e}^{-\mathrm{i}kx}\mathrm{d}x\\&=\int_{0}^{\infty}\mathrm{e}^{-\alpha x-\mathrm{i}kx}\mathrm{d}x+\int_{-\infty}^{0}-\mathrm{e}^{\alpha x-\mathrm{i}kx}\mathrm{d}x\\&=\frac{1}{\mathrm{i}k+\alpha}+\frac{1}{\mathrm{i}k-\alpha}\\&=-\frac{2\mathrm{i}k}{k^2+\alpha^2}.\end{aligned}$$

当 $\alpha\to0$ 时，原函数 $f(x)\to\operatorname{sgn}(x)$，像函数 $\tilde{f}(k)$ 的极限就是符号函数的傅里叶变换。因此，可得符号函数傅里叶变换的像函数为

$$\mathscr{F}[\operatorname{sgn}(x)]=-\frac{2\mathrm{i}}{k}.$$

【例 5】 计算单位阶跃函数的傅里叶变换。

解：单位阶跃函数可用符号函数来表示，即 $\mathrm{H}(x)=\frac{1}{2}+\frac{1}{2}\operatorname{sgn}(x)$. 对其进行傅里叶变换

$$\mathscr{F}[\mathrm{H}(x)]=\mathscr{F}\left[\frac{1}{2}\right]+\mathscr{F}\left[\frac{1}{2}\operatorname{sgn}(x)\right].$$

根据例 3 和例 4 的结果，可得

$$\mathscr{F}[\mathrm{H}(x)]=\pi\delta(k)-\frac{\mathrm{i}}{k}.$$

【例 6】 利用狄拉克函数的性质，证明傅里叶变换 $\tilde{f}(k)=\int_{-\infty}^{\infty}f(x)\mathrm{e}^{-\mathrm{i}kx}\mathrm{d}x$ 存在逆变换，即

$$f(x)=\frac{1}{2\pi}\int_{-\infty}^{\infty}\tilde{f}(k)\mathrm{e}^{\mathrm{i}kx}\mathrm{d}k.$$

证明：对傅里叶变换公式 $\tilde{f}(k)=\int_{-\infty}^{\infty}f(x)\mathrm{e}^{-\mathrm{i}kx}\mathrm{d}x$ 两边同乘以 $\mathrm{e}^{\mathrm{i}kx_0}$，并对自变量 k 在定义域 $(-\infty,\infty)$ 内积分，可得

$$\int_{-\infty}^{\infty}\tilde{f}(k)\mathrm{e}^{\mathrm{i}kx_0}\mathrm{d}k=\int_{-\infty}^{\infty}\left[\int_{-\infty}^{\infty}f(x)\mathrm{e}^{-\mathrm{i}kx}\mathrm{d}x\right]\mathrm{e}^{\mathrm{i}kx_0}\mathrm{d}k.$$

交换上式右端的积分次序

$$\int_{-\infty}^{\infty}\tilde{f}(k)\mathrm{e}^{\mathrm{i}kx_0}\mathrm{d}k=\int_{-\infty}^{\infty}f(x)\left[\int_{-\infty}^{\infty}\mathrm{e}^{-\mathrm{i}k(x-x_0)}\mathrm{d}k\right]\mathrm{d}x.$$

利用(4.2.39)式,可得

$$\int_{-\infty}^{\infty}\mathrm{e}^{-\mathrm{i}k(x-x_0)}\mathrm{d}k=2\pi\delta(x-x_0).$$

由以上两式可得

$$\int_{-\infty}^{\infty}\tilde{f}(k)\mathrm{e}^{\mathrm{i}kx_0}\mathrm{d}k=2\pi\int_{-\infty}^{\infty}f(x)\delta(x-x_0)\mathrm{d}x=2\pi f(x_0)$$

因此,

$$f(x_0)=\frac{1}{2\pi}\int_{-\infty}^{\infty}\tilde{f}(k)\mathrm{e}^{\mathrm{i}kx_0}\mathrm{d}k.$$

用变量 x 替换 x_0,可得

$$f(x)=\frac{1}{2\pi}\int_{-\infty}^{\infty}\tilde{f}(k)\mathrm{e}^{\mathrm{i}kx}\mathrm{d}k,$$

上式即傅里叶逆变换公式。

§4.3　利用傅里叶变换法求解偏微分方程

授课视频

下面以无界弦自由横振动的定解问题

$$\begin{cases}u_{tt}(x,t)-a^2u_{xx}(x,t)=0, & -\infty<x<\infty,t>0,\\ u|_{t=0}=\varphi(x),u_t|_{t=0}=\psi(x)\end{cases}\tag{4.3.1}$$

为例,介绍如何利用傅里叶变换法求解偏微分方程。上式中,$\varphi(x)$和$\psi(x)$分别为弦横向振动的初始位移和初始速度。

我们已经在第 3 章利用行波法对该定解问题进行了求解,其解为达朗贝尔公式

$$u(x,t)=\frac{1}{2}[\varphi(x+at)+\varphi(x-at)]+\frac{1}{2a}\int_{x-at}^{x+at}\psi(\xi)\mathrm{d}\xi.$$

下面,我们利用傅里叶变换法对其进行求解。对(4.3.1)式中各项关于变量 x 的函数进行傅里叶变换,可得到像函数满足如下方程

$$\begin{cases}\tilde{u}_{tt}(k,t)+a^2k^2\tilde{u}(k,t)=0,\\ \tilde{u}|_{t=0}=\tilde{\varphi}(k),\tilde{u}_t|_{t=0}=\tilde{\psi}(k),\end{cases}\tag{4.3.2}$$

其中,$\tilde{u}(k,t)=\int_{-\infty}^{\infty}u(x,t)\mathrm{e}^{-\mathrm{i}kx}\mathrm{d}x,\tilde{\varphi}(k)=\int_{-\infty}^{\infty}\varphi(x)\mathrm{e}^{-\mathrm{i}kx}\mathrm{d}x,\tilde{\psi}(k)=\int_{-\infty}^{\infty}\psi(x)\mathrm{e}^{-\mathrm{i}kx}\mathrm{d}x.$

由以上可知,原函数 $u(x,t)$满足的偏微分方程,经过傅里叶变换后,其像函数 $\tilde{u}(k,t)$所满足的方程只剩下对时间 t 的求导。此种情况,将像函数的变量 k 作为参量,则像函数 $\tilde{u}(k,t)$满足的方程可视为常微分方程,其复数形式的通解为

$$\tilde{u}(k,t)=A\mathrm{e}^{\mathrm{i}akt}+B\mathrm{e}^{-\mathrm{i}akt}.\tag{4.3.3}$$

将通解代入(4.3.2)式中像函数的初始条件,得到系数

$$\begin{cases} A=\frac{1}{2}\tilde{\varphi}(k)+\frac{1}{2}\frac{1}{\mathrm{i}ak}\tilde{\psi}(k), \\ B=\frac{1}{2}\tilde{\varphi}(k)-\frac{1}{2}\frac{1}{\mathrm{i}ak}\tilde{\psi}(k). \end{cases} \tag{4.3.4}$$

将系数代回通解(4.3.3)式,得到像函数的解

$$\tilde{u}(k,t)=\frac{1}{2}[\mathrm{e}^{\mathrm{i}akt}+\mathrm{e}^{-\mathrm{i}akt}]\tilde{\varphi}(k)+\frac{1}{2a}\left[\frac{1}{\mathrm{i}k}\mathrm{e}^{\mathrm{i}akt}-\frac{1}{\mathrm{i}k}\mathrm{e}^{-\mathrm{i}akt}\right]\tilde{\psi}(k). \tag{4.3.5}$$

最后,对像函数 $\tilde{u}(k,t)$ 进行傅里叶逆变换,可得

$$u(x,t)=\mathscr{F}^{-1}\left\{\frac{1}{2}[\mathrm{e}^{\mathrm{i}akt}+\mathrm{e}^{-\mathrm{i}akt}]\tilde{\varphi}(k)\right\}+\mathscr{F}^{-1}\left\{\frac{1}{2a}[\mathrm{e}^{\mathrm{i}akt}-\mathrm{e}^{-\mathrm{i}akt}]\frac{1}{\mathrm{i}k}\tilde{\psi}(k)\right\}. \tag{4.3.6}$$

利用傅里叶变换的平移性质Ⅰ(4.1.11)式和积分性质(4.1.10)式,上式可化为

$$\begin{aligned} u(x,t)&=\frac{1}{2}[\varphi(x+at)+\varphi(x-at)]+\frac{1}{2a}\left[\int_{-\infty}^{x+at}\psi(\xi)\mathrm{d}\xi-\int_{-\infty}^{x-at}\psi(\xi)\mathrm{d}\xi\right] \\ &=\frac{1}{2}[\varphi(x+at)+\varphi(x-at)]+\frac{1}{2a}\int_{x-at}^{x+at}\psi(\xi)\mathrm{d}\xi. \end{aligned} \tag{4.3.7}$$

可见,利用傅里叶变换法求得的定解问题(4.3.1)式的解与达朗贝尔公式完全一致。

需要说明的是,傅里叶变换法在求解有界区域的定解问题时,将会遇到困难。假如定解问题包含边界条件 $u(x,t)\big|_{x=a}=f(t)$,利用傅里叶变换法进行求解,势必要将此边界条件变换成像函数的边界条件。然而,原函数 $u(x,t)$ 的自变量 x 和像函数 $\tilde{u}(k,t)$ 的自变量 k 并非是一一映射关系,原函数 $u(x,t)$ 的边界 $x=a$,并不对应像函数 $\tilde{u}(k,t)$ 一个确定的边界。因此,傅里叶变换法仅适用于求解无界区域的定解问题,对方程、初始条件是否齐次无特殊要求。对于半无界区域的定解问题,也可以通过傅里叶正弦变换或者傅里叶余弦变换进行求解,本书不再讨论。

【例1】 利用傅里叶变换法求解非齐次常微分方程 $\frac{\mathrm{d}^2y(x)}{\mathrm{d}x^2}-y(x)=-f(x)$,其中,解 $y(x)$ 和已知函数 $f(x)$ 在定义域 $(-\infty,\infty)$ 绝对可积。

解:对方程两边进行傅里叶变换,可得到像函数满足如下方程

$$k^2\tilde{y}(k)+\tilde{y}(k)=\tilde{f}(k),$$

其中,$\tilde{y}(k)=\mathscr{F}[y(x)]$,$\tilde{f}(k)=\mathscr{F}[f(x)]$.

通过傅里叶变换,原函数的常微分方程变成为像函数的代数方程,像函数的解为

$$\tilde{y}(k)=\frac{1}{1+k^2}\tilde{f}(k).$$

利用傅里叶逆变换,可得原函数

$$y(x)=\frac{1}{2}\mathscr{F}^{-1}\left[\frac{2}{1+k^2}\tilde{f}(k)\right],$$

利用 §4.1 例 3 的结果，可知 $\mathscr{F}[\mathrm{e}^{-|x|}]=\dfrac{2}{1+k^2}$，并结合傅里叶变换的卷积定理，可得原函数

$$y(x)=\frac{1}{2}\mathrm{e}^{-|x|}*f(x)=\frac{1}{2}\int_{-\infty}^{\infty}\mathrm{e}^{-|\xi|}f(x-\xi)\,\mathrm{d}\xi.$$

利用傅里叶变换法求解上述非齐次常微分方程的前提是解 $y(x)$ 及非齐次项 $f(x)$ 的傅里叶变换均存在，即要求解 $y(x)$ 及非齐次项 $f(x)$ 在定义域内均绝对可积（像函数可用狄拉克函数表示的函数除外，例如，常数函数、阶跃函数、符号函数以及正余弦函数）。因此，利用傅里叶变换法求解非齐次常微分方程有一定的局限性。另外，利用傅里叶变换法得到的解只是非齐次常微分方程的一个特解。

【例 2】 利用傅里叶变换法求解无限长的杆上的温度满足的定解问题

$$\begin{cases}u_t(x,t)-a^2u_{xx}(x,t)=0, & -\infty<x<\infty,t>0,\\ u|_{t=0}=\varphi(x).\end{cases}$$

（1）利用傅里叶变换法计算其通解；

（2）如果初始条件 $\varphi(x)=\cos x$，请写出解的具体表达式。

积分公式：$\displaystyle\int_0^{\infty}\mathrm{e}^{-ax^2}\cos(bx)\,\mathrm{d}x=\frac{1}{2}\mathrm{e}^{-\frac{b^2}{4a}}\sqrt{\frac{\pi}{a}}$，$a>0$.

解：（1）对上述定解问题中各项进行傅里叶变换，可得像函数满足的定解问题为

$$\begin{cases}\tilde{u}_t(k,t)+a^2k^2\tilde{u}(k,t)=0, & -\infty<k<\infty,t>0,\\ \tilde{u}(k,t)|_{t=0}=\tilde{\varphi}(k).\end{cases}$$

其中，$\tilde{u}(k,t)=\displaystyle\int_{-\infty}^{\infty}u(x,t)\mathrm{e}^{-\mathrm{i}kx}\mathrm{d}x$，$\tilde{\varphi}(k)=\displaystyle\int_{-\infty}^{\infty}\varphi(x)\mathrm{e}^{-\mathrm{i}kx}\mathrm{d}x$.

通过傅里叶变换，关于原函数的偏微分方程变成关于像函数的常微分方程，像函数 $\tilde{u}(k,t)$ 的通解为

$$\tilde{u}(k,t)=C\mathrm{e}^{-a^2k^2t}.$$

将上式代入像函数的初始条件，可得系数

$$C=\tilde{\varphi}(k).$$

因此，像函数的解为

$$\tilde{u}(k,t)=\tilde{\varphi}(k)\mathrm{e}^{-a^2k^2t},$$

其中，$\mathrm{e}^{-a^2k^2t}$ 的傅里叶逆变换

$$\mathscr{F}^{-1}[\mathrm{e}^{-a^2k^2t}]=\frac{1}{2\pi}\int_{-\infty}^{\infty}\mathrm{e}^{-a^2k^2t}\mathrm{e}^{\mathrm{i}kx}\mathrm{d}k=\frac{1}{\pi}\int_0^{\infty}\mathrm{e}^{-a^2k^2t}\cos(kx)\,\mathrm{d}k.$$

利用上面已知积分公式，可得 $\mathrm{e}^{-a^2k^2t}$ 的傅里叶逆变换为

$$\mathscr{F}^{-1}[\mathrm{e}^{-a^2k^2t}]=\frac{1}{2a\sqrt{\pi t}}\mathrm{e}^{-\frac{x^2}{4a^2t}}.$$

最后，对像函数 $\tilde{u}(k,t)$ 进行傅里叶逆变换，可得原函数

$$u(x,t)=\varphi(x) * \frac{1}{2a\sqrt{\pi t}}\mathrm{e}^{-\frac{x^2}{4a^2t}}=\frac{1}{2a\sqrt{\pi t}}\int_{-\infty}^{\infty}\mathrm{e}^{-\frac{\xi^2}{4a^2t}}\varphi(x-\xi)\,\mathrm{d}\xi,-\infty<x<\infty,t>0.$$

（2）如果 $\varphi(x)=\cos x$，将其代入上式，可得

$$\begin{aligned}u(x,t)&=\frac{1}{2a\sqrt{\pi t}}\int_{-\infty}^{\infty}\mathrm{e}^{-\frac{\xi^2}{4a^2t}}\cos(x-\xi)\,\mathrm{d}\xi\\&=\frac{1}{2a\sqrt{\pi t}}\int_{-\infty}^{\infty}\mathrm{e}^{-\frac{\xi^2}{4a^2t}}\cos x\cos\xi\,\mathrm{d}\xi+\frac{1}{2a\sqrt{\pi t}}\int_{-\infty}^{\infty}\mathrm{e}^{-\frac{\xi^2}{4a^2t}}\sin x\sin\xi\,\mathrm{d}\xi\\&=\frac{1}{a\sqrt{\pi t}}\cos x\int_{0}^{\infty}\mathrm{e}^{-\frac{\xi^2}{4a^2t}}\cos\xi\,\mathrm{d}\xi.\end{aligned}$$

再次利用题中给出的积分公式，可得原函数

$$u(x,t)=\cos x\mathrm{e}^{-a^2t},-\infty<x<\infty,t>0.$$

另外，针对(2)给出的初始条件，该定解问题也可以按如下方式进行求解。由 §4.2 例 2 的结果可知

$$\mathscr{F}[\cos(ax)]=\pi[\delta(k-a)+\delta(k+a)].$$

因此，对原定解问题进行傅里叶变换后，可得到像函数满足的定解问题为

$$\begin{cases}\tilde{u}_t(k,t)+a^2k^2\tilde{u}(k,t)=0, & -\infty<k<\infty,t>0,\\ \tilde{u}(k,t)\big|_{t=0}=\pi[\delta(k-1)+\delta(k+1)].\end{cases}$$

像函数 $\tilde{u}(k,t)$ 的解为

$$\tilde{u}(k,t)=\pi[\delta(k-1)+\delta(k+1)]\mathrm{e}^{-a^2k^2t}.$$

最后，利用傅里叶逆变换，可得原函数

$$u(x,t)=\frac{1}{2\pi}\int_{-\infty}^{\infty}\pi[\delta(k-1)+\delta(k+1)]\mathrm{e}^{-a^2k^2t}\mathrm{e}^{\mathrm{i}kx}\,\mathrm{d}k=\cos x\mathrm{e}^{-a^2t},-\infty<x<\infty,t>0.$$

§ 4.4 拉普拉斯变换

授课视频

4.4.1 拉普拉斯变换的定义

定义在 $[0,\infty)$ 的函数 $f(t)$，如果在定义域内满足狄利克雷条件（函数在任一有限区间上具有有限个极值点和有限个第一类间断点），则存在如下**拉普拉斯变换**（Laplace transform）

$$\bar{f}(p)=\int_{0}^{\infty}f(t)\mathrm{e}^{-pt}\,\mathrm{d}t, \tag{4.4.1}$$

记为 $\bar{f}(p)=\mathscr{L}[f(t)]$. 其中，$p=\sigma+\mathrm{i}\omega$ 是复数，且 $p\in(\sigma-\mathrm{i}\infty,\sigma+\mathrm{i}\infty)$，$p$ 的实部 $\sigma>0$，其值足够大，保证被积函数 $f(t)\mathrm{e}^{-pt}$ 在积分区间上绝对可积，即 $\int_0^{\infty}|f(t)\mathrm{e}^{-pt}|\,\mathrm{d}t$ 有限。

由于不需要函数 $f(t)$ 本身满足在积分区间上绝对可积的条件，所以，拉普拉斯变换存在的

条件比傅里叶变换存在的条件要宽泛得多。

函数 $\overline{f}(p)$ 的**拉普拉斯逆变换**(inverse Laplace transform)为

$$f(t)=\frac{1}{2\pi \mathrm{i}}\int_{\sigma-\mathrm{i}\infty}^{\sigma+\mathrm{i}\infty}\overline{f}(p)\mathrm{e}^{pt}\mathrm{d}p, \tag{4.4.2}$$

记为 $f(t)=\mathscr{L}^{-1}[\overline{f}(p)]$.

> 关于拉普拉斯变换及逆变换的 MATLAB 内部指令
> - 拉普拉斯变换　Fp=laplace(ft,t,p)
> - 拉普拉斯逆变换　ft=ilaplace(Fp,p,t)
>
> 其中,ft 是以 t 为自变量的原函数;Fp 是以 p 为自变量的像函数。

时间域的函数 $f(t)$ 称为原函数,变换后的函数 $\overline{f}(p)$ 称为像函数。由于原函数 $f(t)$ 的定义域为 $[0,\infty)$,所以,拉普拉斯变换是适用于半无限域函数的积分变换。为了显示原函数 $f(t)$ 自变量的半无限域,通常将其乘以一个单位阶跃函数,即 $f(t)\mathrm{H}(t)$,此处的单位阶跃函数采用 $\mathrm{H}(0)=1$ 的定义。

以上拉普拉斯变换及其逆变换可以通过傅里叶变换及其逆变换推导出来。定义在 $(-\infty,\infty)$ 的时间函数 $f(t)$,其傅里叶变换和逆变换为

$$\begin{cases}\tilde{f}(\omega)=\int_{-\infty}^{\infty}f(t)\mathrm{e}^{-\mathrm{i}\omega t}\mathrm{d}t,\\ f(t)=\dfrac{1}{2\pi}\int_{-\infty}^{\infty}\tilde{f}(\omega)\mathrm{e}^{\mathrm{i}\omega t}\mathrm{d}\omega.\end{cases}$$

对于时间信号函数,一般默认为当 $t<0$ 时,$f(t)\equiv 0$. 因此,定义在 $[0,\infty)$ 上的时间函数 $f(t)$,其傅里叶变换和逆变换为

$$\begin{cases}\tilde{f}(\omega)=\int_{0}^{\infty}f(t)\mathrm{e}^{-\mathrm{i}\omega t}\mathrm{d}t,\\ f(t)=\dfrac{1}{2\pi}\int_{-\infty}^{\infty}\tilde{f}(\omega)\mathrm{e}^{\mathrm{i}\omega t}\mathrm{d}\omega.\end{cases}$$

傅里叶变换要求原函数 $f(t)$ 在定义域内绝对可积,即积分 $\int_0^{\infty}|f(t)|\mathrm{d}t$ 为有限值。如果原函数不满足此条件,原则上该函数不存在傅里叶变换(部分函数不满足绝对可积条件,也存在傅里叶变换,例如,正余弦函数和常数函数)。为了让这类函数也能进行积分变换,我们将原函数 $f(t)$ 乘以一个衰减因子 $\mathrm{e}^{-\sigma t}$,构造成一个新的函数 $f(t)\mathrm{e}^{-\sigma t}$,其中,$\sigma$ 为一个正实数,它需要足够大,保证这个新函数在定义域内绝对可积,即积分 $\int_0^{\infty}|f(t)\mathrm{e}^{-\sigma t}|\mathrm{d}t$ 为有限值。此时,新函数 $f(t)\mathrm{e}^{-\sigma t}$ 的傅里叶变换总是存在的,即

$$\begin{cases}\tilde{f}(\sigma,\omega)=\int_{0}^{\infty}[f(t)\mathrm{e}^{-\sigma t}]\mathrm{e}^{-\mathrm{i}\omega t}\mathrm{d}t,\\ f(t)\mathrm{e}^{-\sigma t}=\dfrac{1}{2\pi}\int_{-\infty}^{\infty}\tilde{f}(\sigma,\omega)\mathrm{e}^{\mathrm{i}\omega t}\mathrm{d}\omega.\end{cases}$$

令 $p=\sigma+\mathrm{i}\omega$，则 $\mathrm{d}p=\mathrm{i}\mathrm{d}\omega$，并用函数 $\bar{f}(p)$ 代换函数 $\tilde{f}(\sigma,\omega)$，从而得到拉普拉斯变换和拉普拉斯逆变换公式

$$\begin{cases}\bar{f}(p)=\int_0^{\infty}f(t)\mathrm{e}^{-pt}\mathrm{d}t.\\ f(t)=\dfrac{1}{2\pi\mathrm{i}}\int_{\sigma-\mathrm{i}\infty}^{\sigma+\mathrm{i}\infty}\bar{f}(p)\mathrm{e}^{pt}\mathrm{d}p.\end{cases}$$

显然，当 $\sigma=0$ 时，拉普拉斯变换就退化为定义域为 $[0,\infty)$ 的半无限域函数的傅里叶变换。

4.4.2　拉普拉斯变换的性质

如果函数 $f(t)$ 和 $\bar{f}(p)$ 是满足（4.4.1）式和（4.4.2）式定义的拉普拉斯变换对，即，$\mathscr{L}[f(t)]=\bar{f}(p)$，则基于函数 $f(t)$ 的扩展函数的拉普拉斯变换具有如下性质。

1. 线性性质

时间域线性叠加信号的拉普拉斯变换等于频率域相应各信号的线性叠加，即

$$\mathscr{L}\left[\sum_{n=1}^{N}c_nf_n(t)\right]=\sum_{n=1}^{N}c_n\bar{f}_n(p),\tag{4.4.3}$$

其中，$c_n(n=1,2,\cdots,N)$ 为常数。

证明：$\mathscr{L}\left[\sum\limits_{n=1}^{N}c_nf_n(t)\right]=\int_0^{\infty}\sum\limits_{n=1}^{N}c_nf_n(t)\mathrm{e}^{-pt}\mathrm{d}t=\sum\limits_{n=1}^{N}c_n\int_0^{\infty}f_n(t)\mathrm{e}^{-pt}\mathrm{d}t=\sum\limits_{n=1}^{N}c_n\bar{f}_n(p)$.

2. 尺度变换性质

原函数自变量进行尺度伸缩后的拉普拉斯变换为

$$\mathscr{L}[f(at)]=\frac{1}{a}\bar{f}\left(\frac{p}{a}\right),\tag{4.4.4}$$

其中，$a>0$.

证明：$\mathscr{L}[f(at)]=\int_0^{\infty}f(at)\mathrm{e}^{-pt}\mathrm{d}t=\dfrac{1}{a}\int_0^{\infty}f(at)\mathrm{e}^{-\frac{p}{a}(at)}\mathrm{d}(at)=\dfrac{1}{a}\bar{f}\left(\dfrac{p}{a}\right)$.

3. 微分性质

原函数的一阶导数的拉普拉斯变换为

$$\mathscr{L}\left[\frac{\mathrm{d}f(t)}{\mathrm{d}t}\right]=p\bar{f}(p)-f(0).\tag{4.4.5}$$

原函数的二阶导数的拉普拉斯变换为

$$\mathscr{L}\left[\frac{\mathrm{d}^2f(t)}{\mathrm{d}t^2}\right]=p^2\bar{f}(p)-pf(0)-f'(0).\tag{4.4.6}$$

证明：$\mathscr{L}\left[\dfrac{\mathrm{d}f(t)}{\mathrm{d}t}\right]=\int_0^{\infty}\dfrac{\mathrm{d}f(t)}{\mathrm{d}t}\mathrm{e}^{-pt}\mathrm{d}t=f(t)\mathrm{e}^{-pt}\Big|_0^{\infty}+p\int_0^{\infty}f(t)\mathrm{e}^{-pt}\mathrm{d}t=p\bar{f}(p)-f(0)$；

$$\begin{aligned}\mathscr{L}\left[\frac{\mathrm{d}^2f(t)}{\mathrm{d}t^2}\right]&=\int_0^{\infty}\frac{\mathrm{d}^2f(t)}{\mathrm{d}t^2}\mathrm{e}^{-pt}\mathrm{d}t=f'(t)\mathrm{e}^{-pt}\Big|_0^{\infty}+p\int_0^{\infty}f'(t)\mathrm{e}^{-pt}\mathrm{d}t\\&=-f'(0)+p[p\bar{f}(p)-f(0)]=p^2\bar{f}(p)-pf(0)-f'(0).\end{aligned}$$

原函数的一阶导数和二阶导数的拉普拉斯变换公式也是求解二阶微分方程的重要工具。

4. 积分性质

原函数的积分的拉普拉斯变换为

$$\mathscr{L}\left[\int_0^t f(\tau)\,\mathrm{d}\tau\right]=\frac{\bar{f}(p)}{p}. \tag{4.4.7}$$

证明: 设 $h(t)=\int_0^t f(\tau)\,\mathrm{d}\tau$,显然 $h(0)=0$. 对 $h(t)=\int_0^t f(\tau)\,\mathrm{d}\tau$ 两边进行一次求导,可得

$$h'(t)=f(t).$$

对上式进行拉普拉斯变换,并利用拉普拉斯变换的微分性质,可得

$$p\mathscr{L}[h(t)]-h(0)=\bar{f}(p).$$

由于 $h(0)=0$,所以,证得 $\mathscr{L}\left[\int_0^t f(\tau)\,\mathrm{d}\tau\right]=\dfrac{\bar{f}(p)}{p}$.

5. 平移性质 Ⅰ(时移性质)

原函数进行平移后的拉普拉斯变换为

$$\mathscr{L}[f(t-t_0)]=\mathrm{e}^{-pt_0}\bar{f}(p), \tag{4.4.8}$$

其中,$f(t-t_0)$ 默认乘以阶跃函数,即 $f(t-t_0)=f(t-t_0)\mathrm{H}(t-t_0)$,$t_0\geqslant 0$.

证明:

$$\begin{aligned}\mathscr{L}[f(t-t_0)]&=\int_0^\infty f(t-t_0)\mathrm{H}(t-t_0)\mathrm{e}^{-pt}\mathrm{d}t\\&=\int_{t_0}^\infty f(t-t_0)\mathrm{e}^{-pt}\mathrm{d}t=\int_0^\infty f(\tau)\mathrm{e}^{-p(\tau+t_0)}\mathrm{d}\tau\\&=\mathrm{e}^{-pt_0}\int_0^\infty f(\tau)\mathrm{e}^{-p\tau}\mathrm{d}\tau=\mathrm{e}^{-pt_0}\bar{f}(p).\end{aligned}$$

6. 平移性质 Ⅱ(频移性质)

原函数乘以因子 e^{p_0t} 后的拉普拉斯变换为

$$\mathscr{L}[\mathrm{e}^{p_0t}f(t)]=\bar{f}(p-p_0), \tag{4.4.9}$$

其中,$\mathrm{Re}(p-p_0)>0$。

证明: $\mathscr{L}[\mathrm{e}^{p_0t}f(t)]=\int_0^\infty \mathrm{e}^{p_0t}f(t)\mathrm{e}^{-pt}\mathrm{d}t=\int_0^\infty f(t)\mathrm{e}^{-(p-p_0)t}\mathrm{d}t=\bar{f}(p-p_0)$.

7. 卷积定理

时间函数 $f_1(t)$ 和 $f_2(t)$ 的卷积定义为

$$f_1(t)*f_2(t)=\int_0^t f_1(\tau)f_2(t-\tau)\,\mathrm{d}\tau. \tag{4.4.10}$$

若 $\mathscr{L}[f_1(t)]=\bar{f}_1(p)$,$\mathscr{L}[f_2(t)]=\bar{f}_2(p)$,则这两个时间函数的卷积的拉普拉斯变换

$$\mathscr{L}[f_1(t)*f_2(t)]=\bar{f}_1(p)\bar{f}_2(p). \tag{4.4.11}$$

证明: 首先,根据一般函数的卷积的定义(4.1.13)式,推导出时间函数的卷积的定义(4.4.10)式。对于时间函数,都默认为其乘以一个单位阶跃函数,因此,时间函数的卷积实际上应为

$$f_1(t)*f_2(t)=\int_{-\infty}^\infty f_1(\tau)\mathrm{H}(\tau)f_2(t-\tau)\mathrm{H}(t-\tau)\,\mathrm{d}\tau.$$

将右端的积分区间$(-\infty,\infty)$划分为$(-\infty,0]$、$(0,t)$、$[t,\infty)$三个子区间，即

$$f_1(t)*f_2(t)=\int_{-\infty}^{0}f_1(\tau)\mathrm{H}(\tau)f_2(t-\tau)\mathrm{H}(t-\tau)\mathrm{d}\tau$$
$$+\int_{0}^{t}f_1(\tau)\mathrm{H}(\tau)f_2(t-\tau)\mathrm{H}(t-\tau)\mathrm{d}\tau$$
$$+\int_{t}^{\infty}f_1(\tau)\mathrm{H}(\tau)f_2(t-\tau)\mathrm{H}(t-\tau)\mathrm{d}\tau$$

根据单位阶跃函数的性质，上式的第一项积分和第三项积分均等于零。因此，推得两个时间函数的卷积为

$$f_1(t)*f_2(t)=\int_0^t f_1(\tau)f_2(t-\tau)\mathrm{d}\tau.$$

然后，对两个时间函数的卷积进行拉普拉斯变换，可得

$$\mathscr{L}[f_1(t)*f_2(t)]=\int_0^{\infty}\left[\int_0^t f_1(\tau)f_2(t-\tau)\mathrm{d}\tau\right]\mathrm{e}^{-pt}\mathrm{d}t.$$

交换积分次序，可得

$$\mathscr{L}[f_1(t)*f_2(t)]=\int_0^{\infty}f_1(\tau)\left[\int_{\tau}^{\infty}f_2(t-\tau)\mathrm{e}^{-pt}\mathrm{d}t\right]\mathrm{d}\tau.$$

根据拉普拉斯变换的平移性质 I，上式右端中括号内的积分

$$\int_{\tau}^{\infty}f_2(t-\tau)\mathrm{e}^{-pt}\mathrm{d}t=\mathrm{e}^{-p\tau}\bar{f}_2(p).$$

因此，证得

$$\mathscr{L}[f_1(t)*f_2(t)]=\bar{f}_2(p)\int_0^{\infty}f_1(\tau)\mathrm{e}^{-p\tau}\mathrm{d}\tau=\bar{f}_1(p)\bar{f}_2(p).$$

【例 1】 计算如下函数的拉普拉斯变换，其中，函数的自变量$t\geqslant 0$。

(1) 1； (2) t； (3) $\mathrm{e}^{\alpha t}$； (4) $\sin kt,\cos kt$.

解：(1) $\mathscr{L}[1]=\int_0^{\infty}\mathrm{e}^{-pt}\mathrm{d}t=-\dfrac{1}{p}\mathrm{e}^{-pt}\Big|_0^{\infty}=\dfrac{1}{p},\mathrm{Re}\,p>0.$

其中，为保证e^{-pt}在积分上限∞为零，要求p的实部$\mathrm{Re}\,p>0$。下面题目所附加的对p的实部的限制条件都是出自相同的原因。

(2) $\mathscr{L}[t]=\int_0^{\infty}t\mathrm{e}^{-pt}\mathrm{d}t=-\dfrac{1}{p}t\mathrm{e}^{-pt}\Big|_0^{\infty}+\dfrac{1}{p}\int_0^{\infty}\mathrm{e}^{-pt}\mathrm{d}t=\dfrac{1}{p^2},\mathrm{Re}\,p>0.$

(3) $\mathscr{L}[\mathrm{e}^{\alpha t}]=\int_0^{\infty}\mathrm{e}^{\alpha t}\mathrm{e}^{-pt}\mathrm{d}t=\int_0^{\infty}\mathrm{e}^{-(p-\alpha)t}\mathrm{d}t=-\dfrac{1}{p-\alpha}\mathrm{e}^{-(p-\alpha)t}\Big|_0^{\infty}=\dfrac{1}{p-\alpha},\mathrm{Re}\,p>\mathrm{Re}\,\alpha.$

(4) $\mathscr{L}[\mathrm{e}^{\mathrm{i}kt}]=\int_0^{\infty}\mathrm{e}^{\mathrm{i}kt}\mathrm{e}^{-pt}\mathrm{d}t=\int_0^{\infty}\mathrm{e}^{-(p-\mathrm{i}k)t}\mathrm{d}t=-\dfrac{1}{p-\mathrm{i}k}\mathrm{e}^{-(p-\mathrm{i}k)t}\Big|_0^{\infty}=\dfrac{1}{p-\mathrm{i}k}=\dfrac{p+\mathrm{i}k}{p^2+k^2}.$

$\mathscr{L}[\mathrm{e}^{\mathrm{i}kt}]=\mathscr{L}[\cos kt+\mathrm{i}\sin kt].$

利用左右两边的实部和虚部分别相等，可得

$$\mathscr{L}[\sin kt]=\frac{k}{p^2+k^2},\mathrm{Re}\,p>0;\quad \mathscr{L}[\cos kt]=\frac{p}{p^2+k^2},\mathrm{Re}\,p>0.$$

```
%调用 MATLAB 内部指令计算各类信号的拉普拉斯变换及其逆变换
%原函数 ft1;像函数 Fp;拉普拉斯逆变换后的原函数 ft2
syms t p a k;
ft1 = 1;                    %原函数 1
Fp = laplace(ft1,t,p)       %拉普拉斯变换
ft2 = ilaplace(Fp,p,t)      %拉普拉斯逆变换
ft1 = exp(a * t);           %原函数 exp(a * t)
Fp = laplace(ft1,t,p)       %拉普拉斯变换
ft2 = ilaplace(Fp,p,t)      %拉普拉斯逆变换
ft1 = sin(k * t);           %原函数 sin(k * t)
Fp = laplace(ft1,t,p)       %拉普拉斯变换
ft2 = ilaplace(Fp,p,t)      %拉普拉斯逆变换
```

【例 2】 计算如下函数的拉普拉斯逆变换

(1) $\dfrac{2}{(p-1)^2+4}$; (2) $\dfrac{1}{p^2+2p+3}$; (3) $\dfrac{1}{p^2(p-1)}$.

解:(1) 利用拉普拉斯变换公式 $\mathscr{L}[\sin kt]=\dfrac{k}{p^2+k^2}$以及平移性质 $\mathscr{L}[e^{p_0t}f(t)]=\bar{f}(p-p_0)$,可得

$$\mathscr{L}^{-1}\left[\frac{2}{(p-1)^2+4}\right]=e^t\sin 2t,\quad t>0.$$

(2) $\mathscr{L}^{-1}\left[\dfrac{1}{p^2+2p+3}\right]=\dfrac{1}{\sqrt{2}}\mathscr{L}^{-1}\left[\dfrac{\sqrt{2}}{(p+1)^2+2}\right]$.

利用拉普拉斯变换公式 $\mathscr{L}[\sin kt]=\dfrac{k}{p^2+k^2}$以及平移性质 $\mathscr{L}[e^{p_0t}f(t)]=\bar{f}(p-p_0)$,可得

$$\mathscr{L}^{-1}\left[\frac{1}{p^2+2p+3}\right]=\frac{1}{\sqrt{2}}e^{-t}\sin\sqrt{2}t,\quad t>0.$$

(3) $\mathscr{L}^{-1}\left[\dfrac{1}{p^2(p-1)}\right]=\mathscr{L}^{-1}\left[\dfrac{1}{p^2}\dfrac{1}{p-1}\right]$.

由于$\mathscr{L}^{-1}\left[\dfrac{1}{p^2}\right]=t$,$\mathscr{L}^{-1}\left[\dfrac{1}{p-1}\right]=e^t$,根据卷积定理可得

$$\mathscr{L}^{-1}\left[\frac{1}{p^2(p-1)}\right]=t*e^t=\int_0^t \tau e^{t-\tau}d\tau=e^t-t-1,\quad t>0.$$

§ 4.5 利用拉普拉斯变换法求解偏微分方程

授课视频

我们仍然考虑无界弦的自由振动问题

$$\begin{cases} u_{tt}(x,t)-a^2u_{xx}(x,t)=0, & -\infty<x<\infty, t>0, \\ u\big|_{t=0}=\varphi(x), u_t\big|_{t=0}=\psi(x). \end{cases} \tag{4.5.1}$$

前面已经分别用行波法和傅里叶变换法对该定解问题进行了求解，其解为达朗贝尔公式

$$u(x,t)=\frac{1}{2}[\varphi(x+at)+\varphi(x-at)]+\frac{1}{2a}\int_{x-at}^{x+at}\psi(\xi)\mathrm{d}\xi.$$

本节利用拉普拉斯变换重新求解上述定解问题。对(4.5.1)式中各项关于变量 t 的函数进行拉普拉斯变换，可得

$$p^2\overline{u}(x,p)-pu(x,0)-u_t(x,0)-a^2\overline{u}_{xx}(x,p)=0, \tag{4.5.2}$$

其中，$\overline{u}(x,p)=\int_0^{\infty}u(x,t)\mathrm{e}^{-pt}\mathrm{d}t$，上式利用了原函数二阶导数的拉普拉斯变换公式。

将(4.5.1)式中的初始条件代入上式，整理可得

$$\overline{u}_{xx}(x,p)-\frac{p^2}{a^2}\overline{u}(x,p)=-\frac{p\varphi(x)+\psi(x)}{a^2}. \tag{4.5.3}$$

将 p 视为参量，则(4.5.3)式可视为一个非齐次的二阶常微分方程，该方程的通解为[8]

$$\begin{aligned} \overline{u}(x,p)= & C_1\mathrm{e}^{\frac{px}{a}}+C_2\mathrm{e}^{-\frac{px}{a}}+\frac{1}{2a}\mathrm{e}^{-\frac{px}{a}}\int_{x_1}^{x}\left[\varphi(\xi)+\frac{\psi(\xi)}{p}\right]\mathrm{e}^{\frac{p\xi}{a}}\mathrm{d}\xi \\ & -\frac{1}{2a}\mathrm{e}^{\frac{px}{a}}\int_{x_2}^{x}\left[\varphi(\xi)+\frac{\psi(\xi)}{p}\right]\mathrm{e}^{-\frac{p\xi}{a}}\mathrm{d}\xi. \end{aligned} \tag{4.5.4}$$

其中，$\overline{u}(x,p)$ 在 $x\to\pm\infty$ 时应当是有界的，因此，$C_1=0, C_2=0$. 为保证积分收敛，$x_1\to-\infty$，$x_2\to\infty$. 因此，(4.5.4)式简化为

$$\begin{aligned} \overline{u}(x,p)= & \frac{1}{2a}\int_{-\infty}^{x}\left[\varphi(\xi)+\frac{\psi(\xi)}{p}\right]\mathrm{e}^{\frac{p(\xi-x)}{a}}\mathrm{d}\xi+\frac{1}{2a}\int_{x}^{\infty}\left[\varphi(\xi)+\frac{\psi(\xi)}{p}\right]\mathrm{e}^{\frac{p(x-\xi)}{a}}\mathrm{d}\xi \\ = & \frac{1}{2a}\int_{-\infty}^{x}\varphi(\xi)\mathrm{e}^{\frac{p(\xi-x)}{a}}\mathrm{d}\xi+\frac{1}{2a}\int_{x}^{\infty}\varphi(\xi)\mathrm{e}^{\frac{p(x-\xi)}{a}}\mathrm{d}\xi \\ & +\frac{1}{2a}\int_{-\infty}^{x}\frac{\psi(\xi)}{p}\mathrm{e}^{\frac{p(\xi-x)}{a}}\mathrm{d}\xi+\frac{1}{2a}\int_{x}^{\infty}\frac{\psi(\xi)}{p}\mathrm{e}^{\frac{p(x-\xi)}{a}}\mathrm{d}\xi. \end{aligned} \tag{4.5.5}$$

利用拉普拉斯逆变换，可得

$$\begin{aligned} u(x,t)= & \frac{1}{2a}\mathscr{L}^{-1}\left[\int_{-\infty}^{x}\varphi(\xi)\mathrm{e}^{\frac{p(\xi-x)}{a}}\mathrm{d}\xi\right]+\frac{1}{2a}\mathscr{L}^{-1}\left[\int_{x}^{\infty}\varphi(\xi)\mathrm{e}^{\frac{p(x-\xi)}{a}}\mathrm{d}\xi\right] \\ & +\frac{1}{2a}\mathscr{L}^{-1}\left[\int_{-\infty}^{x}\frac{\psi(\xi)}{p}\mathrm{e}^{\frac{p(\xi-x)}{a}}\mathrm{d}\xi\right]+\frac{1}{2a}\mathscr{L}^{-1}\left[\int_{x}^{\infty}\frac{\psi(\xi)}{p}\mathrm{e}^{\frac{p(x-\xi)}{a}}\mathrm{d}\xi\right]. \end{aligned} \tag{4.5.6}$$

利用平移性质 I $\mathscr{L}[f(t-t_0)]=\mathrm{e}^{-pt_0}\overline{f}(p)$ 和公式 $\mathscr{L}[\mathrm{H}(t)]=\frac{1}{p}$，(4.5.6)式中的第三项

$$\mathscr{L}^{-1}\left[\int_{-\infty}^{x}\psi(\xi)\frac{1}{p}e^{\frac{p(\xi-x)}{a}}d\xi\right]=\int_{-\infty}^{x}\psi(\xi)\mathscr{L}^{-1}\left[\frac{1}{p}e^{\frac{p(\xi-x)}{a}}\right]d\xi$$
$$=\int_{-\infty}^{x}\psi(\xi)H\left(t+\frac{\xi-x}{a}\right)d\xi=\int_{x-at}^{x}\psi(\xi)d\xi. \tag{4.5.7}$$

(4.5.6)式中的第四项

$$\mathscr{L}^{-1}\left[\int_{x}^{\infty}\frac{\psi(\xi)}{p}e^{\frac{p(x-\xi)}{a}}d\xi\right]=\int_{x}^{\infty}\psi(\xi)\mathscr{L}^{-1}\left[\frac{1}{p}e^{\frac{p(x-\xi)}{a}}\right]d\xi$$
$$=\int_{x}^{\infty}\psi(\xi)H\left(t+\frac{x-\xi}{a}\right)d\xi=\int_{x}^{x+at}\psi(\xi)d\xi. \tag{4.5.8}$$

(4.5.6)式中的第一项

$$\mathscr{L}^{-1}\left[\int_{-\infty}^{x}\varphi(\xi)e^{\frac{p(\xi-x)}{a}}d\xi\right]=\mathscr{L}^{-1}\left[\int_{-\infty}^{x}p\frac{\varphi(\xi)}{p}e^{\frac{p(\xi-x)}{a}}d\xi\right]. \tag{4.5.9}$$

根据(4.5.7)式的结果和微分性质 $\mathscr{L}\left[\frac{df(t)}{dt}\right]=p\overline{f}(p)-f(0)$,(4.5.9)式的拉普拉斯逆变换可写为

$$\mathscr{L}^{-1}\left[\int_{-\infty}^{x}\varphi(\xi)e^{\frac{p(\xi-x)}{a}}d\xi\right]=\frac{\partial}{\partial t}\int_{x-at}^{x}\varphi(\xi)d\xi. \tag{4.5.10}$$

同理(4.5.6)式中的第二项

$$\mathscr{L}^{-1}\left[\int_{x}^{\infty}\varphi(\xi)e^{\frac{p(x-\xi)}{a}}d\xi\right]=\frac{\partial}{\partial t}\int_{x}^{x+at}\varphi(\xi)d\xi. \tag{4.5.11}$$

将(4.5.7)式、(4.5.8)式、(4.5.10)式和(4.5.11)式代入(4.5.6)式,可得原函数

$$u(x,t)=\frac{1}{2a}\frac{\partial}{\partial t}\int_{x-at}^{x}\varphi(\xi)d\xi+\frac{1}{2a}\frac{\partial}{\partial t}\int_{x}^{x+at}\varphi(\xi)d\xi$$
$$+\frac{1}{2a}\int_{x-at}^{x}\psi(\xi)d\xi+\frac{1}{2a}\int_{x}^{x+at}\psi(\xi)d\xi \tag{4.5.12}$$
$$=\frac{1}{2}[\varphi(x+at)+\varphi(x-at)]+\frac{1}{2a}\int_{x-at}^{x+at}\psi(\xi)d\xi.$$

该结果与达朗贝尔公式及利用傅里叶变换求解的结果完全一致。

从上述定解问题的求解过程可以看到,在以二阶微分方程为泛定方程的定解问题中,需要计算原函数的二阶导数的拉普拉斯变换,而根据原函数的二阶导数的拉普拉斯变换公式 $\mathscr{L}\left[\frac{d^2f(t)}{dt^2}\right]=p^2\overline{f}(p)-pf(0)-f'(0)$,计算原函数二阶导数的拉普拉斯变换需要原函数 $f(t)$ 以及其一阶导数 $f'(t)$ 在初始时刻 $t=0$ 时的值。因此,拉普拉斯变换只适用于求解包含初始时刻有定义的定解问题,即初值问题。

【例 1】 利用拉普拉斯变换法求解非齐次常微分方程的初值问题

$$\begin{cases}\dfrac{d^2y(t)}{dt^2}+3\dfrac{dy(t)}{dt}+2y(t)=e^{-t}, & t>0,\\ y(0)=0,y'(0)=1.\end{cases}$$

解:对常微分方程进行拉普拉斯变换,可得像函数 $\overline{y}(p)$ 满足的方程为

$$[p^2\overline{y}(p)-py(0)-y'(0)]+3[p\overline{y}(p)-y(0)]+2\overline{y}(p)=\frac{1}{p+1}.$$

通过拉普拉斯变换,关于原函数 $y(t)$ 的常微分方程变成关于像函数 $\overline{y}(p)$ 的代数方程,像函数的解为

$$\overline{y}(p)=\frac{1}{(p+1)^2}.$$

最后,利用拉普拉斯逆变换,可得原函数

$$y(t)=\mathscr{L}^{-1}\left[\frac{1}{(p+1)^2}\right].$$

结合拉普拉斯变换的平移性质,可得初值问题的解为

$$y(t)=t\mathrm{e}^{-t},\quad t>0.$$

与傅里叶变换法相比,拉普拉斯变换法不需要 $y(t)$ 和方程的非齐次项可积,因此,拉普拉斯变换法的适用性更强。另外,利用拉普拉斯变换法得到的解就是非齐次常微分方程初值问题的解。

【例 2】 利用拉普拉斯变换法求解半无限长均匀细杆的导热问题

$$\begin{cases}\dfrac{\partial u(x,t)}{\partial t}-a^2\dfrac{\partial^2 u(x,t)}{\partial x^2}=0,x>0,t>0,\\ u(x,t)\big|_{x=0}=u_0,u(x,t)\big|_{x\to\infty}\to\text{有限值},\\ u(x,t)\big|_{t=0}=0,\end{cases}$$

其中,u_0 为常量。已知拉普拉斯变换公式 $\mathscr{L}\left[\operatorname{erfc}\left(\dfrac{a}{2\sqrt{t}}\right)\right]=\dfrac{1}{p}\mathrm{e}^{-a\sqrt{p}},a>0,\operatorname{erfc}(x)$ 为高斯互补误差函数,$\operatorname{erfc}(x)=1-\dfrac{2}{\sqrt{\pi}}\displaystyle\int_0^x\mathrm{e}^{-\xi^2}\mathrm{d}\xi$.

解:利用拉普拉斯变换,可得像函数的定解问题为

$$\begin{cases}\overline{u}_{xx}(x,p)-\dfrac{p}{a^2}\overline{u}(x,p)=0,\\ \overline{u}(x,p)\big|_{x=0}=\dfrac{u_0}{p},\quad \overline{u}(x,p)\big|_{x\to\infty}\to\text{有限值}.\end{cases}$$

像函数的通解为

$$\overline{u}(x,p)=c_1\mathrm{e}^{\frac{\sqrt{p}}{a}x}+c_2\mathrm{e}^{-\frac{\sqrt{p}}{a}x}.$$

由边界条件 $\overline{u}(x,p)\big|_{x\to\infty}\to$ 有限值,可得 $c_1=0$.

由边界条件 $\overline{u}(x,p)\big|_{x=0}=\dfrac{u_0}{p}$,可得 $c_2=\dfrac{u_0}{p}$.

因此,像函数

$$\overline{u}(x,p)=\frac{u_0}{p}e^{-\frac{\sqrt{p}}{a}x}.$$

最后,利用拉普拉斯逆变换公式,可得原函数

$$u(x,t)=u_0\operatorname{erfc}\left(\frac{x}{2a\sqrt{t}}\right),\quad x>0,t>0.$$

第 4 章习题

1. 计算单个锯齿脉冲函数 $f(t)=\begin{cases}0, & t<0,\\ \alpha t, & 0\leqslant t\leqslant T,\\ 0, & t>T\end{cases}$ 的傅里叶变换,其中,α 为常量。

2. 计算函数 $f(x)=e^{-|x|},-\infty<x<\infty$ 的傅里叶变换。

3. 利用狄拉克函数的性质计算下列积分:

(1) $\int_{-\infty}^{+\infty}\sin x\delta\left(x-\frac{\pi}{2}\right)dx$; (2) $\int_0^{+\infty}x^2\delta(x^2-4)dx$;

(3) $\int_{-\infty}^{+\infty}\sin^2 x\delta'\left(x-\frac{\pi}{4}\right)dx$; (4) $\int_0^{+\infty}x^3[\delta(x^2-4x-5)]'dx$.

4. 利用傅里叶变换法求解如下定解问题:

$$\begin{cases}u_{tt}(x,t)-a^2u_{xx}(x,t)=0,-\infty<x<\infty,t>0,\\ u|_{t=0}=e^{-x^2/a^2},u_t|_{t=0}=0.\end{cases}$$

积分公式:$\int_0^{\infty}e^{-\alpha x^2}\cos(\beta x)dx=\frac{1}{2}e^{-\frac{\beta^2}{4\alpha}}\sqrt{\frac{\pi}{\alpha}},\alpha>0.$

5. 利用傅里叶变换法求解如下无界区域的定解问题:

$$\begin{cases}u_t(x,t)-e^{-t}u_{xx}(x,t)=0,\ -\infty<x<\infty,t>0,\\ u|_{t=0}=\delta(x).\end{cases}$$

傅里叶逆变换公式:$\mathscr{F}^{-1}[e^{-\alpha k^2}]=\frac{1}{\sqrt{4\alpha\pi}}e^{-x^2/4\alpha},\alpha>0.$

6. 利用拉普拉斯变换法求解如下定解问题:

$$\begin{cases}y''(t)+k^2y(t)=\sin\omega t,t>0,\\ y(0)=0,y'(0)=0.\end{cases}$$

7. 利用拉普拉斯变换求解如下定解问题:

$$\begin{cases}u_{tt}(x,t)-u_{xx}(x,t)=0,0<x<1,t>0,\\ u|_{x=0}=0,u_x|_{x=1}=\sin t,\\ u|_{t=0}=0,u_t|_{t=0}=0.\end{cases}$$

8. 利用拉普拉斯变换求解如下定解问题：

$$\begin{cases} u_{tt}(x,t)-a^2u_{xx}(x,t)=0,0<x<\infty,t>0, \\ u\big|_{t=0}=0,u_t\big|_{t=0}=0, \\ u\big|_{x=0}=\begin{cases}\sin \pi t, & 0\leqslant t\leqslant 1 \\ 0, & t>1\end{cases},u\big|_{x\to\infty}\to\text{有限值}. \end{cases}$$

习题参考答案

第 5 章　直角坐标系下的分离变量法

分离变量法是求解偏微分方程的重要方法。本章以求解一维波动方程的定解问题为例，介绍直角坐标系下的分离变量法。分离变量法将定解问题中的偏微分方程分离为若干个关于单变量函数的常微分方程，同时将定解问题中的边界条件分离为各单变量函数的边界条件，从而将定解问题分离为多个关于单变量函数的本征问题和一个关于单变量函数的通解问题，然后逐一求解，最后将各个常微分方程的解进行组合、叠加，得到定解问题的通解。其中，关于单变量函数的本征问题的求解是分离变量法的核心内容。

第 5 章
课件资源

本章在 § 5.1 介绍齐次偏微分方程在齐次边界条件下的分离变量法；对于非齐次偏微分方程如何求解以及非齐次边界条件如何处理，分别在 § 5.2 和 § 5.3 介绍；最后，在 § 5.4 介绍施图姆-刘维尔本征问题中关于本征值和本征函数的通用性质。

§ 5.1　齐次偏微分方程的分离变量法

授课视频

本节以弦的自由横振动问题为例，介绍求解齐次偏微分方程的分离变量法。将一个长为 l、张紧的弦的两端分别固定在 x 轴上的 $x=0$ 和 $x=l$ 处。假设弦的初始位移和初始速度分别为 $\varphi(x)$ 和 $\psi(x)$，则弦的横振动位移 $u(x,t)$ 满足的定解问题为

$$\begin{cases} u_{tt}(x,t)-a^2u_{xx}(x,t)=0, 0<x<l,\ t>0, \\ u(x,t)\big|_{x=0}=0, u(x,t)\big|_{x=l}=0, \\ u(x,t)\big|_{t=0}=\varphi(x), u_t(x,t)\big|_{t=0}=\psi(x). \end{cases} \tag{5.1.1}$$

1. 定解问题的分离

为了将(5.1.1)式中的偏微分方程分离为两个仅含单个变量的常微分方程，设 $u(x,t)$ 为两个单变量函数乘积的形式，即

$$u(x,t)=X(x)T(t). \tag{5.1.2}$$

将(5.1.2)式代入(5.1.1)式中的波动方程，可得

$$T''(t)X(x)-a^2T(t)X''(x)=0.$$

上式两边同除以 $a^2X(x)T(t)$，整理可得

$$\frac{T''(t)}{a^2T(t)}=\frac{X''(x)}{X(x)}.$$

等式左边是关于时间变量 t 的函数，而右边是关于空间变量 x 的函数。对于任意的 t 和

x,等式恒成立。因此,等式的左、右两边必然只能等于一个相同的常量,设为$-\lambda$,即

$$\frac{T''(t)}{a^2T(t)}=\frac{X''(x)}{X(x)}=-\lambda.$$

由此,(5.1.1)式中的偏微分方程分离为如下两个常微分方程:

$$X''(x)+\lambda X(x)=0. \tag{5.1.3}$$

$$T''(t)+\lambda a^2T(t)=0. \tag{5.1.4}$$

另外,将(5.1.2)式代入(5.1.1)式中的边界条件 $u(x,t)\big|_{x=0}=0$,可得

$$X(0)T(t)=0. \tag{5.1.5}$$

对于任意的时间 t,上式恒成立,说明 $X(x)$ 在 $x=0$ 端满足齐次边界条件

$$X(0)=0. \tag{5.1.6}$$

同理,由边界条件 $u(x,t)\big|_{x=l}=0$,得到 $X(x)$ 在 $x=l$ 端也满足齐次边界条件

$$X(l)=0. \tag{5.1.7}$$

关于 $X(x)$ 的常微分方程(5.1.3)式与其边界条件(5.1.6)式和(5.1.7)式构成如下的**本征问题**

$$\begin{cases}X''(x)+\lambda X(x)=0,\\ X(0)=0,X(l)=0.\end{cases} \tag{5.1.8}$$

上式中包含分离变量常量 λ 的常微分方程称为**本征方程**。与求解一般的常微分方程不同的是,在本征问题的求解过程中,需要根据边界条件确定常量 λ 的可能取值。λ 的可能取值称为本征问题的**本征值**,所有的本征值构成一个**本征值谱**。与每个本征值对应的本征方程的非零函数解称为**本征函数**,所有本征函数构成一个**本征函数系**。因此,本征问题的求解包含两方面的内容:(1)根据本征方程的通解和边界条件确定本征值;(2)根据本征值确定对应的本征函数。

至此,定解问题(5.1.1)式中的泛定方程和边界条件通过分离变量后,得到一个本征问题(5.1.8)式和一个一般的二阶常微分方程(5.1.4)式[其中的 λ 的取值由本征问题(5.1.8)式确定]。

2. 本征问题的求解

为求解本征问题(5.1.8)式,需要对 λ 的取值进行各种情况的讨论。§ 5.4 中将会证明所有的本征值都是实数,因此,此处仅对 λ 取不同实数的情况进行讨论。

(1) 当 $\lambda<0$ 时,(5.1.8)式中的二阶常微分方程的通解为

$$X(x)=Ce^{\sqrt{-\lambda}x}+De^{-\sqrt{-\lambda}x}.$$

将上式代入边界条件 $X(0)=0$ 和 $X(l)=0$,可得系数 $C=0$、$D=0$.

因此,$X(x)\equiv0$. 此解表示弦上各点的振动位移恒为零,即弦一直处于不发生振动的状态,不符合原定解问题的物理期望,故该解应该舍去。

(2) 当 $\lambda=0$ 时,(5.1.8)式中的二阶常微分方程的通解为

$$X(x)=Cx+D.$$

将上式代入边界条件 $X(0)=0$ 和 $X(l)=0$,可得系数 $C=0$、$D=0$.

因此,$X(x)\equiv0$,此解与上述情况相同,应该舍去。

(3) 当 $\lambda>0$ 时,(5.1.8)式中的二阶常微分方程的通解为

$$X(x)=C\sin\sqrt{\lambda}\,x+D\cos\sqrt{\lambda}\,x.$$

将上式代入边界条件 $X(0)=0$,可得系数 $D=0$. 上述通解退化为

$$X(x)=C\sin\sqrt{\lambda}\,x. \tag{5.1.9}$$

将上式代入边界条件 $X(l)=0$,可得

$$C\sin\sqrt{\lambda}\,l=0.$$

如果令系数 $C=0$,则 $X(x)\equiv 0$,此解与以上两种情况相同,应该舍去。要保证上式成立,只能要求

$$\sin\sqrt{\lambda}\,l=0. \tag{5.1.10}$$

因此,分离变量常数 λ 只能取如下的特定值:

$$\lambda_n=\frac{n^2\pi^2}{l^2},n=1,2,3,\cdots. \tag{5.1.11}$$

这些特定的 λ_n 就是本征问题(5.1.8)式的本征值。将(5.1.11)式中的本征值 λ_n 代入(5.1.9)式,即可得到对应的本征函数解

$$X_n(x)=C_n\sin\frac{n\pi x}{l},n=1,2,3,\cdots. \tag{5.1.12}$$

作为本征函数,系数 C_n 可以取任意的非零常数。取系数 $C_n=1$,则本征函数简化为

$$X_n(x)=\sin\frac{n\pi x}{l},n=1,2,3,\cdots. \tag{5.1.13}$$

3. 定解问题的解

将(5.1.11)式中的本征值代入(5.1.4)式,得到关于 $T(t)$ 的二阶常微分方程

$$T''(t)+\frac{n^2\pi^2a^2}{l^2}T(t)=0, \tag{5.1.14}$$

其通解为

$$T_n(t)=A_n\sin\frac{n\pi at}{l}+B_n\cos\frac{n\pi at}{l}, \tag{5.1.15}$$

其中,$n=1,2,3,\cdots$.

将(5.1.13)式和(5.1.15)式代入(5.1.2)式,便可得到定解问题(5.1.1)式的一系列特解

$$u_n(x,t)=\left(A_n\sin\frac{n\pi at}{l}+B_n\cos\frac{n\pi at}{l}\right)\sin\frac{n\pi x}{l}. \tag{5.1.16}$$

根据叠加原理,定解问题(5.1.1)式的通解是所有特解的线性叠加,即

$$u(x,t)=\sum_{n=1}^{\infty}\left(A_n\sin\frac{n\pi at}{l}+B_n\cos\frac{n\pi at}{l}\right)\sin\frac{n\pi x}{l}, \tag{5.1.17}$$

其中,A_n 和 B_n 为待定系数。由(5.1.17)式可知,本征函数 $\sin\frac{n\pi x}{l}$ 前面系数 C_n 的取值,并不影响通解 $u(x,t)$ 的最终形式。因此,为简洁起见,通常取系数 $C_n=1$.

将(5.1.17)式代入定解问题(5.1.1)式中的初始条件,可得

$$\begin{cases}u\big|_{t=0}=\sum\limits_{n=1}^{\infty}B_n\sin\dfrac{n\pi x}{l}=\varphi(x),\\ u_t\big|_{t=0}=\sum\limits_{n=1}^{\infty}A_n\dfrac{n\pi a}{l}\sin\dfrac{n\pi x}{l}=\psi(x).\end{cases} \tag{5.1.18}$$

上式可视为已知函数 $\varphi(x)$ 和 $\psi(x)$ 的傅里叶正弦级数展开，根据傅里叶正弦级数展开系数的计算公式，可得

$$\begin{cases} B_n = \dfrac{2}{l}\displaystyle\int_0^l \varphi(x)\sin\dfrac{n\pi x}{l}\mathrm{d}x, \\ A_n = \dfrac{2}{n\pi a}\displaystyle\int_0^l \psi(x)\sin\dfrac{n\pi x}{l}\mathrm{d}x. \end{cases} \tag{5.1.19}$$

最后，将求得的系数 A_n 和 B_n 代回到(5.1.17)式中，即得到定解问题(5.1.1)式的解。

4. 本征函数系$\left\{\sin\dfrac{n\pi x}{l}, n=1,2,3,\cdots\right\}$的性质

由本征问题(5.1.8)式确定的本征函数系$\left\{\sin\dfrac{n\pi x}{l}, n=1,2,3,\cdots\right\}$在定义域$[0,l]$内具有正交性、模(可归一化)和完备性三个重要的性质。

为便于理解，我们以三维直角坐标系中的单位矢量$\{\hat{e}_x,\hat{e}_y,\hat{e}_z\}$作类比。$\{\hat{e}_x,\hat{e}_y,\hat{e}_z\}$是三维空间的一组基底，本征函数系$\left\{\sin\dfrac{n\pi x}{l}, n=1,2,3,\cdots\right\}$可视为定义在$[0,l]$内的函数空间的一组基底。这两类基底在正交性、模和完备性三方面具有一定的相似性。

【正交性】

在三维直角坐标系中，任意两个坐标轴相互垂直，该性质对应着任意两个单位矢量相互正交，其数学描述为

$$\hat{e}_i\cdot\hat{e}_j=0, i\neq j, \tag{5.1.20}$$

其中，$i,j=x,y,z.$

对于本征函数系$\left\{\sin\dfrac{n\pi x}{l}, n=1,2,3,\cdots\right\}$，通过积分计算，可以验证其中的任意两个本征函数的乘积在定义域内的积分等于零，即

$$\int_0^l \sin\frac{m\pi x}{l}\sin\frac{n\pi x}{l}\mathrm{d}x = 0, m\neq n, \tag{5.1.21}$$

上式即是本征函数正交性的数学描述，表示定义域为$[0,l]$的函数空间的两个不同的基底相互正交。

【模】

在三维直角坐标系中，任意一个单位矢量的长度等于1，即模等于1，这也是称其为“单位”矢量的原因，该性质的数学描述为

$$\hat{e}_i\cdot\hat{e}_i=1, \tag{5.1.22}$$

其中，$i=x,y,z.$

对于本征函数系$\left\{\sin\dfrac{n\pi x}{l}, n=1,2,3,\cdots\right\}$，通过积分计算，可以验证其中的任意一个本征函数与自己的乘积在定义域内的积分等于$\dfrac{l}{2}$，即

$$N_n^2=\int_0^l \sin\frac{n\pi x}{l}\sin\frac{n\pi x}{l}\mathrm{d}x = \frac{l}{2}, \tag{5.1.23}$$

上式为本征函数 $\sin\dfrac{n\pi x}{l}$ 的模的平方公式，本征函数 $\sin\dfrac{n\pi x}{l}$ 的模 $N_n=\sqrt{\dfrac{l}{2}}$.

若将本征函数系 $\left\{\sin\dfrac{n\pi x}{l},n=1,2,3,\cdots\right\}$ 中的每个本征函数都乘以其模的倒数后，构成一个新的本征函数系，即 $\left\{\sqrt{\dfrac{2}{l}}\sin\dfrac{n\pi x}{l},n=1,2,3,\cdots\right\}$，则这个本征函数系内任意一个本征函数的模都等于 1. 模为 1 的本征函数称为归一化的本征函数。

单位矢量的正交性(5.1.20)式和模的平方公式(5.1.22)式可统一写为

$$\hat{\boldsymbol{e}}_i\cdot\hat{\boldsymbol{e}}_j=\delta_{ij},\tag{5.1.24}$$

其中，δ_{ij} 为克罗内克符号(Kronecker symbol)，即

$$\delta_{ij}=\begin{cases}1,i=j,\\0,i\neq j.\end{cases}\tag{5.1.25}$$

类似地，本征函数 $\sin\dfrac{n\pi x}{l}$ 的正交性(5.1.21)式及其模的平方公式(5.1.23)式也可统一表示为

$$\int_0^l\sin\frac{m\pi x}{l}\sin\frac{n\pi x}{l}\mathrm{d}x=\frac{l}{2}\delta_{mn}.\tag{5.1.26}$$

【完备性】

三维空间中，三个单位矢量 $\{\hat{\boldsymbol{e}}_x,\hat{\boldsymbol{e}}_y,\hat{\boldsymbol{e}}_z\}$ 构成一组完备的基底。空间中任意一个矢量 $\boldsymbol{A}$ 都可以将 $\{\hat{\boldsymbol{e}}_x,\hat{\boldsymbol{e}}_y,\hat{\boldsymbol{e}}_z\}$ 作为基底，进行完全展开，即

$$\boldsymbol{A}=A_x\hat{\boldsymbol{e}}_x+A_y\hat{\boldsymbol{e}}_y+A_z\hat{\boldsymbol{e}}_z,\tag{5.1.27}$$

其中，展开系数是矢量 $\boldsymbol{A}$ 在各单位矢量上的投影，即 $A_i=\boldsymbol{A}\cdot\hat{\boldsymbol{e}}_i,i=x,y,z.$

类似地，在定义域为 $[0,l]$ 的函数空间中，本征函数系 $\left\{\sin\dfrac{n\pi x}{l},n=1,2,3,\cdots\right\}$ 也构成一组完备的基底，此基底有无穷多个。定义在 $[0,l]$ 内的任意一个分段光滑的任意有界函数 $f(x)$ 都可以将本征函数 $\left\{\sin\dfrac{n\pi x}{l},n=1,2,3,\cdots\right\}$ 作为基底进行傅里叶正弦级数展开，即

$$f(x)=\sum_{n=1}^{\infty}C_n\sin\frac{n\pi x}{l},\tag{5.1.28}$$

其中，展开系数 C_n 也可视为函数 $f(x)$ 在基底 $\sin\dfrac{n\pi x}{l}$ 上的投影。

为确定展开系数，将(5.1.28)式两边同乘以 $\sin\dfrac{m\pi x}{l}$，并在定义域 $[0,l]$ 内进行积分，可得

$$\int_0^l f(x)\sin\frac{m\pi x}{l}\mathrm{d}x=\int_0^l\sum_{n=1}^{\infty}C_n\sin\frac{m\pi x}{l}\sin\frac{n\pi x}{l}\mathrm{d}x=\sum_{n=1}^{\infty}C_n\int_0^l\sin\frac{m\pi x}{l}\sin\frac{n\pi x}{l}\mathrm{d}x.$$

根据本征函数的正交性和模的平方公式(5.1.26)式，上式右边的求和中只有 $n=m$ 项的积分不为零，且等于 $\dfrac{l}{2}$. 因此，可得

$$\int_0^l f(x)\sin\frac{m\pi x}{l}\mathrm{d}x = C_m\frac{l}{2}.$$

将指标 m 变换为 n,即可得到展开系数 C_n 的计算公式

$$C_n = \frac{2}{l}\int_0^l f(x)\sin\frac{n\pi x}{l}\mathrm{d}x. \tag{5.1.29}$$

(5.1.28)式和(5.1.29)式正是傅里叶正弦级数展开的内容:定义在有限区间 $[0,l]$ 上的任意的一个分段光滑的函数 $f(x)$,如果将其奇延拓成以 $2l$ 为周期的奇函数,则其可进行傅里叶正弦级数展开,即(5.1.28)式,展开系数的计算公式即是(5.1.29)式。

现在,我们利用本征函数的性质重新审视傅里叶正弦级数展开的内容。正是由于在定义域 $[0,l]$ 上的由正弦函数构成的本征函数系 $\left\{\sin\frac{n\pi x}{l}, n=1,2,3,\cdots\right\}$ 具有完备性,该定义域内的函数 $f(x)$ 才可以进行傅里叶正弦级数展开,进而通过本征函数的正交性和模的平方公式确定其展开系数。

5. 定解问题的解的讨论

图 5.1 给出了当弦长 $l=1$ 时,前三个本征函数 $\left\{\sin\frac{n\pi x}{l}, n=1,2,3\right\}$ 的图像。从图中可以看出,这些本征函数在两端处的取值均等于零,且第 n 个本征函数带有 $n-1$ 个节点(除端点之外),包含 n 个波腹。

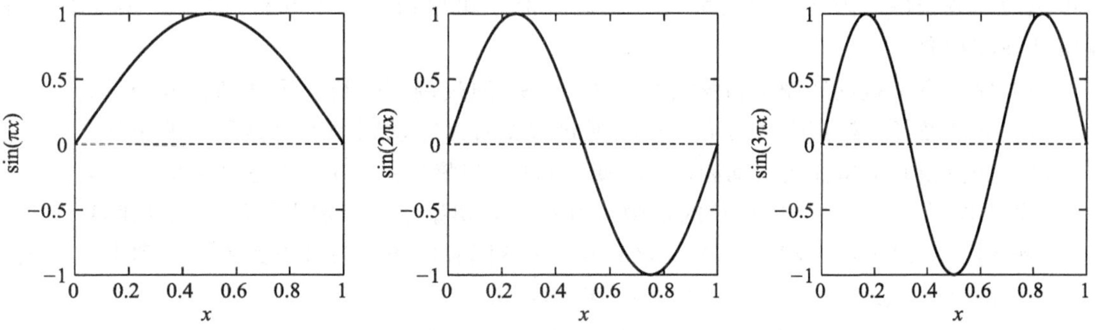

图 5.1 当 $l=1$ 时,前三个本征函数 $\left\{\sin\frac{n\pi x}{l}, n=1,2,3\right\}$

定解问题(5.1.1)式的通解是由无穷多个特解叠加而成,即

$$u(x,t) = \sum_{n=1}^{\infty}\left(A_n\sin\frac{n\pi at}{l} + B_n\cos\frac{n\pi at}{l}\right)\sin\frac{n\pi x}{l},$$

其中,$n=1$ 时的特解 $u_1(x,t)=\left(A_1\sin\frac{\pi at}{l}+B_1\cos\frac{\pi at}{l}\right)\sin\frac{\pi x}{l}$,称为**基波**,其振动的波形由 $\sin\frac{\pi x}{l}$ 决定,即弦线两端($x=0$ 和 $x=l$)保持不动,由一个波腹($x=l/2$ 处)连带整个弦线上下做简谐振动,振动频率 $\omega_1=\frac{\pi a}{l}$,称为**基频**;n 为其他整数时的特解 $u_n(x,t)=\left(A_n\sin\frac{n\pi at}{l}+B_n\cos\frac{n\pi at}{l}\right)\sin\frac{n\pi x}{l}$,称为**谐波**,其振动图像是弦线两端和节点处均保持不动,由 n 个波腹连带整个弦线上下做简谐

振动,振动频率 $\omega_n=\dfrac{n\pi a}{l}$,称为**谐频**。在该振动模式下,谐频是基频的整数倍。

通过(5.1.19)式的系数计算公式可知,谐波的系数将随着阶数 n 的增加而逐渐减小,因此,根据计算精度的需要,可以将高阶谐波进行截断,保留至 N 阶,即

$$u(x,t)\approx\sum_{n=1}^{N}\left(A_n\sin\frac{n\pi at}{l}+B_n\cos\frac{n\pi at}{l}\right)\sin\frac{n\pi x}{l}.$$

不论基波还是谐波,波形都在竖直方向进行简谐振动,而在水平方向并未发生移动,这些波称为**驻波**。

在普通物理的弦振动实验中,可以观察到驻波现象。驻波产生的条件是弦长等于半波长的整数倍,即

$$l=n\frac{\lambda}{2},n=1,2,3,\cdots. \tag{5.1.30}$$

将波长和波速的公式 $\lambda f=a$, $a=\sqrt{\dfrac{F_{\mathrm{T}}}{\rho}}$($f$ 为置于弦端的音叉的振动频率,a 为波速,F_{T} 为弦上的张力,ρ 为弦的线密度)代入(5.1.30)式,可推出,弦长 l、振动频率 f 和弦上张力 F_{T} 满足条件

$$l=\frac{n}{2f}\sqrt{\frac{F_{\mathrm{T}}}{\rho}},n=1,2,3,\cdots \tag{5.1.31}$$

即可达到驻波条件。因此,根据(5.1.31)式,实验中可以通过如下几种方式,达到驻波条件,观察到驻波现象。

(1) 保持音叉振动频率 f 和弦线张力 F_{T} 不变,通过调节弦长 l,可达到驻波条件;

(2) 保持弦长 l 和弦线张力 F_{T} 不变,通过改变音叉振动频率 f,可达到驻波条件;

(3) 保持弦长 l 和音叉振动频率 f 不变,通过改变弦线张力 F_{T},可达到驻波条件。

【思考】 能否利用关于 $T(t)$ 的常微分方程及其初始条件确定本征值和本征函数?

【例1】 写出本征方程 $X''(x)+\lambda X(x)=0$ 在不同齐次边界条件下的本征值和本征函数。

(1) $X(0)=0,X(l)=0$;　　(2) $X'(0)=0,X'(l)=0$;

(3) $X(0)=0,X'(l)=0$;　　(4) $X'(0)=0,X(l)=0$.

解:(1) 本征值 $\lambda_n=\dfrac{n^2\pi^2}{l^2}$,本征函数系 $\left\{\sin\dfrac{n\pi x}{l}\right\}$,其中,$n=1,2,3,\cdots$;

(2) 本征值 $\lambda_n=\dfrac{n^2\pi^2}{l^2}$,本征函数系 $\left\{\cos\dfrac{n\pi x}{l}\right\}$,其中,$n=0,1,2,\cdots$;

(3) 本征值 $\lambda_n=\dfrac{(n+1/2)^2\pi^2}{l^2}$,本征函数系 $\left\{\sin\dfrac{(n+1/2)\pi x}{l}\right\}$,其中,$n=0,1,2,\cdots$;

(4) 本征值 $\lambda_n=\dfrac{(n+1/2)^2\pi^2}{l^2}$,本征函数系 $\left\{\cos\dfrac{(n+1/2)\pi x}{l}\right\}$,其中,$n=0,1,2,\cdots$.

本征函数都是非零函数,这是因为作为函数空间完备的基底,本征函数等于零是没有意义的。因此,上述本征函数的指标 n 有的从零开始,有的从1开始,是为了保证本征函数是非零函数。然而,本征值是可以等于零的,例如上述第(2)小题,当 $n=0$ 时,本征值 $\lambda_0=0$,其对应

的本征函数为常数 1.

由上述结果可知,在定义域[0,l]内,不仅$\left\{\sin\frac{n\pi x}{l},n=1,2,3,\cdots\right\}$构成一个完备的本征函数系,$\left\{\cos\frac{n\pi x}{l},n=0,1,2,\cdots\right\}$、$\left\{\sin\frac{(n+1/2)\pi x}{l},n=0,1,2,\cdots\right\}$和$\left\{\cos\frac{(n+1/2)\pi x}{l},n=0,1,2,\cdots\right\}$也都可以构成完备的本征函数系。对于定义在[0,l]的函数$f(x)$可以选择任意一个本征函数系进行傅里叶级数展开。以不同的本征函数系为基底进行傅里叶级数展开,展开级数在定义域内部(0,l)收敛(或平均收敛)于函数$f(x)$,但在边界上却不一定收敛于函数$f(x)$,如此结果在例 2 中可见。

【例 2】 将定义在[0,1]区间的函数$f(x)=x$分别以本征函数系$\{\sin n\pi x,n=1,2,3,\cdots\}$和$\{\cos n\pi x,n=0,1,2,\cdots\}$为基底进行傅里叶正弦级数展开和傅里叶余弦级数展开。

解:(1) 将函数$f(x)=x$以$\{\sin n\pi x,n=1,2,3,\cdots\}$为基底进行傅里叶正弦级数展开

$$x=\sum_{n=1}^{\infty}C_n\sin n\pi x,$$

展开系数

$$C_n=2\int_0^1 x\sin n\pi x\mathrm{d}x=(-1)^{n+1}\frac{2}{n\pi}.$$

因此,$f(x)=x$的傅里叶正弦级数为

$$x=\sum_{n=1}^{\infty}(-1)^{n+1}\frac{2}{n\pi}\sin n\pi x,\quad 0<x<1.$$

(2) 函数$f(x)=x$以$\{\cos n\pi x,n=0,1,2,\cdots\}$为基底进行傅里叶余弦级数展开

$$x=\sum_{n=0}^{\infty}C_n\cos n\pi x,$$

展开系数

$$C_0=\int_0^1 x\mathrm{d}x=\frac{1}{2},$$

$$C_n=2\int_0^1 x\cos n\pi x\mathrm{d}x=\frac{2}{n^2\pi^2}[(-1)^n-1].$$

因此,$f(x)=x$的傅里叶余弦级数为

$$x=\frac{1}{2}+\sum_{n=1}^{\infty}\frac{2}{n^2\pi^2}[(-1)^n-1]\cos n\pi x,\quad 0<x<1.$$

图 5.2 是函数$f(x)=x$及其傅里叶正弦级数和傅里叶余弦级数的图像。从图中可以看出:在定义域(0,1)内,傅里叶正弦级数平均收敛于原函数$f(x)=x$,傅里叶余弦级数收敛于原函数$f(x)=x$;在边界$x=1$处,傅里叶余弦级数收敛于 1,能够收敛于函数$f(x)=x$,正弦级数在$x=1$处收敛于零,不收敛于函数$f(x)=x$. 这是由于函数$f(x)=x$与正弦函数基底在$x=1$处满足的边界条件不同造成的。因此,将函数进行级数展开时,应尽可能选择与函数具有相同边界条件的本征函数系。

以上结果还可以用傅里叶级数的收敛性来解释。傅里叶级数的收敛性满足狄利克雷定理:如果x_0是函数$f(x)$的连续点,则傅里叶级数在x_0点收敛于$f(x_0)$;如果x_0是函数$f(x)$的

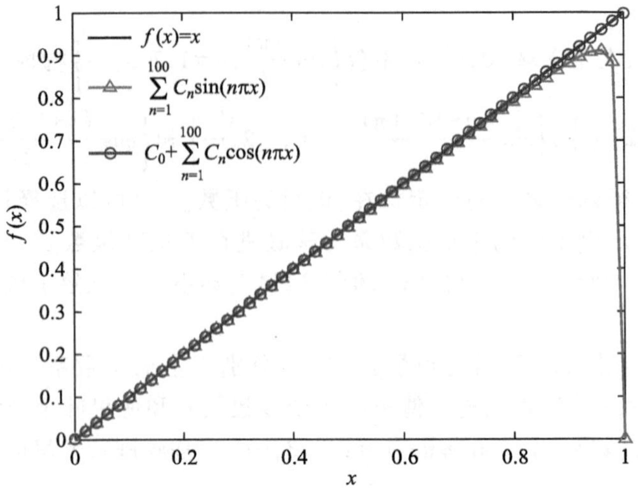

图 5.2 函数 $f(x)=x$ 及其傅里叶正弦级数和傅里叶余弦级数

间断点，则傅里叶级数在 x_0 点收敛于间断点的左极限和右极限的算数平均值。

例 2(1) 选择将函数 $f(x)=x$ 进行傅里叶正弦级数展开，需要将定义在[0,1]区间的函数 $f(x)=x$ 奇延拓成周期函数，$x=1$ 属于周期函数的间断点，因此，傅里叶正弦级数在该点收敛于 $x=1$ 的左极限和右极限的算数平均值，即收敛于零；例 2(2) 选择将函数进行傅里叶余弦级数展开，$x=1$ 是周期函数的连续点，因此，傅里叶余弦级数在该点收敛于原函数 $f(1)$，即收敛于 1.

```
%调用 MATLAB 内部指令计算已知函数的傅里叶正弦级数和傅里叶余弦级数
%原函数 y1=x;傅里叶正弦级数 u1;傅里叶余弦级数 u2
  x=(0:0.01:1);
  y1=x;
%傅里叶正弦级数展开
  u1=0;
  for n=1:100
      cn=(-1)^(n+1)*2/n/pi;
      xn=sin(n*pi*x);
      un1=cn*xn;
      u1=u1+un1;
  end
%傅里叶余弦级数展开
  u2=0.5;
  for n=1:100
      cn=((-1)^n-1)*2/n^2/pi^2;
      xn=cos(n*pi*x);
```

```
        un2=cn * xn;
        u2=u2+un2;
    end
%绘图
    plot(x,y1,'k-','linewidth',2)
    hold on
    plot(x,u1,'b-^','linewidth',1,'markersize',6)
    hold on
    plot(x,u2,'r-o','linewidth',1,'markersize',6)
```

【例 3】 请计算如下本征问题的本征值和本征函数

$$\begin{cases}X''(x)+\lambda X(x)=0,\\X(-a)=0,X(a)=0.\end{cases}$$

解:本征方程的通解为

$$X(x)=C\cos\sqrt{\lambda}(x+a)+D\sin\sqrt{\lambda}(x+a).$$

上述通解的形式与 $X(x)=A\cos\sqrt{\lambda}x+B\sin\sqrt{\lambda}x$ 是等价的。通解写成上述形式,是为了计算系数更简便。

由边界条件 $X(-a)=0$,可得系数 $C=0$;

由边界条件 $X(a)=0$,可得 $\sin\sqrt{\lambda}(2a)=0$.

因此,本征值为

$$\lambda_n=\left(\frac{n\pi}{2a}\right)^2,\ n=1,2,3,\cdots.$$

对应的本征函数为

$$X_n(x)=\sin\frac{n\pi}{2a}(x+a).$$

【例 4】 一个长为 l 的均匀弹性杆置于 x 轴上,杆的一端刚性固定在坐标原点,另一端自由。假设杆上各点的初始条件位移为 kx,k 为常数,杆的初始速度为零。求解弹性杆的纵振动所满足的定解问题。

解:杆的纵振动满足的定解问题为

$$\begin{cases}u_{tt}(x,t)-a^2u_{xx}(x,t)=0,0<x<l,t>0,\\u\big|_{x=0}=0,u_x\big|_{x=l}=0,\\u\big|_{t=0}=kx,u_t\big|_{t=0}=0.\end{cases}$$

设 $u(x,t)=X(x)T(t)$,代入泛定方程,可得

$$\begin{cases}X''(x)+\lambda X(x)=0,\\X(0)=0,X'(l)=0.\end{cases}$$

$$T''(t)+\lambda a^2T(t)=0.$$

根据例 1 的结果，关于 $X(x)$ 的本征问题的本征值为

$$\lambda_n=\frac{(n+1/2)^2\pi^2}{l^2},n=0,1,2,\cdots.$$

对应的本征函数为

$$X_n(x)=\sin\frac{(n+1/2)\pi x}{l}.$$

对应的 $T(t)$ 的通解为

$$T_n(t)=A_n\sin\frac{(n+1/2)\pi at}{l}+B_n\cos\frac{(n+1/2)\pi at}{l}.$$

因此，定解问题的通解为

$$u(x,t)=\sum_{n=0}^{\infty}\left[A_n\sin\frac{(n+1/2)\pi at}{l}+B_n\cos\frac{(n+1/2)\pi at}{l}\right]\sin\frac{(n+1/2)\pi x}{l}.$$

由初始条件 $u_t|_{t=0}=0$，可得系数

$$A_n=0.$$

由初始条件 $u|_{t=0}=kx$，可得

$$\sum_{n=0}^{\infty}B_n\sin\frac{(n+1/2)\pi x}{l}=kx.$$

根据傅里叶正弦级数展开系数的计算公式，可得

$$B_n=\frac{2}{l}\int_0^l kx\cdot\sin\frac{(n+1/2)\pi x}{l}\mathrm{d}x=(-1)^n\frac{2kl}{(n+1/2)^2\pi^2}.$$

因此，定解问题的解为

$$u(x,t)=\sum_{n=0}^{\infty}(-1)^n\frac{2kl}{(n+1/2)^2\pi^2}\cos\frac{(n+1/2)\pi at}{l}\sin\frac{(n+1/2)\pi x}{l},$$

其中，$0<x<l,t>0$.

【例 5】　一个底边分别为 x_0 和 y_0、高度无限大的匀质长方体，长方体的一个侧面（$y=y_0$）绝热，另外三个侧面的温度均保持为零度，假设长方体内部初始温度分布为 $f(x,y)$，求长方体内部的温度变化。

解：由于初始温度分布与高度 z 无关，故此后的温度变化也与高度 z 无关，其温度满足如下的定解问题：

$$\begin{cases}u_t(x,y,t)-a^2[u_{xx}(x,y,t)+u_{yy}(x,y,t)]=0,0<x<x_0,0<y<y_0,t>0,\\ u|_{x=0}=0,u|_{x=x_0}=0,\\ u|_{y=0}=0,u_y|_{y=y_0}=0,\\ u|_{t=0}=f(x,y).\end{cases}$$

设 $u(x,y,t)=X(x)Y(y)T(t)$，代入泛定方程中，得

$$XYT'-a^2(X''YT+XY''T)=0.$$

上式两边同乘以$\frac{1}{a^2XYT}$,得

$$\frac{T'}{a^2T}=\frac{X''}{X}+\frac{Y''}{Y}.$$

该等式恒成立,必然有

$$\frac{X''}{X}=-\lambda,\ \frac{Y''}{Y}=-\mu.$$

从而得到关于 $X(x)$ 的本征问题

$$\begin{cases}X''(x)+\lambda X(x)=0,\\X(0)=0,X(x_0)=0.\end{cases}$$

得到关于 $Y(y)$ 的本征问题:

$$\begin{cases}Y''(y)+\mu Y(y)=0,\\Y(0)=0,Y'(y_0)=0.\end{cases}$$

得到关于 $T(t)$ 的常微分方程:

$$T'(t)+(\lambda+\mu)a^2T(t)=0.$$

以上两个本征问题的本征值和本征函数分别为

$$\begin{cases}\lambda_m=\dfrac{m^2\pi^2}{x_0^2},\\X_m(x)=\sin\dfrac{m\pi x}{x_0},m=1,2,3,\cdots.\end{cases}$$

$$\begin{cases}\mu_n=\dfrac{(n+1/2)^2\pi^2}{y_0^2},\\Y_n(y)=\sin\dfrac{(n+1/2)\pi y}{y_0},n=0,1,2,\cdots.\end{cases}$$

对应的 $T(t)$ 的通解为

$$T_{mn}(t)=C_{mn}\exp\left\{-\left[\frac{m^2\pi^2}{x_0^2}+\frac{(n+1/2)^2\pi^2}{y_0^2}\right]a^2t\right\}.$$

将以上各解进行组合、叠加,可得定解问题的通解为

$$u(x,y,t)=\sum_{m=1}^{\infty}\sum_{n=0}^{\infty}C_{mn}\sin\frac{m\pi x}{x_0}\sin\frac{(n+1/2)\pi y}{y_0}\exp\left\{-\left[\frac{m^2\pi^2}{x_0^2}+\frac{(n+1/2)^2\pi^2}{y_0^2}\right]a^2t\right\},$$

其中,$0<x<x_0$,$0<y<y_0$,$t>0$,系数 C_{mn} 待定。

由初始条件可得

$$u\big|_{t=0}=\sum_{m=1}^{\infty}\sum_{n=0}^{\infty}C_{mn}\sin\frac{m\pi x}{x_0}\sin\frac{(n+1/2)\pi y}{y_0}=f(x,y).$$

根据二维傅里叶正弦级数展开系数的计算公式,可得系数

$$C_{mn}=\frac{2}{x_0}\frac{2}{y_0}\int_0^{y_0}\int_0^{x_0}f(x,y)\sin\frac{m\pi x}{x_0}\sin\frac{(n+1/2)\pi y}{y_0}\mathrm{d}x\mathrm{d}y.$$

授课视频

§5.2 非齐次偏微分方程的分离变量法

齐次的偏微分方程是应用分离变量法的前提条件。只有当偏微分方程是齐次的,才能顺利引入分离变量常数,进而将偏微分方程分离为若干个关于单变量函数的常微分方程。

对于非齐次偏微分方程,虽然不能直接应用分离变量法进行求解,但可采用**本征函数法**和**杜阿梅尔原理**两种与之相关的方法进行求解。下面分别介绍这两种方法。

5.2.1 本征函数法

下面以弦的受迫横振动满足的定解问题

$$\begin{cases} u_{tt}(x,t)-a^2u_{xx}(x,t)=f(x,t),0<x<l,t>0, \\ u(x,t)\big|_{x=0}=0,u(x,t)\big|_{x=l}=0, \\ u(x,t)\big|_{t=0}=\varphi(x),u_t(x,t)\big|_{t=0}=\psi(x) \end{cases} \tag{5.2.1}$$

为例,介绍本征函数法。其中,$u(x,t)$为任意时刻t、坐标轴上任意一点x处弦的横振动位移,在定义域两端都满足第一类齐次边界条件,$f(x,t)$为单位质量的弦所受到的外力,弦的初始位移和初始速度分别为$\varphi(x)$和$\psi(x)$.

根据上节内容,在定义域$[0,l]$内,$\left\{\sin\frac{n\pi x}{l},n=1,2,3,\cdots\right\}$构成一个完备的本征函数系,任意一个分段光滑的函数都可以将这些本征函数作为基底进行傅里叶正弦级数展开。因此,定解问题(5.2.1)式中的泛定方程的通解$u(x,t)$关于x的函数自然也可以将这个本征函数系作为基底进行傅里叶正弦级数展开,与泛定方程是否齐次并无关系。于是,泛定方程的通解可写为如下本征函数叠加的形式:

$$u(x,t)=\sum_{n=1}^{\infty}T_n(t)\sin\frac{n\pi x}{l}, \tag{5.2.2}$$

其中,$T_n(t)$是待定的函数。由于所选用的本征函数$\sin\frac{n\pi x}{l}$满足齐次边界条件$X(0)=0$和$X(l)=0$,故上面通解自然满足定解问题(5.2.1)式中的边界条件。

将(5.2.2)式代入(5.2.1)式中的泛定方程,得

$$\sum_{n=1}^{\infty}\left[T_n''(t)+\frac{n^2\pi^2a^2}{l^2}T_n(t)\right]\sin\frac{n\pi x}{l}=f(x,t). \tag{5.2.3}$$

上式可以视为$f(x,t)$中关于x的函数以本征函数$\sin\frac{n\pi x}{l}$为基底进行傅里叶正弦级数展开,$\left[T_n''(t)+\frac{n^2\pi^2a^2}{l^2}T_n(t)\right]$是展开系数。根据展开系数的计算公式,可得到$T_n(t)$满足的方程为

$$T_n''(t)+\frac{n^2\pi^2a^2}{l^2}T_n(t)=\frac{2}{l}\int_0^l f(x,t)\sin\frac{n\pi x}{l}\mathrm{d}x, \tag{5.2.4}$$

由于函数 $f(x,t)$ 是已知函数，因此，上式是关于 $T_n(t)$ 的非齐次二阶常微分方程。

将(5.2.2)式代入定解问题(5.2.1)式中的初始条件，得

$$\sum_{n=1}^{\infty} T_n(0)\sin\frac{n\pi x}{l}=\varphi(x), \tag{5.2.5}$$

$$\sum_{n=1}^{\infty} T_n{}'(0)\sin\frac{n\pi x}{l}=\psi(x). \tag{5.2.6}$$

以上两式分别是 $\varphi(x)$ 和 $\psi(x)$ 的傅里叶正弦级数展开，展开系数为

$$T_n(0)=\frac{2}{l}\int_0^l \varphi(x)\sin\frac{n\pi x}{l}\mathrm{d}x, \tag{5.2.7}$$

$$T_n{}'(0)=\frac{2}{l}\int_0^l \psi(x)\sin\frac{n\pi x}{l}\mathrm{d}x. \tag{5.2.8}$$

由于 $\varphi(x)$ 和 $\psi(x)$ 也是已知函数，所以，初始条件 $T_n(0)$ 和 $T_n{}'(0)$ 均为确定的常量。通过关于 $T_n(t)$ 的二阶常微分方程(5.2.4)式及其初始条件(5.2.7)式和(5.2.8)式，可以确定 $T_n(t)$ 的解。将得到的 $T_n(t)$ 代回(5.2.2)式，即可得到定解问题(5.2.1)式的解。

另外，齐次泛定方程是非齐次泛定方程的特例，本征函数法可以求解非齐次泛定方程的定解问题，当然也可以用于求解齐次泛定方程的定解问题。

5.2.2 杜阿梅尔原理

在§3.2，我们推导出求解无界区域中初始条件为零的非齐次波动方程的杜阿梅尔原理。如果将定解问题(3.2.1)式加上齐次边界条件，即 $v(x,t;\tau)\big|_{x=0}=0, v(x,t;\tau)\big|_{x=l}=0$，则根据(3.2.2)式 $u(x,t)=\int_0^t v(x,t;\tau)\mathrm{d}\tau$，可推导出 $u(x,t)$ 满足齐次边界条件 $u(x,t)\big|_{x=0}=0$，$u(x,t)\big|_{x=l}=0$.

因此，可以将杜阿梅尔原理扩展应用到有界区域非齐次波动方程的求解，即要求解定解问题

$$\begin{cases} u_{tt}(x,t)-a^2u_{xx}(x,t)=f(x,t), & 0<x<l, t>0, \\ u(x,t)\big|_{x=0}=0, & u(x,t)\big|_{x=l}=0, \\ u(x,t)\big|_{t=0}=0, & u_t(x,t)\big|_{t=0}=0. \end{cases} \tag{5.2.9}$$

可先求解定解问题

$$\begin{cases} v_{tt}(x,t;\tau)-a^2v_{xx}(x,t;\tau)=0, & 0<x<l, t>\tau, \\ v(x,t;\tau)\big|_{x=0}=0, & v(x,t;\tau)\big|_{x=l}=0, \\ v(x,t;\tau)\big|_{t=\tau}=0, & v_t(x,t;\tau)\big|_{t=\tau}=f(x,\tau). \end{cases} \tag{5.2.10}$$

然后将得到的 $v(x,t;\tau)$ 代入积分关系式

$$u(x,t)=\int_0^t v(x,t;\tau)\mathrm{d}\tau, \tag{5.2.11}$$

即可得到定解问题(5.2.9)式的解。

从上述推导过程可以看出，在有界区域内利用杜阿梅尔原理求解波动方程，要求初始条件和边界条件都是齐次的。

对于初始条件为非齐次的定解问题，可以先采用叠加原理，将原定解问题拆分成两个独立

的定解问题进行求解。仍以定解问题(5.2.1)式为例,利用叠加原理,将定解问题(5.2.1)式进行拆分,设

$$u(x,t)=u^{(1)}(x,t)+u^{(2)}(x,t), \tag{5.2.12}$$

其中,$u^{(1)}(x,t)$和$u^{(2)}(x,t)$分别满足如下定解问题

$$\begin{cases}u_{tt}^{(1)}(x,t)-a^2u_{xx}^{(1)}(x,t)=0, & 0<x<l,t>0,\\ u^{(1)}(x,t)\big|_{x=0}=0, & u^{(1)}(x,t)\big|_{x=l}=0,\\ u^{(1)}(x,t)\big|_{t=0}=\varphi(x), & u_t^{(1)}(x,t)\big|_{t=0}=\psi(x).\end{cases} \tag{5.2.13}$$

$$\begin{cases}u_{tt}^{(2)}(x,t)-a^2u_{xx}^{(2)}(x,t)=f(x,t), & 0<x<l,t>0,\\ u^{(2)}(x,t)\big|_{x=0}=0, & u^{(2)}(x,t)\big|_{x=l}=0,\\ u^{(2)}(x,t)\big|_{t=0}=0, & u_t^{(2)}(x,t)\big|_{t=0}=0.\end{cases} \tag{5.2.14}$$

其中,$u^{(1)}(x,t)$满足的定解问题中的泛定方程和边界条件都是齐次的,可以直接利用分离变量法进行求解;$u^{(2)}(x,t)$满足的定解问题中的泛定方程是非齐次的,初始条件和边界条件都是齐次的,可以利用杜阿梅尔原理进行求解。

对于边界条件为非齐次的定解问题,需要将边界条件进行齐次化处理(下节内容),然后利用杜阿梅尔原理进行求解。

另外,类似§3.2的证明思路,读者可以自行证明,对于有界区域的热传导方程构成的定解问题,也可利用杜阿梅尔原理进行求解,即要求解定解问题

$$\begin{cases}u_t(x,t)-a^2u_{xx}(x,t)=f(x,t), & 0<x<l,t>0,\\ u(x,t)\big|_{x=0}=0, & u(x,t)\big|_{x=l}=0,\\ u(x,t)\big|_{t=0}=0.\end{cases} \tag{5.2.15}$$

可先求解定解问题

$$\begin{cases}v_t(x,t;\tau)-a^2v_{xx}(x,t;\tau)=0, & 0<x<l,t>\tau,\\ v(x,t;\tau)\big|_{x=0}=0, & v(x,t;\tau)\big|_{x=l}=0,\\ v(x,t;\tau)\big|_{t=\tau}=f(x,\tau).\end{cases} \tag{5.2.16}$$

然后将得到的$v(x,t;\tau)$,代入积分关系式

$$u(x,t)=\int_0^t v(x,t;\tau)\,\mathrm{d}\tau, \tag{5.2.17}$$

即可得到定解问题(5.2.15)式的解。

【例 1】 分别利用本征函数法和杜阿梅尔原理求解如下定解问题

$$\begin{cases}u_{tt}(x,t)-a^2u_{xx}(x,t)=A\cos\dfrac{\pi x}{l}\sin\omega t, 0<x<l,t>0,\\ u_x\big|_{x=0}=0, u_x\big|_{x=l}=0,\\ u\big|_{t=0}=0, u_t\big|_{t=0}=0.\end{cases}$$

其中,A和ω均为实常数。

方法 1 本征函数法

解:根据§5.1例1的结果,由本征方程$X''(x)+\lambda X(x)=0$和齐次边界条件$X'(0)=0$,

$X'(l)=0$ 确定的本征函数系为$\left\{\cos\dfrac{n\pi x}{l},n=0,1,2,\cdots\right\}$，该本征函数系可作为定义域为$[0,l]$的函数空间的一个完备的基底，满足上述定解问题的边界条件。因此，上面定解问题的本征函数解可写为

$$u(x,t)=\sum_{n=0}^{\infty}T_n(t)\cos\frac{n\pi x}{l}.$$

将上式代入泛定方程，得

$$\sum_{n=0}^{\infty}\left[T_n''(t)+\frac{n^2\pi^2a^2}{l^2}T_n(t)\right]\cos\frac{n\pi x}{l}=A\cos\frac{\pi x}{l}\sin\omega t.$$

上式左右两边都已经是傅里叶余弦级数的展开形式，比较相同项的系数，并根据 $u(x,t)$ 的初始条件可得

$$\begin{cases}T_n''(t)+\dfrac{n^2\pi^2a^2}{l^2}T_n(t)=0,n\neq 1,\\T_n(0)=0,T_n'(0)=0.\end{cases}$$

$$\begin{cases}T_1''(t)+\dfrac{\pi^2a^2}{l^2}T_1(t)=A\sin\omega t,n=1,\\T_1(0)=0,T_1'(0)=0.\end{cases}$$

关于 $T_n(t)$，其 $n\neq 1$ 的方程是二阶齐次常微分方程，满足初始条件的解为

$$T_n(t)=0,n\neq 1.$$

对于 $T_1(t)$，其方程是二阶非齐次常微分方程，可用拉普拉斯变换法求解。设 $\mathscr{L}[T_1(t)]=\overline{T}_1(p)$，则关于 $T_1(t)$ 的常微分方程变为如下的代数方程：

$$p^2\overline{T}_1(p)-pT_1(0)-T_1'(0)+\frac{\pi^2a^2}{l^2}\overline{T}_1(p)=A\frac{\omega}{p^2+\omega^2}.$$

设 $\omega_0=\dfrac{\pi a}{l}$，则像函数

$$\overline{T}_1(p)=A\frac{\omega}{(p^2+\omega^2)(p^2+\omega_0^2)}=\frac{A}{\omega^2-\omega_0^2}\left(\frac{\omega}{\omega_0}\frac{\omega_0}{p^2+\omega_0^2}-\frac{\omega}{p^2+\omega^2}\right).$$

利用拉普拉斯逆变换，可得 $T_1(t)$ 的解为

$$T_1(t)=\frac{A}{\omega^2-\omega_0^2}\left(\frac{\omega}{\omega_0}\sin\omega_0t-\sin\omega t\right)=\frac{A}{\omega^2-\dfrac{\pi^2a^2}{l^2}}\left(\frac{l\omega}{\pi a}\sin\frac{\pi at}{l}-\sin\omega t\right).$$

综上，$T_n(t)$ 的解为

$$T_n(t)=\begin{cases}\dfrac{A}{\omega^2-\dfrac{\pi^2a^2}{l^2}}\left(\dfrac{l\omega}{\pi a}\sin\dfrac{\pi at}{l}-\sin\omega t\right),n=1,\\0,\qquad n\neq 1.\end{cases}$$

将 $T_n(t)$ 代入本征函数解，可得定解问题的解为

$$u(x,t)=u_1(x,t)=\frac{A}{\omega^2-\frac{\pi^2a^2}{l^2}}\left(\frac{l\omega}{\pi a}\sin\frac{\pi at}{l}-\sin\omega t\right)\cos\frac{\pi x}{l},0<x<l,t>0.$$

方法 2 杜阿梅尔原理

$$\begin{cases}u_{tt}(x,t)-a^2u_{xx}(x,t)=A\cos\frac{\pi x}{l}\sin\omega t,0<x<l,t>0,\\ u_x\big|_{x=0}=0,u_x\big|_{x=l}=0,\\ u\big|_{t=0}=0,u_t\big|_{t=0}=0.\end{cases}$$

解:根据杜阿梅尔原理,我们先求解 $v(x,t;\tau)$ 满足的定解问题,即

$$\begin{cases}v_{tt}(x,t;\tau)-a^2v_{xx}(x,t;\tau)=0,0<x<l,t>\tau,\\ v_x\big|_{x=0}=0,v_x\big|_{x=l}=0,\\ v\big|_{t=\tau}=0,v_t\big|_{t=\tau}=A\cos\frac{\pi x}{l}\sin\omega\tau\end{cases}$$

设 $v(x,t;\tau)=X(x)T(t;\tau)$,代入方程可得

$$\begin{cases}X''(x)+\lambda X(x)=0,\\ X'(0)=0,X'(l)=0.\end{cases}$$

$$T''(t;\tau)+\lambda a^2T(t;\tau)=0.$$

上面本征问题的本征值和本征函数分别为

$$\begin{cases}\lambda_n=\frac{n^2\pi^2}{l^2}\\ X_n(x)=\cos\frac{n\pi x}{l}\end{cases}$$

其中,$n=0,1,2,\cdots$.

对应的 $T(t;\tau)$ 的解为

$$\begin{cases}T_0(t;\tau)=A_0+B_0(t-\tau),n=0,\\ T_n(t;\tau)=A_n\cos\frac{n\pi a(t-\tau)}{l}+B_n\sin\frac{n\pi a(t-\tau)}{l},n\neq0.\end{cases}$$

因此,$v(x,t;\tau)$ 的通解为

$$v(x,t;\tau)=A_0+B_0(t-\tau)+\sum_{n=1}^{\infty}\left[A_n\cos\frac{n\pi a(t-\tau)}{l}+B_n\sin\frac{n\pi a(t-\tau)}{l}\right]\cos\frac{n\pi x}{l}.$$

由初始条件 $v\big|_{t=\tau}=0$,可得

$$A_n=0,n=0,1,2,\cdots.$$

由初始条件 $v_t\big|_{t=\tau}=A\cos\frac{\pi x}{l}\sin\omega\tau$,可得

$$B_0+\sum_{n=1}^{\infty}B_n\frac{n\pi a}{l}\cos\frac{n\pi x}{l}=A\cos\frac{\pi x}{l}\sin\omega\tau.$$

比较等式两边,可得

$$B_1=\frac{Al}{\pi a}\sin\omega\tau,B_n=0(n\neq1).$$

因此，$v(x,t;\tau)$的解为

$$v(x,t;\tau)=\frac{Al}{\pi a}\sin\omega\tau\sin\frac{\pi a(t-\tau)}{l}\cos\frac{\pi x}{l}.$$

最后，将 $v(x,t;\tau)$代入积分表达式 $u(x,t)=\int_0^t v(x,t;\tau)\mathrm{d}\tau$，可得

$$\begin{aligned}u(x,t)&=\int_0^t\frac{Al}{\pi a}\sin\omega\tau\sin\frac{\pi a(t-\tau)}{l}\cos\frac{\pi x}{l}\mathrm{d}\tau\\&=\frac{A}{\omega^2-\dfrac{\pi^2a^2}{l^2}}\left(\frac{l\omega}{\pi a}\sin\frac{\pi at}{l}-\sin\omega t\right)\cos\frac{\pi x}{l},0<x<l,t>0.\end{aligned}$$

利用本征函数法和杜阿梅尔原理求解的结果完全一致。

授课视频

§5.3　非齐次边界条件的齐次化

前两节中的定解问题的边界条件都是齐次的。通过定解问题的齐次边界条件可以得到单变量函数的齐次边界条件，进而与该单变量函数满足的常微分方程构成本征问题。如果定解问题的边界条件是非齐次的，那么我们无法确定单变量函数的边界条件，因而不能构成关于单变量函数的本征问题。

以定解问题(5.1.1)式为例，仅将 $u(x,t)$在 $x=l$ 端的边界条件变为 $u(l,t)=A$(A 为常量)，泛定方程和其他条件都保持不变。由边界条件 $u(l,t)=A$ 可知，在任意时刻 t，$X(l)T(t)=A$ 恒成立。根据此式得到的函数 $X(x)$在 $x=l$ 端的边界条件包含未知函数 $T(t)$，与关于 $X(x)$的常微分方程构成本征问题，但无法求得本征值和本征函数。

将定解问题分离为多个关于单变量函数的本征问题是分离变量法的目的，进而求解各单变量函数的本征问题是分离变量法的核心内容。因此，齐次的边界条件也是应用分离变量法的前提条件。对于非齐次的边界条件，我们需要先将其进行齐次化处理，然后才可以应用分离变量法进行求解。

需要说明的是，如果定解问题中的边界条件满足自然边界条件或周期边界条件，它们也可以确定各单变量函数的边界条件，进而构成各单变量函数的本征问题。

5.3.1　边界条件的齐次化

下面以一维弦的横振动满足的定解问题

$$\begin{cases}u_{tt}(x,t)-a^2u_{xx}(x,t)=f(x,t),0<x<l,t>0,\\u(x,t)\big|_{x=0}=\alpha(t),u(x,t)\big|_{x=l}=\beta(t),\\u(x,t)\big|_{t=0}=\varphi(x),u_t(x,t)\big|_{t=0}=\psi(x)\end{cases}\tag{5.3.1}$$

为例，介绍边界条件的齐次化处理方法。其中，弦的横振动位移 $u(x,t)$在 $x=0$ 和 $x=l$ 两端均满足非齐次边界条件，假设在两端随着时间的演化函数分别为 $\alpha(t)$和 $\beta(t)$，$f(x,t)$为单位质量的弦所受到的外力，弦的初始位移和初始速度分别为 $\varphi(x)$和 $\psi(x)$。

将求解 $u(x,t)$ 的定解问题分解为构造辅助函数 $v(x,t)$ 和求解 $\omega(x,t)$ 的定解问题两部分，设

$$u(x,t)=v(x,t)+\omega(x,t). \tag{5.3.2}$$

如果令辅助函数 $v(x,t)$ 满足原定解问题的边界条件，即 $v(x,t)\big|_{x=0}=\alpha(t)$ 和 $v(x,t)\big|_{x=l}=\beta(t)$，那么，根据(5.3.2)式，函数 $\omega(x,t)$ 的边界条件自然是齐次的。于是，关于 $\omega(x,t)$ 的定解问题就可以利用分离变量法进行求解。

在满足边界条件 $v(x,t)\big|_{x=0}=\alpha(t)$ 和 $v(x,t)\big|_{x=l}=\beta(t)$ 的前提下，辅助函数 $v(x,t)$ 可以采用多种形式。当然，辅助函数的形式越简单越好，最好是 x 的线性函数或者不高于 x 的二次幂的函数。此处，根据 $v(x,t)$ 的边界条件，将其构造为 x 的线性函数

$$v(x,t)=\alpha(t)+\frac{\beta(t)-\alpha(t)}{l}x. \tag{5.3.3}$$

由于 $\alpha(t)$ 和 $\beta(t)$ 都是给定的已知函数，所以，辅助函数 $v(x,t)$ 实际上已经完全确定下来了。将确定下来的辅助函数 $v(x,t)$ 代回(5.3.2)式，并结合定解问题(5.3.1)式，可得到 $\omega(x,t)$ 的定解问题

$$\begin{cases}\omega_{tt}(x,t)-a^2\omega_{xx}(x,t)=f(x,t)-\left[v_{tt}(x,t)-a^2v_{xx}(x,t)\right],0<x<l,t>0,\\ \omega\big|_{x=0}=0,\omega\big|_{x=l}=0,\\ \omega\big|_{t=0}=\varphi(x)-v(x,0),\omega_t\big|_{t=0}=\psi(x)-v_t(x,0).\end{cases} \tag{5.3.4}$$

上式中，关于 $\omega(x,t)$ 的方程的右端是已知函数，边界条件是齐次的，因此，可以利用本征函数法进行求解。

将辅助函数(5.3.3)式和定解问题(5.3.4)式的解代入(5.3.2)式，最终可得到定解问题(5.3.1)式的解

$$u(x,t)=\alpha(t)+\frac{\beta(t)-\alpha(t)}{l}x+\omega(x,t). \tag{5.3.5}$$

需要说明的是：

1. 辅助函数 $v(x,t)$ 可以自由选择，只需令其满足 $u(x,t)$ 的边界条件，从而保证 $\omega(x,t)$ 的边界条件是齐次的即可。

2. 选择不同的辅助函数 $v(x,t)$，导出的 $\omega(x,t)$ 的定解问题是不同的，于是求得的 $\omega(x,t)$ 也就不同。然而，根据定解问题解的存在性和唯一性可知，最后二者组合得到的 $u(x,t)$ 必然是相同的。

【思考】 $u(x,t)$ 的边界条件分别满足下面三种情况，该如何构造辅助函数 $v(x,t)$？

1. $$\begin{cases}u_{tt}(x,t)-a^2u_{xx}(x,t)=f(x,t),0<x<l,t>0,\\ u_x\big|_{x=0}=\alpha(t),u_x\big|_{x=l}=\beta(t),\\ u\big|_{t=0}=\varphi(x),u_t\big|_{t=0}=\psi(x).\end{cases}$$

2. $$\begin{cases}u_{tt}(x,t)-a^2u_{xx}(x,t)=f(x,t),0<x<l,t>0,\\ u\big|_{x=0}=\alpha(t),u_x\big|_{x=l}=\beta(t),\\ u\big|_{t=0}=\varphi(x),u_t\big|_{t=0}=\psi(x).\end{cases}$$

3. $\begin{cases} u_{tt}(x,t)-a^2u_{xx}(x,t)=f(x,t),0<x<l,t>0, \\ u_x|_{x=0}=\alpha(t),u|_{x=l}=\beta(t), \\ u|_{t=0}=\varphi(x),u_t|_{t=0}=\psi(x). \end{cases}$

5.3.2 方程和边界条件同时齐次化

上面构造的辅助函数 $v(x,t)$，只需令其满足 $u(x,t)$ 的边界条件，从而保证函数 $\omega(x,t)$ 的边界条件是齐次的即可。此时关于 $\omega(x,t)$ 的泛定方程往往是非齐次的，可以利用本征函数法求解，求解过程稍显烦琐。

如果能够更"精细"地构造一个辅助函数 $v(x,t)$，令其不仅满足 $u(x,t)$ 的边界条件，还满足 $u(x,t)$ 的泛定方程，那关于 $\omega(x,t)$ 的泛定方程和边界条件都是齐次，这对于 $\omega(x,t)$ 定解问题的求解将更加便利。

仍以定解问题(5.3.1)式为例，设

$$u(x,t)=v(x,t)+\omega(x,t).$$

如果令 $v(x,t)$ 满足与 $u(x,t)$ 相同的方程和边界条件，即

$$\begin{cases} v_{tt}(x,t)-a^2v_{xx}(x,t)=f(x,t),0<x<l,t>0, \\ v|_{x=0}=\alpha(t),v|_{x=l}=\beta(t). \end{cases} \tag{5.3.6}$$

那么，函数 $\omega(x,t)$ 满足的定解问题为

$$\begin{cases} \omega_{tt}(x,t)-a^2\omega_{xx}(x,t)=0,0<x<l,t>0, \\ \omega|_{x=0}=0,\omega|_{x=l}=0, \\ \omega|_{t=0}=\varphi(x)-v(x,0),\omega_t|_{t=0}=\psi(x)-v_t(x,0). \end{cases} \tag{5.3.7}$$

从上式可以看出，关于 $\omega(x,t)$ 的泛定方程和边界条件都是齐次的。在这种情况下，$\omega(x,t)$ 的定解问题可以直接利用分离变量法进行求解，求解过程相对简单；然而，从(5.3.6)式来看，由于缺少初始条件，辅助函数 $v(x,t)$ 中关于 t 的解并不能确定下来。在这种情况下，需要根据一定的先验信息，才能"构造"出辅助函数 $v(x,t)$ 的表达式。例如，根据 $v(x,t)$ 满足定解问题的具体条件，辅助函数 $v(x,t)$ 关于时间 t 的解可以直接写出，或者选择的辅助函数与时间 t 无关。以下面两道例题进行说明。

【例 1】 一根长为 l 的弹性细杆放置于 x 轴上，左端固定在坐标原点，右端做受迫纵向振动，其位移为 $A\sin\omega t$，A 为常量，求解该弹性杆振动的定解问题

$$\begin{cases} u_{tt}(x,t)-a^2u_{xx}(x,t)=0,0<x<l,t>0, \\ u|_{x=0}=0,u|_{x=l}=A\sin\omega t, \\ u|_{t=0}=0,u_t|_{t=0}=0. \end{cases}$$

解：方法 1 仅对边界条件进行齐次化

设 $u(x,t)=v(x,t)+\omega(x,t)$，令辅助函数 $v(x,t)$ 满足 $u(x,t)$ 的边界条件，即

$$v|_{x=0}=0,v|_{x=l}=A\sin\omega t.$$

根据上述边界条件，辅助函数 $v(x,t)$ 可构造为

$$v(x,t)=\frac{A}{l}x\sin\omega t.$$

此时，$\omega(x,t)$满足的定解问题为

$$\begin{cases}\omega_{tt}(x,t)-a^2\omega_{xx}(x,t)=\dfrac{A\omega^2}{l}x\sin\omega t, 0<x<l, t>0,\\ \omega\big|_{x=0}=0, \omega\big|_{x=l}=0,\\ \omega\big|_{t=0}=0, \omega_t\big|_{t=0}=-\dfrac{A\omega}{l}x.\end{cases}$$

$\omega(x,t)$的定解问题可由本征函数法求得，其本征函数解为

$$\omega(x,t)=\sum_{n=1}^{\infty}T_n(t)\sin\frac{n\pi x}{l}.$$

将其代入$\omega(x,t)$的泛定方程，可得

$$\sum_{n=1}^{\infty}\left[T_n''(t)+\frac{n^2\pi^2a^2}{l^2}T_n(t)\right]\sin\frac{n\pi x}{l}=\frac{A\omega^2}{l}x\sin\omega t.$$

根据傅里叶正弦级数展开系数的计算公式，可得

$$T_n''(t)+\frac{n^2\pi^2a^2}{l^2}T_n(t)=\frac{2}{l}\int_0^l\frac{A\omega^2}{l}x\sin\omega t\sin\frac{n\pi x}{l}\mathrm{d}x=(-1)^{n+1}\frac{2}{n\pi}A\omega^2\sin\omega t.$$

将本征函数解代入初始条件$\omega\big|_{t=0}=0$，可得

$$T_n(0)=0.$$

将本征函数解代入初始条件$\omega_t\big|_{t=0}=-\dfrac{A\omega}{l}x$，可得

$$T_n'(0)=\frac{2}{l}\int_0^l-\frac{A\omega}{l}x\sin\frac{n\pi x}{l}\mathrm{d}x=(-1)^n\frac{2}{n\pi}A\omega.$$

设$\overline{T}_n(p)$是函数$T_n(t)$的拉普拉斯变换的像函数，则根据拉普拉斯变换，关于函数$T_n(t)$的常微分方程可变为如下的关于像函数$\overline{T}_n(p)$的代数方程：

$$p^2\overline{T}_n(p)-pT_n(0)-T_n'(0)+\frac{n^2\pi^2a^2}{l^2}\overline{T}_n(p)=(-1)^{n+1}\frac{2}{n\pi}A\omega^2\frac{\omega}{p^2+\omega^2}.$$

设$\omega_0=\dfrac{n\pi a}{l}$，则像函数简写为

$$\overline{T}_n(p)=(-1)^n\frac{2A\omega}{n\pi}\frac{p^2}{(p^2+\omega_0^2)(p^2+\omega^2)}.$$

由拉普拉斯逆变换，可得原函数

$$\begin{aligned}T_n(t)&=(-1)^n\frac{2A\omega}{n\pi}\cos\omega_0t*\cos\omega t\\&=(-1)^n\frac{2A\omega}{\dfrac{n^2\pi^2a^2}{l^2}-\omega^2}\left(\frac{a}{l}\sin\frac{n\pi at}{l}-\frac{\omega}{n\pi}\sin\omega t\right).\end{aligned}$$

因此，$\omega(x,t)$的解为

$$\omega(x,t)=\sum_{n=1}^{\infty}(-1)^n\frac{2A\omega}{\dfrac{n^2\pi^2a^2}{l^2}-\omega^2}\left(\frac{a}{l}\sin\frac{n\pi at}{l}-\frac{\omega}{n\pi}\sin\omega t\right)\sin\frac{n\pi x}{l}.$$

最终，$u(x,t)$的解为

$$u(x,t)=\frac{A}{l}x\sin\omega t+2A\omega\sum_{n=1}^{\infty}\frac{(-1)^n}{\dfrac{n^2\pi^2a^2}{l^2}-\omega^2}\left(\frac{a}{l}\sin\frac{n\pi at}{l}-\frac{\omega}{n\pi}\sin\omega t\right)\sin\frac{n\pi x}{l},$$

其中，$0<x<l,t>0$.

方法 2　方程和边界条件同时进行齐次化

设 $u(x,t)=v(x,t)+\omega(x,t)$，令 $v(x,t)$同时满足 $u(x,t)$的方程和边界条件，即

$$\begin{cases}v_{tt}(x,t)-a^2v_{xx}(x,t)=0,0<x<l,t>0,\\ v\big|_{x=0}=0,v\big|_{x=l}=A\sin\omega t.\end{cases}$$

则 $\omega(x,t)$满足的定解问题为

$$\begin{cases}\omega_{tt}(x,t)-a^2\omega_{xx}(x,t)=0,0<x<l,t>0,\\ \omega\big|_{x=0}=0,\omega\big|_{x=l}=0,\\ \omega\big|_{t=0}=-v(x,0),\omega_t\big|_{t=0}=-v_t(x,0).\end{cases}$$

关于 $v(x,t)$的方程是齐次的，其左端边界条件也是齐次的，而右端边界条件表示 $x=l$ 处的端点在做简谐振动。因此，杆内各点也应做同频率的简谐振动，$v(x,t)$可写为

$$v(x,t)=f(x)\sin\omega t,$$

其中，$f(x)$为待求函数。将上式代入关于 $v(x,t)$的方程，可得

$$\begin{cases}f''(x)+\left(\dfrac{\omega}{a}\right)^2f(x)=0,\\ f(0)=0,\ f(l)=A.\end{cases}$$

其解为

$$f(x)=\frac{A}{\sin\dfrac{\omega l}{a}}\sin\frac{\omega x}{a}.$$

因此，辅助函数

$$v(x,t)=\frac{A}{\sin\dfrac{\omega l}{a}}\sin\frac{\omega x}{a}\sin\omega t.$$

将得到的辅助函数 $v(x,t)$代入 $\omega(x,t)$满足的定解问题，可得

$$\begin{cases}\omega_{tt}(x,t)-a^2\omega_{xx}(x,t)=0,0<x<l,t>0,\\ \omega\big|_{x=0}=0,\omega\big|_{x=l}=0,\\ \omega\big|_{t=0}=0,\omega_t\big|_{t=0}=-A\omega\sin(\omega x/a)/\sin(\omega l/a).\end{cases}$$

利用分离变量法，可得到 $\omega(x,t)$的解

$$\omega(x,t)=\frac{2A\omega}{al}\sum_{n=1}^{\infty}(-1)^{n-1}\frac{1}{\omega^2/a^2-n^2\pi^2/l^2}\sin\frac{n\pi at}{l}\sin\frac{n\pi x}{l}.$$

最终，$u(x,t)$的解为

$$u(x,t)=\frac{A}{\sin\dfrac{\omega l}{a}}\sin\frac{\omega x}{a}\sin\omega t+\frac{2A\omega}{al}\sum_{n=1}^{\infty}(-1)^{n-1}\frac{1}{\omega^2/a^2-n^2\pi^2/l^2}\sin\frac{n\pi at}{l}\sin\frac{n\pi x}{l},$$

其中,$0<x<l,t>0$.

可以证明,这两种方法的解是相同的。

【例2】 求解如下热传导的定解问题:

$$\begin{cases}u_t(x,t)-a^2u_{xx}(x,t)=\cos\dfrac{x}{2},0<x<\pi,t>0,\\ u_x\big|_{x=0}=1,u\big|_{x=\pi}=\pi,\\ u\Big|_{t=0}=x+\cos\dfrac{x}{2}.\end{cases}$$

解:方法1 仅对边界条件进行齐次化

设 $u(x,t)=v(x,t)+\omega(x,t)$,令辅助函数 $v(x,t)$ 满足 $u(x,t)$ 的边界条件,即

$$v_x\big|_{x=0}=1,\quad v\big|_{x=\pi}=\pi.$$

根据上述边界条件,辅助函数 $v(x,t)$ 可构造为

$$v(x,t)=x.$$

此时,$\omega(x,t)$ 满足的定解问题为

$$\begin{cases}\omega_t(x,t)-a^2\omega_{xx}(x,t)=\cos\dfrac{x}{2},0<x<\pi,t>0,\\ \omega_x\big|_{x=0}=0,\omega\big|_{x=\pi}=0,\\ \omega\Big|_{t=0}=\cos\dfrac{x}{2}.\end{cases}$$

$\omega(x,t)$ 的定解问题可由本征函数法求得,其本征函数解为

$$\omega(x,t)=\sum_{n=0}^{\infty}T_n(t)\cos(n+1/2)x.$$

将其代入关于 $\omega(x,t)$ 的泛定方程,可得

$$\sum_{n=0}^{\infty}[T_n'(t)+(n+1/2)^2a^2T_n(t)]\cos(n+1/2)x=\cos\frac{x}{2}.$$

将本征函数解代入初始条件 $\omega\big|_{t=0}=\cos\dfrac{x}{2}$,可得

$$\sum_{n=0}^{\infty}T_n(0)\cos(n+1/2)x=\cos\frac{x}{2}.$$

由以上两式可得

$$\begin{cases}T_n'(t)+(n+1/2)^2a^2T_n(t)=0,n\neq 0,\\ T_n(0)=0.\end{cases}$$

$$\begin{cases}T_0'(t)+\dfrac{a^2}{4}T_0(t)=1,n=0,\\ T_0(0)=1.\end{cases}$$

由第一个方程,可计算得 $T_n(t)=0,n\neq 0$.

设 $\overline{T}_0(p)$ 是函数 $T_0(t)$ 的拉普拉斯变换的像函数,根据拉普拉斯变换,关于函数 $T_0(t)$ 的常微分方程可变为如下的关于像函数 $\overline{T}_0(p)$ 的代数方程:

$$p\overline{T}_0(p)-T_0(0)+\frac{a^2}{4}\overline{T}_0(p)=\frac{1}{p}.$$

像函数的解为

$$\overline{T}_0(p)=\frac{1}{p+\frac{a^2}{4}}+\frac{1}{p}\frac{1}{p+\frac{a^2}{4}}.$$

由拉普拉斯逆变换,可得

$$T_0(t)=\left(1-\frac{4}{a^2}\right)e^{-\frac{1}{4}a^2t}+\frac{4}{a^2}.$$

因此,$\omega(x,t)$的解为

$$\omega(x,t)=\left(1-\frac{4}{a^2}\right)e^{-\frac{1}{4}a^2t}\cos\frac{x}{2}+\frac{4}{a^2}\cos\frac{x}{2}.$$

最终,$u(x,t)$的解为

$$u(x,t)=x+\left(1-\frac{4}{a^2}\right)e^{-\frac{1}{4}a^2t}\cos\frac{x}{2}+\frac{4}{a^2}\cos\frac{x}{2},0<x<\pi,t>0.$$

方法 2 方程和边界条件同时进行齐次化

$$\begin{cases}u_t(x,t)-a^2u_{xx}(x,t)=\cos\dfrac{x}{2},0<x<\pi,t>0,\\ u_x\big|_{x=0}=1,u\big|_{x=\pi}=\pi,\\ u\big|_{t=0}=x+\cos\dfrac{x}{2}.\end{cases}$$

设 $u(x,t)=v(x,t)+\omega(x,t)$,其中,辅助函数 $v(x,t)$同时满足 $u(x,t)$的方程和边界条件,即

$$\begin{cases}v_t(x,t)-a^2v_{xx}(x,t)=\cos\dfrac{x}{2},0<x<\pi,t>0,\\ v_x\big|_{x=0}=1,v\big|_{x=\pi}=\pi.\end{cases}$$

由于 $v(x,t)$方程的非齐次项和边界条件均不显含时间变量 t,因此,可以假设辅助函数 $v(x,t)$与时间 t 无关,即

$$\begin{cases}-a^2v_{xx}(x)=\cos\dfrac{x}{2},0<x<\pi,\\ v_x\big|_{x=0}=1,v\big|_{x=\pi}=\pi.\end{cases}$$

上式的解为

$$v(x)=x+\frac{4}{a^2}\cos\frac{x}{2}.$$

此时,$\omega(x,t)$满足的定解问题为

$$\begin{cases}\omega_t(x,t)-a^2\omega_{xx}(x,t)=0,0<x<\pi,t>0,\\ \omega_x\big|_{x=0}=0,\omega\big|_{x=\pi}=0,\\ \omega\big|_{t=0}=\left(1-\dfrac{4}{a^2}\right)\cos\dfrac{x}{2}.\end{cases}$$

利用分离变量法,可得 $\omega(x,t)$ 的通解为

$$\omega(x,t)=\sum_{n=0}^{\infty}C_n e^{-(n+1/2)^2a^2t}\cos(n+1/2)x.$$

根据初始条件 $\sum_{n=0}^{\infty}C_n\cos(n+1/2)x=\left(1-\frac{4}{a^2}\right)\cos\frac{x}{2}$，可得系数

$$C_0=1-\frac{4}{a^2},\ C_n=0,(n\neq 0).$$

因此,$\omega(x,t)$ 的解为

$$\omega(x,t)=\left(1-\frac{4}{a^2}\right)e^{-\frac{1}{4}a^2t}\cos\frac{x}{2}.$$

最终,$u(x,t)$ 的解为

$$u(x,t)=x+\frac{4}{a^2}\cos\frac{x}{2}+\left(1-\frac{4}{a^2}\right)e^{-\frac{1}{4}a^2t}\cos\frac{x}{2},0<x<\pi,t>0.$$

这两种方法的解是相同的。

需要说明的是,只有在特定的定解问题中,辅助函数 $v(x,t)$ 中关于 t 的部分能够直接准确写出,或者辅助函数 $v(x)$ 不随时间 t 变化,才可采用令辅助函数 $v(x,t)$ 同时满足 $u(x,t)$ 的方程和边界条件的方法。否则,建议采用方法 1,只根据边界条件构造辅助函数 $v(x,t)$,然后利用本征函数法求解带有齐次边界条件的 $\omega(x,t)$ 的定解问题。

§5.4　施图姆-刘维尔本征问题

授课视频

利用分离变量法求解一个含有 n 个自变量的线性偏微分方程,将会得到 n 个常微分方程,并引入 $(n-1)$ 个分离变量常数。其中的 $(n-1)$ 个常微分方程与对应的边界条件,构成 $(n-1)$ 个本征问题。分离变量法的核心内容是求解这些本征问题。

常见的本征问题都可归结为施图姆-刘维尔(Sturm-Liouville)本征问题,本节针对施图姆-刘维尔本征问题进行一般性的总结,重点介绍本征值和本征函数的通用性质。

5.4.1　施图姆-刘维尔型方程

通过分离变量法得到的一维本征方程,具有如下的一般形式:

$$y''(x)+p_1(x)y'(x)-q_1(x)y(x)+\lambda\rho_1(x)y(x)=0, \tag{5.4.1}$$

其中,λ 是分离变量常数,假设自变量 $x\in[a,b]$.

将(5.4.1)式两边同乘以函数 $e^{\int p_1(x)dx}$，整理可得

$$\frac{d}{dx}\left[e^{\int p_1(x)dx}y'(x)\right]-q_1(x)e^{\int p_1(x)dx}y(x)+\lambda\rho_1(x)e^{\int p_1(x)dx}y(x)=0. \tag{5.4.2}$$

令 $e^{\int p_1(x)dx}=k(x)$, $q_1(x)e^{\int p_1(x)dx}=q(x)$, $\rho_1(x)e^{\int p_1(x)dx}=\rho(x)$，则上式可简写为

$$\frac{d}{dx}[k(x)y'(x)]-q(x)y(x)+\lambda\rho(x)y(x)=0,\ a\leqslant x\leqslant b. \tag{5.4.3}$$

形如(5.4.3)式的方程称为**施图姆-刘维尔型方程**,其中,λ 为**本征值**,$\rho(x)$ 称为**权函数**。在物理问题中,施图姆-刘维尔型方程中的系数函数 $k(x)$、$q(x)$ 和 $\rho(x)$ 总是非负的实函数,即在定义域 $x\in[a,b]$ 内,$k(x)\geqslant 0$,$q(x)\geqslant 0$,$\rho(x)\geqslant 0$. 以下内容均在这个前提下讨论。

5.4.2 施图姆-刘维尔本征问题

在给定的边界条件下,只有当 λ 取某些特定值时,施图姆-刘维尔型方程才有非零、有界解。这些特定的 λ 值称为本征值,对应的非零函数解称为本征函数。

施图姆-刘维尔型方程通常与下面三种类型的边界条件构成本征问题。

1. 第一、二或三类齐次边界条件

以端点 $x=b$ 为例,如果 $k(b)\neq 0$,那么施图姆-刘维尔型方程需要与第一、二或三类齐次边界条件

$$[\alpha y'(x)+\beta y(x)]_{x=b}=0 \tag{5.4.4}$$

构成本征问题。其中,α 和 β 是不同时为零的常数,当 α 和 β 均不为零时,上式为第三类齐次边界条件;当 α 或 β 等于零时,上式分别退化为第一类和第二类齐次边界条件。

例如,我们在 § 5.1 中求解的本征问题

$$\begin{cases}X''(x)+\lambda X(x)=0,\\ X(0)=0, X(l)=0.\end{cases}$$

其施图姆-刘维尔型方程的形式为

$$\frac{\mathrm{d}}{\mathrm{d}x}[X'(x)]+\lambda X(x)=0, \tag{5.4.5}$$

由上式可知,$k(0)=1$,$k(l)=1$,因此,上述方程需要附加第一、二或三类齐次边界条件构成本征问题。该本征问题中的边界条件正是第一类齐次边界条件。

2. 自然边界条件

以端点 $x=b$ 为例,如果 $k(b)=0$,且 $x=b$ 是 $k(x)$ 的至少一阶的零点,则施图姆-刘维尔型方程通常与自然边界条件

$$y(b)\neq\infty \tag{5.4.6}$$

构成本征问题。

假设(5.4.3)式存在一个特解 $y_1(x)$,且满足边界条件 $y_1(b)\neq\infty$,则方程的另一个线性无关的特解可以由特解 $y_1(x)$ 构造[8]

$$y_2(x)=y_1(x)\left[\int_{x_0}^{x}\frac{1}{k(\xi)y_1^2(\xi)}\mathrm{d}\xi+C\right], \tag{5.4.7}$$

其中,x_0 是一个定点,C 为积分常数。由于 $k(b)=0$,根据上式,可知特解 $y_2(b)\to\infty$.

(5.4.3)式的通解由这两个线性无关的特解构成,即

$$y(x)=c_1y_1(x)+c_2y_2(x). \tag{5.4.8}$$

在这种情况下,通解 $y(x)$ 在 $x=b$ 端需要满足自然边界条件,即 $y(b)\neq\infty$. 从而,保留有界解 $y_1(x)$,舍去无界解 $y_2(x)$.

下面以第 6 章和第 7 章将要介绍的勒让德方程和贝塞尔方程为例,给出这两个方程构成本征问题需要附加的边界条件。

(1) 勒让德方程转化为施图姆-刘维尔型方程的形式为

$$\frac{\mathrm{d}}{\mathrm{d}x}\left[(1-x^2)\frac{\mathrm{d}y(x)}{\mathrm{d}x}\right]+\lambda y(x)=0,-1\leqslant x\leqslant 1.$$

端点 $x=\pm1$ 是 $k(x)=(1-x^2)$ 的一阶零点,因此,勒让德方程需要与 $y(\pm1)\neq\infty$ 的自然边界条件构成本征问题。

(2) 贝塞尔方程转化为施图姆-刘维尔型方程的形式为

$$\frac{\mathrm{d}}{\mathrm{d}\rho}\left[\rho\frac{\mathrm{d}R(\rho)}{\mathrm{d}\rho}\right]-\frac{m^2}{\rho}R(\rho)+\lambda\rho R(\rho)=0,0\leqslant\rho\leqslant\rho_0.$$

由于 $\rho=0$ 是 $k(\rho)=\rho$ 的一阶零点,而当 $\rho=\rho_0$ 时,$k(\rho_0)=\rho_0\neq0$,所以,贝塞尔方程要构成本征问题,需要在端点 $\rho=0$ 处附加 $R(0)\neq\infty$ 的自然边界条件,在端点 $\rho=\rho_0$ 附加第一、二或三类齐次边界条件。

3. 周期边界条件

如果定义域构成一个闭合环路,即 $x=a$ 和 $x=b$ 是定义域空间中的同一点,且 $k(a)=k(b)$,则施图姆-刘维尔型方程需要与周期边界条件

$$\begin{cases}y(a)=y(b),\\y'(a)=y'(b).\end{cases}\tag{5.4.9}$$

构成本征问题。

例如,球坐标系或者柱坐标系分离变量得到的关于方位角 φ 的常微分方程

$$\Phi''(\varphi)+\mu\Phi(\varphi)=0,0\leqslant\varphi\leqslant2\pi.$$

该方程的施图姆-刘维尔型方程类似于(5.4.5)式,$k(0)=k(2\pi)=1$,但 $\varphi=0$ 和 $\varphi=2\pi$ 还是定义域空间中的同一点,因此,该方程需要与周期性边界条件 $\Phi(0)=\Phi(2\pi)$,$\Phi'(0)=\Phi'(2\pi)$ 构成本征问题。

5.4.3 本征值和本征函数的通用性质

施图姆-刘维尔型方程

$$\frac{\mathrm{d}}{\mathrm{d}x}[k(x)y'(x)]-q(x)y(x)+\lambda\rho(x)y(x)=0,\quad a\leqslant x\leqslant b$$

与 $y(x)$ 在定义域两端满足的第一、二、三类齐次边界条件,周期边界条件,或自然边界条件,构成施图姆-刘维尔本征问题。

施图姆-刘维尔本征问题是本征问题的一般性概括,故其本征值和本征函数的性质具有通用性。另外,由于本征函数有可能是复函数,例如本征函数 $e^{im\varphi}$,所以,以下讨论的本征函数默认为复函数。实函数是复函数的特例,自然包含在内。

设 λ_n 和 $y_n(x)$ 分别是施图姆-刘维尔本征问题的本征值和本征函数,它们的通用性质概括如下。

1. 所有本征值都是非负的实数,即 $\lambda_n\geqslant0$.

(1) 证明所有的本征值都是实数

设 $y_n(x)$ 是任意一个本征值 λ_n 对应的本征函数,则其满足如下的施图姆-刘维尔型方程

$$\frac{\mathrm{d}}{\mathrm{d}x}[k(x)y_n{}'(x)]-q(x)y_n(x)+\lambda_n\rho(x)y_n(x)=0. \tag{5.4.10}$$

上式两边同乘以 $y_n(x)$ 的复共轭函数 $y_n^*(x)$，然后对变量 x 在定义区间 $[a,b]$ 内积分，可得

$$\int_a^b y_n^*(x)\frac{\mathrm{d}}{\mathrm{d}x}[k(x)y_n{}'(x)]\mathrm{d}x-\int_a^b q(x)y_n(x)y_n^*(x)\mathrm{d}x+\lambda_n\int_a^b \rho(x)y_n(x)y_n^*(x)\mathrm{d}x=0.$$

整理可得

$$\lambda_n\int_a^b\rho(x)\ |y_n(x)|^2\mathrm{d}x=\int_a^b q(x)\ |y_n(x)|^2\mathrm{d}x+\int_a^b k(x)\ |y_n{}'(x)|^2\mathrm{d}x- k(b)y_n^*(b)y_n{}'(b)+k(a)y_n^*(a)y_n{}'(a). \tag{5.4.11}$$

将上式两边分别取复共轭，可得

$$\lambda_n^*\int_a^b\rho(x)\ |y_n(x)|^2\mathrm{d}x=\int_a^b q(x)\ |y_n(x)|^2\mathrm{d}x+\int_a^b k(x)\ |y_n{}'(x)|^2\mathrm{d}x- k(b)y_n(b)\ [y_n{}'(b)]^*+k(a)y_n(a)[y_n{}'(a)]^*. \tag{5.4.12}$$

以上两式左右分别相减，可得

$$(\lambda_n-\lambda_n^*)\int_a^b\rho(x)\ |y_n(x)|^2\mathrm{d}x$$
$$=-k(b)\{y_n^*(b)y_n{}'(b)-y_n(b)\ [y_n{}'(b)]^*\}+k(a)\{y_n^*(a)y_n{}'(a)-y_n(a)\ [y_n{}'(a)]^*\}. \tag{5.4.13}$$

下面证明上式右边恒等于零。由于上式右边的两项分别对应 $y(x)$ 在 $x=b$ 和 $x=a$ 端的边界条件，因形式相同，故仅对 $x=b$ 端进行讨论。

① 如果 $k(b)=0$，则施图姆-刘维尔型方程构成本征问题需要附加自然边界条件 $y(b)\neq\infty$，此种情况，(5.4.13)式右边第一项必然等于零。

② 如果 $k(b)\neq0$，则施图姆-刘维尔型方程构成本征问题需要附加齐次边界条件。

当附加的是第一类齐次边界条件 $y_n(b)=0$ 或第二类齐次边界条件 $y_n{}'(b)=0$ 时，(5.4.13)式右边第一项仍然都等于零。

当附加的是第三类齐次边界条件 $\alpha y_n{}'(b)+\beta y_n(b)=0$ 时，则有

$$y_n^*(b)y_n{}'(b)=-\frac{\beta}{\alpha}y_n^*(b)y_n(b),$$

$$y_n(b)[y_n{}'(b)]^*=-\frac{\beta}{\alpha}y_n(b)y_n^*(b).$$

将上面两式代入(5.4.13)式右边第一项，可得这一项仍然等于零。

综合第①种和第②种情况，无论 $k(b)$ 是否等于零，(5.4.13)式右边第一项都等于零。同理可以证明，无论 $k(a)$ 是否等于零，(5.4.13)式右边第二项也都等于零。因此，(5.4.13)式右边恒为零。

还有一种情况，如果 $k(a)=k(b)$，则施图姆-刘维尔型方程需要附加周期边界条件，即 $y(a)=y(b)$，$y'(a)=y'(b)$，此时(5.4.13)式右边两项正好抵消，右边仍然等于零。

综上可得，无论施图姆-刘维尔型方程附加的是第一、二类或者第三类齐次边界条件，还是周期边界条件，抑或是自然边界条件，(5.4.13)式右边恒等于零，即

$$(\lambda_n-\lambda_n^*)\int_a^b \rho(x)\ |y_n(x)|^2\mathrm{d}x=0.$$

由于积分 $\int_a^b \rho(x)\ |y_n(x)|^2\mathrm{d}x\neq 0$，因此可得

$$\lambda_n-\lambda_n^*=0.$$

上式说明本征值 λ_n 是实数。由于 λ_n 是所有本征值中任意的一个本征值，所以，证得所有的本征值都是实数。

（2）证明所有的本征值都是非负的

根据(5.4.11)式，可得

$$\lambda_n\int_a^b \rho(x)\ |y_n(x)|^2\mathrm{d}x\geqslant -k(b)y_n^*(b)y_n'(b)+k(a)y_n^*(a)y_n'(a).\tag{5.4.14}$$

上式右边两项分别对应 $x=b$ 和 $x=a$ 端的边界条件。与上面的讨论相同，无论施图姆-刘维尔型方程附加的是第一、二类齐次边界条件，周期边界条件，或自然边界条件，(5.4.14)式右边均等于零。

当施图姆-刘维尔型方程附加的是第三类齐次边界条件时，情况稍有不同。根据 $y_n(x)$ 在两端满足的第三类齐次边界条件 $\gamma y_n'(a)+\kappa y_n(a)=0$，$\alpha y_n'(b)+\beta y_n(b)=0$，其中，根据(2.2.20)式可知，$\gamma$、$\kappa$ 异号，α、β 同号，因此

$$y_n^*(a)y_n'(a)=-\frac{\kappa}{\gamma}y_n^*(a)y_n(a)>0,$$

$$-y_n^*(b)y_n'(b)=\frac{\beta}{\alpha}y_n^*(b)y_n(b)>0.$$

因此，此种情况下，(5.4.14)式右边两项均大于零。

综上可得，无论施图姆-刘维尔型方程附加的是第一、二、三类齐次边界条件，周期边界条件，或自然边界条件，(5.4.14)式右边恒大于等于零，即

$$\lambda_n\int_a^b \rho(x)\ |y_n(x)|^2\mathrm{d}x\geqslant 0.\tag{5.4.15}$$

由此证得 $\lambda_n\geqslant 0$，即所有的本征值都是非负的实数。

2. 如果 $k(x)$、$k'(x)$ 和 $q(x)$ 连续或者最多在边界处有一阶极点，则存在无限多个本征值 $\lambda_1\leqslant\lambda_2\leqslant\cdots\leqslant\lambda_n\leqslant\cdots$，相对应有无限多个本征函数 $y_1(x)$、$y_2(x)$、…、$y_n(x)$、…

例如，本征问题(5.1.8)式的本征值和本征函数为

$$\begin{cases}\lambda_n=\dfrac{n^2\pi^2}{l^2},n=1,2,3,\cdots,\\ X_n(x)=\sin\dfrac{n\pi x}{l}.\end{cases}$$

本征值 λ_n 都是非负的实数，且有无限多个；每一个本征值对应一个本征函数。（在某些本征问题中，一个本征值可能对应多个本征函数，这种情况称为简并。例如，在第 6 章中球谐函数方程的本征问题就是这种情况。）

另外，需要强调的是，本征方程的本征值可以等于零，但本征函数不能等于零。

3. 若任意一个本征值 λ_m 对应的本征函数 $y_m(x)$ 和另外一个不同本征值 λ_n 对应的本征函数的复共轭函数 $y_n^*(x)$ 以及权函数 $\rho(x)$ 的乘积在区间 $[a,b]$ 内的积分等于零，则称这两个本征函数正交；任意一个本征函数 $y_n(x)$ 和其复共轭函数 $y_n^*(x)$ 以及权函数 $\rho(x)$ 的乘积在区间 $[a,b]$ 内的积分为该本征函数的模的平方，二者可统一表示为

$$\int_a^b y_m(x)y_n^*(x)\rho(x)\,\mathrm{d}x = N_n^{\ 2}\delta_{mn}, \tag{5.4.16}$$

其中，$y_n^*(x)$ 为 $y_n(x)$ 的复共轭函数，N_n 称为本征函数 $y_n(x)$ 的模，δ_{mn} 为克罗内克符号。

证明：本征函数 $y_m(x)$ 和 $y_n(x)$ 分别满足如下施图姆-刘维尔型方程

$$\frac{\mathrm{d}}{\mathrm{d}x}[k(x)y_m'(x)]-q(x)y_m(x)+\lambda_m\rho(x)y_m(x)=0. \tag{5.4.17}$$

$$\frac{\mathrm{d}}{\mathrm{d}x}[k(x)y_n'(x)]-q(x)y_n(x)+\lambda_n\rho(x)y_n(x)=0. \tag{5.4.18}$$

将(5.4.17)式乘以 $y_n(x)$ 的复共轭函数 $y_n^*(x)$，可得

$$y_n^*(x)\frac{\mathrm{d}}{\mathrm{d}x}[k(x)y_m'(x)]-q(x)y_m(x)y_n^*(x)+\lambda_m\rho(x)y_m(x)y_n^*(x)=0. \tag{5.4.19}$$

将(5.4.18)式取复共轭，然后乘以 $y_m(x)$，可得

$$y_m(x)\frac{\mathrm{d}}{\mathrm{d}x}\{k(x)[y_n'(x)]^*\}-q(x)y_n^*(x)y_m(x)+\lambda_n\rho(x)y_n^*(x)y_m(x)=0. \tag{5.4.20}$$

将(5.4.19)式与(5.4.20)式相减，并对变量 x 在定义区间 $[a,b]$ 积分，得

$$\begin{aligned}
&(\lambda_m-\lambda_n)\int_a^b y_m(x)y_n^*(x)\rho(x)\,\mathrm{d}x\\
&=\int_a^b y_m(x)\frac{\mathrm{d}}{\mathrm{d}x}\{k(x)[y_n'(x)]^*\}\,\mathrm{d}x-\int_a^b y_n^*(x)\frac{\mathrm{d}}{\mathrm{d}x}[k(x)y_m'(x)]\,\mathrm{d}x\\
&=k(b)y_m(b)[y_n'(b)]^*-k(a)y_m(a)[y_n'(a)]^*\\
&\quad -k(b)y_n^*(b)y_m'(b)+k(a)y_n^*(a)y_m'(a).
\end{aligned} \tag{5.4.21}$$

参照性质1中的讨论，可知，无论本征函数满足的是第一、二、三类齐次边界条件，自然边界条件，或周期边界条件，上式右端都恒等于零，即

$$(\lambda_m-\lambda_n)\int_a^b y_m(x)y_n^*(x)\rho(x)\,\mathrm{d}x=0. \tag{5.4.22}$$

由于 $\lambda_m\neq\lambda_n$，所以证得

$$\int_a^b y_m(x)y_n^*(x)\rho(x)\,\mathrm{d}x=0. \tag{5.4.23}$$

另外，如果本征函数系 $\{y_n(x)\}$ 内所有的本征函数都乘以其模的倒数，即 $Y_n(x)=\frac{1}{N_n}y_n(x)$，则本征函数 $Y_n(x)$ 的模的平方等于单位1，即

$$\int_a^b Y_n(x)Y_n^*(x)\rho(x)\,\mathrm{d}x=1, \tag{5.4.24}$$

如此定义的 $Y_n(x)$ 称为归一化的本征函数。

4. 本征函数系 $\{y_n(x)\}$ 在定义区间 $[a,b]$ 内是完备的。定义区间内的任意一个分段光滑的有界函数 $f(x)$，都可以将本征函数系 $\{y_n(x)\}$ 作为基底进行广义傅里叶级数展开

$$f(x)=\sum_{n=1}^{\infty}c_n y_n(x), \tag{5.4.25}$$

展开系数

$$c_n=\frac{1}{N_n^{\ 2}}\int_a^b f(x)y_n^*(x)\rho(x)\,\mathrm{d}x. \tag{5.4.26}$$

下面推导展开系数 c_n 的计算公式。将(5.4.25)式两边同乘以 $y_m^*(x)\rho(x)$，并在定义区间 $[a,b]$ 内进行积分

$$\int_a^b f(x)y_m^*(x)\rho(x)\,\mathrm{d}x=\int_a^b\sum_{n=1}^{\infty}c_n y_n(x)y_m^*(x)\rho(x)\,\mathrm{d}x=\sum_{n=1}^{\infty}c_n\int_a^b y_n(x)y_m^*(x)\rho(x)\,\mathrm{d}x,$$

根据本征函数的正交性可知，上式右端求和中只有 $n=m$ 项不为零，且等于本征函数 $y_m(x)$ 的模的平方。因此，可得

$$\int_a^b f(x)y_m^*(x)\rho(x)\,\mathrm{d}x=c_m N_n^{\ 2}.$$

将指标 m 换为 n，即可推得展开系数的计算公式

$$c_n=\frac{1}{N_n^{\ 2}}\int_a^b f(x)y_n^*(x)\rho(x)\,\mathrm{d}x.$$

另外，将(5.4.26)式的积分变量改为 ξ，并代入(5.4.25)式，可得

$$f(x)=\sum_{n=1}^{\infty}\left[\frac{1}{N_n^{\ 2}}\int_a^b f(\xi)y_n^*(\xi)\rho(\xi)\,\mathrm{d}\xi\right]y_n(x).$$

交换上式中的求和、积分次序，可得

$$f(x)=\int_a^b f(\xi)\left[\sum_{n=1}^{\infty}\frac{1}{N_n^{\ 2}}y_n(x)y_n^*(\xi)\rho(\xi)\right]\mathrm{d}\xi.$$

另外，根据狄拉克函数的性质，有

$$f(x)=\int_a^b f(\xi)\delta(x-\xi)\,\mathrm{d}\xi.$$

比较以上两式，可得

$$\delta(x-\xi)=\sum_{n=1}^{\infty}\frac{1}{N_n^{\ 2}}y_n(x)y_n^*(\xi)\rho(\xi), \tag{5.4.27}$$

上式是本征函数的完备性的另一种表述。

如果本征函数 $y_n(x)$ 的模及其对应本征方程的权函数都为单位 1，则上式退化为

$$\delta(x-\xi)=\sum_{n=1}^{\infty}y_n(x)y_n^*(\xi). \tag{5.4.28}$$

综上所述，施图姆-刘维尔本征问题的本征值均为非负的实数；所有的本征函数构成定义域内正交的、可归一化的、完备的本征函数系。

【思考】 为何本征函数 $\sin\dfrac{n\pi x}{l}$ 的正交性和模的平方的(5.1.26)式中没有出现权函数？是否违背施图姆-刘维尔本征问题中本征函数的通用性质？

第 5 章习题

1. 利用分离变量法求解如下的定解问题：

$$\begin{cases} u_{tt}(x,t)-a^2u_{xx}(x,t)=0,0<x<l,t>0, \\ u_x\big|_{x=0}=0,u_x\big|_{x=l}=0, \\ u\big|_{t=0}=\varphi(x),u_t\big|_{t=0}=\psi(x). \end{cases}$$

2. 一根长为 l 的轻质杆，$x=0$ 端自由，$x=l$ 端固定，杆上各点的初始位移为 $\cos\dfrac{\pi x}{2l}$，初始速度为零。求解杆的纵振动所满足的定解问题。

3. 利用分离变量法求解如下的定解问题：

$$\begin{cases} u_t(x,t)-a^2u_{xx}(x,t)=0,0<x<\pi,t>0, \\ u\big|_{x=0}=0,u\big|_{x=\pi}=0, \\ u\big|_{t=0}=\sin x+3\sin 3x. \end{cases}$$

4. 一个长为 l 的杆，上端固定在电梯的天花板上，杆身竖直向下，下端自由。当电梯以速度 v_0 匀速下降时突然停止，求解杆的纵振动所满足的定解问题（忽略重力的影响）。

5. 一根长为 l 的均匀弦，两端分别固定在 x 轴上的 $x=0$ 和 $x=l$ 点处。假设弦线的初始形状为一个顶点为 $(l/2,h)$ 的抛物线，弦的初始速度为零。求解弦的横振动所满足的定解问题。

6. 利用分离变量法求解如下的定解问题：

$$\begin{cases} u_{tt}(x,t)-a^2u_{xx}(x,t)=0,0<x<l,t>0, \\ u\big|_{x=0}=0,u\big|_{x=l}=0, \\ u\big|_{t=0}=0,u_t\big|_{t=0}=\begin{cases} 0,0\leqslant x<x_0-d_0, \\ v_0,x_0-d_0\leqslant x\leqslant x_0+d_0, \\ 0,x_0+d_0<x\leqslant l. \end{cases} \end{cases}$$

7. 一长为 l 的细杆，初始时刻杆一端的温度为零，另一端温度为 u_0，杆上温度呈线性分布。现零温一端保持温度不变，另一端与外界绝热，求杆上的温度变化。

8. 求解如下的阻尼波动方程的定解问题：

$$\begin{cases} u_{tt}(x,t)-a^2u_{xx}(x,t)+2bu_t(x,t)=0,0<x<l,t>0, \\ u\big|_{x=0}=0,u\big|_{x=l}=0, \\ u\big|_{t=0}=\varphi(x),u_t\big|_{t=0}=\psi(x). \end{cases}$$

仅考虑阻尼较小情况$\left(\dfrac{bl}{\pi a}<1\right)$.

9. 求解量子力学中处于一维无限深势阱中的微观粒子的波函数

$$\begin{cases} \mathrm{i}\hbar\dfrac{\partial}{\partial t}\psi(x,t)=-\dfrac{\hbar^2}{2m}\dfrac{\partial^2}{\partial x^2}\psi(x,t),-a<x<a,t>0, \\ \psi\big|_{x=-a}=0,\psi\big|_{x=a}=0, \\ \psi\big|_{t=0}=\dfrac{1}{\sqrt{a}}\sin\dfrac{\pi}{a}(x+a). \end{cases}$$

10. 求解如下定解问题：

$$\begin{cases} u_t(x,t)-a^2u_{xx}(x,t)=\sin\omega t, 0<x<l, t>0, \\ u\big|_{x=0}=0, u\big|_{x=l}=0, \\ u\big|_{t=0}=0. \end{cases}$$

11. 有一个半条形区域$(0\leqslant x\leqslant a, y\geqslant 0)$，已知边界 $x=a$ 上的电势保持为 u_0（常量），边界 $x=0$ 和 $y=0$ 处电势均为零，求解条形区域内部电势的分布。

12. 利用分离变量法求解如下定解问题：

$$\begin{cases} \dfrac{\partial^2 u}{\partial x^2}+\dfrac{\partial^2 u}{\partial y^2}=0, 0<x<1, 0<y<2, \\ u\big|_{x=0}=1, u\big|_{x=1}=y, \\ u\big|_{y=0}=1-x, u\big|_{y=2}=0. \end{cases}$$

13. 已知等腰直角三角形的腰长为 1 m，假设两个直角边的电势均为零，斜边电势为常量 u_0，求解三角形内部区域的电势分布。

14. 一个边长分别为 x_0 和 y_0 的矩形膜，膜的四个边界都固定，即边界处振动位移保持为零。假设矩形膜的初始位移为 $\varphi(x,y)$，初始速度为零。求解矩形膜振动的定解问题。

习题参考答案

第 6 章　球坐标系下的拉普拉斯方程

第 5 章以直角坐标系下的波动方程的定解问题为例，介绍了利用分离变量法求解偏微分方程的基本思路和求解过程。然而，一些典型物理问题（例如氢原子定态波函数、发射天线的电磁辐射以及电磁波在圆柱形波导中的传播等）更适合在球坐标系或柱坐标系下进行求解，其涉及的方程属于球坐标系或柱坐标系下的偏微分方程。

本章将利用分离变量法进一步求解球坐标系下的拉普拉斯方程，并介绍由此引出的三个特殊函数——勒让德多项式、连带勒让德函数和球谐函数。

第 6 章
课件资源

§ 6.1　球坐标系下拉普拉斯方程的分离变量法

授课视频

6.1.1　拉普拉斯方程的分离

球坐标系下拉普拉斯方程的展开形式为

$$\frac{1}{r^2}\frac{\partial}{\partial r}\left(r^2\frac{\partial u}{\partial r}\right)+\frac{1}{r^2\sin\theta}\frac{\partial}{\partial\theta}\left(\sin\theta\frac{\partial u}{\partial\theta}\right)+\frac{1}{r^2\sin^2\theta}\frac{\partial^2 u}{\partial\varphi^2}=0, \tag{6.1.1}$$

其中，$u(r,\theta,\varphi)$ 是变量 r、θ 和 φ 的函数，$r\in[0,\infty)$，$\theta\in[0,\pi]$，$\varphi\in[0,2\pi]$.

下面，利用分离变量法，将球坐标系下拉普拉斯方程分离为三个常微分方程，然后分别求解这三个常微分方程。

设 $u(r,\theta,\varphi)=R(r)Y(\theta,\varphi)$，代入(6.1.1)式，可得

$$\frac{Y}{r^2}\frac{\mathrm{d}}{\mathrm{d}r}\left(r^2\frac{\mathrm{d}R}{\mathrm{d}r}\right)+\frac{R}{r^2\sin\theta}\frac{\partial}{\partial\theta}\left(\sin\theta\frac{\partial Y}{\partial\theta}\right)+\frac{R}{r^2\sin^2\theta}\frac{\partial^2 Y}{\partial\varphi^2}=0. \tag{6.1.2}$$

上式两边同乘以 r^2/YR，整理可得

$$\frac{1}{R}\frac{\mathrm{d}}{\mathrm{d}r}\left(r^2\frac{\mathrm{d}R}{\mathrm{d}r}\right)=-\frac{1}{Y\sin\theta}\frac{\partial}{\partial\theta}\left(\sin\theta\frac{\partial Y}{\partial\theta}\right)-\frac{1}{Y\sin^2\theta}\frac{\partial^2 Y}{\partial\varphi^2}, \tag{6.1.3}$$

上式左边是关于变量 r 的函数，右边是关于变量 θ 和 φ 的函数。对于任意的变量 r、θ 和 φ，等式恒成立。因此，等式的左右两边只能等于一个相同的常数，设为 λ，则拉普拉斯方程(6.1.1)式分离为如下两个方程

$$\frac{\mathrm{d}}{\mathrm{d}r}\left[r^2\frac{\mathrm{d}R(r)}{\mathrm{d}r}\right]-\lambda R(r)=0, \tag{6.1.4}$$

$$\frac{1}{\sin\theta}\frac{\partial}{\partial\theta}\left[\sin\theta\frac{\partial Y(\theta,\varphi)}{\partial\theta}\right]+\frac{1}{\sin^2\theta}\frac{\partial^2 Y(\theta,\varphi)}{\partial\varphi^2}+\lambda Y(\theta,\varphi)=0, \tag{6.1.5}$$

其中,(6.1.4)式称为**欧拉方程**,(6.1.5)式称为**球谐函数方程**。

欧拉方程只含有一个自变量 r,属于变系数的二阶常微分方程;而球谐函数方程仍然是偏微分方程,需要通过分离变量法对其进行进一步分离。

设 $Y(\theta,\varphi)=\Theta(\theta)\Phi(\varphi)$,代入(6.1.5)式中,可得

$$\frac{\Phi}{\sin\theta}\frac{\mathrm{d}}{\mathrm{d}\theta}\left(\sin\theta\frac{\mathrm{d}\Theta}{\mathrm{d}\theta}\right)+\frac{\Theta}{\sin^2\theta}\frac{\mathrm{d}^2\Phi}{\mathrm{d}\varphi^2}+\lambda\Theta\Phi=0. \tag{6.1.6}$$

上式两边同乘以$\frac{\sin^2\theta}{\Theta\Phi}$,整理可得

$$\frac{\sin\theta}{\Theta}\frac{\mathrm{d}}{\mathrm{d}\theta}\left(\sin\theta\frac{\mathrm{d}\Theta}{\mathrm{d}\theta}\right)+\lambda\sin^2\theta=-\frac{1}{\Phi}\frac{\mathrm{d}^2\Phi}{\mathrm{d}\varphi^2}. \tag{6.1.7}$$

上式左边是关于变量 θ 的函数,右边是关于变量 φ 的函数。对于任意的变量 θ 和 φ,等式恒成立。因此,等式左、右两边只能等于一个相同的常数,设为 μ,则球谐函数方程(6.1.5)式分离为如下两个二阶常微分方程

$$\frac{\mathrm{d}^2\Phi(\varphi)}{\mathrm{d}\varphi^2}+\mu\Phi(\varphi)=0, \tag{6.1.8}$$

$$\sin\theta\frac{\mathrm{d}}{\mathrm{d}\theta}\left[\sin\theta\frac{\mathrm{d}\Theta(\theta)}{\mathrm{d}\theta}\right]+(\lambda\sin^2\theta-\mu)\Theta(\theta)=0. \tag{6.1.9}$$

综上,通过两次分离变量法,球坐标系下的拉普拉斯方程分离为(6.1.4)式、(6.1.8)式和(6.1.9)式三个二阶常微分方程,产生两个分离变量常数 λ 和 μ. 下面,将依次求解这三个二阶常微分方程。

6.1.2 欧拉方程的求解

通过与施图姆-刘维尔型方程比较,可以看出欧拉方程并不属于本征方程,不能由其确定分离变量常数 λ. 在 §6.2 求解勒让德方程时,我们将会推得,只有当分离变量常数 $\lambda=l(l+1)$,且 $l=0,1,2,\cdots$时,勒让德方程才有满足自然边界条件的本征函数解。分离变量常数 λ 确定后,将其代入欧拉方程,就可以继续求解欧拉方程。由于本节要先求解欧拉方程,所以,此处先不加解释地将分离变量常数 λ 写成 $l(l+1)$, $l=0,1,2,\cdots$.

将 $\lambda=l(l+1)$代入欧拉方程(6.1.4)式,并展开可得

$$r^2\frac{\mathrm{d}^2R(r)}{\mathrm{d}r^2}+2r\frac{\mathrm{d}R(r)}{\mathrm{d}r}-l(l+1)R(r)=0. \tag{6.1.10}$$

(6.1.10)式是关于 $R(r)$的变系数二阶常微分方程,可以通过变量代换,将其变为常系数二阶常微分方程。

设 $r=\mathrm{e}^t$,即 $t=\ln r$,根据复合函数的求导法则,有如下关系:

$$\frac{\mathrm{d}R(r)}{\mathrm{d}r}=\frac{\mathrm{d}t}{\mathrm{d}r}\frac{\mathrm{d}R(\mathrm{e}^t)}{\mathrm{d}t}=\frac{1}{\mathrm{e}^t}\frac{\mathrm{d}R(\mathrm{e}^t)}{\mathrm{d}t}, \tag{6.1.11}$$

$$\frac{\mathrm{d}^2R(r)}{\mathrm{d}r^2}=\frac{\mathrm{d}t}{\mathrm{d}r}\frac{\mathrm{d}}{\mathrm{d}t}\left[\frac{1}{\mathrm{e}^t}\frac{\mathrm{d}R(\mathrm{e}^t)}{\mathrm{d}t}\right]=\frac{1}{\mathrm{e}^{2t}}\frac{\mathrm{d}^2R(\mathrm{e}^t)}{\mathrm{d}t^2}-\frac{1}{\mathrm{e}^{2t}}\frac{\mathrm{d}R(\mathrm{e}^t)}{\mathrm{d}t}. \tag{6.1.12}$$

将以上两式代入(6.1.10)式,得到关于 $R(\mathrm{e}^t)$的常系数二阶常微分方程

$$\frac{d^2R(e^t)}{dt^2}+\frac{dR(e^t)}{dt}-l(l+1)R(e^t)=0. \tag{6.1.13}$$

其通解

$$R_l(e^t)=\begin{cases}A_0+B_0e^{-t}, & l=0,\\ A_le^{lt}+B_le^{-(l+1)t}, & l\neq 0.\end{cases} \tag{6.1.14}$$

上式中关于 $R_l(e^t)$ 的通解可以合并写为

$$R_l(e^t)=A_le^{lt}+B_le^{-(l+1)t}, l=0,1,2,\cdots. \tag{6.1.15}$$

将 $t=\ln r$ 代入上式,最终得到欧拉方程的通解

$$R_l(r)=A_lr^l+\frac{B_l}{r^{l+1}}, \tag{6.1.16}$$

其中,$l=0,1,2,\cdots$.

6.1.3 关于 $\Phi(\varphi)$ 的本征方程的求解

函数 $\Phi(\varphi)$ 的定义域是 $[0,2\pi]$,而 $\varphi=0$ 和 $\varphi=2\pi$ 是 φ 空间中的同一点,根据函数单值性和一阶导数连续的特点,$\Phi(\varphi)$ 需要满足周期边界条件:$\Phi(0)=\Phi(2\pi)$,$\Phi'(0)=\Phi'(2\pi)$.

关于 $\Phi(\varphi)$ 的方程及其周期边界条件构成本征问题

$$\begin{cases}\dfrac{d^2\Phi(\varphi)}{d\varphi^2}+\mu\Phi(\varphi)=0,\\ \Phi(0)=\Phi(2\pi), \Phi'(0)=\Phi'(2\pi).\end{cases} \tag{6.1.17}$$

其中,μ 为任意常数。

1. 当 $\mu>0$ 时,设 $\mu=m^2$

(6.1.17)式中二阶常微分方程的通解为

$$\Phi(\varphi)=C\cos m\varphi+D\sin m\varphi. \tag{6.1.18}$$

将其代入(6.1.17)式中的周期边界条件,可得

$$\begin{cases}C(1-\cos 2m\pi)-D\sin 2m\pi=0,\\ C\sin 2m\pi-D(\cos 2m\pi-1)=0.\end{cases}$$

上式是关于 C 和 D 的齐次线性方程组,其有非零解的条件是系数行列式等于零,即

$$\begin{vmatrix}(1-\cos 2m\pi) & -\sin 2m\pi\\ \sin 2m\pi & -(\cos 2m\pi-1)\end{vmatrix}=0.$$

由上式可得

$$\cos 2m\pi=1. \tag{6.1.19}$$

只有当 $m=1,2,3,\cdots$ 时,上式才成立。因此,$\Phi(\varphi)$ 的本征函数解为

$$\Phi_m(\varphi)=C_m\cos m\varphi+D_m\sin m\varphi. \tag{6.1.20}$$

其中,$m=1,2,3,\cdots$.

2. 当 $\mu=0$ 时

(6.1.17)式中二阶常微分方程的通解为

$$\Phi(\varphi)=C+D\varphi. \tag{6.1.21}$$

将其代入(6.1.17)式中的周期边界条件,可得系数

$$D=0.$$

因此,当 $\mu=0$ 时,本征函数解为

$$\Phi_0(\varphi)=C. \tag{6.1.22}$$

3. 当 $\mu<0$ 时,设 $\mu=-m^2$

(6.1.17)式中二阶常微分方程的通解为

$$\Phi(\varphi)=Ce^{m\varphi}+De^{-m\varphi}. \tag{6.1.23}$$

在满足(6.1.17)式中的周期边界条件下,上述通解为零,此情况需要舍去。

综上,将第 1 种情况和第 2 种情况进行合并,本征问题(6.1.17)式的本征值和本征函数解可统一写为

$$\mu=m^2, \tag{6.1.24}$$

$$\Phi_m(\varphi)=C_m\cos m\varphi+D_m\sin m\varphi, \tag{6.1.25}$$

其中,$m=0,1,2,\cdots$.

需要说明的是,尽管本征函数解(6.1.25)式中的系数 C_m 和 D_m 是任意的,但对于给定的一个本征值 $\mu=m^2$,只有两个线性无关的本征函数与之对应(当 $m=0$ 时,只有一个常数本征函数与之对应),例如,这两个本征函数可分别取为

$$\begin{cases}\Phi_{m,1}(\varphi)=\cos m\varphi, m=0,1,2,\cdots,\\ \Phi_{m,2}(\varphi)=\sin m\varphi, m=1,2,3,\cdots.\end{cases} \tag{6.1.26}$$

由 $\cos m\varphi$ 和 $\sin m\varphi$ 构成完备的本征函数系

$$\{1,\cos\varphi,\cos 2\varphi,\cdots;\sin\varphi,\sin 2\varphi,\sin 3\varphi,\cdots\}. \tag{6.1.27}$$

另外,对于给定的 m,可以由三角函数形式的本征函数 $\cos m\varphi$ 和 $\sin m\varphi$ 构造出两个线性无关的指数形式的本征函数,即

$$\begin{cases}\Phi_{m,1}(\varphi)=\cos m\varphi+\mathrm{i}\sin m\varphi=e^{\mathrm{i}m\varphi},\\ \Phi_{m,2}(\varphi)=\cos m\varphi-\mathrm{i}\sin m\varphi=e^{-\mathrm{i}m\varphi},\end{cases} \tag{6.1.28}$$

其中,$m=0,1,2,\cdots$.

上式中 $e^{\mathrm{i}m\varphi}$ 和 $e^{-\mathrm{i}m\varphi}$ 两项形式相似,且是线性无关的,也都满足周期边界条件,因此,指数形式的本征函数解可归纳写为

$$\Phi_m(\varphi)=C_me^{\mathrm{i}m\varphi}, \tag{6.1.29}$$

其中,$m=0,\pm1,\pm2,\cdots$.

由 $e^{\mathrm{i}m\varphi}$ 构成完备的本征函数系

$$\{1,e^{\mathrm{i}\varphi},e^{-\mathrm{i}\varphi},e^{\mathrm{i}2\varphi},e^{-\mathrm{i}2\varphi},\cdots\}. \tag{6.1.30}$$

需要注意的是,由于要保证本征函数系内不同的本征函数都是线性无关的,所以,$\Phi(\varphi)$ 的本征函数解写成三角函数形式(6.1.25)式和指数函数形式(6.1.29)式时,其参数 m 的取值范围并不相同。

6.1.4 关于 $\Theta(\theta)$ 的本征方程的简化

在求解关于 $\Phi(\varphi)$ 的本征问题时,已经确定了分离变量常数 $\mu=m^2$,因此,关于 $\Theta(\theta)$ 的本

征方程变为

$$\sin\theta\frac{\mathrm{d}}{\mathrm{d}\theta}\left[\sin\theta\frac{\mathrm{d}\Theta(\theta)}{\mathrm{d}\theta}\right]+(\lambda\sin^2\theta-m^2)\Theta(\theta)=0. \tag{6.1.31}$$

虽然当 $\Phi(\varphi)$ 的本征函数写为指数形式时，常数 m 可以取负整数，但是，对于(6.1.31)式而言，m 取正整数或取负整数，方程的形式都是一样的。因此，(6.1.31)式中的常数 m 只取零和正整数即可，即 $m=0,1,2,\cdots$.

利用变量代换，可以将(6.1.31)式进行简化。设 $x=\cos\theta$、$y(x)=\Theta(\theta)$，利用复合函数求导法则，有如下关系：

$$\frac{\mathrm{d}\Theta(\theta)}{\mathrm{d}\theta}=\frac{\mathrm{d}x}{\mathrm{d}\theta}\frac{\mathrm{d}y(x)}{\mathrm{d}x}=-\sin\theta\frac{\mathrm{d}y(x)}{\mathrm{d}x},$$

$$\sin\theta\frac{\mathrm{d}}{\mathrm{d}\theta}\left(\sin\theta\frac{\mathrm{d}\Theta}{\mathrm{d}\theta}\right)=\sin^2\theta\frac{\mathrm{d}}{\mathrm{d}x}\left[\sin^2\theta\frac{\mathrm{d}y(x)}{\mathrm{d}x}\right]=(1-x^2)\frac{\mathrm{d}}{\mathrm{d}x}\left[(1-x^2)\frac{\mathrm{d}y(x)}{\mathrm{d}x}\right].$$

将上式代入(6.1.31)式，得到关于 $y(x)$ 的二阶常微分方程

$$\frac{\mathrm{d}}{\mathrm{d}x}\left[(1-x^2)\frac{\mathrm{d}y(x)}{\mathrm{d}x}\right]+\left(\lambda-\frac{m^2}{1-x^2}\right)y(x)=0,-1\leqslant x\leqslant 1, \tag{6.1.32}$$

(6.1.32)式称为**连带勒让德方程**。

当 $m=0$ 时，连带勒让德方程退化为**勒让德方程**

$$\frac{\mathrm{d}}{\mathrm{d}x}\left[(1-x^2)\frac{\mathrm{d}y(x)}{\mathrm{d}x}\right]+\lambda y(x)=0,-1\leqslant x\leqslant 1. \tag{6.1.33}$$

由施图姆-刘维尔本征问题可知，连带勒让德方程和勒让德方程与自然边界条件 $y(\pm1)\neq\infty$ 构成本征问题，λ 为待定的本征值。

§ 6.2　勒让德方程的级数解法

授课视频

6.2.1　常点邻域的级数解法

二阶齐次常微分方程的一般形式及其条件满足

$$\begin{cases}\dfrac{\mathrm{d}^2y(x)}{\mathrm{d}x^2}+p(x)\dfrac{\mathrm{d}y(x)}{\mathrm{d}x}+q(x)y(x)=0,\\ y(x_0)=c_0,y'(x_0)=c_1.\end{cases} \tag{6.2.1}$$

其中，$p(x)$ 和 $q(x)$ 是关于变量 x 的已知函数，c_0 和 c_1 是已知常数。如果函数 $p(x)$ 和 $q(x)$ 在 $x=x_0$ 及其邻域内是解析的，则 $x=x_0$ 点称为方程的**常点**。

常点邻域的级数解法：若 $x=x_0$ 是方程的常点，则(6.2.1)式在常点 x_0 的邻域 $|x-x_0|<R$ 内存在唯一的泰勒级数解[10]

$$y(x)=\sum_{n=0}^{\infty}c_n(x-x_0)^n. \tag{6.2.2}$$

函数 $p(x)$、$q(x)$ 和 $y(x)$ 在 $x=x_0$ 的邻域内是解析的，可以将其在 $x=x_0$ 的邻域内展开泰勒级

数。为简便起见，取常点 $x_0=0$，即在 $x=0$ 的邻域内将函数 $p(x)$、$q(x)$ 和 $y(x)$ 展开为泰勒级数

$$\begin{cases} p(x)=\sum_{n=0}^{\infty} a_n x^n, \\ q(x)=\sum_{n=0}^{\infty} b_n x^n, \\ y(x)=\sum_{n=0}^{\infty} c_n x^n. \end{cases}$$

由于 $p(x)$ 和 $q(x)$ 在 $x=0$ 邻域内是已知的解析函数，所以，上式中 $p(x)$ 和 $q(x)$ 的泰勒级数的展开系数 a_n 和 b_n 都是已知的。唯一需要确定的是 $y(x)$ 的泰勒级数的展开系数 c_n. 为此，将(6.2.2)式代入(6.2.1)式，得到如下关于 x 的多项式的方程：

$$\sum_{n=2}^{\infty} n(n-1)c_n x^{n-2}+\sum_{n=0}^{\infty} a_n x^n \sum_{n=1}^{\infty} nc_n x^{n-1}+\sum_{n=0}^{\infty} b_n x^n \sum_{n=0}^{\infty} c_n x^n=0. \tag{6.2.3}$$

对于任意 x，上式恒成立。因此，任意项 $x^n(n=0,1,2,\cdots)$ 的系数必定均为零。

x^0 项的系数

$$2\cdot 1c_2+a_0c_1+b_0c_0=0\Rightarrow c_2=-\frac{a_0c_1+b_0c_0}{2\cdot 1}. \tag{6.2.4}$$

x^1 项的系数

$$3\cdot 2c_3+a_0 2c_2+a_1c_1+b_0c_1+b_1c_0=0\Rightarrow c_3=-\frac{2a_0c_2+a_1c_1+b_0c_1+b_1c_0}{3\cdot 2}. \tag{6.2.5}$$

由(6.2.4)式可知，c_2 可以用 c_0 和 c_1 表示，由(6.2.5)式可知，c_3 也可以用 c_0 和 c_1 表示。依次类推，c_n 最终可用 c_0 和 c_1 表示。

系数 c_0 和 c_1 由(6.2.1)式的条件给出，根据递推公式，最终任意项的系数 c_n 都可以逐一被确定，故(6.2.1)式的泰勒级数解 $y(x)=\sum_{n=0}^{\infty} c_n x^n$ 也就可以得到。

6.2.2 利用常点邻域的级数解法求解勒让德方程

在§6.1 求解欧拉方程时，我们直接将分离变量常数写成 $\lambda=l(l+1)$，$l=0,1,2,\cdots$. 本节将求解由勒让德方程和自然边界条件构成的本征问题，确定本征值 λ 的取值，并解释为何 λ 可以且只能写成 $\lambda=l(l+1)$，$l=0,1,2,\cdots$ 的形式。

勒让德方程与自然边界条件 $y(\pm 1)\neq\infty$ 构成本征问题，即

$$\frac{\mathrm{d}}{\mathrm{d}x}\left[(1-x^2)\frac{\mathrm{d}y(x)}{\mathrm{d}x}\right]+\lambda y(x)=0, \tag{6.2.6}$$

$$y(\pm 1)\neq\infty, \tag{6.2.7}$$

其中，$x\in[-1,1]$，λ 为待确定的本征值，权函数为单位 1.

将(6.2.6)式展开，可得

$$(1-x^2)\frac{\mathrm{d}^2y(x)}{\mathrm{d}x^2}-2x\frac{\mathrm{d}y(x)}{\mathrm{d}x}+\lambda y(x)=0. \tag{6.2.8}$$

上式两边同除以 $1-x^2$,可得

$$\frac{\mathrm{d}^2y(x)}{\mathrm{d}x^2}-\frac{2x}{1-x^2}\frac{\mathrm{d}y(x)}{\mathrm{d}x}+\frac{\lambda}{1-x^2}y(x)=0.$$

与(6.2.1)式中的方程对比可知

$$p(x)=-\frac{2x}{1-x^2},q(x)=\frac{\lambda}{1-x^2}.$$

函数 $p(x)$ 和 $q(x)$ 在 $x=0$ 的邻域内解析,因此,$x=0$ 是勒让德方程的常点。根据常点邻域的级数解法,勒让德方程的通解 $y(x)$ 可以写为

$$y(x)=\sum_{n=0}^{\infty}c_nx^n. \tag{6.2.9}$$

为确定待定系数 c_n,将(6.2.9)式代入(6.2.8)式中,整理可得

$$\sum_{n=2}^{\infty}n(n-1)c_nx^{n-2}-\sum_{n=2}^{\infty}n(n-1)c_nx^n-2\sum_{n=1}^{\infty}nc_nx^n+\lambda\sum_{n=0}^{\infty}c_nx^n=0. \tag{6.2.10}$$

上式的左边是关于 x 的幂级数。要保证对于任意的 x,上式恒成立,则要求每一项 $x^n(n=0,1,2,\cdots)$ 的系数都为零,即

x^0 项的系数:$2\cdot 1c_2+\lambda c_0=0\Rightarrow c_2=-\dfrac{\lambda}{2\cdot 1}c_0$.

x 项的系数:$3\cdot 2c_3-2c_1+\lambda c_1=0\Rightarrow c_3=\dfrac{2-\lambda}{3\cdot 2}c_1$.

x^n 项的系数:$(n+2)(n+1)c_{n+2}-n(n-1)c_n-2nc_n+\lambda c_n=0$.

通过上式,得到系数 c_{n+2} 和 c_n 的递推公式

$$c_{n+2}=\frac{n^2+n-\lambda}{(n+2)(n+1)}c_n. \tag{6.2.11}$$

由(6.2.11)式可知,经过逐次递推,偶次幂项系数 $c_{2k}(k=1,2,3,\cdots)$ 最终可以用 c_0 表示,奇次幂项系数 $c_{2k+1}(k=1,2,3\cdots)$ 最终可以用 c_1 表示。

用 $2k$ 代替(6.2.11)式中的 $n+2$,即 $n=2k-2$,可递推得到偶次幂项系数 c_{2k} 和 c_0 的关系

$$\begin{aligned}c_{2k}&=\frac{(2k-2)^2+(2k-2)-\lambda}{2k(2k-1)}c_{2k-2}\\&=\frac{[(2k-2)^2+(2k-2)-\lambda][(2k-4)^2+(2k-4)-\lambda]\cdots[0-\lambda]}{(2k)!}c_0.\end{aligned} \tag{6.2.12}$$

同理,用 $2k+1$ 代替(6.2.11)式中的 $n+2$,即 $n=2k-1$,可递推得到奇次幂项系数 c_{2k+1} 和 c_1 的关系

$$\begin{aligned}c_{2k+1}&=\frac{(2k-1)^2+(2k-1)-\lambda}{(2k+1)(2k)}c_{2k-1}\\&=\frac{[(2k-1)^2+(2k-1)-\lambda][(2k-3)^2+(2k-3)-\lambda]\cdots[2-\lambda]}{(2k+1)!}c_1.\end{aligned} \tag{6.2.13}$$

因此,勒让德方程的泰勒级数解(6.2.9)式可以分成偶次幂项之和与奇次幂项之和两部

分,即

$$y(x)=\sum_{n=0}^{\infty}c_nx^n=c_0+\sum_{k=1}^{\infty}c_{2k}x^{2k}+c_1x+\sum_{k=1}^{\infty}c_{2k+1}x^{2k+1}$$

$$=c_0\left\{1+\sum_{k=1}^{\infty}\frac{[(2k-2)^2+(2k-2)-\lambda][(2k-4)^2+(2k-4)-\lambda]\cdots[0-\lambda]}{(2k)!}x^{2k}\right\}$$

$$+c_1\left\{x+\sum_{k=1}^{\infty}\frac{[(2k-1)^2+(2k-1)-\lambda][(2k-3)^2+(2k-3)-\lambda]\cdots[2-\lambda]}{(2k+1)!}x^{2k+1}\right\}.$$

由上式可知,$y(x)$可以视为特解 $y_0(x)$和 $y_1(x)$的线性组合,即

$$y(x)=c_0y_0(x)+c_1y_1(x),\tag{6.2.14}$$

其中,

$$y_0(x)=1+\sum_{k=1}^{\infty}\frac{[(2k-2)^2+(2k-2)-\lambda][(2k-4)^2+(2k-4)-\lambda]\cdots[0-\lambda]}{(2k)!}x^{2k}.\tag{6.2.15}$$

$$y_1(x)=x+\sum_{k=1}^{\infty}\frac{[(2k-1)^2+(2k-1)-\lambda][(2k-3)^2+(2k-3)-\lambda]\cdots[2-\lambda]}{(2k+1)!}x^{2k+1}.\tag{6.2.16}$$

由上面两个等式可以看出,$y_0(x)$和 $y_1(x)$都是无穷级数,发散的无穷级数是没有意义的。因此,需要判断 $y_0(x)$和 $y_1(x)$在定义域内($-1\leqslant x\leqslant 1$)的收敛性。下面以 $y_0(x)$为例:

$$y_0(x)=1+\sum_{k=1}^{\infty}\frac{[(2k-2)^2+(2k-2)-\lambda][(2k-4)^2+(2k-4)-\lambda]\cdots[0-\lambda]}{(2k)!}x^{2k}$$

$$=1+\sum_{k=1}^{\infty}u_kx^{2k},$$

其中,$u_k=\dfrac{[(2k-2)^2+(2k-2)-\lambda][(2k-4)^2+(2k-4)-\lambda]\cdots[0-\lambda]}{(2k)!}$.

根据达朗贝尔判别法,可知无穷级数 $y_0(x)$的收敛半径

$$R=\lim_{k\to\infty}\left|\frac{u_k}{u_{k+1}}\right|=\lim_{k\to\infty}\frac{(2k+2)(2k+1)}{[(2k)^2+(2k)-\lambda]}=1.$$

说明,无穷级数 $y_0(x)$在其收敛半径内($-1<x<1$)是绝对收敛的。然而,在边界 $x=\pm1$ 处,$y_0(x)$是否收敛,根据达朗贝尔判别法无法判断,需要由高斯判别法进一步判断。

高斯判别法:对于正项级数 $\sum\limits_{k=1}^{\infty}u_k$,如果当 k 足够大时,有$\dfrac{u_k}{u_{k+1}}=1+\dfrac{\beta}{k}+\dfrac{B(k)}{k^2}$,其中,$B(k)$是有界的,那么,当 $\beta>1$,级数绝对收敛;当 $\beta\leqslant1$ 时,级数发散。

以 $x=1$ 为例,无穷级数 $y_0(1)=1+\sum\limits_{k=1}^{\infty}u_k$,对于足够大的 k,相邻两项的比值为

$$\frac{u_k}{u_{k+1}}=\frac{(2k+2)(2k+1)}{(2k)^2+(2k)-\lambda}=\frac{(2k+2)(2k+1)}{2k(2k+1)-\lambda}=\frac{1}{\dfrac{k}{k+1}-\dfrac{\lambda}{(2k+2)(2k+1)}}\approx1+\frac{1}{k}+\frac{\lambda}{(2k+2)(2k+1)}.$$

根据高斯判别法，可知无穷级数 $y_0(x)$ 在 $x=1$ 处是发散的。同理，可以证明无穷级数 $y_1(x)$ 在 $x=1$ 处也是发散的。因此，无穷级数解 $y(x)=c_0y_0(x)+c_1y_1(x)$ 并不满足(6.2.7)式 $y(\pm1)\neq\infty$ 的自然边界条件。

如果无穷级数 $y_0(x)$ 和 $y_1(x)$ 可以退化为有限项求和的多项式形式，那么，$y(\pm1)$ 发散的问题就不存在了。

由(6.2.11)式可得到相邻偶次幂项系数的递推公式

$$c_{2n+2}=\frac{2n(2n+1)-\lambda}{(2n+2)(2n+1)}c_{2n}, \tag{6.2.17}$$

由上式可知，当 $\lambda=2n(2n+1)$，$n=0,1,2,\cdots$ 时，系数 $c_{2n+2}=0$，继而由递推公式可得系数 $c_{2n+4}=0$、$c_{2n+6}=0$、$\cdots$. 此时，无穷级数 $y_0(x)$ 被截断成最高幂次为 $2n$ 的多项式，满足 $y_0(\pm1)\neq\infty$ 的自然边界条件；然而，$y_1(x)$ 仍然是无穷级数，在边界 $x=\pm1$ 处发散。勒让德方程的通解为 $y(x)=c_0y_0(x)+c_1y_1(x)$，要保证通解 $y(x)$ 满足 $y(\pm1)\neq\infty$ 的自然边界条件，可通过令 $c_1=0$，舍去发散的无穷级数解 $y_1(x)$，保留收敛的多项式解 $y_0(x)$. 因此，勒让德方程的通解退化为

$$y(x)=c_0y_0(x), \tag{6.2.18}$$

其中，$y_0(x)$ 是一个在定义域$[-1,1]$内收敛的，由偶次幂项组成的，最高幂次为 $2n$ 的多项式。

下面，对多项式 $y_0(x)$ 进行简化。将 $\lambda=2n(2n+1)$ 代入(6.2.15)式，可得

$$y_0(x)=1+\sum_{k=1}^{n}\frac{[(2k-2)^2+(2k-2)-2n(2n+1)][(2k-4)^2+(2k-4)-2n(2n+1)]\cdots[0-2n(2n+1)]}{(2k)!}x^{2k}.$$

对上式每个中括号中的表达式进行因式分解，可得

$$y_0(x)=1+\sum_{k=1}^{n}\frac{[(2k-2-2n)(2k-1+2n)][(2k-4-2n)(2k-3+2n)]\cdots[(-2n)(2n+1)]}{(2k)!}x^{2k}.$$

调整分子中奇偶项乘积的次序

$$y_0(x)=1+\sum_{k=1}^{n}\frac{[(2k-2-2n)(2k-4-2n)\cdots(-2n)][(2n+1)(2n+3)\cdots(2n+2k-1)]}{(2k)!}x^{2k}.$$

分子分母同乘以常数$[(2n+2)(2n+4)\cdots(2n+2k)](2n)!$

$$y_0(x)=1+\sum_{k=1}^{n}(-1)^k\frac{[(2n+2-2k)(2n+4-2k)\cdots(2n)][(2n+1)(2n+3)\cdots(2n+2k-1)]}{(2k)!}\cdot$$
$$\frac{[(2n+2)(2n+4)\cdots(2n+2k)](2n)!}{[(2n+2)(2n+4)\cdots(2n+2k)](2n)!}x^{2k}.$$

部分项可用阶乘表示，上式简化为

$$y_0(x)=1+\sum_{k=1}^{n}(-1)^k\frac{[(2n+2-2k)(2n+4-2k)\cdots(2n)](2n+2k)!}{(2k)!\ [(2n+2)(2n+4)\cdots(2n+2k)](2n)!}x^{2k}.$$

分子分母约去常数 2^k，然后再同乘以常数 $n!\ (n-k)!$，可得

$$y_0(x)=1+\sum_{k=1}^{n}(-1)^k\frac{[(n+1-k)(n+2-k)\cdots(n)](2n+2k)!}{(2k)!\ [(n+1)(n+2)\cdots(n+k)](2n)!}\cdot\frac{n!\ (n-k)!}{n!\ (n-k)!}x^{2k}.$$

再将部分项用阶乘表示，上式简化为

$$y_0(x)=1+\frac{(n!)^2}{(2n)!}\sum_{k=1}^{n}(-1)^k\frac{(2n+2k)!}{(2k)!(n+k)!(n-k)!}x^{2k}.$$

上式右端第二项，如果令 $k=0$，那么所得结果正好等于 1，即为第一项，因此，上式两项可以合并写为

$$y_0(x)=\frac{(n!)^2}{(2n)!}\sum_{k=0}^{n}(-1)^k\frac{(2n+2k)!}{(2k)!(n+k)!(n-k)!}x^{2k},\tag{6.2.19}$$

上式是 $y_0(x)$ 简化后的表达式。

由(6.2.18)式可以看出，系数 c_0 取任意的非零值，$c_0y_0(x)$ 都是勒让德方程的解。出于简化多项式 $y_0(x)$ 的目的，并形成一个统一的表达式，取系数

$$c_0=(-1)^n\frac{(2n)!}{2^{2n}(n!)^2}.\tag{6.2.20}$$

将(6.2.19)式中的求和指标 k 暂改写为 k'，将其与(6.2.20)式一起代入(6.2.18)式，则(6.2.18)式简化为

$$y(x)=\sum_{k'=0}^{n}(-1)^{n+k'}\frac{(2n+2k')!}{2^{2n}(2k')!(n+k')!(n-k')!}x^{2k'}.\tag{6.2.21}$$

令 $k=n-k'$，即 $k'=n-k$，代入上式，将求和指标 k' 用 k 代替，可得

$$y(x)=\sum_{k=0}^{n}(-1)^k\frac{(4n-2k)!}{2^{2n}k!(2n-k)!(2n-2k)!}x^{2n-2k}.\tag{6.2.22}$$

上式是当 $\lambda=2n(2n+1)$，$n=0,1,2,\cdots$ 时，勒让德方程(6.2.6)式的本征函数解，用函数符号 $\mathrm{P}_{2n}(x)$ 标记，即

$$\mathrm{P}_{2n}(x)=\sum_{k=0}^{n}(-1)^k\frac{(4n-2k)!}{2^{2n}k!(2n-k)!(2n-2k)!}x^{2n-2k}.\tag{6.2.23}$$

同理，由(6.2.11)式可得到相邻奇次幂项系数的递推公式

$$c_{2n+3}=\frac{(2n+1)^2+(2n+1)-\lambda}{(2n+3)(2n+2)}c_{2n+1}.\tag{6.2.24}$$

当 $\lambda=(2n+1)(2n+2)$，$n=0,1,2,\cdots$ 时，根据上式可知 $c_{2n+3}=0$，继而，$c_{2n+5}=0$、$c_{2n+7}=0$、$\cdots$. 此时，无穷级数 $y_1(x)$ 被截断成多项式，满足 $y_1(\pm1)\neq\infty$ 的自然边界条件；然而，$y_0(x)$ 仍然是无穷级数，在边界 $x=\pm1$ 处发散。要保证通解 $y(x)$ 满足 $y(\pm1)\neq\infty$ 的自然边界条件，必须要求 $c_0=0$，因此，勒让德方程的通解退化为

$$y(x)=c_1y_1(x).\tag{6.2.25}$$

经过与 $y_0(x)$ 类似的推导过程，可得，当 $\lambda=(2n+1)(2n+2)$，$n=0,1,2,\cdots$ 时，勒让德方程(6.2.6)式的本征函数解可简化为

$$y(x)=\sum_{k=0}^{n}(-1)^k\frac{(4n+2-2k)!}{2^{2n+1}k!(2n+1-k)!(2n+1-2k)!}x^{2n+1-2k}.\tag{6.2.26}$$

用函数符号 $\mathrm{P}_{2n+1}(x)$ 标记上式，即

$$P_{2n+1}(x)=\sum_{k=0}^{n}(-1)^k\frac{(4n+2-2k)!}{2^{2n+1}k!\ (2n+1-k)!\ (2n+1-2k)!}x^{2n+1-2k}. \tag{6.2.27}$$

上式和(6.2.23)式可以采用一个通用公式来表示,即当 $\lambda=l(l+1)$,$l=0,1,2,\cdots$时,勒让德方程的本征函数解统一写为

$$P_l(x)=\sum_{k=0}^{[l/2]}(-1)^k\frac{(2l-2k)!}{2^l k!\ (l-k)!\ (l-2k)!}x^{l-2k}. \tag{6.2.28}$$

上式称为**勒让德多项式**(Legendre polynomial),其中,$x\in[-1,1]$,$[l/2]$表示不超过 $l/2$ 的最大整数,即

$$[l/2]=\begin{cases}l/2, & l=2n,\\(l-1)/2, & l=2n+1.\end{cases}$$

综上,勒让德方程和 $y(\pm1)\neq\infty$ 的自然边界条件构成本征问题。只有当本征值 $\lambda=l(l+1)$,$l=0,1,2,\cdots$时,勒让德方程才有满足条件的本征函数解——勒让德多项式 $P_l(x)$.

授课视频

§ 6.3 勒让德多项式的性质

6.3.1 勒让德多项式的定义及其前几个公式

1. 勒让德多项式的定义

$$P_l(x)=\sum_{k=0}^{[l/2]}(-1)^k\frac{(2l-2k)!}{2^l k!\ (l-k)!\ (l-2k)!}x^{l-2k}, \tag{6.3.1}$$

其中,$x=\cos\theta$,$x\in[-1,1]$,$[l/2]$表示不超过 $l/2$ 的最大整数。

勒让德多项式的 MATLAB 内部指令

- 勒让德多项式 legendreP(l,x)

其中,l 和 x 分别是勒让德多项式的阶数和自变量。

2. 前几个勒让德多项式

根据勒让德多项式的定义,可以写出其前几个公式

$$\begin{cases}P_0(x)=1,\\P_1(x)=x,\\P_2(x)=\dfrac{1}{2}(3x^2-1),\\P_3(x)=\dfrac{1}{2}(5x^3-3x).\end{cases} \tag{6.3.2}$$

为直观地了解勒让德多项式,图 6.1 给出了 $P_l(x)$,$l=0,1,2,3$ 的图像。

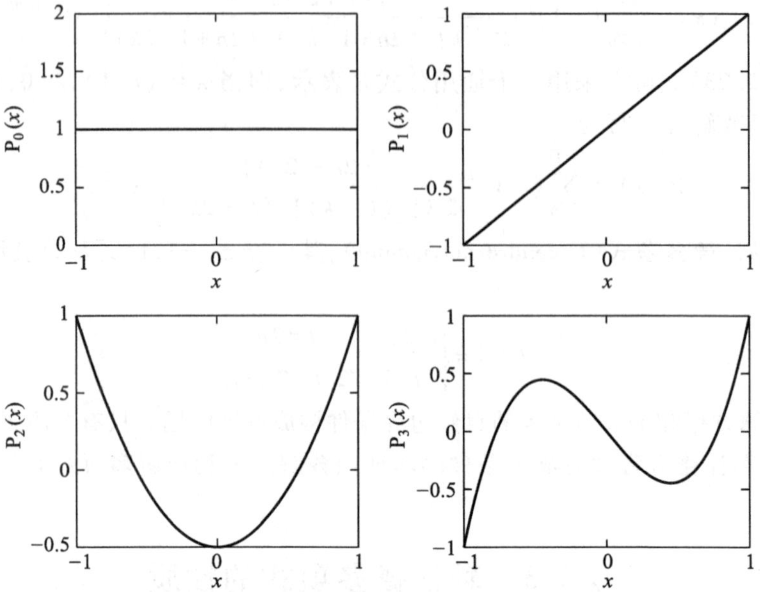

图 6.1 前几个勒让德多项式的图像

6.3.2 勒让德多项式的奇偶性和特殊点取值

1. 勒让德多项式的奇偶性

$$P_l(-x)=(-1)^l P_l(x), \tag{6.3.3}$$

上式说明,当 l 为偶数时,$P_l(x)$ 为偶函数;当 l 为奇数时,$P_l(x)$ 为奇函数。

证明:根据勒让德多项式的定义,可得

$$\begin{aligned}P_l(-x) &= \sum_{k=0}^{[l/2]}(-1)^k \frac{(2l-2k)!}{2^l k!\,(l-k)!\,(l-2k)!}(-x)^{l-2k}\\ &=(-1)^l\sum_{k=0}^{[l/2]}(-1)^k \frac{(2l-2k)!}{2^l k!\,(l-k)!\,(l-2k)!}x^{l-2k}\\ &=(-1)^l P_l(x).\end{aligned}$$

2. 勒让德多项式在 $x=0$ 和 $x=\pm1$ 处的函数值

(1) $P_{2n+1}(0)=0.$ (6.3.4)

证明:根据勒让德多项式的定义,$2n+1$ 阶勒让德多项式的表达式为

$$P_{2n+1}(x)=\sum_{k=0}^{n}(-1)^k\frac{(4n+2-2k)!}{2^{2n+1}k!\,(2n+1-k)!\,(2n+1-2k)!}x^{2n+1-2k}.$$

由于 $2n+1$ 阶勒让德多项式仅存在 x 的奇次幂项,当 $x=0$ 时,x 的奇次幂项的每一项均为零,所以,$P_{2n+1}(0)=0$.

(2) $P_{2n}(0)=(-1)^n\dfrac{(2n)!}{2^{2n}(n!)^2}.$ (6.3.5)

证明:根据勒让德多项式的定义,$2n$ 阶勒让德多项式的表达式为

$$\mathrm{P}_{2n}(x)=\sum_{k=0}^{n}(-1)^{k}\frac{(4n-2k)!}{2^{2n}k!\ (2n-k)!\ (2n-2k)!}x^{2n-2k}.$$

在 x 的所有偶次幂项中,零次幂项为常数项。当 $x=0$ 时,除了常数项,其余项都等于零。由此可得

$$\mathrm{P}_{2n}(0)=(-1)^{n}\frac{(2n)!}{2^{2n}(n!)^{2}}.$$

(3) $\mathrm{P}_l(1)=1.$ (6.3.6)

将 $x=1$ 代入勒让德多项式的积分公式(6.3.9)式,即可证得 $\mathrm{P}_l(1)=1.$

(4) $\mathrm{P}_l(-1)=(-1)^l.$ (6.3.7)

根据勒让德多项式的奇偶性,$\mathrm{P}_l(-x)=(-1)^l\mathrm{P}_l(x)$,可得 $\mathrm{P}_l(-1)=(-1)^l.$

6.3.3 勒让德多项式的微分公式

勒让德多项式可用如下初等函数的 l 阶导数表示:

$$\mathrm{P}_l(x)=\frac{1}{2^l l!}\frac{\mathrm{d}^l}{\mathrm{d}x^l}(x^2-1)^l. \tag{6.3.8}$$

上式也称为**罗德里格斯**(Rodrigues)**公式**。

证明:根据牛顿二项式定理 $(a+b)^n=\sum_{k=0}^{n}C_n^k a^k b^{n-k}$,其中,$C_n^k=\dfrac{n!}{k!\ (n-k)!}$.

将(6.3.8)式中的 $(x^2-1)^l$ 进行展开:

$$(x^2-1)^l=\sum_{k=0}^{l}C_l^k(-1)^k(x^2)^{l-k}=\sum_{k=0}^{l}(-1)^k\frac{l!}{k!\ (l-k)!}x^{2l-2k}.$$

上式两边对 x 进行 l 阶求导,并乘以系数 $\dfrac{1}{2^l l!}$,可得

$$\frac{1}{2^l l!}\frac{\mathrm{d}^l}{\mathrm{d}x^l}[(x^2-1)^l]=\frac{1}{2^l l!}\frac{\mathrm{d}^l}{\mathrm{d}x^l}\left[\sum_{k=0}^{l}(-1)^k\frac{l!}{k!\ (l-k)!}x^{2l-2k}\right].$$

当 $k>l/2$ 时,上式右边中括号内的 x 的最高幂次小于 l,这些项的 l 阶导数必然都为零。因此,上式右边的求和指标 k 只剩下小于等于 $l/2$ 的整数,即 $k\leqslant[l/2]$. 用 $[l/2]$ 表示不超过 $l/2$ 的整数,则上式简化为

$$\begin{aligned}\frac{1}{2^l l!}\frac{\mathrm{d}^l}{\mathrm{d}x^l}(x^2-1)^l&=\frac{1}{2^l l!}\frac{\mathrm{d}^l}{\mathrm{d}x^l}\sum_{k=0}^{[l/2]}(-1)^k\frac{l!}{k!\ (l-k)!}x^{2l-2k}\\&=\frac{1}{2^l l!}\sum_{k=0}^{[l/2]}(-1)^k\frac{l!\ (2l-2k)(2l-2k-1)\cdots(l-2k+1)}{k!\ (l-k)!}x^{l-2k}\\&=\sum_{k=0}^{[l/2]}(-1)^k\frac{(2l-2k)!}{2^l k!\ (l-k)!\ (l-2k)!}x^{l-2k}=\mathrm{P}_l(x).\end{aligned}$$

因此证得 $\mathrm{P}_l(x)=\dfrac{1}{2^l l!}\dfrac{\mathrm{d}^l}{\mathrm{d}x^l}(x^2-1)^l.$

6.3.4 勒让德多项式的积分公式

$$\mathrm{P}_l(x)=\frac{1}{\pi}\int_0^{\pi}\left(\mathrm{i}\sqrt{1-x^2}\cos\varphi+x\right)^l\mathrm{d}\varphi. \tag{6.3.9}$$

证明:根据柯西积分公式,函数的 n 阶导数可以写为如下闭合环路积分的形式:

$$f^{(n)}(x)=\frac{n!}{2\pi i}\oint_{C_R}\frac{f(z)}{(z-x)^{n+1}}dz,$$

勒让德多项式微分公式的右边是对函数$(x^2-1)^l$ 的 l 阶导数。因此,结合柯西积分公式,勒让德多项式可以写为

$$P_l(x)=\frac{1}{2^l l!}\frac{d^l}{dx^l}(x^2-1)^l=\frac{1}{2^l\cdot 2\pi i}\oint_{C_R}\frac{(z^2-1)^l}{(z-x)^{l+1}}dz.$$

为计算上述闭合环路积分,令 $z-x=i\sqrt{1-x^2}\,e^{i\varphi}$,即 $z=x+i\sqrt{1-x^2}\,e^{i\varphi}$,代入上式积分可得

$$\begin{aligned}P_l(x)&=\frac{1}{2^l\cdot 2\pi i}\int_{-\pi}^{\pi}\frac{\left[x^2-1+2ix\sqrt{1-x^2}\,e^{i\varphi}-(1-x^2)e^{2i\varphi}\right]^l}{\left(i\sqrt{1-x^2}\,e^{i\varphi}\right)^{l+1}}i^2\sqrt{1-x^2}\,e^{i\varphi}d\varphi\\&=\frac{1}{2^l\cdot 2\pi}\int_{-\pi}^{\pi}\frac{\left[x^2-1+2ix\sqrt{1-x^2}\,e^{i\varphi}-(1-x^2)e^{2i\varphi}\right]^l}{\left(i\sqrt{1-x^2}\,e^{i\varphi}\right)^{l}}d\varphi\\&=\frac{1}{2^l\cdot 2\pi}\int_{-\pi}^{\pi}\left(i\sqrt{1-x^2}\,e^{-i\varphi}+2x+i\sqrt{1-x^2}\,e^{i\varphi}\right)^l d\varphi\\&=\frac{1}{2\pi}\int_{-\pi}^{\pi}\left(i\sqrt{1-x^2}\cos\varphi+x\right)^l d\varphi\\&=\frac{1}{\pi}\int_{0}^{\pi}\left(i\sqrt{1-x^2}\cos\varphi+x\right)^l d\varphi.\end{aligned}$$

因此,证得 $P_l(x)=\dfrac{1}{\pi}\displaystyle\int_0^{\pi}\left(i\sqrt{1-x^2}\cos\varphi+x\right)^l d\varphi$.

6.3.5 勒让德多项式的正交性及模的平方

勒让德方程的施图姆-刘维尔型方程的形式为

$$\frac{d}{dx}\left[(1-x^2)\frac{dy(x)}{dx}\right]+l(l+1)y(x)=0,$$

其中,$x\in[-1,1]$,$l(l+1)$,$l=0,1,2,\cdots$为本征值,$P_l(x)$为相应的本征函数,权函数为单位 1.

1. 正交性

在定义域$[-1,1]$内,勒让德多项式构成一个完备的本征函数系,本征函数系内任意两个不同阶的勒让德多项式带单位权函数正交:

$$\int_{-1}^{1}P_l(x)P_k(x)dx=0,l\neq k.\tag{6.3.10}$$

证明:不同阶的 $P_l(x)$和 $P_k(x)$分别满足如下的勒让德方程:

$$\frac{d}{dx}\left[(1-x^2)\frac{dP_l(x)}{dx}\right]+l(l+1)P_l(x)=0,\tag{6.3.11}$$

$$\frac{d}{dx}\left[(1-x^2)\frac{dP_k(x)}{dx}\right]+k(k+1)P_k(x)=0.\tag{6.3.12}$$

将(6.3.11)式乘以 $P_k(x)$,(6.3.12)式乘以 $P_l(x)$,然后两式相减可得

$$l(l+1)\mathrm{P}_k(x)\mathrm{P}_l(x)-k(k+1)\mathrm{P}_k(x)\mathrm{P}_l(x)$$
$$=-\mathrm{P}_k(x)\frac{\mathrm{d}}{\mathrm{d}x}\left[(1-x^2)\frac{\mathrm{dP}_l(x)}{\mathrm{d}x}\right]+\mathrm{P}_l(x)\frac{\mathrm{d}}{\mathrm{d}x}\left[(1-x^2)\frac{\mathrm{dP}_k(x)}{\mathrm{d}x}\right].$$

上式两边对 x 在定义域[-1,1]内进行积分,可得

$$[l(l+1)-k(k+1)]\int_{-1}^{1}\mathrm{P}_k(x)\mathrm{P}_l(x)\mathrm{d}x$$
$$=-\int_{-1}^{1}\mathrm{P}_k(x)\frac{\mathrm{d}}{\mathrm{d}x}\left[(1-x^2)\frac{\mathrm{dP}_l(x)}{\mathrm{d}x}\right]\mathrm{d}x+\int_{-1}^{1}\mathrm{P}_l(x)\frac{\mathrm{d}}{\mathrm{d}x}\left[(1-x^2)\frac{\mathrm{dP}_k(x)}{\mathrm{d}x}\right]\mathrm{d}x$$
$$=-\mathrm{P}_k(x)(1-x^2)\frac{\mathrm{dP}_l(x)}{\mathrm{d}x}\Big|_{-1}^{1}+\int_{-1}^{1}(1-x^2)\frac{\mathrm{dP}_l(x)}{\mathrm{d}x}\frac{\mathrm{dP}_k(x)}{\mathrm{d}x}\mathrm{d}x+$$
$$\mathrm{P}_l(x)(1-x^2)\frac{\mathrm{dP}_k(x)}{\mathrm{d}x}\Big|_{-1}^{1}-\int_{-1}^{1}(1-x^2)\frac{\mathrm{dP}_k(x)}{\mathrm{d}x}\frac{\mathrm{dP}_l(x)}{\mathrm{d}x}\mathrm{d}x$$
$$=0.$$

因此,证得 $\int_{-1}^{1}\mathrm{P}_k(x)\mathrm{P}_l(x)\mathrm{d}x=0, l\neq k.$

勒让德方程作为施图姆-刘维尔型方程的一个特例,它的本征函数,即勒让德多项式的正交性自然满足 § 5.4 中施图姆-刘维尔本征函数通用性质中的正交性公式,其证明过程也与施图姆-刘维尔本征函数正交性的证明过程相似。其他的本征函数(例如后续的连带勒让德函数、贝塞尔函数等)正交性的证明也是采用相同的思路,因此,以下章节中不再给出本征函数正交性的证明。

2. 模的平方

勒让德多项式 $\mathrm{P}_l(x)$ 的模的平方

$$N_l^2=\frac{2}{2l+1}. \tag{6.3.13}$$

证明:任意两个相同阶的勒让德多项式带单位权函数在定义域[-1,1]内的积分为勒让德多项式的模的平方,即

$$N_l^2=\int_{-1}^{1}\mathrm{P}_l(x)\mathrm{P}_l(x)\mathrm{d}x. \tag{6.3.14}$$

将勒让德多项式的微分公式(6.3.8)式代入上式,可得

$$N_l^2=\frac{1}{2^{2l}(l!)^2}\int_{-1}^{1}\frac{\mathrm{d}^l}{\mathrm{d}x^l}(x^2-1)^l\frac{\mathrm{d}^l}{\mathrm{d}x^l}(x^2-1)^l\mathrm{d}x. \tag{6.3.15}$$

对上式右侧进行两次分部积分,可得

$$N_l^2=\frac{1}{2^{2l}(l!)^2}\int_{-1}^{1}\frac{\mathrm{d}^l}{\mathrm{d}x^l}(x^2-1)^l\mathrm{d}\left[\frac{\mathrm{d}^{l-1}}{\mathrm{d}x^{l-1}}(x^2-1)^l\right]$$
$$=\frac{1}{2^{2l}(l!)^2}\left[\frac{\mathrm{d}^l}{\mathrm{d}x^l}(x^2-1)^l\frac{\mathrm{d}^{l-1}}{\mathrm{d}x^{l-1}}(x^2-1)^l\right]_{-1}^{1}-\frac{1}{2^{2l}(l!)^2}\int_{-1}^{1}\frac{\mathrm{d}^{l-1}}{\mathrm{d}x^{l-1}}(x^2-1)^l\frac{\mathrm{d}^{l+1}}{\mathrm{d}x^{l+1}}(x^2-1)^l\mathrm{d}x$$
$$=-\frac{1}{2^{2l}(l!)^2}\int_{-1}^{1}\frac{\mathrm{d}^{l+1}}{\mathrm{d}x^{l+1}}(x^2-1)^l\mathrm{d}\left[\frac{\mathrm{d}^{l-2}}{\mathrm{d}x^{l-2}}(x^2-1)^l\right]$$

$$=\frac{1}{2^{2l}(l!)^2}\int_{-1}^{1}\frac{\mathrm{d}^{l-2}}{\mathrm{d}x^{l-2}}(x^2-1)^l\frac{\mathrm{d}^{l+2}}{\mathrm{d}x^{l+2}}(x^2-1)^l\mathrm{d}x.$$

根据上面分部积分的演化规律,对(6.3.15)式进行 l 次分部积分,最终可得

$$N_l^2=\frac{(-1)^l}{2^{2l}(l!)^2}\int_{-1}^{1}(x^2-1)^l\frac{\mathrm{d}^{2l}}{\mathrm{d}x^{2l}}(x^2-1)^l\mathrm{d}x. \tag{6.3.16}$$

根据牛顿二项式定理,上式被积函数中的函数 $(x^2-1)^l$ 可展开为

$$(x^2-1)^l=\sum_{k=0}^{l}(-1)^k\frac{l!}{k!\,(l-k)!}x^{2l-2k}.$$

上式中最高幂次项为 x^{2l},其系数为 1,因此,$\frac{\mathrm{d}^{2l}}{\mathrm{d}x^{2l}}(x^2-1)^l=(2l)!$,将其代入(6.3.16)式,可得

$$N_l^2=\frac{(-1)^l(2l)!}{2^{2l}(l!)^2}\int_{-1}^{1}(x^2-1)^l\mathrm{d}x. \tag{6.3.17}$$

为计算上式中的积分,将被积函数分成两项相乘的形式,即

$$\int_{-1}^{1}(x^2-1)^l\mathrm{d}x=\int_{-1}^{1}(x-1)^l(x+1)^l\mathrm{d}x. \tag{6.3.18}$$

对其进行两次分部积分,可得

$$\begin{aligned}
\int_{-1}^{1}(x-1)^l(x+1)^l\mathrm{d}x&=\frac{1}{l+1}\int_{-1}^{1}(x-1)^l\mathrm{d}(x+1)^{l+1}\\
&=\frac{1}{l+1}(x-1)^l(x+1)^{l+1}\Big|_{-1}^{1}-\frac{l}{l+1}\int_{-1}^{1}(x+1)^{l+1}(x-1)^{l-1}\mathrm{d}x\\
&=-\frac{l}{l+1}\int_{-1}^{1}(x-1)^{l-1}(x+1)^{l+1}\mathrm{d}x\\
&=-\frac{l}{l+1}\frac{1}{l+2}\int_{-1}^{1}(x-1)^{l-1}\mathrm{d}(x+1)^{l+2}\\
&=-\frac{l}{l+1}\frac{1}{l+2}(x-1)^{l-1}(x+1)^{l+2}\Big|_{-1}^{1}+\frac{l}{l+1}\frac{(l-1)}{l+2}\int_{-1}^{1}(x-1)^{l-2}(x+1)^{l+2}\mathrm{d}x\\
&=\frac{l}{l+1}\frac{(l-1)}{l+2}\int_{-1}^{1}(x-1)^{l-2}(x+1)^{l+2}\mathrm{d}x.
\end{aligned}$$

根据上面分部积分的演化规律,对(6.3.18)式右边进行 l 次分部积分,可得

$$\begin{aligned}
\int_{-1}^{1}(x^2-1)^l\mathrm{d}x&=\left[(-1)^l\frac{l}{l+1}\frac{l-1}{l+2}\cdots\frac{1}{2l}\cdot\int_{-1}^{1}(x-1)^0(x+1)^{2l}\mathrm{d}x\right]\\
&=(-1)^l\frac{l!\ l!}{(2l)!}\cdot\frac{1}{2l+1}(x+1)^{2l+1}\Big|_{-1}^{1}\\
&=(-1)^l\frac{(l!)^2}{(2l)!}\frac{2^{2l+1}}{2l+1}.
\end{aligned}$$

即

$$\int_{-1}^{1}(x^2-1)^l\mathrm{d}x=(-1)^l\frac{(l!)^2 2^{2l+1}}{(2l)!\,(2l+1)}. \tag{6.3.19}$$

将(6.3.19)式代入(6.3.17)式,即可证得 $P_l(x)$ 的模的平方为

$$N_l^2=\frac{2}{2l+1}.$$

勒让德多项式的正交性及模的平方公式可统一表示为

$$\int_{-1}^{1} P_l(x) P_k(x) \mathrm{d}x = \frac{2}{2l+1}\delta_{lk}, \tag{6.3.20}$$

其中,δ_{lk}为克罗内克符号。

如果勒让德多项式的自变量写为 $\cos\theta$,那么勒让德多项式的正交性及模的平方公式可等价地表示为

$$\int_0^{\pi} P_l(\cos\theta) P_k(\cos\theta)\ \sin\theta \mathrm{d}\theta = \frac{2}{2l+1}\delta_{lk}. \tag{6.3.21}$$

6.3.6 勒让德多项式的完备性

勒让德多项式$\{P_l(x), l=0,1,2,\cdots\}$在定义域$[-1,1]$内是完备的,定义域内的任意一个分段光滑的有界函数$f(x)$,都可以将勒让德多项式作为基底进行广义傅里叶级数展开:

$$f(x) = \sum_{l=0}^{\infty} C_l P_l(x), \tag{6.3.22}$$

展开系数

$$C_l = \frac{2l+1}{2}\int_{-1}^{1} f(x) P_l(x) \mathrm{d}x. \tag{6.3.23}$$

如果勒让德多项式的自变量用 $\cos\theta$ 表示,那么(6.3.22)式等价写为

$$f(\cos\theta) = \sum_{l=0}^{\infty} C_l P_l(\cos\theta), \tag{6.3.24}$$

展开系数

$$C_l = \frac{2l+1}{2}\int_0^{\pi} f(\cos\theta) P_l(\cos\theta)\sin\theta \mathrm{d}\theta. \tag{6.3.25}$$

对于定义域内部$(-1,1)$,以勒让德多项式为基底的广义傅里叶级数收敛性满足狄利克雷定理:若 x_0 是函数$f(x)$的连续点,则广义傅里叶级数收敛于函数$f(x_0)$;若 x_0 是函数$f(x_0)$的间断点,则广义傅里叶级数收敛于$[f(x_0+0)+f(x_0-0)]/2$;广义傅里叶级数在边界处$(x=\pm1)$的收敛性,需要具体分析。

6.3.7 勒让德多项式的生成函数

如图 6.2 所示,在虚拟的单位球体的北极放置一个电荷量 $Q=4\pi\varepsilon_0$ 的点电荷,球体内外的介电常量均为 ε_0。根据点电荷产生电势的公式,球体内外任意一点的电势

$$V(r,\theta)=\frac{Q}{4\pi\varepsilon_0 d}=\frac{1}{d}=\frac{1}{\sqrt{1-2r\cos\theta+r^2}}. \tag{6.3.26}$$

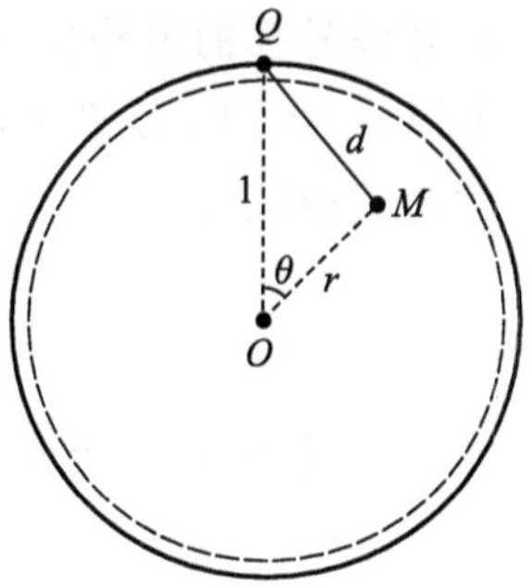

图 6.2 位于球体北极的点电荷示意图

在比单位球体略小的球壳上,位于北极的点电荷会产生确

定的电势分布。计算由此球壳上的电势分布在其内部产生的电势，与计算由点电荷在单位球体内产生的电势是等价的。在比单位球壳略小的内部区域没有自由电荷，其内部区域的电势自然满足拉普拉斯方程。同理，比单位球壳略大的外部区域的电势也满足拉普拉斯方程。另外，由于球体内外的电势围绕极轴均具有旋转对称性，即与方位角 φ 无关。因此，根据球坐标系下拉普拉斯方程的分离变量法，球内外电势的通解均可写为

$$V(r,\theta)=\sum_{l=0}^{\infty}\left(A_l r^l+\frac{B_l}{r^{l+1}}\right)\mathrm{P}_l(\cos\theta). \tag{6.3.27}$$

1. 球体内部的电势($0<r<1$)

由电势 $V(r,\theta)$ 在 $r=0$ 趋于有限值的自然条件，可得系数 $B_l=0$，因此，球内电势的通解退化为

$$V(r,\theta)=\sum_{l=0}^{\infty}A_l r^l\mathrm{P}_l(\cos\theta). \tag{6.3.28}$$

由(6.3.26)式和(6.3.28)式可得如下等式

$$\frac{1}{\sqrt{1-2r\cos\theta+r^2}}=\sum_{l=0}^{\infty}A_l r^l\mathrm{P}_l(\cos\theta), \tag{6.3.29}$$

其中，A_l 为待定系数。

对于任意 θ，上式均成立。简便起见，取特例 $\cos\theta=1$，确定系数 A_l。此时，(6.3.29)式退化为

$$\frac{1}{1-r}=\sum_{l=0}^{\infty}A_l r^l. \tag{6.3.30}$$

在球体内部($0<r<1$)，上式左边可进行泰勒级数展开：

$$\frac{1}{1-r}=\sum_{l=0}^{\infty}r^l. \tag{6.3.31}$$

比较(6.3.30)式和(6.3.31)式，可得系数 $A_l=1$。将其代入(6.3.29)式，得

$$\frac{1}{\sqrt{1-2r\cos\theta+r^2}}=\sum_{l=0}^{\infty}r^l\mathrm{P}_l(\cos\theta). \tag{6.3.32}$$

令 $x=\cos\theta$，上式化为

$$\frac{1}{\sqrt{1-2rx+r^2}}=\sum_{l=0}^{\infty}r^l\mathrm{P}_l(x). \tag{6.3.33}$$

其中，$0<r<1$.

2. 球体外部的电势($r>1$)

由当 $r\to\infty$ 时，电势 $V(r,\theta)$ 为有限值，可知(6.3.27)式中的系数 $A_l=0$。因此，通解(6.3.27)式退化为

$$\frac{1}{\sqrt{1-2r\cos\theta+r^2}}=\sum_{l=0}^{\infty}\frac{B_l}{r^{l+1}}\mathrm{P}_l(\cos\theta). \tag{6.3.34}$$

同理，取特例 $\cos\theta=1$，上式简化为

$$\frac{1}{r-1}=\sum_{l=0}^{\infty}\frac{B_l}{r^{l+1}}. \tag{6.3.35}$$

在球体外部($r>1$)，上式左边进行泰勒级数展开为

$$\frac{1}{r-1}=\sum_{l=0}^{\infty}\frac{1}{r^{l+1}}. \tag{6.3.36}$$

比较(6.3.35)式和(6.3.36)式,可得系数 $B_l=1$。将 $B_l=1$ 代入(6.3.34)式可得

$$\frac{1}{\sqrt{1-2r\cos\theta+r^2}}=\sum_{l=0}^{\infty}\frac{1}{r^{l+1}}\mathrm{P}_l(\cos\theta). \tag{6.3.37}$$

令 $x=\cos\theta$,可得

$$\frac{1}{\sqrt{1-2rx+r^2}}=\sum_{l=0}^{\infty}\frac{1}{r^{l+1}}\mathrm{P}_l(x). \tag{6.3.38}$$

其中,$r>1$.

综上

$$\frac{1}{\sqrt{1-2rx+r^2}}=\begin{cases}\sum_{l=0}^{\infty}r^l\mathrm{P}_l(x), 0<r<1,\\ \sum_{l=0}^{\infty}\frac{1}{r^{l+1}}\mathrm{P}_l(x), r>1.\end{cases} \tag{6.3.39}$$

将(6.3.39)式中第二个等式左边和右边的 r 代换为$\frac{1}{r}$,即是第一个公式。说明,这两个公式是“等价”的,可以相互转换。函数$\frac{1}{\sqrt{1-2rx+r^2}}$称为勒让德多项式 $\mathrm{P}_l(x)$ 的生成函数。

6.3.8 勒让德多项式的递推公式

根据勒让德多项式的生成函数,可以推导出如下常用的递推公式:

$$(l+1)\mathrm{P}_{l+1}(x)-(2l+1)x\mathrm{P}_l(x)+l\mathrm{P}_{l-1}(x)=0, \tag{6.3.40}$$

$$\mathrm{P}_l(x)=\mathrm{P}_{l+1}'(x)-2x\mathrm{P}_l'(x)+\mathrm{P}_{l-1}'(x), \tag{6.3.41}$$

$$(2l+1)\mathrm{P}_l(x)=\mathrm{P}_{l+1}'(x)-\mathrm{P}_{l-1}'(x). \tag{6.3.42}$$

其中,$l\geqslant 1$.

1. (6.3.40)式的证明

将生成函数 $\frac{1}{\sqrt{1-2rx+r^2}}=\sum_{l=0}^{\infty}r^l\mathrm{P}_l(x)$ 左右两端对 r 求导,可得

$$\frac{x-r}{(1-2rx+r^2)^{3/2}}=\sum_{l=0}^{\infty}lr^{l-1}\mathrm{P}_l(x).$$

上式两边同乘以 $1-2rx+r^2$,可得

$$\frac{x-r}{(1-2rx+r^2)^{1/2}}=(1-2rx+r^2)\sum_{l=0}^{\infty}lr^{l-1}\mathrm{P}_l(x).$$

将生成函数代入上式左边,可得

$$(x-r)\sum_{l=0}^{\infty}r^l\mathrm{P}_l(x)=(1-2rx+r^2)\sum_{l=0}^{\infty}lr^{l-1}\mathrm{P}_l(x).$$

上式左边和右边都可以视为关于 r 的级数展开,对于任意的 r,等式恒成立。因此,左右两

边 r 的同幂次项的系数必须相等。由一般项 r^l 项的系数相等,可得

$$xP_l(x)-P_{l-1}(x)=(l+1)P_{l+1}(x)-2xlP_l(x)+(l-1)P_{l-1}(x).$$

整理即可证得

$$(l+1)P_{l+1}(x)-(2l+1)xP_l(x)+lP_{l-1}(x)=0,l\geqslant 1.$$

2. (6.3.41)式的证明

将生成函数 $\dfrac{1}{\sqrt{1-2rx+r^2}}=\sum_{l=0}^{\infty}r^lP_l(x)$ 左右两边对 x 进行求导,可得

$$\frac{r}{(1-2rx+r^2)^{3/2}}=\sum_{l=0}^{\infty}r^lP_l'(x).$$

上式两边同乘以 $1-2rx+r^2$,可得

$$\frac{r}{(1-2rx+r^2)^{1/2}}=(1-2rx+r^2)\sum_{l=0}^{\infty}r^lP_l'(x).$$

将生成函数代入上式,整理可得

$$\sum_{l=0}^{\infty}r^{l+1}P_l(x)=(1-2rx+r^2)\sum_{l=0}^{\infty}r^lP_l'(x).$$

上式左边和右边都可以视为关于 r 的级数展开,对于任意的 r,等式恒成立。因此,左右两边 r 的同幂次项的系数必须相等。由一般项 r^{l+1} 项的系数相等,可证得

$$P_l(x)=P_{l+1}'(x)-2xP_l'(x)+P_{l-1}'(x),l\geqslant 1.$$

3. (6.3.42)式的证明

(6.3.40)式对 x 求导,并乘以常数 2,可得

$$2(l+1)P_{l+1}'(x)-2(2l+1)P_l(x)-2(2l+1)xP_l'(x)+2lP_{l-1}'(x)=0.$$

(6.3.41)式乘以 $(2l+1)$,两式消去 $xP_l'(x)$ 项,即可证得

$$(2l+1)P_l(x)=P_{l+1}'(x)-P_{l-1}'(x),l\geqslant 1.$$

【例 1】 利用勒让德多项式的性质计算如下积分:

(1) $\int_{-1}^{1}P_l(x)\mathrm{d}x$; (2) $\int_{-1}^{1}xP_l(x)P_{l+1}(x)\mathrm{d}x$; (3) $\int_{0}^{1}P_l(x)\mathrm{d}x$.

解:(1) $\int_{-1}^{1}P_l(x)\mathrm{d}x=\int_{-1}^{1}P_0(x)P_l(x)\mathrm{d}x$.

当 $l=0$ 时,根据勒让德多项式模的平方的计算公式,可得

$$\int_{-1}^{1}P_0(x)P_0(x)\mathrm{d}x=\frac{2}{2l+1}\Big|_{l=0}=2.$$

当 $l\neq 0$ 时,根据勒让德多项式的正交性,可得

$$\int_{-1}^{1}P_0(x)P_l(x)\mathrm{d}x=0.$$

因此,积分 $\int_{-1}^{1}P_l(x)\mathrm{d}x=\begin{cases}2,l=0,\\0,l\neq 0.\end{cases}$

(2) 此积分可以先利用递推公式,然后利用勒让德多项式的正交性进行计算:

$$\int_{-1}^{1}xP_l(x)P_{l+1}(x)\mathrm{d}x$$

$$=\int_{-1}^{1}\left[\frac{l+1}{2l+1}P_{l+1}(x)+\frac{l}{2l+1}P_{l-1}(x)\right]P_{l+1}(x)\,dx$$

$$=\frac{l+1}{2l+1}\frac{2}{2(l+1)+1}=\frac{2(l+1)}{(2l+1)(2l+3)},l\geqslant 1.$$

当 $l=0$ 时,上式积分 $\int_{-1}^{1}xP_1(x)\,dx=\frac{2}{3}$,通过验证,也满足上面的结果。因此有

$$\int_{-1}^{1}xP_l(x)P_{l+1}(x)\,dx=\frac{2(l+1)}{(2l+1)(2l+3)},l\geqslant 0.$$

(3) 由于 $P_l(x)$ 在区间[0,1]内不完备,所以,我们不能用本征函数的正交性来计算积分 $\int_{0}^{1}P_l(x)\,dx$.

方法 1 利用勒让德多项式的递推公式 $(2l+1)P_l(x)=P_{l+1}'(x)-P_{l-1}'(x),l\geqslant 1$ 计算

当 $l=0$ 时,$\int_{0}^{1}P_0(x)\,dx=1.$

当 $l\geqslant 1$ 时,由递推公式,得

$$\int_{0}^{1}P_l(x)\,dx=\frac{1}{2l+1}\int_{0}^{1}[P_{l+1}'(x)-P_{l-1}'(x)]\,dx$$

$$=\frac{1}{2l+1}[P_{l+1}(1)-P_{l-1}(1)-P_{l+1}(0)+P_{l-1}(0)]$$

$$=\frac{1}{2l+1}[-P_{l+1}(0)+P_{l-1}(0)].$$

当 $l=2n,n=1,2,3,\cdots$ 时

$$\int_{0}^{1}P_{2n}(x)\,dx=\frac{1}{4n+1}[-P_{2n+1}(0)+P_{2n-1}(0)]=0.$$

当 $l=2n+1,n=0,1,2,\cdots$ 时

$$\int_{0}^{1}P_{2n+1}(x)\,dx$$

$$=\frac{1}{2(2n+1)+1}[-P_{2n+2}(0)+P_{2n}(0)]$$

$$=\frac{1}{4n+3}\left[-(-1)^{n+1}\frac{(2n+2)!}{2^{2n+2}[(n+1)!]^2}+(-1)^n\frac{(2n)!}{2^{2n}(n!)^2}\right]$$

$$=(-1)^n\frac{(2n)!}{2^{2n+1}(n+1)!\,n!}.$$

综上

$$\int_{0}^{1}P_l(x)\,dx=\begin{cases}1, & l=0,\\ 0, & l=2n,n=1,2,3,\cdots,\\ (-1)^n\dfrac{(2n)!}{2^{2n+1}(n+1)!\,n!}, & l=2n+1,n=0,1,2,\cdots.\end{cases}$$

方法 2 利用勒让德多项式的微分公式计算

$$\begin{aligned}\int_0^1 \mathrm{P}_l(x)\,\mathrm{d}x &= \int_0^1 \frac{1}{2^l l!}\frac{\mathrm{d}^l}{\mathrm{d}x^l}(x^2-1)^l\mathrm{d}x \\ &= \frac{1}{2^l l!}\frac{\mathrm{d}^{l-1}}{\mathrm{d}x^{l-1}}(x^2-1)^l\bigg|_0^1 = -\frac{1}{2^l l!}\frac{\mathrm{d}^{l-1}}{\mathrm{d}x^{l-1}}(x^2-1)^l\bigg|_{x=0} \\ &= -\frac{1}{2^l l!}\frac{\mathrm{d}^{l-1}}{\mathrm{d}x^{l-1}}\left[\sum_{k=0}^{l}(-1)^k\frac{l!}{k!\,(l-k)!}x^{2l-2k}\right]_{x=0},\ l\geqslant 1.\end{aligned}$$

当 $l=0$ 时，$\int_0^1 \mathrm{P}_0(x)\,\mathrm{d}x = 1$.

当 $l\geqslant 1$ 且 l 为偶数，即 $l=2n, n=1,2,3,\cdots$ 时，有

$$\int_0^1 \mathrm{P}_{2n}(x)\,\mathrm{d}x = -\frac{1}{2^{2n}(2n)!}\frac{\mathrm{d}^{2n-1}}{\mathrm{d}x^{2n-1}}\left[\sum_{k=0}^{2n}(-1)^k\frac{(2n)!}{k!\,(2n-k)!}x^{4n-2k}\right]_{x=0}.$$

上式是对由偶次幂项组成的多项式进行奇数次求导，多项式的幂次都变成了奇数。当自变量 $x=0$ 时，由奇次幂项组成的多项式的每一项都为零。因此，$\int_0^1 \mathrm{P}_{2n}(x)\,\mathrm{d}x = 0$.

当 $l\geqslant 1$ 且 l 为奇数，即 $l=2n+1, n=0,1,2,\cdots$ 时，有

$$\int_0^1 \mathrm{P}_{2n+1}(x)\,\mathrm{d}x = -\frac{1}{2^{2n+1}(2n+1)!}\frac{\mathrm{d}^{2n}}{\mathrm{d}x^{2n}}\left[\sum_{k=0}^{2n+1}(-1)^k\frac{(2n+1)!}{k!\,(2n+1-k)!}x^{4n+2-2k}\right]_{x=0}.$$

对由偶次幂项组成的多项式进行偶数次求导，多项式的幂次仍然是偶数。当自变量 $x=0$ 时，由偶次幂项组成的多项式中，只有零次幂项不为零。即只有当 $2n=4n+2-2k$，即 $k=n+1$ 时，才是非零项

$$\int_0^1 \mathrm{P}_{2n+1}(x)\,\mathrm{d}x = (-1)^n\frac{1}{2^{2n+1}(2n+1)!}\frac{(2n+1)!\,(2n)!}{(n+1)!\,n!} = (-1)^n\frac{(2n)!}{2^{2n+1}(n+1)!\,n!}.$$

综上

$$\int_0^1 \mathrm{P}_l(x)\,\mathrm{d}x = \begin{cases}1, & l=0,\\ 0, & l=2n, n=1,2,3,\cdots,\\ (-1)^n\dfrac{(2n)!}{2^{2n+1}(n+1)!\,n!}, & l=2n+1, n=0,1,2,\cdots.\end{cases}$$

【例 2】 设函数 $f(x)$ 是一个关于 x 的最高幂次为 $k(0\leqslant k<l)$ 的多项式。试证明，函数 $f(x)$ 与 l 阶勒让德多项式 $\mathrm{P}_l(x)$ 在定义域$[-1,1]$内正交，即 $\int_{-1}^1 f(x)\mathrm{P}_l(x)\,\mathrm{d}x = 0$.

证明：将勒让德多项式的微分公式代入积分

$$\int_{-1}^1 f(x)\mathrm{P}_l(x)\,\mathrm{d}x = \frac{1}{2^l l!}\int_{-1}^1 f(x)\frac{\mathrm{d}^l}{\mathrm{d}x^l}(x^2-1)^l\mathrm{d}x.$$

对上述积分进行分部积分，可得

$$\int_{-1}^1 f(x)\mathrm{P}_l(x)\,\mathrm{d}x = \frac{1}{2^l l!}f(x)\frac{\mathrm{d}^{l-1}}{\mathrm{d}x^{l-1}}(x^2-1)^l\bigg|_{-1}^1 - \frac{1}{2^l l!}\int_{-1}^1 f'(x)\frac{\mathrm{d}^{l-1}}{\mathrm{d}x^{l-1}}(x^2-1)^l\mathrm{d}x.$$

上式第一项的上下限均为零。继续对上式的第二项进行$(k-1)$次分部积分，可得

$$\int_{-1}^{1} f(x)\mathrm{P}_l(x)\,\mathrm{d}x = (-1)^k \frac{1}{2^l l!}\int_{-1}^{1} f^{(k)}(x)\,\frac{\mathrm{d}^{l-k}}{\mathrm{d}x^{l-k}}(x^2-1)^l\mathrm{d}x.$$

由于$f(x)$是一个最高幂次为 k 的多项式,所以$f(x)$的 k 阶导数$f^{(k)}(x)$必然为常数。可以得到积分

$$\int_{-1}^{1} f(x)\mathrm{P}_l(x)\,\mathrm{d}x = (-1)^k \frac{1}{2^l l!} f^{(k)}(x)\,\frac{\mathrm{d}^{l-k-1}}{\mathrm{d}x^{l-k-1}}(x^2-1)^l\Big|_{-1}^{1}.$$

对$(x^2-1)^l$进行$(l-k-1)$次求导后,仍然会剩余(x^2-1)的相关项,其在上下限 $x=\pm1$ 处均为零。因此,可证得,如果函数$f(x)$是一个关于 x 的最高幂次为 $k(0\leqslant k<l)$ 的多项式时,$\int_{-1}^{1} f(x)\mathrm{P}_l(x)\,\mathrm{d}x = 0$.

此证明结果说明,如果函数$f(x)$是一个最高幂次为 k 的多项式,那么,将函数$f(x)$以勒让德多项式为基底进行广义傅里叶级数展开,其展开的勒让德多项式的最高阶次为 k,即$f(x)=\sum\limits_{l=0}^{k} C_l P_l(x)$. 此证明结果是利用待定系数法对给定的多项式函数以勒让德多项式为基底进行广义傅里叶级数展开的基础。

【例 3】 将定义域为$[-1,1]$的函数$f(x)=x^2$以勒让德多项式为基底进行广义傅里叶级数展开。

解:方法 1 利用公式直接计算

$$x^2 = \sum_{l=0}^{2} C_l\mathrm{P}_l(x).$$

其中,$C_l = \dfrac{2l+1}{2}\displaystyle\int_{-1}^{1} x^2\mathrm{P}_l(x)\,\mathrm{d}x.$

$$C_0 = \frac{1}{2}\int_{-1}^{1} x^2\mathrm{d}x = \frac{1}{3}.$$

$$C_1 = \frac{3}{2}\int_{-1}^{1} x^2 x\mathrm{d}x = 0.$$

$$C_2 = \frac{5}{2}\int_{-1}^{1} x^2\,\frac{1}{2}(3x^2-1)\,\mathrm{d}x = \frac{2}{3}.$$

$$C_l = 0,\ l\geqslant 3.$$

因此,可得

$$x^2 = \frac{1}{3}\mathrm{P}_0(x) + \frac{2}{3}\mathrm{P}_2(x).$$

方法 2 待定系数法

$$x^2 = C_0\mathrm{P}_0(x) + C_1\mathrm{P}_1(x) + C_2\mathrm{P}_2(x).$$

C_0、C_1 和 C_2 是待定系数。将前几个勒让德多项式代入上式得

$$\begin{aligned} x^2 &= C_0 + C_1x + C_2\,\frac{1}{2}(3x^2-1) \\ &= \frac{3}{2}C_2x^2 + C_1x + \left(C_0 - \frac{1}{2}C_2\right). \end{aligned}$$

对比相同项的系数,可得

$$C_0=\frac{1}{3},C_1=0,C_2=\frac{2}{3}.$$

因此,函数 $f(x)=x^2$ 以勒让德多项式为基底的广义傅里叶级数为

$$x^2=\frac{1}{3}\mathrm{P}_0(x)+\frac{2}{3}\mathrm{P}_2(x).$$

由图 6.3 可以看出,在定义域 $x\in[-1,1]$ 内,级数均收敛于 $f(x)=x^2$.

说明:待定系数法只能适用于函数 $f(x)$ 本身是关于 x 的多项式的情况。

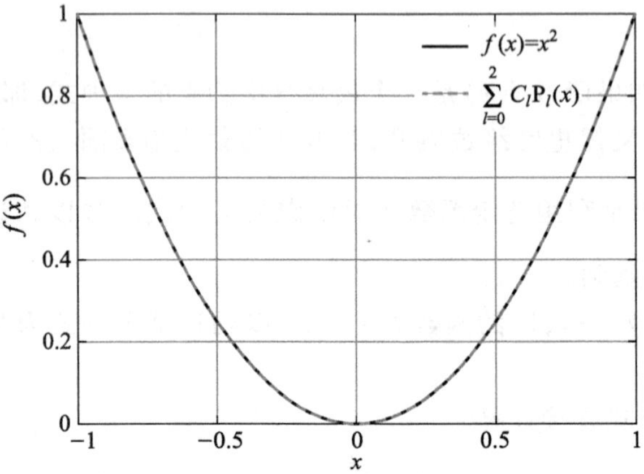

图 6.3　函数 $f(x)=x^2$ 的级数展开

【例 4】　将$[-1,1]$区间内的符号函数 $\operatorname{sgn}(x)=\begin{cases}-1,-1\leqslant x<0,\\0,x=0,\\1,0<x\leqslant 1.\end{cases}$ 以勒让德多项式为基底进行广义傅里叶级数展开。

解:根据勒让德多项式为基底的广义傅里叶级数展开公式

$$\operatorname{sgn}(x)=\sum_{l=0}^{\infty}C_l\mathrm{P}_l(x),$$

展开系数

$$C_l=\frac{2l+1}{2}\int_{-1}^{1}\operatorname{sgn}(x)\mathrm{P}_l(x)\,\mathrm{d}x.$$

当 $l=2n,n=0,1,2,\cdots$时,被积函数是奇函数,因此,系数 $C_{2n}=0$.

当 $l=2n+1,n=0,1,2,\cdots$时,被积函数是偶函数,系数 $C_{2n+1}=(4n+3)\int_0^1\mathrm{P}_{2n+1}(x)\,\mathrm{d}x$.

根据例 1(3)的积分结果,可得系数

$$C_{2n+1}=(-1)^n\frac{(4n+3)(2n)!}{2^{2n+1}(n+1)!\ n!}.$$

因此,$[-1,1]$区间内的符号函数以勒让德多项式为基底的广义傅里叶级数为

$$\operatorname{sgn}(x)=\sum_{n=0}^{\infty}(-1)^n\frac{(4n+3)(2n)!}{2^{2n+1}(n+1)!\ n!}\mathrm{P}_{2n+1}(x).$$

从图 6.4 可以看出，在定义区间(-1,0)和(0,1)内，级数展开的结果平均收敛于符号函数；在间断点 $x=0$ 处，级数展开的结果也收敛于符号函数；在边界处 $x=\pm1$，级数展开的结果并不收敛于符号函数，即便它们满足相同的边界条件。

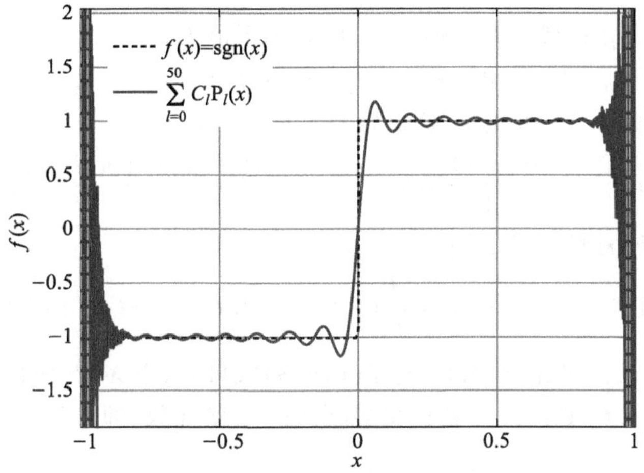

图 6.4 符号函数的级数展开

§ 6.4 连带勒让德方程的求解

授课视频

连带勒让德方程

$$\frac{\mathrm{d}}{\mathrm{d}x}\left[(1-x^2)\frac{\mathrm{d}\Theta(x)}{\mathrm{d}x}\right]+\left(\lambda-\frac{m^2}{1-x^2}\right)\Theta(x)=0, \tag{6.4.1}$$

其中，$x=\cos\theta, x\in[-1,1]$，λ 为本征值。

将(6.4.1)式中左侧第一项展开，可得

$$(1-x^2)\frac{\mathrm{d}^2\Theta(x)}{\mathrm{d}x^2}-2x\frac{\mathrm{d}\Theta(x)}{\mathrm{d}x}+\left(\lambda-\frac{m^2}{1-x^2}\right)\Theta(x)=0. \tag{6.4.2}$$

鉴于勒让德方程和连带勒让德方程具有一定的关联性，因此，本节将在勒让德方程的解的基础上，通过变量代换的方式，“间接”地求解连带勒让德方程，设

$$\Theta(x)=(1-x^2)^{m/2}y(x). \tag{6.4.3}$$

根据复合函数的求导法则，有如下关系

$$\frac{\mathrm{d}\Theta(x)}{\mathrm{d}x}=-m(1-x^2)^{m/2-1}xy(x)+(1-x^2)^{m/2}y'(x). \tag{6.4.4}$$

$$\begin{aligned}\frac{\mathrm{d}^2\Theta(x)}{\mathrm{d}x^2}&=\frac{\mathrm{d}}{\mathrm{d}x}\left[-m(1-x^2)^{m/2-1}xy(x)+(1-x^2)^{m/2}y'(x)\right]\\&=m(m-2)(1-x^2)^{m/2-2}x^2y(x)-m(1-x^2)^{m/2-1}y(x)\\&\quad-2m(1-x^2)^{m/2-1}xy'(x)+(1-x^2)^{m/2}y''(x).\end{aligned} \tag{6.4.5}$$

将(6.4.3)式～(6.4.5)式代入(6.4.2)式，可得到如下的关于 $y(x)$ 的二阶常微分方程：

$$(1-x^2)y''(x)-2(m+1)xy'(x)+[\lambda-m(m+1)]y(x)=0. \tag{6.4.6}$$

如果通过(6.4.6)式得到解 $y(x)$，将其代入(6.4.3)式，即可得到连带勒让德(6.4.1)式的解。对于(6.4.6)式，我们并不直接求解，而是在勒让德方程的解的基础上，确定其解的形式。

将勒让德多项式 $\mathrm{P}_l(x)$ 代入勒让德方程，则有如下恒等式：

$$(1-x^2)\mathrm{P}_l''(x)-2x\mathrm{P}_l'(x)+l(l+1)\mathrm{P}_l(x)=0. \tag{6.4.7}$$

利用函数 $u(x)$ 和 $v(x)$ 乘积的 m 阶求导的莱布尼茨公式

$$(uv)^{[m]}=uv^{[m]}+\frac{m}{1!}u'v^{[m-1]}+\frac{m(m-1)}{2!}u''v^{[m-2]}+\cdots+\frac{m(m-1)\cdots(m-k+1)}{k!}u^{[k]}v^{[m-k]}+\cdots+u^{[m]}v.$$

对(6.4.7)式进行 m 阶求导，可得

$$(1-x^2)\frac{\mathrm{d}^2}{\mathrm{d}x^2}\mathrm{P}_l^{[m]}(x)-2(m+1)x\frac{\mathrm{d}}{\mathrm{d}x}\mathrm{P}_l^{[m]}(x)+[l(l+1)-m(m+1)]\mathrm{P}_l^{[m]}(x)=0. \tag{6.4.8}$$

上式是一个恒等式。对比(6.4.6)式和(6.4.8)式可知，当 $\lambda=l(l+1)$ 时，两个方程的形式完全一致。因此，(6.4.6)式的解为勒让德多项式的 m 阶导数，即

$$y(x)=\mathrm{P}_l^{[m]}(x)=\frac{\mathrm{d}^m}{\mathrm{d}x^m}\mathrm{P}_l(x). \tag{6.4.9}$$

由于 $\mathrm{P}_l(x)$ 是最高幂次为 l 的多项式，为保证上式为非零函数，所以，(6.4.9)式中求导次数应该大于零且小于等于 l，即 $m=0,1,2,\cdots,l$. 将(6.4.9)式代入(6.4.3)式，可得到连带勒让德方程的解，用函数符号 $\mathrm{P}_l^m(x)$ 标记，即

$$\mathrm{P}_l^m(x)=(1-x^2)^{m/2}\frac{\mathrm{d}^m}{\mathrm{d}x^m}\mathrm{P}_l(x),\quad m=0,1,2,\cdots,l. \tag{6.4.10}$$

上式称为**连带勒让德函数**(associated Legendre function)。当 $m=0$ 时，连带勒让德函数退化为勒让德多项式。

综上，连带勒让德方程(6.4.1)式和函数解在定义域边界处 $x=\pm1$ 为有限值的自然边界条件，构成本征问题。当本征值 $\lambda=l(l+1)$，$l=0,1,2,\cdots$时，本征函数为连带勒让德函数 $\mathrm{P}_l^m(x)$. 由于并未利用常点邻域的级数解法来严格求解连带勒让德方程的本征问题，所以，关于 $\mathrm{P}_l^m(x)$ 在定义域边界处的收敛性并没有讨论。实际上，连带勒让德函数 $\mathrm{P}_l^m(x)$ 在边界处的收敛性源于勒让德多项式 $\mathrm{P}_l(x)$. 勒让德多项式 $\mathrm{P}_l(x)$ 在定义域$[-1,1]$内是收敛的，根据连带勒让德函数和勒让德多项式的关系，连带勒让德函数也必然是收敛的。

§6.5 连带勒让德函数的性质

授课视频

6.5.1 连带勒让德函数的定义及其前几个公式

1. 连带勒让德函数的定义

$$\mathrm{P}_l^m(x)=(1-x^2)^{m/2}\frac{\mathrm{d}^m}{\mathrm{d}x^m}\mathrm{P}_l(x), \tag{6.5.1}$$

其中,定义域 $x\in[-1,1]$,指标 $l=0,1,2,\cdots;m=0,1,2,\cdots,l$. 当 $m=0$ 时,连带勒让德函数 $\mathrm{P}_l^m(x)$退化为勒让德多项式 $\mathrm{P}_l(x)$.

> 连带勒让德函数的 MATLAB 内部指令
>
> • 连带勒让德函数 legendre(l, x)
>
> 其中,l 和 x 分别是连带勒让德函数的阶数和自变量,legendre(l, x)返回 $m=0,1,2,\cdots,l$ 时连带勒让德函数的值。

2. 前几个连带勒让德函数

根据连带勒让德函数的定义,可以写出前几个连带勒让德函数,例如

$$\begin{cases}\mathrm{P}_1^1(x)=(1-x^2)^{\frac{1}{2}}\dfrac{\mathrm{d}}{\mathrm{d}x}[x]=(1-x^2)^{\frac{1}{2}}=\sin\theta,\\ \mathrm{P}_2^1(x)=(1-x^2)^{\frac{1}{2}}\dfrac{\mathrm{d}}{\mathrm{d}x}\left[\dfrac{1}{2}(3x^2-1)\right]=3(1-x^2)^{\frac{1}{2}}x=3\sin\theta\cos\theta,\\ \mathrm{P}_2^2(x)=(1-x^2)\dfrac{\mathrm{d}^2}{\mathrm{d}x^2}\left[\dfrac{1}{2}(3x^2-1)\right]=3(1-x^2)=3\sin^2\theta.\end{cases}\tag{6.5.2}$$

其中,$x=\cos\theta,x\in[-1,1],\theta\in[0,\pi]$.

图 6.5 给出前几个连带勒让德函数 $\mathrm{P}_l^m(x)$ 的图像。从图中可以看出,$\mathrm{P}_l^m(x)$ 也具有奇偶性。当 $l+m$ 为奇数时,$\mathrm{P}_l^m(x)$ 为奇函数;当 $l+m$ 为偶数时,$\mathrm{P}_l^m(x)$ 为偶函数。连带勒让德函数的奇偶性可以根据连带勒让德函数的定义进行证明。

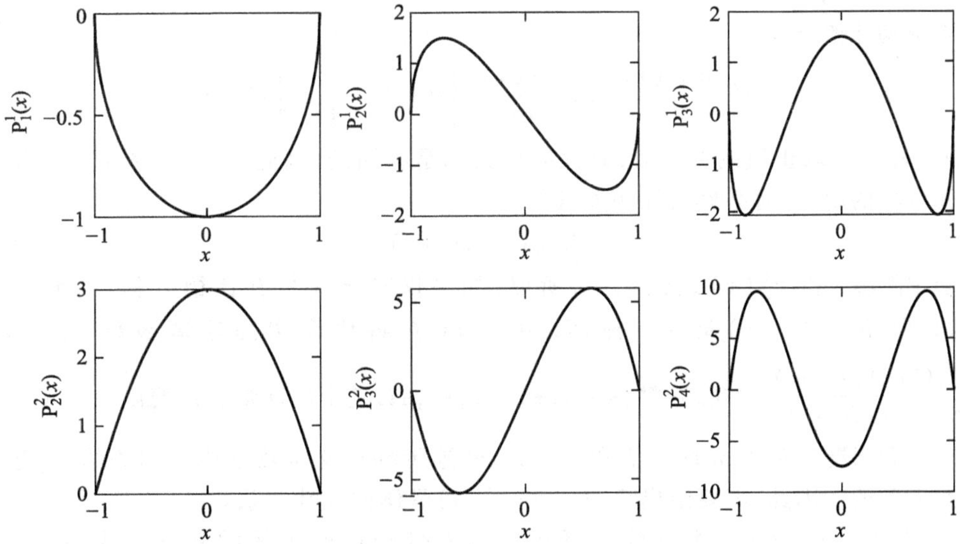

图 6.5　前几个连带勒让德函数 $\mathrm{P}_l^m(x)$ 的图像

另外,从前几个连带勒让德函数可以看出,连带勒让德函数不都是多项式的形式,因此,不称其为连带勒让德多项式。

6.5.2　连带勒让德函数的微分公式

连带勒让德函数可用如下初等函数的 $l+m$ 阶导数表示：

$$\mathrm{P}_l^m(x)=\frac{1}{2^l l!}(1-x^2)^{\frac{m}{2}}\frac{\mathrm{d}^{l+m}}{\mathrm{d}x^{l+m}}(x^2-1)^l, \tag{6.5.3}$$

其中，$l=0,1,2,\cdots;m=0,1,2,\cdots,l$.

证明：将勒让德多项式的微分公式 $\mathrm{P}_l(x)=\frac{1}{2^l l!}\frac{\mathrm{d}^l}{\mathrm{d}x^l}(x^2-1)^l$ 代入连带勒让德函数的定义(6.5.1)式，即可证得

$$\mathrm{P}_l^m(x)=(1-x^2)^{\frac{m}{2}}\frac{\mathrm{d}^m}{\mathrm{d}x^m}\left[\frac{1}{2^l l!}\frac{\mathrm{d}^l}{\mathrm{d}x^l}(x^2-1)^l\right]=\frac{1}{2^l l!}(1-x^2)^{\frac{m}{2}}\frac{\mathrm{d}^{l+m}}{\mathrm{d}x^{l+m}}(x^2-1)^l.$$

此外，连带勒让德函数的微分公式也适用于阶数为 $-m$ 的情况，即

$$\mathrm{P}_l^{-m}(x)=\frac{1}{2^l l!}(1-x^2)^{-\frac{m}{2}}\frac{\mathrm{d}^{l-m}}{\mathrm{d}x^{l-m}}(x^2-1)^l, \tag{6.5.4}$$

其中，$l=0,1,2,\cdots;m=0,1,2,\cdots,l$.

6.5.3　$\mathrm{P}_l^{-m}(x)$和$\mathrm{P}_l^m(x)$的线性关系

连带勒让德函数 $\mathrm{P}_l^m(x)$ 和 $\mathrm{P}_l^{-m}(x)$ 具有如下的线性关系：

$$\mathrm{P}_l^{-m}(x)=(-1)^m\frac{(l-m)!}{(l+m)!}\mathrm{P}_l^m(x), \tag{6.5.5}$$

其中，$l=0,1,2,\cdots;m=0,1,2,\cdots,l$.

由连带勒让德方程

$$(1-x^2)\frac{\mathrm{d}^2\Theta(x)}{\mathrm{d}x^2}-2x\frac{\mathrm{d}\Theta(x)}{\mathrm{d}x}+\left[l(l+1)-\frac{m^2}{1-x^2}\right]\Theta(x)=0$$

可以看出，无论 m 取正值或者负值，方程的形式都是相同的，因此，$\mathrm{P}_l^{-m}(x)$ 和 $\mathrm{P}_l^m(x)$ 均应为连带勒让德方程的解，二者必然线性相关，即

$$\mathrm{P}_l^{-m}(x)=A\mathrm{P}_l^m(x). \tag{6.5.6}$$

由于 $\mathrm{P}_l^{-m}(x)$ 和 $\mathrm{P}_l^m(x)$ 线性相关，所以，如果仅对于连带勒让德方程，则无须讨论解 $\mathrm{P}_l^{-m}(x)$，只保留解 $\mathrm{P}_l^m(x)$ 即可。然而，由于 §6.6 将要介绍的球谐函数 $\mathrm{Y}_{l,m}(\theta,\varphi)=(-1)^m\sqrt{\frac{(2l+1)(l-m)!}{4\pi(l+m)!}}\mathrm{P}_l^m(x)\mathrm{e}^{\mathrm{i}m\varphi}$，$m=0,\pm1,\pm2,\cdots,\pm l$，其中的连带勒让德函数 $\mathrm{P}_l^m(x)$ 的指标 m 会出现负数情况。对于 m 取正值和负值，虽然连带勒让德函数是线性相关的，但球谐函数却是线性无关的。因此，需要给出 $\mathrm{P}_l^{-m}(x)$ 和 $\mathrm{P}_l^m(x)$ 具体的线性关系。

下面，推导(6.5.6)式中常数 A 的值。将连带勒让德函数的微分公式(6.5.3)式和(6.5.4)式代入(6.5.6)式，整理可得

$$\frac{\mathrm{d}^{l-m}}{\mathrm{d}x^{l-m}}(x^2-1)^l=A(1-x^2)^m\frac{\mathrm{d}^{l+m}}{\mathrm{d}x^{l+m}}(x^2-1)^l. \tag{6.5.7}$$

上式的左边

$$\frac{\mathrm{d}^{l-m}}{\mathrm{d}x^{l-m}}(x^2-1)^l=\frac{\mathrm{d}^{l-m}}{\mathrm{d}x^{l-m}}[(x-1)^l(x+1)^l]. \tag{6.5.8}$$

根据莱布尼茨公式 $(uv)^{(m)}=\sum_{k=0}^{m}C_m^k u^{(k)}v^{(m-k)}$，上式可继续展开为

$$\begin{aligned}\frac{\mathrm{d}^{l-m}}{\mathrm{d}x^{l-m}}(x^2-1)^l&=\sum_{k=0}^{l-m}C_{l-m}^k\frac{\mathrm{d}^k}{\mathrm{d}x^k}(x-1)^l\frac{\mathrm{d}^{l-m-k}}{\mathrm{d}x^{l-m-k}}(x+1)^l\\&=\sum_{k=0}^{l-m}\frac{(l-m)!}{k!(l-m-k)!}\frac{l!}{(l-k)!}(x-1)^{l-k}\frac{l!}{(m+k)!}(x+1)^{m+k}\\&=\sum_{k=0}^{l-m}\frac{(l-m)!}{k!(l-m-k)!}\frac{(l!)^2}{(l-k)!(m+k)!}(x-1)^{l-k}(x+1)^{m+k}.\end{aligned} \tag{6.5.9}$$

同理，(6.5.7)式的右边可展开为

$$A(1-x^2)^m\frac{\mathrm{d}^{l+m}}{\mathrm{d}x^{l+m}}(x^2-1)^l=A(1-x^2)^m\sum_{k=0}^{l+m}C_{l+m}^k\frac{\mathrm{d}^k}{\mathrm{d}x^k}(x-1)^l\frac{\mathrm{d}^{l+m-k}}{\mathrm{d}x^{l+m-k}}(x+1)^l. \tag{6.5.10}$$

上式的等式右侧，对于函数$\frac{\mathrm{d}^k}{\mathrm{d}x^k}(x-1)^l$，只有求导的阶次 k 小于等于$(x-1)^l$ 的幂次 l，即当 $k\leqslant l$ 时，该函数才不等于零；同样对于函数$\frac{\mathrm{d}^{l+m-k}}{\mathrm{d}x^{l+m-k}}(x+1)^l$，只有当 $k\geqslant m$ 时，该函数才不等于零。因此，(6.5.10)式对 k 的求和区间可缩减至$[m,l]$，即

$$\begin{aligned}&A(1-x^2)^m\frac{\mathrm{d}^{l+m}}{\mathrm{d}x^{l+m}}(x^2-1)^l\\&=A(1-x^2)^m\sum_{k=m}^{l}C_{l+m}^k\frac{\mathrm{d}^k}{\mathrm{d}x^k}(x-1)^l\frac{\mathrm{d}^{l+m-k}}{\mathrm{d}x^{l+m-k}}(x+1)^l\\&=A(-1)^m(x-1)^m(x+1)^m\sum_{k=m}^{l}\frac{(l+m)!}{k!(l+m-k)!}\frac{l!}{(l-k)!}(x-1)^{l-k}\frac{l!}{(k-m)!}(x+1)^{k-m}\\&=A(-1)^m\sum_{k=m}^{l}\frac{(l+m)!}{k!(l+m-k)!}\frac{(l!)^2}{(l-k)!(k-m)!}(x-1)^{l-k+m}(x+1)^k.\end{aligned} \tag{6.5.11}$$

令 $k=k'+m$，将上述求和指标变为 k'，则上式变为

$$\begin{aligned}&A(1-x^2)^m\frac{\mathrm{d}^{l+m}}{\mathrm{d}x^{l+m}}(x^2-1)^l\\&=A(-1)^m\sum_{k'=0}^{l-m}\frac{(l+m)!}{(k'+m)!(l-k')!}\frac{(l!)^2}{(l-k'-m)!k'!}(x-1)^{l-k'}(x+1)^{m+k'}.\end{aligned} \tag{6.5.12}$$

将(6.5.9)式和(6.5.12)式代入(6.5.7)式，即可推得系数

$$A=(-1)^m\frac{(l-m)!}{(l+m)!}. \tag{6.5.13}$$

因此，$\mathrm{P}_l^{-m}(x)$和 $\mathrm{P}_l^m(x)$的线性关系为

$$\mathrm{P}_l^{-m}(x)=(-1)^m\frac{(l-m)!}{(l+m)!}\mathrm{P}_l^m(x).$$

6.5.4 连带勒让德函数的正交性及模的平方

连带勒让德方程的施图姆-刘维尔型方程的形式为

$$\frac{\mathrm{d}}{\mathrm{d}x}\left[(1-x^2)\frac{\mathrm{d}\Theta(x)}{\mathrm{d}x}\right]-\frac{m^2}{1-x^2}\Theta(x)+l(l+1)\Theta(x)=0,$$

其中,$x\in[-1,1]$,m 为给定的参数,$l(l+1)$,$l=0,1,2,\cdots$为本征值,$\mathrm{P}_l^m(x)$为相应的本征函数,权函数为单位 1.

1. 正交性

对于给定的参数 m,两个不同阶的连带勒让德函数带单位权函数正交,即

$$\int_{-1}^{1}\mathrm{P}_l^m(x)\mathrm{P}_k^m(x)\mathrm{d}x=0,\ l\neq k, \tag{6.5.14}$$

其中,$m=0,1,2,\cdots;l,k=m,m+1,m+2,\cdots$.

2. 模的平方

连带勒让德函数 $\mathrm{P}_l^m(x)$ 的模的平方

$$(N_l^m)^2=\frac{(l+m)!}{(l-m)!}\frac{2}{2l+1}, \tag{6.5.15}$$

其中,$m=0,1,2,\cdots;l=m,m+1,m+2,\cdots$.

证明:连带勒让德函数 $\mathrm{P}_l^m(x)$ 的模的平方的计算公式

$$(N_l^m)^2=\int_{-1}^{1}\mathrm{P}_l^m(x)\mathrm{P}_l^m(x)\mathrm{d}x, \tag{6.5.16}$$

由(6.5.5)式,可得

$$\mathrm{P}_l^m(x)=(-1)^m\frac{(l+m)!}{(l-m)!}\mathrm{P}_l^{-m}(x), \tag{6.5.17}$$

将(6.5.17)式代入(6.5.16)式,可得

$$(N_l^m)^2=(-1)^m\frac{(l+m)!}{(l-m)!}\int_{-1}^{1}\mathrm{P}_l^m(x)\mathrm{P}_l^{-m}(x)\mathrm{d}x.$$

将连带勒让德函数的微分公式(6.5.3)式和(6.5.4)式代入上式,可得

$$(N_l^m)^2=(-1)^m\frac{(l+m)!}{(l-m)!}\frac{1}{2^{2l}(l!)^2}\int_{-1}^{1}\frac{\mathrm{d}^{l+m}}{\mathrm{d}x^{l+m}}(x^2-1)^l\frac{\mathrm{d}^{l-m}}{\mathrm{d}x^{l-m}}(x^2-1)^l\mathrm{d}x. \tag{6.5.18}$$

利用分部积分计算上式的积分,即

$$\begin{aligned}
&\int_{-1}^{1}\frac{\mathrm{d}^{l+m}}{\mathrm{d}x^{l+m}}(x^2-1)^l\frac{\mathrm{d}^{l-m}}{\mathrm{d}x^{l-m}}(x^2-1)^l\mathrm{d}x\\
=&\int_{-1}^{1}\frac{\mathrm{d}^{l+m}}{\mathrm{d}x^{l+m}}(x^2-1)^l\mathrm{d}\left[\frac{\mathrm{d}^{l-m-1}}{\mathrm{d}x^{l-m-1}}(x^2-1)^l\right]\\
=&\frac{\mathrm{d}^{l+m}}{\mathrm{d}x^{l+m}}(x^2-1)^l\frac{\mathrm{d}^{l-m-1}}{\mathrm{d}x^{l-m-1}}(x^2-1)^l\Bigg|_{-1}^{1}-\int_{-1}^{1}\frac{\mathrm{d}^{l+m+1}}{\mathrm{d}x^{l+m+1}}(x^2-1)^l\frac{\mathrm{d}^{l-m-1}}{\mathrm{d}x^{l-m-1}}(x^2-1)^l\mathrm{d}x\\
=&-\int_{-1}^{1}\frac{\mathrm{d}^{l+m+1}}{\mathrm{d}x^{l+m+1}}(x^2-1)^l\frac{\mathrm{d}^{l-m-1}}{\mathrm{d}x^{l-m-1}}(x^2-1)^l\mathrm{d}x.
\end{aligned}$$

根据上面分部积分的演化规律,(6.5.18)式中的积分通过$(l-m)$次分部积分,可简化为

$$\int_{-1}^{1}\frac{\mathrm{d}^{l+m}}{\mathrm{d}x^{l+m}}(x^2-1)^l\frac{\mathrm{d}^{l-m}}{\mathrm{d}x^{l-m}}(x^2-1)^l\mathrm{d}x=(-1)^{l-m}\int_{-1}^{1}\frac{\mathrm{d}^{2l}}{\mathrm{d}x^{2l}}(x^2-1)^l\cdot(x^2-1)^l\mathrm{d}x$$
$$=(-1)^{l-m}(2l)!\int_{-1}^{1}(x^2-1)^l\mathrm{d}x. \tag{6.5.19}$$

将积分公式(6.3.19)式代入上式,可得

$$\int_{-1}^{1}\frac{\mathrm{d}^{l+m}}{\mathrm{d}x^{l+m}}(x^2-1)^l\frac{\mathrm{d}^{l-m}}{\mathrm{d}x^{l-m}}(x^2-1)^l\mathrm{d}x=(-1)^m(l!)^2\frac{2^{2l+1}}{2l+1}. \tag{6.5.20}$$

将(6.5.20)式代入(6.5.18)式,即可得连带勒让德函数的模的平方

$$(N_l^m)^2=\frac{(l+m)!}{(l-m)!}\frac{2}{2l+1}.$$

连带勒让德函数$\{\mathrm{P}_l^m(x),l=m,m+1,m+2,\cdots\}$的正交性及模的平方的公式可统一表示为

$$\int_{-1}^{1}\mathrm{P}_l^m(x)\mathrm{P}_k^m(x)\mathrm{d}x=\frac{(l+m)!}{(l-m)!}\frac{2}{2l+1}\delta_{lk}. \tag{6.5.21}$$

其中,δ_{lk}为克罗内克符号。

如果连带勒让德函数 $\mathrm{P}_l^m(x)$的自变量写为 $\cos\theta$,则 $\mathrm{P}_l^m(\cos\theta)$的正交性和模的平方公式可等价地表示为

$$\int_{0}^{\pi}\mathrm{P}_l^m(\cos\theta)\mathrm{P}_k^m(\cos\theta)\sin\theta\mathrm{d}\theta=\frac{(l+m)!}{(l-m)!}\frac{2}{2l+1}\delta_{lk}. \tag{6.5.22}$$

6.5.5 连带勒让德函数的完备性

对于任意给定的正整数 m,连带勒让德函数$\{\mathrm{P}_l^m(x),l=m,m+1,m+2,\cdots\}$在定义域$[-1,1]$内是完备的。定义域内的任意一个分段光滑的有界函数$f(x)$,都可以将连带勒让德函数作为基底进行广义傅里叶级数展开

$$f(x)=\sum_{l=m}^{\infty}C_l\mathrm{P}_l^m(x), \tag{6.5.23}$$

展开系数

$$C_l=\frac{2l+1}{2}\frac{(l-m)!}{(l+m)!}\int_{-1}^{1}f(x)\mathrm{P}_l^m(x)\mathrm{d}x. \tag{6.5.24}$$

如果连带勒让德函数的自变量用 $\cos\theta$ 表示,则(6.5.23)式等价地写为

$$f(\cos\theta)=\sum_{l=m}^{\infty}C_l\mathrm{P}_l^m(\cos\theta), \tag{6.5.25}$$

展开系数

$$C_l=\frac{2l+1}{2}\frac{(l-m)!}{(l+m)!}\int_{0}^{\pi}f(\cos\theta)\mathrm{P}_l^m(\cos\theta)\sin\theta\mathrm{d}\theta. \tag{6.5.26}$$

授课视频

§6.6　球 谐 函 数

6.6.1　球谐函数的定义

球坐标系下的拉普拉斯方程经过第一次分离变量后,得到的关于角度变量 θ 和 φ 的偏微分方程为球谐函数方程,其形式为

$$\frac{1}{\sin\theta}\frac{\partial}{\partial\theta}\left[\sin\theta\frac{\partial Y(\theta,\varphi)}{\partial\theta}\right]+\frac{1}{\sin^2\theta}\frac{\partial^2 Y(\theta,\varphi)}{\partial\varphi^2}+\lambda Y(\theta,\varphi)=0, \tag{6.6.1}$$

其中,$\theta\in[0,\pi]$,$\varphi\in[0,2\pi]$,λ 为待确定的本征值。

(6.6.1)式与 $Y(\theta,0)=Y(\theta,2\pi)$、$\left.\frac{\partial Y(\theta,\varphi)}{\partial\varphi}\right|_{\varphi=0}=\left.\frac{\partial Y(\theta,\varphi)}{\partial\varphi}\right|_{\varphi=2\pi}$ 的周期边界条件以及 $Y(0,\varphi)$、$Y(\pi,\varphi)$ 为有限值的自然边界条件,构成本征问题。

设 $Y(\theta,\varphi)=\Theta(\theta)\Phi(\varphi)$,通过分离变量法,得到 $\Phi(\varphi)$ 和 $\Theta(\theta)$ 分别满足的方程为

$$\frac{\mathrm{d}^2\Phi(\varphi)}{\mathrm{d}\varphi^2}+\mu\Phi(\varphi)=0, \tag{6.6.2}$$

$$\sin\theta\frac{\mathrm{d}}{\mathrm{d}\theta}\left[\sin\theta\frac{\mathrm{d}\Theta(\theta)}{\mathrm{d}\theta}\right]+(\lambda\sin^2\theta-\mu)\Theta(\theta)=0. \tag{6.6.3}$$

根据 §6.1 的内容可知,在周期边界条件限制下,(6.6.2)式的本征值 $\mu=m^2$,本征函数解可以写成三角函数形式,也可以写成指数函数形式。此处采用指数函数形式的本征函数解,即 $\Phi_m(\varphi)=\mathrm{e}^{\mathrm{i}m\varphi}$,$m=0,\pm1,\pm2,\cdots$.

根据 §6.4 的内容可知,在自然边界条件限制下,连带勒让德方程(6.6.3)式的本征值 $\lambda=l(l+1)$,对应的本征函数解为连带勒让德函数 $\mathrm{P}_l^m(\cos\theta)$,其中,$l=0,1,2,\cdots$;$m=0,1,2,\cdots,l$.

由以上分析可知,在周期边界条件和自然边界条件限制下,(6.6.1)式的本征值 $\lambda=l(l+1)$,$l=0,1,2,\cdots$,对应的本征函数解

$$Y_{l,m}(\theta,\varphi)=A_{l,m}\mathrm{P}_l^m(\cos\theta)\mathrm{e}^{\mathrm{i}m\varphi},\ m=0,\pm1,\pm2,\cdots,\pm l. \tag{6.6.4}$$

需要说明的是,由于本征函数 $\Phi_m(\varphi)=\mathrm{e}^{\mathrm{i}m\varphi}$ 属于球谐函数 $Y_{l,m}(\theta,\varphi)$ 的一部分,在本征函数 $\Phi_m(\varphi)=\mathrm{e}^{\mathrm{i}m\varphi}$ 中,m 被推广到负整数,因此,球谐函数 $Y_{l,m}(\theta,\varphi)$ 中的参数 m 也可以取负整数。m 取负整数的 $\mathrm{P}_l^m(\cos\theta)$ 与 m 取正整数的 $\mathrm{P}_l^m(\cos\theta)$ 仅相差一个常系数,其定义见 §6.5 中的(6.5.5)式。

(6.6.4)式中的系数 $A_{l,m}$ 可以取任意值。连带勒让德函数 $\mathrm{P}_l^m(\cos\theta)$ 的模 $N_l^m=\sqrt{\frac{(l+m)!}{(l-m)!}\frac{2}{2l+1}}$,本征函数 $\mathrm{e}^{\mathrm{i}m\varphi}$ 的模为 $\sqrt{2\pi}$,如果 $A_{l,m}$ 取以上两个本征函数的模的乘积的倒数,即

$$A_{l,m}=(-1)^m\sqrt{\frac{(2l+1)(l-m)!}{4\pi(l+m)!}}, \tag{6.6.5}$$

则按此构造的球谐函数的模等于单位 1,按此种方式取值的 $A_{l,m}$ 称为归一化常数。另外,

(6.6.5)式的归一化常数 $A_{l,m}$ 还额外包含一个相因子 $(-1)^m$，这种相因子的取法规定了不同 m 取值的球谐函数之间存在确定的相差，并未影响球谐函数的归一化。

将(6.6.5)式代入(6.6.4)式，即为**球谐函数**(spehercial harmonic funciton)的定义

$$Y_{l,m}(\theta,\varphi)=(-1)^m\sqrt{\frac{(2l+1)(l-m)!}{4\pi(l+m)!}}\mathrm{P}_l^m(\cos\theta)\mathrm{e}^{\mathrm{i}m\varphi}, \tag{6.6.6}$$

其中，$\theta\in[0,\pi]$，$\varphi\in[0,2\pi]$，$l=0,1,2,\cdots$，$m=0,\pm1,\pm2,\cdots,\pm l$. $Y_{l,m}(\theta,\varphi)$ 有两个指标 l 和 m，l 称为球谐函数的阶，在量子力学中 l 是描述角动量大小的量子指标，称为角动量量子数；m 是与磁矩相关的量子指标，称为磁量子数。

综上，对于球谐函数方程(6.6.1)式，方程的本征值 $\lambda=l(l+1)$，本征函数为 $Y_{l,m}(\theta,\varphi)$。通常来讲，一个本征值对应一个本征函数。然而，从球谐函数的定义(6.6.6)式来看，对于一个确定的 l，$m=0,\pm1,\pm2,\cdots,\pm l$，即有 $2l+1$ 个不同的球谐函数与确定本征值 $l(l+1)$ 相对应。这种一个本征值对应多个本征函数的情况称为"**简并**"，我们把对应本征函数的个数称为"**简并度**"。显然，l 阶球谐函数 $Y_{l,m}(\theta,\varphi)$ 的简并度为 $2l+1$.

6.6.2 球谐函数的性质

1. 前几个球谐函数的公式

$$\begin{cases} Y_{0,0}(\theta,\varphi)=\dfrac{1}{\sqrt{4\pi}}, Y_{1,0}(\theta,\varphi)=\sqrt{\dfrac{3}{4\pi}}\cos\theta, \\ Y_{1,\pm1}(\theta,\varphi)=\mp\sqrt{\dfrac{3}{8\pi}}\sin\theta\mathrm{e}^{\pm\mathrm{i}\varphi}, Y_{2,0}(\theta,\varphi)=\sqrt{\dfrac{5}{16\pi}}(3\cos^2\theta-1), \\ Y_{2,\pm1}(\theta,\varphi)=\mp\sqrt{\dfrac{15}{8\pi}}\sin\theta\cos\theta\mathrm{e}^{\pm\mathrm{i}\varphi}, Y_{2,\pm2}(\theta,\varphi)=\sqrt{\dfrac{15}{32\pi}}\sin^2\theta\mathrm{e}^{\pm2\mathrm{i}\varphi}. \end{cases} \tag{6.6.7}$$

图 6.6 给出前几个球谐函数的空间分布图像。图中曲面上任一点在坐标系中的极角 θ 和方位角 φ 对应球谐函数的自变量，该点到原点的距离代表该角度 (θ,φ) 处球谐函数(如果是复函数，则分为实部和虚部)的绝对值，即 $Y_{lm}(\theta,\varphi)$ 的数值大小。例如，球谐函数 $Y_{0,0}(\theta,\varphi)=\dfrac{1}{\sqrt{4\pi}}$，与角度变量 θ 和 φ 无关，图中曲面是一个球面，且曲面上各点到原点的距离为 $\dfrac{1}{\sqrt{4\pi}}$. 又如球谐函数 $Y_{1,0}(\theta,\varphi)=\sqrt{\dfrac{3}{4\pi}}\cos\theta$，只与 θ 有关，与方位角 φ 无关，图中曲面围绕极轴具有旋转对称性；当 $\theta=0$ 和 $\theta=\pi$ 时，$|Y_{1,0}|=\sqrt{\dfrac{3}{4\pi}}$，对应于曲面上南极点和北极点到原点的距离等于 $\sqrt{\dfrac{3}{4\pi}}$；而当 $\theta=\dfrac{\pi}{2}$ 时，$Y_{1,0}=0$，对应于坐标系中赤道上的点到原点的距离等于零，即赤道缩为一点。因此，图中 $Y_{1,0}(\theta,\varphi)$ 曲面呈现花生状的空间分布。

2. 球谐函数的正交性及模的平方

球谐函数 $\{Y_{l,m}(\theta,\varphi)\}$ 具有如下的正交关系

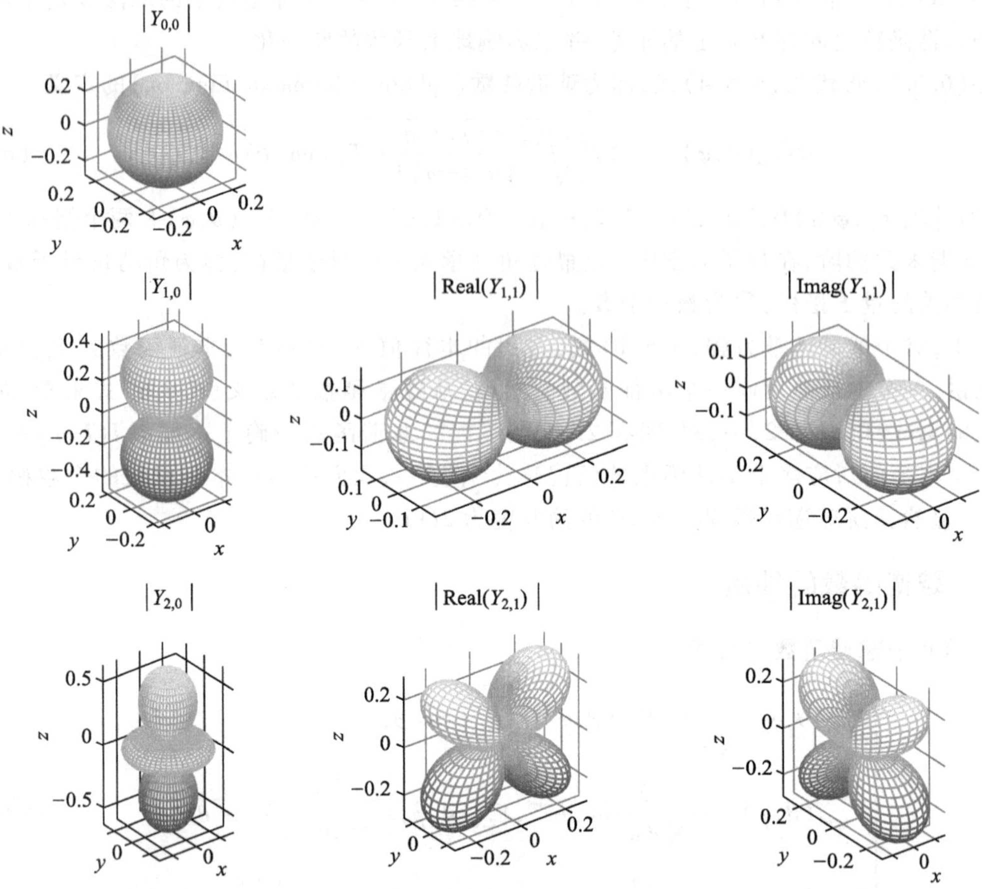

图 6.6　前几个球谐函数的空间分布图像

$$\int_0^{2\pi}\int_0^{\pi} Y_{l,m}(\theta,\varphi)\,Y_{l',m'}^*(\theta,\varphi)\sin\theta\,\mathrm{d}\theta\,\mathrm{d}\varphi=\delta_{ll'}\delta_{mm'},\tag{6.6.8}$$

其中，$\delta_{ll'}$ 和 $\delta_{mm'}$ 均为克罗内克符号，$Y_{l',m'}^*(\theta,\varphi)$ 是球谐函数的复共轭函数。

3. 球谐函数的完备性

球谐函数 $\{Y_{l,m}(\theta,\varphi),l=0,1,2,\cdots;m=0,\pm1,\pm2,\cdots,\pm l\}$ 在定义域 $\theta\in[0,\pi]$ 和 $\varphi\in[0,2\pi]$ 内是完备的。定义域内的任意单值有界函数 $f(\theta,\varphi)$，都可以将球谐函数 $\{Y_{l,m}(\theta,\varphi)\}$ 作为基底进行二重广义傅里叶级数展开

$$f(\theta,\varphi)=\sum_{l=0}^{\infty}\sum_{m=-l}^{l}C_{l,m}Y_{l,m}(\theta,\varphi),\tag{6.6.9}$$

展开系数

$$C_{l,m}=\int_0^{2\pi}\int_0^{\pi} f(\theta,\varphi)\,Y_{l,m}^*(\theta,\varphi)\sin\theta\,\mathrm{d}\theta\,\mathrm{d}\varphi.\tag{6.6.10}$$

【例 1】　将定义在 $0\leqslant\theta\leqslant\pi,0\leqslant\varphi\leqslant2\pi$ 上的函数 $f(\theta,\varphi)=3\sin^2\theta\cos^2\varphi-1$ 以球谐函数 $\{Y_{l,m}(\theta,\varphi),l=0,1,2,\cdots;m=0,\pm1,\pm2,\cdots,\pm l\}$ 为基底展开广义傅里叶级数。

解：由于球谐函数关于变量 φ 是 e 指数的形式，因此，利用欧拉公式，可得

$$f(\theta,\varphi)=3\sin^2\theta\cos^2\varphi-1=3\sin^2\theta\left(\frac{e^{i\varphi}+e^{-i\varphi}}{2}\right)^2-1.$$

将其展开,可得

$$f(\theta,\varphi)=\frac{3}{4}\sin^2\theta e^{2i\varphi}+\frac{3}{4}\sin^2\theta e^{-2i\varphi}+\frac{3}{2}\sin^2\theta-1.$$

按照前几个球谐函数进行构造,可得

$$f(\theta,\varphi)=\frac{3}{4}\sqrt{\frac{32\pi}{15}}\left(\sqrt{\frac{15}{32\pi}}\sin^2\theta e^{2i\varphi}\right)+\frac{3}{4}\sqrt{\frac{32\pi}{15}}\left(\sqrt{\frac{15}{32\pi}}\sin^2\theta e^{-2i\varphi}\right)-\frac{1}{2}(3\cos^2\theta-1).$$

因此,函数 $f(\theta,\varphi)$ 以球谐函数 $\{Y_{l,m}(\theta,\varphi)\}$ 为基底的广义傅里叶级数为

$$f(\theta,\varphi)=\sqrt{\frac{6\pi}{5}}Y_{2,2}(\theta,\varphi)+\sqrt{\frac{6\pi}{5}}Y_{2,-2}(\theta,\varphi)-2\sqrt{\frac{\pi}{5}}Y_{2,0}(\theta,\varphi).$$

§ 6.7 球坐标系下拉普拉斯方程的通解

授课视频

球坐标系下的拉普拉斯方程

$$\frac{1}{r^2}\frac{\partial}{\partial r}\left(r^2\frac{\partial u}{\partial r}\right)+\frac{1}{r^2\sin\theta}\frac{\partial}{\partial\theta}\left(\sin\theta\frac{\partial u}{\partial\theta}\right)+\frac{1}{r^2\sin^2\theta}\frac{\partial^2 u}{\partial\varphi^2}=0.$$

通过分离变量法,得到如下三个常微分方程:

$$\begin{cases}\dfrac{d}{dr}\left[r^2\dfrac{dR(r)}{dr}\right]-\lambda R(r)=0,\\[2mm]\dfrac{d^2\Phi(\varphi)}{d\varphi^2}+\mu\Phi(\varphi)=0,\\[2mm]\sin\theta\dfrac{d}{d\theta}\left[\sin\theta\dfrac{d\Theta(\theta)}{d\theta}\right]+(\lambda\sin^2\theta-\mu)\Theta(\theta)=0.\end{cases}$$

其中,λ 和 μ 为分离变量常数。

在自然边界条件和周期边界条件的限制下,分离变量常数 $\lambda=l(l+1)$ 且 $\mu=m^2$,上面三个方程的通解或本征解分别为

$$\begin{cases}R_l(r)=A_lr^l+\dfrac{B_l}{r^{l+1}},\\[2mm]\Phi_m(\varphi)=C_m\cos m\varphi+D_m\sin m\varphi,\\[2mm]\Theta(\theta)=P_l^m(\cos\theta),\end{cases}$$

其中,$l=0,1,2,\cdots;m=0,1,2,\cdots,l.$

当 l 和 m 给定时,球坐标系下拉普拉斯方程的特解

$$u_{l,m}(r,\theta,\varphi)=\left(A_lr^l+\frac{B_l}{r^{l+1}}\right)P_l^m(\cos\theta)(C_m\cos m\varphi+D_m\sin m\varphi).$$

根据叠加原理,不同 l 和 m 取值的 $u_{l,m}(r,\theta,\varphi)$ 的线性叠加仍然是拉普拉斯方程的解,因

此,球坐标系下拉普拉斯方程的通解

$$u(r,\theta,\varphi)=\sum_{l=0}^{\infty}\sum_{m=0}^{l}\left(A_l r^l+\frac{B_l}{r^{l+1}}\right)\mathrm{P}_l^m(\cos\theta)(C_m\cos m\varphi+D_m\sin m\varphi).\tag{6.7.1}$$

如果通解(6.7.1)式中关于角度的两个函数用球谐函数 $Y_{l,m}(\theta,\varphi)$ 表示,则通解可以等价地表示为

$$u(r,\theta,\varphi)=\sum_{l=0}^{\infty}\sum_{m=-l}^{l}\left(A_{l,m}r^l+\frac{B_{l,m}}{r^{l+1}}\right)Y_{l,m}(\theta,\varphi).\tag{6.7.2}$$

对于某些特定的物理问题,如果由拉普拉斯方程所描述的物理量关于极轴具有旋转对称性,则其通解的表示形式应与方位角 φ 无关。因此,指标 m 只能取零,$\Phi(\varphi)$ 退化为常数,$\Theta(\theta)$ 退化为勒让德多项式。此种情况下,球坐标系下拉普拉斯方程的通解退化为

$$u(r,\theta)=\sum_{l=0}^{\infty}\left(A_l r^l+\frac{B_l}{r^{l+1}}\right)\mathrm{P}_l(\cos\theta).\tag{6.7.3}$$

【例1】 假设一个半径为 a 的空心球内和球外都没有任何自由电荷,在以球心为坐标原点的球坐标系下,球体表面的电势分布为 $u(r,\theta,\varphi)\big|_{r=a}=3+2\cos\theta+4\cos^2\theta$,请分别计算球内和球外的电势分布。

解:(1) 由于球体表面的电势围绕极轴具有旋转对称性(与方位角 φ 无关),所以球内各点电势也与方位角 φ 无关,因此,球内电势满足的定解问题为

$$\begin{cases}\nabla^2 u_{\text{in}}(r,\theta)=0,r<a,\\ u_{\text{in}}\big|_{r=0}\neq\infty,u_{\text{in}}\big|_{r=a}=3+2\cos\theta+4\cos^2\theta.\end{cases}$$

球内电势的通解

$$u_{\text{in}}(r,\theta)=\sum_{l=0}^{\infty}\left(A_l r^l+\frac{B_l}{r^{l+1}}\right)\mathrm{P}_l(\cos\theta).$$

由 $u_{\text{in}}\big|_{r=0}\neq\infty$,可得系数

$$B_l=0.$$

由 $u_{\text{in}}\big|_{r=a}=3+2\cos\theta+4\cos^2\theta$,并令 $x=\cos\theta$,可得

$$u_{\text{in}}=\sum_{l=0}^{\infty}A_l a^l\mathrm{P}_l(x)=3+2x+4x^2.$$

利用待定系数法,可得

$$A_0=\frac{13}{3},\quad A_1=\frac{2}{a},\quad A_2=\frac{8}{3a^2}.$$

因此,球内的电势分布为

$$u_{\text{in}}(r,\theta)=\frac{8r^2}{3a^2}\mathrm{P}_2(\cos\theta)+\frac{2r}{a}\mathrm{P}_1(\cos\theta)+\frac{13}{3},r<a.$$

(2) 由于球面的电势围绕极轴具有旋转对称性(与方位角 φ 无关),所以,球外各点电势也与方位角 φ 无关,球外电势满足的定解问题为

$$\begin{cases}\nabla^2 u_{\text{out}}(r,\theta)=0,r>a,\\ u_{\text{out}}\big|_{r=a}=3+2\cos\theta+4\cos^2\theta,\ u_{\text{out}}\big|_{r\to\infty}\neq\infty.\end{cases}$$

球外电势的通解

$$u_{\text{out}}(r,\theta) = \sum_{l=0}^{\infty}\left(C_l r^l + \frac{D_l}{r^{l+1}}\right) \mathrm{P}_l(\cos\theta).$$

由 $u_{\text{out}}\big|_{r\to\infty} \neq \infty$，可得

$$C_l = 0.$$

由 $u_{\text{out}}\big|_{r=a} = 3+2\cos\theta+4\cos^2\theta$，并令 $x=\cos\theta$，可得

$$\sum_{l=0}^{\infty}\frac{D_l}{a^{l+1}}\mathrm{P}_l(x) = 3 + 2x + 4x^2.$$

利用待定系数法，可得

$$D_0 = \frac{13}{3}a;D_1 = 2a^2;D_2 = \frac{8}{3}a^3.$$

因此，球外的电势分布

$$u_{\text{out}}(r,\theta)=\frac{8a^3}{3r^3}\mathrm{P}_2(\cos\theta)+\frac{2a^2}{r^2}\mathrm{P}_1(\cos\theta)+\frac{13a}{3r},r>a.$$

【例 2】 真空区域中（介电常量为 ε_0）存在电场强度大小为 E_0 的均匀电场，将一个半径为 a 的接地导体球放置该均匀电场中，请计算球外电势分布。

解：如果选取导体球的球心为坐标原点，电场方向作为球坐标系的极轴方向，则电势围绕极轴具有旋转对称性，求解过程将简化。

由于导体球上的感应电荷在无穷远点产生的电势为零，因此，无穷远点的电势只与均匀电场有关，且沿着均匀电场方向，电势逐渐降低。如果假定导体球以及穿过其球心且垂直于极轴方向的无限大平面为零电势面，则无穷远点电势 $u\big|_{r\to\infty} = -E_0 z$. 由直角坐标系和球坐标系的变量关系 $z=r\cos\theta$，可得无穷远点电势 $u\big|_{r\to\infty} = -E_0 r\cos\theta$. 球外电势 $u(r,\theta)$ 满足定解问题：

$$\begin{cases}\nabla^2 u(r,\theta) = 0, r>a,\\ u\big|_{r=a} = 0, u\big|_{r\to\infty} = -E_0 r\cos\theta.\end{cases}$$

球外电势的通解

$$u(r,\theta) = \sum_{l=0}^{\infty}\left(A_l r^l + \frac{B_l}{r^{l+1}}\right)\mathrm{P}_l(\cos\theta).$$

由边界条件 $u\big|_{r=a} = 0$，可得

$$B_l = -A_l a^{2l+1}.$$

因此，通解可写为

$$u(r,\theta) = \sum_{l=0}^{\infty} A_l\left(r^l - \frac{a^{2l+1}}{r^{l+1}}\right)\mathrm{P}_l(\cos\theta).$$

由边界条件 $u\big|_{r\to\infty} = -E_0 r\cos\theta$，并令 $x=\cos\theta$，得到

$$\lim_{r\to\infty} u(r,\theta) = \sum_{l=0}^{\infty} A_l r^l \mathrm{P}_l(x) = - E_0 r x.$$

比较等式两边 r 的系数，可得

$$A_1 = -E_0, A_l = 0(l\neq 1).$$

因此，球外电势分布

$$u(r,\theta)=-E_0\left(r-\frac{a^3}{r^2}\right)\cos\theta, r\geqslant a.$$

【例 3】 假设一个半径为 r_0 的球壳内部没有自由电荷，在以球心为坐标原点的球坐标系下，球面上电势分布为$u(r,\theta,\varphi)\big|_{r=r_0}=u_0\sin^2\theta\cos\varphi\sin\varphi$，其中，$u_0$ 为常量，求球壳内部的电势分布。

解：定解问题为

$$\begin{cases}\nabla^2 u(r,\theta,\varphi)=0, r<r_0,\\ u\big|_{r=0}\neq\infty, u\big|_{r=r_0}=u_0\sin^2\theta\cos\varphi\sin\varphi.\end{cases}$$

由于球面边界条件含有方位角 φ，研究区域内的电势围绕极轴不具有旋转对称性。此种情况下，拉普拉斯方程的通解

$$u(r,\theta,\varphi)=\sum_{l=0}^{\infty}\sum_{m=0}^{l}\left(A_l r^l+\frac{B_l}{r^{l+1}}\right)\mathrm{P}_l^m(\cos\theta)(C_m\cos m\varphi+D_m\sin m\varphi).$$

由自然边界条件$u\big|_{r=0}\neq\infty$，可得

$$B_l=0.$$

通解简化为

$$u(r,\theta,\varphi)=\sum_{l=0}^{\infty}\sum_{m=0}^{l}r^l(E_{l,m}\cos m\varphi+F_{l,m}\sin m\varphi)\mathrm{P}_l^m(\cos\theta),$$

其中，$E_{l,m}=A_lC_m$，$F_{l,m}=A_lD_m$.

由边界条件$u\big|_{r=r_0}=u_0\sin^2\theta\cos\varphi\sin\varphi$，可得

$$\begin{aligned}\sum_{l=0}^{\infty}\sum_{m=0}^{l}r_0^l(E_{l,m}\cos m\varphi+F_{l,m}\sin m\varphi)\mathrm{P}_l^m(\cos\theta)&=u_0\sin^2\theta\cos\varphi\sin\varphi\\&=\frac{1}{6}u_0\mathrm{P}_2^2(\cos\theta)\sin 2\varphi.\end{aligned}$$

比较系数得

$$\begin{cases}F_{2,2}=\dfrac{1}{6r_0^2}u_0; F_{l,m}=0\quad(l\neq 2 \text{ 或 } m\neq 2),\\ E_{l,m}=0\quad(l,m=0,1,2,\cdots).\end{cases}$$

因此，球壳内部的电势

$$u(r,\theta,\varphi)=\frac{1}{6r_0^2}u_0r^2\mathrm{P}_2^2(\cos\theta)\sin 2\varphi=\frac{u_0}{2r_0^2}r^2\sin^2\theta\sin 2\varphi, r<r_0.$$

另外，非极轴旋转对称条件的拉普拉斯方程的通解中关于 θ 和 φ 的函数也可用球谐函数表示，即

$$u(r,\theta,\varphi)=\sum_{l=0}^{\infty}\sum_{m=-l}^{l}\left(A_{l,m}r^l+\frac{B_{l,m}}{r^{l+1}}\right)Y_{l,m}(\theta,\varphi).$$

由自然边界条件$u\big|_{r=0}\neq\infty$，可得

$$B_l=0.$$

通解简化为

$$u(r,\theta,\varphi)=\sum_{l=0}^{\infty}\sum_{m=-l}^{l}A_{l,m}r^lY_{l,m}(\theta,\varphi).$$

由边界条件$u|_{r=r_0}=u_0\sin^2\theta\cos\varphi\sin\varphi$，可得

$$\sum_{l=0}^{\infty}\sum_{m=-l}^{l}A_{l,m}r_0^lY_{l,m}(\theta,\varphi)=u_0\sin^2\theta\cos\varphi\sin\varphi$$

$$=-\mathrm{i}u_0\sqrt{\frac{2\pi}{15}}[Y_{2,2}(\theta,\varphi)-Y_{2,-2}(\theta,\varphi)].$$

比较系数得

$$\begin{cases}A_{2,2}=-\mathrm{i}\dfrac{u_0}{r_0^2}\sqrt{\dfrac{2\pi}{15}},\\A_{2,-2}=\mathrm{i}\dfrac{u_0}{r_0^2}\sqrt{\dfrac{2\pi}{15}},\\A_{l,m}=0(l\neq2,m\neq\pm2).\end{cases}$$

因此，球壳内部的电势分布

$$u(r,\theta,\varphi)=-\mathrm{i}\frac{u_0}{r_0^2}\sqrt{\frac{2\pi}{15}}[Y_{2,2}(\theta,\varphi)-Y_{2,-2}(\theta,\varphi)]r^2=\frac{u_0}{2r_0^2}r^2\sin^2\theta\sin2\varphi,r<r_0.$$

以上两种方法得到的解是相同的。

第 6 章习题

1. 利用勒让德多项式的微分公式证明 $\mathrm{P}_l(1)=1$.

2. 利用勒让德多项式的性质计算下列积分：

(1) $\int_{-1}^{1}x\mathrm{P}_k(x)\mathrm{P}_l(x)\mathrm{d}x$；　(2) $\int_{-1}^{1}x^2\mathrm{P}_l(x)\mathrm{P}_{l+2}(x)\mathrm{d}x$；

(3) $\int_{-1}^{1}x\mathrm{P}_{10}(x)\mathrm{P}_{11}(x)\mathrm{d}x$；　(4) $\int_{0}^{1}x\mathrm{P}_l(x)\mathrm{d}x$.

3. 在定义域$-1\leqslant x\leqslant1$上，将下列函数以勒让德多项式为基底进行广义傅里叶级数展开：

(1) x^3；　(2) $|x|$.

4. 一个半径为 a 的球壳，假设上半球面电势为 V_1，下半球面电势为 V_2，V_1 和 V_2 均为常量。计算球内部的电势分布。

5. 一个半径为 R 的半球，假设其球面温度保持为 u_0，下底面温度为零度。计算半球内稳定的温度分布。

6. 一个半径为 R 的半球，其球面保持恒温 u_0，底面保持绝热。计算半球内稳定的温度分布。

7. 真空中(介电常量为 ε_0)存在一个电场强度大小为 E_0 的均匀电场，将一个半径为 a、介电常量为 ε 的介质球放置均匀电场中。求解球内、外的电势分布。

8. 有两个同心球壳，其内、外半径分别为 a 和 b. 在以球心为坐标原点的球坐标系中，内球面的电势为零，外球面的电势为 $u_0\cos^2\theta$. 求两球面之间区域的电势分布。

9. 求解如下定解问题

$$\begin{cases}\dfrac{\partial^2u(x,t)}{\partial t^2}-\dfrac{1}{2}\omega^2\dfrac{\partial}{\partial x}\left[(a^2-x^2)\dfrac{\partial u(x,t)}{\partial x}\right]=0,-a\leqslant x\leqslant a,t>0,\\u|_{x=\pm a}\neq\infty,\\u|_{t=0}=x/a,u_t|_{t=0}=0.\end{cases}$$

10. $P_{10}^{2}(x)$,$P_{10}^{3}(x)$,$P_{10}^{5}(x)$,… 是否是一个本征函数系内的不同本征函数？如果不是,请任意写出与本征函数 $P_{10}^{2}(x)$ 不同的两个本征函数。

11. 将函数 $f(x)=\begin{cases}u_0, 0\leqslant x\leqslant 1,\\ 0, -1\leqslant x<0.\end{cases}$ 以连带勒让德函数 $\{P_l^{2}(x), l=2,3,4,\cdots\}$ 为基底进行广义傅里叶级数展开。

12. 将函数 $\frac{1}{r^2}(x^2+2z^2+3xy+4xz)$ 以球谐函数 $\{Y_{l,m}(\theta,\varphi)\}$ 为基底进行广义傅里叶级数展开。

13. 一个半径为 r_0 均匀球体,在以球心为坐标原点的球坐标系下,球面上温度为 $(1+3\cos\theta)\sin\theta\cos\varphi$,求球内稳定的温度分布。

习题参考答案

第 7 章　柱坐标系下的拉普拉斯方程

本章利用分离变量法求解柱坐标系下的拉普拉斯方程，并介绍由此引出的特殊函数——三类贝塞尔函数、两类虚宗量贝塞尔函数和伽马函数。

第 7 章
课件资源

授课视频

§7.1　柱坐标系下拉普拉斯方程的分离变量法

柱坐标系下拉普拉斯方程的展开形式为

$$\frac{1}{\rho}\frac{\partial}{\partial\rho}\left(\rho\frac{\partial u}{\partial\rho}\right)+\frac{1}{\rho^2}\frac{\partial^2 u}{\partial\varphi^2}+\frac{\partial^2 u}{\partial z^2}=0,\tag{7.1.1}$$

其中，$u(\rho,\varphi,z)$是变量ρ、φ和z的函数。

下面，利用分离变量法，将柱坐标系下的拉普拉斯方程分离为三个常微分方程，然后分别求解这三个常微分方程。

设$u(\rho,\varphi,z)=R(\rho)\Phi(\varphi)Z(z)$，代入(7.1.1)式，可得

$$\frac{\Phi Z}{\rho}\frac{\mathrm{d}}{\mathrm{d}\rho}\left(\rho\frac{\mathrm{d}R}{\mathrm{d}\rho}\right)+\frac{RZ}{\rho^2}\frac{\mathrm{d}^2\Phi}{\mathrm{d}\varphi^2}+R\Phi\frac{\mathrm{d}^2 Z}{\mathrm{d}z^2}=0.$$

上式两边同乘以$\frac{\rho^2}{R\Phi Z}$，整理可得

$$\frac{\rho}{R}\frac{\mathrm{d}}{\mathrm{d}\rho}\left(\rho\frac{\mathrm{d}R}{\mathrm{d}\rho}\right)+\frac{\rho^2}{Z}\frac{\mathrm{d}^2 Z}{\mathrm{d}z^2}=-\frac{1}{\Phi}\frac{\mathrm{d}^2\Phi}{\mathrm{d}\varphi^2}.\tag{7.1.2}$$

上式左边是关于变量ρ和z的函数，右边是关于变量φ的函数。对于任意的变量ρ、z和φ，上式恒成立。因此，等式的左右两边只能等于一个相同的常数。与§6.1中在球坐标系下拉普拉斯方程的分量变量法一样，函数$\Phi(\varphi)$需要满足周期边界条件，故这个分离变量常数只能等于$m^2(m=0,1,2,\cdots)$这样特定的常数。因此，柱坐标系下的拉普拉斯方程(7.1.1)式分离为如下两个方程

$$\frac{\mathrm{d}^2\Phi}{\mathrm{d}\varphi^2}+m^2\Phi=0,\tag{7.1.3}$$

$$\frac{\rho}{R}\frac{\mathrm{d}}{\mathrm{d}\rho}\left(\rho\frac{\mathrm{d}R}{\mathrm{d}\rho}\right)+\frac{\rho^2}{Z}\frac{\mathrm{d}^2 Z}{\mathrm{d}z^2}-m^2=0.\tag{7.1.4}$$

在周期边界条件下，(7.1.3)式的本征函数解

$$\Phi_m(\varphi)=C_m\cos m\varphi+D_m\sin m\varphi,\quad m=0,1,2,\cdots. \tag{7.1.5}$$

(7.1.4)式仍然是偏微分方程，需要通过分离变量法对其进行进一步的分离。(7.1.4)式两边同乘以 $1/\rho^2$，整理可得

$$\frac{1}{\rho R}\frac{\mathrm{d}}{\mathrm{d}\rho}\left(\rho\frac{\mathrm{d}R}{\mathrm{d}\rho}\right)-\frac{m^2}{\rho^2}=-\frac{1}{Z}\frac{\mathrm{d}^2Z}{\mathrm{d}z^2}. \tag{7.1.6}$$

同样，要保证对于任意的变量 ρ 和 z，上式恒成立，等式的左右两边只能等于相同的常数，设为 λ，则上式分离为如下两个二阶常微分方程：

$$\frac{\mathrm{d}^2Z(z)}{\mathrm{d}z^2}+\lambda Z(z)=0, \tag{7.1.7}$$

$$\rho^2\frac{\mathrm{d}^2R(\rho)}{\mathrm{d}\rho^2}+\rho\frac{\mathrm{d}R(\rho)}{\mathrm{d}\rho}-(\lambda\rho^2+m^2)R(\rho)=0. \tag{7.1.8}$$

综上，通过两次分离变量法，柱坐标系下的拉普拉斯方程分离为(7.1.3)式、(7.1.7)式和(7.1.8)式三个二阶常微分方程，产生两个分离变量常数 m^2 和 λ. 分离变量常数 m^2 和 $\Phi(\varphi)$ 的本征函数解已经确定，另外的两个常微分方程(7.1.7)式和(7.1.8)式待求解，其中的分离变量常数 λ 待确定。

根据分离变量常数 λ 可能的取值，下面先分类给出(7.1.7)式和(7.1.8)式的通解。

(1) $\lambda=0$

(7.1.7)式和(7.1.8)式分别退化为

$$\frac{\mathrm{d}^2Z(z)}{\mathrm{d}z^2}=0, \tag{7.1.9}$$

$$\rho^2\frac{\mathrm{d}^2R(\rho)}{\mathrm{d}\rho^2}+\rho\frac{\mathrm{d}R(\rho)}{\mathrm{d}\rho}-m^2R(\rho)=0. \tag{7.1.10}$$

(7.1.9)式的通解

$$Z(z)=E_0+F_0z, \tag{7.1.11}$$

其中，E_0 和 F_0 均为常数。

(7.1.10)式是变系数二阶常微分方程，属于欧拉方程，可以通过变量代换的方法，将其转换为常系数二阶常微分方程。设 $\rho=\mathrm{e}^t$，即 $t=\ln\rho$，根据复合函数求导法则，有如下关系：

$$\frac{\mathrm{d}R(\rho)}{\mathrm{d}\rho}=\frac{1}{\mathrm{e}^t}\frac{\mathrm{d}R(\mathrm{e}^t)}{\mathrm{d}t},$$

$$\frac{\mathrm{d}^2R(\rho)}{\mathrm{d}\rho^2}=\frac{1}{\mathrm{e}^{2t}}\frac{\mathrm{d}^2R(\mathrm{e}^t)}{\mathrm{d}t^2}-\frac{1}{\mathrm{e}^{2t}}\frac{\mathrm{d}R(\mathrm{e}^t)}{\mathrm{d}t}.$$

将以上两式代入(7.1.10)式，得到关于 $R(\mathrm{e}^t)$ 的常系数二阶常微分方程

$$\frac{\mathrm{d}^2R(\mathrm{e}^t)}{\mathrm{d}t^2}-m^2R(\mathrm{e}^t)=0. \tag{7.1.12}$$

其通解

$$R_m(\mathrm{e}^t)=\begin{cases}A_0+B_0t, & m=0,\\ A_m\mathrm{e}^{mt}+B_m\mathrm{e}^{-mt}, & m=1,2,3,\cdots.\end{cases} \tag{7.1.13}$$

将 $t=\ln\rho$ 代入上式，即可得到(7.1.10)式的通解

$$R_m(\rho)=\begin{cases}A_0+B_0\ln\rho, & m=0,\\ A_m\rho^m+\dfrac{B_m}{\rho^m}, & m=1,2,3,\cdots,\end{cases} \tag{7.1.14}$$

其中,A_m 和 B_m 均为常数。

(2) $\lambda<0$

设 $\lambda=-\mu$,其中,μ 为正数,(7.1.7)式的通解

$$Z(z)=Ee^{\sqrt{\mu}z}+Fe^{-\sqrt{\mu}z}, \tag{7.1.15}$$

或者写为双曲函数的形式

$$Z(z)=E\cosh(\sqrt{\mu}z)+F\sinh(\sqrt{\mu}z). \tag{7.1.16}$$

(7.1.8)式写为

$$\rho^2\frac{d^2R(\rho)}{d\rho^2}+\rho\frac{dR(\rho)}{d\rho}+(\mu\rho^2-m^2)R(\rho)=0. \tag{7.1.17}$$

设 $x=\sqrt{\mu}\rho$、$y(x)=R(\rho)$,利用复合函数求导法则,有如下关系:

$$\frac{dR(\rho)}{d\rho}=\sqrt{\mu}\frac{dy(x)}{dx},$$

$$\frac{d^2R(\rho)}{d\rho^2}=\mu\frac{d^2y(x)}{dx^2}.$$

将以上两式代入(7.1.17)式,可得

$$x^2\frac{d^2y(x)}{dx^2}+x\frac{dy(x)}{dx}+(x^2-m^2)y(x)=0. \tag{7.1.18}$$

(7.1.18)式称为**贝塞尔方程**。贝塞尔方程的求解过程将在 § 7.2 中介绍。

(3) $\lambda>0$

设 $\lambda=\mu$,其中,μ 为正数,(7.1.7)式的通解

$$Z(z)=E\cos\sqrt{\mu}z+F\sin\sqrt{\mu}z. \tag{7.1.19}$$

(7.1.8)式写为

$$\rho^2\frac{d^2R(\rho)}{d\rho^2}+\rho\frac{dR(\rho)}{d\rho}-(\mu\rho^2+m^2)R(\rho)=0. \tag{7.1.20}$$

同理,令 $x=\sqrt{\mu}\rho$、$y(x)=R(\rho)$,则(7.1.20)式可简化为

$$x^2\frac{d^2y(x)}{dx^2}+x\frac{dy(x)}{dx}-(x^2+m^2)y(x)=0. \tag{7.1.21}$$

(7.1.21)式称为**虚宗量贝塞尔方程**。虚宗量贝塞尔方程的求解将在 § 7.4 中介绍。

【例 1】 一个半径为单位 1、高度无限长的圆柱体,假设圆柱体侧面的温度分布为 $u(\rho,\varphi)\big|_{\rho=1}=\begin{cases}1, & 0\leqslant\varphi\leqslant\pi,\\ 0, & \pi<\varphi\leqslant 2\pi.\end{cases}$,求圆柱体内部稳定的温度分布。

解:通过分析可知,圆柱体内部温度与高度 z 无关,因此,圆柱体内部温度满足如下的定解问题:

$$\begin{cases}\dfrac{1}{\rho}\dfrac{\partial}{\partial\rho}\left(\rho\dfrac{\partial u}{\partial\rho}\right)+\dfrac{1}{\rho^2}\dfrac{\partial^2u}{\partial\varphi^2}=0,0<\rho<1,0\leqslant\varphi\leqslant 2\pi,\\ u(\rho,\varphi)\big|_{\rho=0}\to\text{有限值},u(\rho,\varphi)\big|_{\rho=1}=\begin{cases}1, & 0\leqslant\varphi\leqslant\pi,\\ 0, & \pi<\varphi\leqslant 2\pi.\end{cases}\end{cases}$$

设 $u(\rho,\varphi)=R(\rho)\Phi(\varphi)$，代入上式中，可得 $\Phi(\varphi)$ 满足的方程和周期边界条件为

$$\begin{cases}\dfrac{\mathrm{d}^2\Phi}{\mathrm{d}\varphi^2}+m^2\Phi=0,\\ \Phi(0)=\Phi(2\pi),\Phi'(0)=\Phi'(2\pi).\end{cases}$$

$\Phi(\varphi)$ 的本征函数为

$$\Phi(\varphi)=C_m\cos m\varphi+D_m\sin m\varphi, m=0,1,2,\cdots.$$

$R(\rho)$ 满足的方程为 $\rho^2\dfrac{\mathrm{d}^2R}{\mathrm{d}\rho^2}+\rho\dfrac{\mathrm{d}R}{\mathrm{d}\rho}-m^2R=0$，其通解

$$R(\rho)=\begin{cases}A_0+B_0\ln\rho, & m=0,\\ A_m\rho^m+\dfrac{B_m}{\rho^m}, & m=1,2,3,\cdots.\end{cases}$$

综上，定解问题的通解

$$u(\rho,\varphi)=A_0+B_0\ln\rho+\sum_{m=1}^{\infty}\left(A_m\rho^m+\frac{B_m}{\rho^m}\right)(C_m\cos m\varphi+D_m\sin m\varphi).$$

由自然边界条件 $u(\rho,\varphi)|_{\rho=0}\to$有限值，可得系数

$$B_m=0, m=0,1,2,\cdots.$$

因此，通解退化为

$$u(\rho,\varphi)=A_0+\sum_{m=1}^{\infty}\rho^m(E_m\cos m\varphi+F_m\sin m\varphi).$$

其中，$E_m=A_mC_m$，$F_m=A_mD_m$，E_m 和 F_m 为待定系数。

由边界条件 $u(\rho,\varphi)|_{\rho=1}=\begin{cases}1, & 0\leqslant\varphi\leqslant\pi,\\ 0, & \pi<\varphi\leqslant 2\pi.\end{cases}$，可得

$$A_0+\sum_{m=1}^{\infty}(E_m\cos m\varphi+F_m\sin m\varphi)=\begin{cases}1, & 0\leqslant\varphi\leqslant\pi,\\ 0, & \pi<\varphi\leqslant 2\pi.\end{cases}$$

根据傅里叶级数展开的系数计算公式可得

$$\begin{cases}A_0=\dfrac{1}{2\pi}\displaystyle\int_0^{\pi}1\mathrm{d}\varphi=\dfrac{1}{2},\\ E_m=\dfrac{1}{\pi}\displaystyle\int_0^{\pi}\cos m\varphi\mathrm{d}\varphi=0,\\ F_m=\dfrac{1}{\pi}\displaystyle\int_0^{\pi}\sin m\varphi\mathrm{d}\varphi=\dfrac{1}{\pi m}[1-(-1)^m].\end{cases}$$

因此，定解问题的解

$$u(\rho,\varphi)=\frac{1}{2}+\sum_{m=1}^{\infty}\frac{1}{\pi m}[1-(-1)^m]\rho^m\sin m\varphi, 0<\rho<1, 0\leqslant\varphi\leqslant 2\pi.$$

§7.2 贝塞尔方程的求解

授课视频

7.2.1 正则奇点邻域常微分方程的级数解法

二阶常微分方程

$$\frac{\mathrm{d}^2 y(x)}{\mathrm{d}x^2}+p(x)\frac{\mathrm{d}y(x)}{\mathrm{d}x}+q(x)y(x)=0, \tag{7.2.1}$$

其中,$p(x)$ 和 $q(x)$ 是关于变量 x 的已知函数。如果函数 $p(x)$ 或 $q(x)$ 在 $x=x_0$ 点不解析,则 $x=x_0$ 点称为方程的**奇点**。

如果在 x_0 的邻域 $0<|x-x_0|<R$ 内,方程的两个线性无关的解都只存在有限个负幂次项,则奇点 x_0 称为(7.2.1)式的**正则奇点**。如果 $x=x_0$ 是函数 $p(x)$ 的不高于一阶的极点,且是函数 $q(x)$ 的不高于二阶的极点,则可以证明奇点 x_0 就是(7.2.1)式的正则奇点[10]。

正则奇点邻域的级数解法:若 $x=x_0$ 是方程的正则奇点,则方程在正则奇点 x_0 的邻域 $0<|x-x_0|<R$ 内有两个线性无关的特解[10]

$$y_1(x)=\sum_{n=0}^{\infty}c_n^{(1)}(x-x_0)^{s_1+n}, \tag{7.2.2}$$

$$y_2(x)=\begin{cases}\sum\limits_{n=0}^{\infty}c_n^{(2)}(x-x_0)^{s_2+n}, s_1-s_2\neq\text{整数}, \\ \beta y_1(x)\ln(x-x_0)+\sum\limits_{n=0}^{\infty}c_n^{(2)}(x-x_0)^{s_2+n}, s_1-s_2=\text{整数},\end{cases} \tag{7.2.3}$$

其中,$c_n^{(1)}$、$c_n^{(2)}$ 和 β 为待定系数,s_1 和 s_2 是指标方程的两个解。指标方程是由 x 最低次幂项的系数等于零构成的方程,在下面求解贝塞尔方程时,会具体说明。β 有可能等于零,当 $\beta=0$ 时,(7.2.3)式中的第二个方程退化为第一个方程。

7.2.2 贝塞尔方程的级数解

贝塞尔方程

$$x^2\frac{\mathrm{d}^2 y(x)}{\mathrm{d}x^2}+x\frac{\mathrm{d}y(x)}{\mathrm{d}x}+(x^2-m^2)y(x)=0. \tag{7.2.4}$$

对于由柱坐标系下拉普拉斯方程分离变量得到的贝塞尔方程,参数 $m=0,1,2,\cdots$ 这样的整数。然而,仅对贝塞尔方程而言,参数 m 可取任意实数。另外,从贝塞尔方程可以看出,m 取正值或者负值对贝塞尔方程并无影响。因此,为不失一般性,假定上述贝塞尔方程中的参数 $m\geqslant 0$.

与(7.2.1)式对比可知

$$p(x)=\frac{1}{x}, \quad q(x)=\frac{x^2-m^2}{x^2}.$$

显然,$x=0$ 为贝塞尔方程(7.2.4)式的正则奇点。因此,贝塞尔方程(7.2.4)式的一个特

解可写为

$$y(x)=\sum_{n=0}^{\infty}c_n x^{s+n},\tag{7.2.5}$$

为确定系数 c_n 和指标参数 s，将(7.2.5)式代入(7.2.4)式，整理可得

$$\sum_{n=0}^{\infty}c_n[(s+n)^2-m^2]x^{s+n}+\sum_{n=0}^{\infty}c_n x^{s+n+2}=0.\tag{7.2.6}$$

要保证上式对于任意的 x 恒成立，则要求每一项 x^n 的系数均为零。由 x 的最低次幂项，即 x^s 项的系数等于零，可得

$$c_0(s^2-m^2)=0.\tag{7.2.7}$$

(7.2.7)式是由 x 的最低次幂项的系数等于零构成的方程，称为贝塞尔方程的**指标方程**，用于确定指标参数 s 的值。

由指标方程(7.2.7)式可得，指标参数

$$s_1=m,\quad s_2=-m.\tag{7.2.8}$$

由 x^{s+1} 项的系数等于零，可得

$$c_1[(s+1)^2-m^2]=0.\tag{7.2.9}$$

由于 $s=\pm m$，所以系数

$$c_1=0.\tag{7.2.10}$$

也可以通过(7.2.7)式推出系数 $c_0=0$，由(7.2.9)式确定指标参数 s. 可以验证，在这两种处理方式下，最后所得贝塞尔方程的解的形式是一样的。我们以第一种方式继续往下求解。

由一般项 x^{s+n} 项的系数等于零，可得

$$c_n[(s+n)^2-m^2]+c_{n-2}=0.\tag{7.2.11}$$

由上式计算得到一般项系数的递推公式

$$c_n=-\frac{1}{(s+n+m)(s+n-m)}c_{n-2}.\tag{7.2.12}$$

用 $2k$ 代替(7.2.12)式中的 n，可得到 x 的相邻偶次幂项系数的递推公式

$$c_{2k}=-\frac{1}{(s+2k+m)(s+2k-m)}c_{2k-2}.\tag{7.2.13}$$

用 $2k+1$ 代替(7.2.12)式中的 n，可得到 x 的相邻奇次幂项系数的递推公式

$$c_{2k+1}=-\frac{1}{(s+2k+1+m)(s+2k+1-m)}c_{2k-1}.\tag{7.2.14}$$

由(7.2.13)式和(7.2.14)式可知，x 的偶次幂项系数 c_{2k} 最终可用 c_0 表示，而 x 的奇次幂项系数最终可用 c_1 表示。因此，系数 c_0 和 c_1 不能同时为零，否则，x 的任意幂次项的系数均为零，方程的解为零解。前面已经推得系数 $c_1=0$，因此，系数 c_0 必定是非零常数。系数 $c_1=0$，可推得 x 的任意奇次幂项的系数 c_{2k+1} 均为零，即

$$c_{2k+1}=0.\tag{7.2.15}$$

下面先取第一个指标 $s=m$，求解贝塞尔方程的第一个特解。将 $s=m$ 代入(7.2.13)式，整理可得

$$c_{2k}=-\frac{1}{2^2(m+k)k}c_{2k-2}.\tag{7.2.16}$$

由于 x 的奇次幂项的系数 c_{2k+1} 均为零，所以，(7.2.5)式中只有 x 的偶次幂项。将 $s=m$ 代入(7.2.5)式，可得到贝塞尔方程的第一个特解

$$y_1(x)=\sum_{k=0}^{\infty}c_{2k}x^{m+2k}. \tag{7.2.17}$$

特解 $y_1(x)$ 是一个无穷级数。根据达朗贝尔判别法和(7.2.16)式，可得无穷级数 $y_1(x)$ 的收敛半径

$$R=\lim_{k\to\infty}\left|\frac{c_{2k-2}}{c_{2k}}\right|=2^2(m+k)k\to\infty. \tag{7.2.18}$$

说明 $y_1(x)$ 在 $x\in[0,\infty)$ 内是绝对收敛的。由(7.2.16)式可知，系数 c_{2k} 最终可用 c_0 表示，即

$$\begin{aligned}c_{2k}&=-\frac{1}{2^2(m+k)k}c_{2k-2}\\&=\frac{1}{2^2(m+k)k}\frac{1}{2^2(m+k-1)(k-1)}c_{2k-4}\\&=(-1)^k\frac{1}{2^{2k}(m+k)(m+k-1)\cdots(m+1)k!}c_0.\end{aligned} \tag{7.2.19}$$

由于参数 m 不一定为整数，所以，分母中的 $(m+k)(m+k-1)\cdots(m+1)$ 不能写成阶乘的形式。为了书写简便，根据§7.7 中伽马函数的递推公式 $\Gamma(x+1)=x\Gamma(x)$，可得

$$\Gamma(m+k+1)=(m+k)\Gamma(m+k)=(m+k)(m+k-1)\cdots(m+1)\Gamma(m+1).$$

整理可得

$$(m+k)(m+k-1)\cdots(m+1)=\frac{\Gamma(m+k+1)}{\Gamma(m+1)}. \tag{7.2.20}$$

将(7.2.20)式代入(7.2.19)式，则系数 c_{2k} 可简写为

$$c_{2k}=(-1)^k\frac{\Gamma(m+1)}{k!\Gamma(m+k+1)}\frac{c_0}{2^{2k}}. \tag{7.2.21}$$

将(7.2.21)式代入(7.2.17)式，可得

$$y_1(x)=\sum_{k=0}^{\infty}(-1)^k\frac{\Gamma(m+1)}{k!\Gamma(m+k+1)}\frac{c_0}{2^{2k}}x^{m+2k}. \tag{7.2.22}$$

由于贝塞尔方程的通解是由特解 $y_1(x)$ 和另外一个线性无关的特解线性叠加构成，(7.2.22)式中常数 c_0 的取值并不影响通解的形式。出于简化多项式 $y_1(x)$ 的目的，并形成一个数学上统一的表达式，取系数

$$c_0=\frac{1}{2^m\Gamma(m+1)}. \tag{7.2.23}$$

将(7.2.23)式代入(7.2.22)式，并用函数符号 $\mathrm{J}_m(x)$ 标记这个特解，即

$$\mathrm{J}_m(x)=\sum_{k=0}^{\infty}(-1)^k\frac{1}{k!\Gamma(m+k+1)}\left(\frac{x}{2}\right)^{m+2k}, \tag{7.2.24}$$

$\mathrm{J}_m(x)$ 称为**贝塞尔函数**(Bessel function)，是贝塞尔方程的一个特解。

由(7.2.3)式可知，当指标方程两个指标参数之差 (s_1-s_2) 等于整数或者非整数时，贝塞尔方程另一个特解的表示形式并不一样。对于贝塞尔方程，第一个指标参数 $s_1=m$，第二个指标

参数 $s_2=-m$，二者之差 $s_1-s_2=2m$. 因此，根据 m 取值的不同，第二个特解的表示形式需要分类给出。

1. *m* 既不等于整数也不等于半整数

通过比较(7.2.2)式和(7.2.3)式中第一式可知，当指标之差(s_1-s_2)不等于整数时，方程(7.2.1)式两个线性无关的特解除了指标参数不同，形式完全一样。对于贝塞尔方程，当 m 既不等于整数也不等于半整数时，$s_1-s_2=2m$ 必然不是整数。因此，将贝塞尔方程的第一个特解(7.2.24)式中的参数 m 替换为 $-m$，即可得到贝塞尔方程的第二个特解

$$\mathrm{J}_{-m}(x)=\sum_{k=0}^{\infty}(-1)^k\frac{1}{k!\Gamma(-m+k+1)}\left(\frac{x}{2}\right)^{-m+2k}. \tag{7.2.25}$$

通常将 $\mathrm{J}_m(x)$ 和 $\mathrm{J}_{-m}(x)$ 统称为**第一类贝塞尔函数**。

贝塞尔方程的通解可以由这两个线性无关的特解 $\mathrm{J}_m(x)$ 和 $\mathrm{J}_{-m}(x)$ 线性叠加，即 $y(x)=c_1\mathrm{J}_m(x)+c_2\mathrm{J}_{-m}(x)$。特别地，如果令系数 $c_1=\cot m\pi$、$c_2=-\csc m\pi$，则可以得到贝塞尔方程的另外一个线性无关的特解，用函数符号 $\mathrm{N}_m(x)$ 标记这个特解，即

$$\mathrm{N}_m(x)=\frac{\mathrm{J}_m(x)\cos m\pi-\mathrm{J}_{-m}(x)}{\sin m\pi}, \tag{7.2.26}$$

$\mathrm{N}_m(x)$ 称为**第二类贝塞尔函数**或者**诺伊曼函数**(Neumann function)。

贝塞尔方程的特解还可以用贝塞尔函数 $\mathrm{J}_m(x)$ 和诺伊曼函数 $\mathrm{N}_m(x)$ 来构造，即

$$\begin{cases}\mathrm{H}_m^{(1)}(x)=\mathrm{J}_m(x)+\mathrm{i}\mathrm{N}_m(x),\\ \mathrm{H}_m^{(2)}(x)=\mathrm{J}_m(x)-\mathrm{i}\mathrm{N}_m(x),\end{cases} \tag{7.2.27}$$

上式中的 $\mathrm{H}_m^{(1)}(x)$ 和 $\mathrm{H}_m^{(2)}(x)$ 分别称为**第一类和第二类汉克尔函数**(Hankel function)，统称为**第三类贝塞尔函数**。

综上，非整数和非半整数阶贝塞尔方程的通解可以写为如下三种等价的形式：

$$y(x)=A_m\mathrm{J}_m(x)+B_m\mathrm{J}_{-m}(x), \tag{7.2.28}$$

$$y(x)=A_m\mathrm{J}_m(x)+B_m\mathrm{N}_m(x), \tag{7.2.29}$$

$$y(x)=A_m\mathrm{H}_m^{(1)}(x)+B_m\mathrm{H}_m^{(2)}(x). \tag{7.2.30}$$

2. *m* 等于半整数

令 $m=(l+1/2)$，$l=0,1,2,\cdots$，则(7.2.4)式变为 $(l+1/2)$ 阶贝塞尔方程

$$x^2\frac{\mathrm{d}^2y(x)}{\mathrm{d}x^2}+x\frac{\mathrm{d}y(x)}{\mathrm{d}x}+[x^2-(l+1/2)^2]y(x)=0. \tag{7.2.31}$$

(1) 当 $l=0$ 时，上述方程退化为 1/2 阶贝塞尔方程

$$x^2\frac{\mathrm{d}^2y(x)}{\mathrm{d}x^2}+x\frac{\mathrm{d}y(x)}{\mathrm{d}x}+[x^2-(1/2)^2]y(x)=0. \tag{7.2.32}$$

将第一个指标 $m=1/2$ 代入(7.2.24)式，可得 1/2 阶贝塞尔方程的第一个特解

$$\mathrm{J}_{1/2}(x)=\sum_{k=0}^{\infty}(-1)^k\frac{1}{k!\Gamma(k+1/2+1)}\left(\frac{x}{2}\right)^{1/2+2k}.$$

根据 §7.7 中伽马函数的递推公式 $\Gamma(x+1)=x\Gamma(x)$ 以及伽马函数的取值 $\Gamma\left(\frac{1}{2}\right)=\sqrt{\pi}$，上

式可进行简化

$$\mathrm{J}_{1/2}(x)=\sum_{k=0}^{\infty}(-1)^k\frac{1}{k!(k+1/2)(k-1/2)\cdots\frac{1}{2}\Gamma\left(\frac{1}{2}\right)}\left(\frac{x}{2}\right)^{1/2+2k}$$

$$=\sqrt{\frac{2}{\pi x}}\sum_{k=0}^{\infty}(-1)^k\frac{1}{(2k+1)!}x^{2k+1}.$$

因此,1/2 阶贝塞尔函数简化为

$$\mathrm{J}_{1/2}(x)=\sqrt{\frac{2}{\pi x}}\sin x. \tag{7.2.33}$$

由于两个指标之差($s_1-s_2=1$)为整数,根据(7.2.3)式中的第二式,1/2 阶贝塞尔方程的第二个特解写为

$$y_2(x)=\beta\mathrm{J}_{1/2}(x)\ln x+\sum_{n=0}^{\infty}c_nx^{n-1/2}. \tag{7.2.34}$$

对上式进行求导,可得

$$\frac{\mathrm{d}y_2(x)}{\mathrm{d}x}=\beta\mathrm{J}'_{1/2}(x)\ln x+\beta\frac{1}{x}\mathrm{J}_{1/2}(x)+\sum_{n=0}^{\infty}c_n(n-1/2)x^{n-3/2}, \tag{7.2.35}$$

对上式继续求导可得

$$\frac{\mathrm{d}^2y_2(x)}{\mathrm{d}x^2}=\beta\mathrm{J}''_{1/2}(x)\ln x+\beta\frac{2}{x}\mathrm{J}'_{1/2}(x)-\beta\frac{1}{x^2}\mathrm{J}_{1/2}(x)+\sum_{n=0}^{\infty}c_n(n-1/2)(n-3/2)x^{n-5/2}. \tag{7.2.36}$$

为确定系数 β 和 c_n,将以上三式代入(7.2.32)式中,整理可得

$$\beta\ln x\left[x^2\mathrm{J}''_{1/2}(x)+x\mathrm{J}'_{1/2}(x)+\left(x^2-\frac{1}{4}\right)\mathrm{J}_{1/2}(x)\right]+\sum_{n=0}^{\infty}c_nn(n-1)x^{n-1/2}+\sum_{n=0}^{\infty}c_nx^{n+3/2}+2\beta x\mathrm{J}'_{1/2}(x)=0.$$

上式中括号内的公式满足 1/2 阶贝塞尔方程,恒等于零。因此,上式简化为

$$\sum_{n=0}^{\infty}c_nn(n-1)x^{n-1/2}+\sum_{n=0}^{\infty}c_nx^{n+3/2}+2\beta x\mathrm{J}'_{1/2}(x)=0. \tag{7.2.37}$$

对(7.2.33)式两边进行求导,并将三角函数用泰勒级数表示,可得

$$\mathrm{J}'_{1/2}(x)=\sqrt{\frac{2}{\pi}}\left(-\frac{1}{2}\frac{1}{x^{3/2}}\sin x+\frac{1}{x^{1/2}}\cos x\right)$$

$$=\sqrt{\frac{2}{\pi}}\left[-\frac{1}{2}\frac{1}{x^{3/2}}\sum_{n=0}^{\infty}(-1)^n\frac{1}{(2n+1)!}x^{2n+1}+\frac{1}{x^{1/2}}\sum_{n=0}^{\infty}(-1)^n\frac{1}{(2n)!}x^{2n}\right]. \tag{7.2.38}$$

将(7.2.38)式代入(7.2.37)式,可得

$$\sum_{n=0}^{\infty}c_nn(n-1)x^{n-1/2}+\sum_{n=0}^{\infty}c_nx^{n+3/2}+\beta\sqrt{\frac{2}{\pi}}\left[-\sum_{n=0}^{\infty}(-1)^n\frac{1}{(2n+1)!}x^{2n+1/2}+2\sum_{n=0}^{\infty}(-1)^n\frac{1}{(2n)!}x^{2n+1/2}\right]=0.$$

对于任意的 x,上式恒为零。因此,任意次幂项的系数都必须为零。

$x^{-1/2}$ 系数:$c_0\cdot 0=0\Rightarrow c_0$ 为任意实数。

$x^{1/2}$ 系数：$c_1 \cdot 0+\beta\sqrt{\dfrac{2}{\pi}}(-1+2)=0 \Rightarrow c_1$ 为任意实数，　$\beta=0$.

$x^{3/2}$ 系数：$c_2 \cdot 2 \cdot 1+c_0=0 \Rightarrow c_2=-\dfrac{1}{2 \cdot 1}c_0$.

$x^{5/2}$ 系数：$c_3 \cdot 3 \cdot 2+c_1=0 \Rightarrow c_3=-\dfrac{1}{3 \cdot 2}c_1$.

$x^{7/2}$ 系数：$c_4 \cdot 4 \cdot 3+c_2=0 \Rightarrow c_4=-\dfrac{1}{4 \cdot 3}c_2=\dfrac{1}{4 \cdot 3 \cdot 2 \cdot 1}c_0$.

如果令 $c_1=0$，则 $c_3=c_5=\cdots=c_{2k+1}=0$. 另外，通过数学归纳法，可以推知

$$c_{2k}=(-1)^k\frac{c_0}{(2k)!}. \tag{7.2.39}$$

因此，1/2 阶贝塞尔方程的第二个特解可写为

$$y_2(x)=\sum_{k=0}^{\infty}c_{2k}x^{2k-1/2}=\sum_{k=0}^{\infty}(-1)^k\frac{c_0}{(2k)!}x^{2k-1/2}=\frac{c_0}{\sqrt{x}}\cos x. \tag{7.2.40}$$

取 $c_0=\sqrt{\dfrac{2}{\pi}}$，并用 $J_{-1/2}(x)$ 表示第二个特解，即

$$J_{-1/2}(x)=\sqrt{\frac{2}{\pi x}}\cos x. \tag{7.2.41}$$

因此，1/2 阶贝塞尔方程的通解

$$y(x)=c_1 J_{1/2}(x)+c_2 J_{-1/2}(x). \tag{7.2.42}$$

(2) 当 $l \neq 0$ 时，$(l+1/2)$ 阶贝塞尔方程的两个线性无关的特解可以写为 $J_{l+1/2}(x)$ 和 $J_{-(l+1/2)}(x)$，这里不再详细推导。

半整数阶贝塞尔函数也可以写为三类贝塞尔函数的形式。其中，第一类半整数阶贝塞尔函数为 $J_{l+1/2}(x)$ 和 $J_{-(l+1/2)}(x)$；第二类半整数阶贝塞尔函数为 $N_{l+1/2}(x)$.

根据第二类贝塞尔函数的定义

$$N_{l+1/2}(x)=\frac{\cos[(l+1/2)\pi]J_{l+1/2}(x)-J_{-(l+1/2)}(x)}{\sin[(l+1/2)\pi]}=(-1)^{l+1}J_{-(l+1/2)}(x), \tag{7.2.43}$$

上式说明，$N_{l+1/2}(x)$ 和 $J_{-(l+1/2)}(x)$ 是线性相关的。

第三类半整数阶贝塞尔函数为 $H_{l+1/2}^{(1)}(x)$ 和 $H_{l+1/2}^{(2)}(x)$，其中，

$$\begin{cases} H_{l+1/2}^{(1)}(x)=J_{l+1/2}(x)+\mathrm{i}N_{l+1/2}(x), \\ H_{l+1/2}^{(2)}(x)=J_{l+1/2}(x)-\mathrm{i}N_{l+1/2}(x). \end{cases} \tag{7.2.44}$$

因此，半整数阶贝塞尔方程的通解可以写为如下三种等价的形式

$$y(x)=A_l J_{l+1/2}(x)+B_l J_{-(l+1/2)}(x), \tag{7.2.45}$$

$$y(x)=A_l J_{l+1/2}(x)+B_l N_{l+1/2}(x), \tag{7.2.46}$$

$$y(x)=A_l H_{l+1/2}^{(1)}(x)+B_l H_{l+1/2}^{(2)}(x), \tag{7.2.47}$$

其中，$l=0,1,2,\cdots$.

3. *m* 等于整数

贝塞尔方程

$$x^2\frac{\mathrm{d}^2y(x)}{\mathrm{d}x^2}+x\frac{\mathrm{d}y(x)}{\mathrm{d}x}+(x^2-m^2)y(x)=0,\tag{7.2.48}$$

其中，$m=0,1,2,\cdots$.

贝塞尔方程的第一个特解

$$\mathrm{J}_m(x)=\sum_{k=0}^{\infty}(-1)^k\frac{1}{k!\Gamma(m+k+1)}\left(\frac{x}{2}\right)^{m+2k}.\tag{7.2.49}$$

用指标 $-m$ 代替指标 m，则有

$$\mathrm{J}_{-m}(x)=\sum_{k=0}^{\infty}(-1)^k\frac{1}{k!\Gamma(-m+k+1)}\left(\frac{x}{2}\right)^{-m+2k}.\tag{7.2.50}$$

由 §7.7 伽马函数的性质可知，当 $n=0,-1,-2,\cdots$ 时，$\Gamma(n)\to\infty$. 因此，上式中的求和指标 $k\geqslant m$，故上式变为

$$\mathrm{J}_{-m}(x)=\sum_{k=m}^{\infty}(-1)^k\frac{1}{k!\Gamma(-m+k+1)}\left(\frac{x}{2}\right)^{-m+2k}.\tag{7.2.51}$$

令 $-m+k=k'$，即 $k=m+k'$，代入上式，将对指标 k 的求和转换成对指标 k' 的求和，即

$$\begin{aligned}\mathrm{J}_{-m}(x)&=\sum_{k'=0}^{\infty}(-1)^{m+k'}\frac{1}{(m+k')!\ \Gamma(k'+1)}\left(\frac{x}{2}\right)^{m+2k'}\\&=(-1)^m\sum_{k'=0}^{\infty}(-1)^{k'}\frac{1}{k'!\ \Gamma(m+k'+1)}\left(\frac{x}{2}\right)^{m+2k'}.\end{aligned}$$

因此，可得

$$\mathrm{J}_{-m}(x)=(-1)^m\mathrm{J}_m(x).\tag{7.2.52}$$

由此可见，当 m 为整数时，$\mathrm{J}_m(x)$ 和 $\mathrm{J}_{-m}(x)$ 是线性相关的。因此，$\mathrm{J}_{-m}(x)$ 不能作为整数阶贝塞尔方程的另一个线性无关的特解。

根据(7.2.3)式中第二式，整数阶贝塞尔方程的另一个特解可写为如下形式：

$$y_2(x)=\beta\mathrm{J}_m(x)\ln x+\sum_{n=0}^{\infty}c_n^{(2)}x^{n-m}.\tag{7.2.53}$$

将上式代入整数阶贝塞尔方程(7.2.48)式，利用级数解法，确定其系数 β 和 $c_n^{(2)}$。将得到的 $y_2(x)$ 与第一个特解 $\mathrm{J}_m(x)$ 进行适当线性叠加，可得到 $m(m\geqslant1)$ 阶贝塞尔方程的另外一个线性无关的特解，用如下的**诺伊曼函数**表示[1]：

$$\begin{aligned}\mathrm{N}_m(x)=&\frac{2}{\pi}\mathrm{J}_m(x)\ln\frac{x}{2}-\frac{1}{\pi}\sum_{n=0}^{m-1}\frac{(m-n-1)!}{n!}\left(\frac{x}{2}\right)^{-m+2n}\\&-\frac{1}{\pi}\sum_{n=0}^{\infty}\frac{(-1)^n}{n!\ (m+n)!}[\psi(m+n+1)+\psi(n+1)]\left(\frac{x}{2}\right)^{m+2n}.\end{aligned}\tag{7.2.54}$$

当 $m=0$ 时，零阶贝塞尔方程的另外一个特解

$$\mathrm{N}_0(x)=\frac{2}{\pi}\mathrm{J}_0(x)\ln\frac{x}{2}-\frac{2}{\pi}\sum_{n=0}^{\infty}\frac{(-1)^n}{(n!)^2}\psi(n+1)\left(\frac{x}{2}\right)^{2n},\tag{7.2.55}$$

其中，$\psi(n+1)=\sum_{k=1}^{n}\frac{1}{k}-C$，常数 $C=0.577\ 216\cdots$，称为欧拉常数。

另外,(7.2.54)式和(7.2.55)式也可由如下函数的极限得出[1]:

$$\mathrm{N}_m(x)=\lim_{\nu\to m}\frac{\mathrm{J}_\nu(x)\cos\pi\nu-\mathrm{J}_{-\nu}(x)}{\sin\pi\nu},\tag{7.2.56}$$

其形式与非整数阶诺伊曼函数的构造相似。

第三类整数阶贝塞尔函数(汉克尔函数)可以由贝塞尔函数和诺伊曼函数的线性叠加构造,即

$$\begin{cases}\mathrm{H}_m^{(1)}(x)=\mathrm{J}_m(x)+\mathrm{i}\mathrm{N}_m(x),\\ \mathrm{H}_m^{(2)}(x)=\mathrm{J}_m(x)-\mathrm{i}\mathrm{N}_m(x).\end{cases}\tag{7.2.57}$$

因此,整数阶贝塞尔方程的通解可以写为如下两种等价的形式:

$$y(x)=A_m\mathrm{J}_m(x)+B_m\mathrm{N}_m(x),\tag{7.2.58}$$

$$y(x)=A_m\mathrm{H}_m^{(1)}(x)+B_m\mathrm{H}_m^{(2)}(x),\tag{7.2.59}$$

其中,$m=0,1,2,\cdots$.

综上,无论贝塞尔方程中的 m 是否为整数,贝塞尔方程的通解都可写为第一类贝塞尔函数和第二类贝塞尔函数的线性叠加,或者两类汉克尔函数的线性叠加的形式。

§7.3 贝塞尔函数的性质

授课视频

7.3.1 三类贝塞尔函数的定义及其渐近公式

1. 第一类贝塞尔函数

$$\mathrm{J}_m(x)=\sum_{k=0}^{\infty}(-1)^k\frac{1}{k!\Gamma(m+k+1)}\left(\frac{x}{2}\right)^{m+2k},\tag{7.3.1}$$

$$\mathrm{J}_{-m}(x)=\sum_{k=0}^{\infty}(-1)^k\frac{1}{k!\Gamma(-m+k+1)}\left(\frac{x}{2}\right)^{-m+2k}.\tag{7.3.2}$$

其中,$m\geqslant0,x\in[0,\infty)$.

贝塞尔函数的 MATLAB 内部指令

- 贝塞尔函数 besselj(m, x)

其中,m 和 x 分别是贝塞尔函数的阶数和自变量。

(1) 贝塞尔函数的渐近公式

当 $x\to0$ 时,$\mathrm{J}_m(x)\approx\dfrac{1}{\Gamma(m+1)}\left(\dfrac{x}{2}\right)^m$;

当 $x\to\infty$ 时,$\mathrm{J}_m(x)\approx\sqrt{\dfrac{2}{\pi x}}\cos\left(x-\dfrac{m\pi}{2}-\dfrac{\pi}{4}\right)$.

(2) 1/2 阶贝塞尔函数的恒等式

$$J_{1/2}(x)=\sqrt{\frac{2}{\pi x}}\sin x,\quad J_{-1/2}(x)=\sqrt{\frac{2}{\pi x}}\cos x.$$

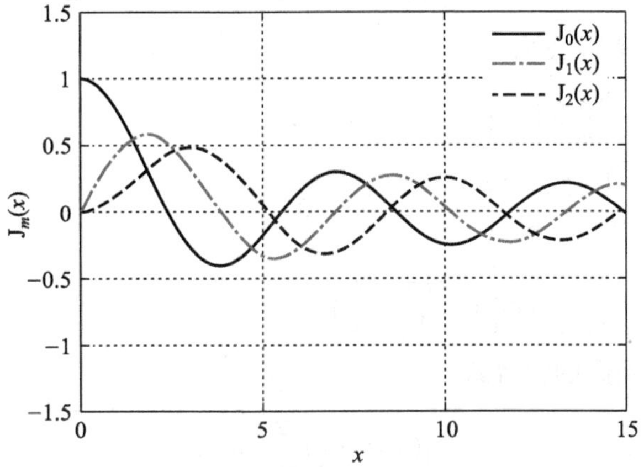

图 7.1 贝塞尔函数 $J_0(x)$、$J_1(x)$ 和 $J_2(x)$ 的图像

图 7.1 分别画出了贝塞尔函数 $J_0(x)$、$J_1(x)$ 和 $J_2(x)$ 的图像。从图中可以看出，当 $x=0$ 时，零阶贝塞尔函数 $J_0(0)=1$，而一阶、二阶贝塞尔函数 $J_1(0)=0$、$J_2(0)=0$. 从贝塞尔函数的定义可以看出，除了零阶贝塞尔函数，其他阶贝塞尔函数在原点处均等于零。当 $x\to\infty$ 时，贝塞尔函数整体呈现振荡并逐渐衰减的形态。

(3) 贝塞尔函数的零点

贝塞尔函数与 x 轴有无穷多个交点，用 $x_n^{(m)}$ 表示，代表贝塞尔函数 $J_m(x)$ 的第 n 个零点，$n=1,2,3,\cdots$. 表 7.1 给出了 $J_0(x)$ 和 $J_1(x)$ 的前 5 个零点的数值。贝塞尔函数的零点均可以视为已知量，后面将用于确定贝塞尔本征方程的本征值。

表 7.1 $J_0(x)$ 和 $J_1(x)$ 的零点

n	1	2	3	4	5
$x_n^{(0)}$	2.405	5.520	8.654	11.792	14.931
$x_n^{(1)}$	0	3.832	7.016	10.174	13.324

2. 第二类贝塞尔函数(诺伊曼函数)

当 m 不为整数时，贝塞尔方程的另一个特解——诺伊曼函数可表示为

$$N_m(x)=\frac{J_m(x)\cos m\pi-J_{-m}(x)}{\sin m\pi}. \tag{7.3.3}$$

当 m 为整数时，贝塞尔方程的另一个特解——诺伊曼函数可以用如下的极限表示：

$$N_m(x)=\lim_{\nu\to m}\frac{J_\nu(x)\cos \nu\pi-J_{-\nu}(x)}{\sin \nu\pi}. \tag{7.3.4}$$

诺伊曼函数的 MATLAB 内部指令

- 诺伊曼函数 bessely(m, x)

其中,m 和 x 分别是诺伊曼函数的阶数和自变量。

（1）诺伊曼函数的渐近公式

当 $x\to 0$ 时,$N_m(x)\approx\begin{cases}\dfrac{2}{\pi}\ln\left(\dfrac{x}{2}\right), & m=0,\\ -\dfrac{\Gamma(m)}{\pi}\left(\dfrac{2}{x}\right)^m, & m\neq 0.\end{cases}$

当 $x\to\infty$ 时,$N_m(x)\approx\sqrt{\dfrac{2}{\pi x}}\sin\left(x-\dfrac{m\pi}{2}-\dfrac{\pi}{4}\right)$.

（2）1/2 阶诺伊曼函数的恒等式

$$N_{1/2}(x)=-\sqrt{\frac{2}{\pi x}}\cos x.$$

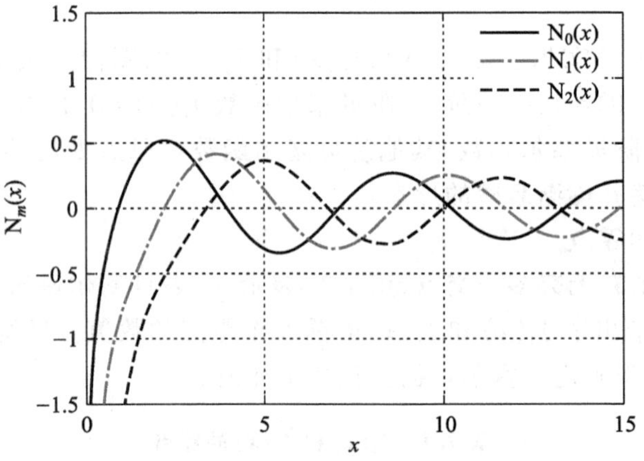

图 7.2　诺伊曼函数 $N_0(x)$、$N_1(x)$和 $N_2(x)$的图像

图 7.2 分别画出了诺伊曼函数 $N_0(x)$、$N_1(x)$和 $N_2(x)$的图像。从图中可以看出,当 $x\to 0$ 时,诺伊曼函数趋于负无穷;当 $x\to\infty$ 时,诺伊曼函数整体呈现振荡并逐渐衰减的形态。

3. 第三类贝塞尔函数(汉克尔函数)

第三类贝塞尔函数,即汉克尔函数的表达式为

$$\begin{cases}H_m^{(1)}(x)=J_m(x)+iN_m(x),\\ H_m^{(2)}(x)=J_m(x)-iN_m(x).\end{cases}\tag{7.3.5}$$

$H_m^{(1)}(x)$和 $H_m^{(2)}(x)$分别称为第一类汉克尔函数和第二类汉克尔函数。汉克尔函数是一个复函数,它们的构造与欧拉公式 $e^{\pm ix}=\cos x\pm i\sin x$ 相似。

由于汉克尔函数是由贝塞尔函数和诺伊曼函数的线性叠加而成的,所以,根据贝塞尔函数和诺伊曼函数的渐近公式,可以得到汉克尔函数 $H_m(x)$的渐近公式。

(1) 汉克尔函数的渐近公式

当 $x\to 0$ 时，$H_m^{(1)}(x)\to\begin{cases}\dfrac{2\mathrm{i}}{\pi}\ln\left(\dfrac{x}{2}\right), & m=0,\\ -\dfrac{\mathrm{i}\Gamma(m)}{\pi}\left(\dfrac{2}{x}\right)^m, & m\neq 0.\end{cases}$ $H_m^{(2)}(x)\to\begin{cases}-\dfrac{2\mathrm{i}}{\pi}\ln\left(\dfrac{x}{2}\right), & m=0,\\ \dfrac{\mathrm{i}\Gamma(m)}{\pi}\left(\dfrac{2}{x}\right)^m, & m\neq 0.\end{cases}$

当 $x\to\infty$ 时，$H_m^{(1)}(x)\approx\sqrt{\dfrac{2}{\pi x}}\mathrm{e}^{\mathrm{i}\left(x-\frac{m\pi}{2}-\frac{\pi}{4}\right)}$，$H_m^{(2)}(x)\approx\sqrt{\dfrac{2}{\pi x}}\mathrm{e}^{-\mathrm{i}\left(x-\frac{m\pi}{2}-\frac{\pi}{4}\right)}$.

(2) 1/2 阶汉克尔函数的恒等式

$$H_{1/2}^{(1)}(x)=\sqrt{\frac{2}{\pi x}}\mathrm{e}^{\mathrm{i}\left(x-\frac{\pi}{2}\right)},\quad H_{1/2}^{(2)}(x)=\sqrt{\frac{2}{\pi x}}\mathrm{e}^{-\mathrm{i}\left(x-\frac{\pi}{2}\right)}.$$

7.3.2 贝塞尔函数的生成函数

整数阶贝塞尔函数满足如下公式

$$\mathrm{e}^{\frac{x}{2}(z-z^{-1})}=\sum_{m=-\infty}^{\infty}J_m(x)z^m, \tag{7.3.6}$$

其中，函数 $\mathrm{e}^{\frac{x}{2}(z-z^{-1})}$ 称为贝塞尔函数的生成函数。

证明：根据泰勒级数的展开公式，有

$$\mathrm{e}^{\frac{x}{2}z}=\sum_{l=0}^{\infty}\frac{\left(\frac{x}{2}\right)^l}{l!}z^l,$$

$$\mathrm{e}^{-\frac{x}{2}z^{-1}}=\sum_{k=0}^{\infty}(-1)^k\frac{\left(\frac{x}{2}\right)^k}{k!}z^{-k}.$$

两式相乘，可得

$$\mathrm{e}^{\frac{x}{2}(z-z^{-1})}=\sum_{l=0}^{\infty}\sum_{k=0}^{\infty}(-1)^k\frac{\left(\frac{x}{2}\right)^{l+k}}{l!\ k!}z^{l-k}.$$

令 $l-k=m$，把第一个对指标 l 求和换成对指标 m 求和，即可证得

$$\mathrm{e}^{\frac{x}{2}(z-z^{-1})}=\sum_{m=-\infty}^{\infty}\sum_{k=0}^{\infty}(-1)^k\frac{\left(\frac{x}{2}\right)^{m+2k}}{\Gamma(m+k+1)k!}z^m=\sum_{m=-\infty}^{\infty}J_m(x)z^m.$$

7.3.3 贝塞尔函数的积分公式

整数阶贝塞尔函数有如下积分公式：

$$J_m(x)=\frac{1}{2\pi}\int_{-\pi}^{\pi}\cos(x\sin\varphi-m\varphi)\,\mathrm{d}\varphi. \tag{7.3.7}$$

$$J_m(x)=\frac{(-\mathrm{i})^m}{2\pi}\int_{-\pi}^{\pi}\cos m\varphi\,\mathrm{e}^{\mathrm{i}x\cos\varphi}\,\mathrm{d}\varphi. \tag{7.3.8}$$

$$J_m(x)=\frac{i^m}{2\pi}\int_{-\pi}^{\pi}\cos m\varphi e^{-ix\cos\varphi}d\varphi. \tag{7.3.9}$$

证明:洛朗级数的展开公式

$$f(z)=\sum_{k=-\infty}^{\infty}a_k(z-z_0)^k, \tag{7.3.10}$$

其中,展开系数

$$a_k=\frac{1}{2\pi i}\oint_{C_r}\frac{f(\xi)}{(\xi-z_0)^{k+1}}d\xi, \tag{7.3.11}$$

其中,C_r 代表环绕 z_0 的闭合路径,环路积分方向为逆时针方向。

比较贝塞尔函数的生成函数(7.3.6)式与洛朗级数的展开公式(7.3.10)式,$J_m(x)$ 可视为函数 $e^{\frac{x}{2}(z-z^{-1})}$ 在 $z=0$ 的邻域内进行洛朗级数展开的系数,即

$$J_m(x)=\frac{1}{2\pi i}\oint_{|z|=1}\frac{e^{\frac{x}{2}(z-z^{-1})}}{z^{m+1}}dz, \tag{7.3.12}$$

为计算简便起见,积分路径取为复平面上的单位圆。

1. 设 $z=e^{i\varphi}$,则 $dz=ie^{i\varphi}d\varphi$,$e^{\frac{x}{2}(z-z^{-1})}=e^{ix\sin\varphi}$.

将其代入(7.3.12)式,可得

$$\begin{aligned}J_m(x)&=\frac{1}{2\pi}\int_{-\pi}^{\pi}e^{i(x\sin\varphi-m\varphi)}d\varphi\\&=\frac{1}{2\pi}\int_{-\pi}^{\pi}[\cos(x\sin\varphi-m\varphi)+i\sin(x\sin\varphi-m\varphi)]d\varphi.\end{aligned}$$

由于被积函数中的 $\sin(x\sin\varphi-m\varphi)$ 是关于 φ 的奇函数,其在区间 $[-\pi,\pi]$ 的积分等于零。所以,可证得 $J_m(x)=\frac{1}{2\pi}\int_{-\pi}^{\pi}\cos(x\sin\varphi-m\varphi)d\varphi$.

2. 令 $z=ie^{i\varphi}$,则 $dz=i^2e^{i\varphi}d\varphi$,$e^{\frac{x}{2}(z-z^{-1})}=e^{ix\cos\varphi}$.

将其代入(7.3.12)式,可得

$$\begin{aligned}J_m(x)&=\frac{(-i)^m}{2\pi}\int_{-\pi}^{\pi}e^{i(x\cos\varphi-m\varphi)}d\varphi\\&=\frac{(-i)^m}{2\pi}\int_{-\pi}^{\pi}e^{ix\cos\varphi}(\cos m\varphi-i\sin m\varphi)d\varphi\\&=\frac{(-i)^m}{2\pi}\int_{-\pi}^{\pi}\cos m\varphi e^{ix\cos\varphi}d\varphi.\end{aligned}$$

3. 设 $z=-ie^{i\varphi}$,同理,可证明(7.3.9)式同样成立.

另外,(7.3.7)式~(7.3.9)式中的被积函数都是周期为 2π 的周期函数,由于周期函数在每个周期的积分均是相等的,所以,上述公式中的积分上下限可以周期扩展,即

$$J_m(x)=\frac{1}{2\pi}\int_{-\pi+\alpha}^{\pi+\alpha}\cos(x\sin\varphi-m\varphi)d\varphi,$$

$$J_m(x)=\frac{(-i)^m}{2\pi}\int_{-\pi+\alpha}^{\pi+\alpha}\cos m\varphi e^{ix\cos\varphi}d\varphi,$$

$$J_m(x)=\frac{i^m}{2\pi}\int_{-\pi+\alpha}^{\pi+\alpha}\cos m\varphi e^{-ix\cos\varphi}d\varphi,$$

其中,α 为任意常数。

7.3.4 贝塞尔函数的加法公式

整数阶贝塞尔函数有如下加法公式:

$$J_m(a+b)=\sum_{k=-\infty}^{\infty}J_k(a)J_{m-k}(b). \tag{7.3.13}$$

证明:令 $x=a+b$,将其代入贝塞尔函数的生成函数(7.3.6)式,可得

$$\sum_{m=-\infty}^{\infty}J_m(a+b)z^m=e^{\frac{a}{2}(z-z^{-1})}e^{\frac{b}{2}(z-z^{-1})}.$$

根据贝塞尔函数的生成函数,等式右边可以写为关于贝塞尔函数的级数形式,即

$$\sum_{m=-\infty}^{\infty}J_m(a+b)z^m=\sum_{k=-\infty}^{\infty}J_k(a)z^k\sum_{n=-\infty}^{\infty}J_n(b)z^n.$$

令 $n=m-k$,即 $m=n+k$,把上式右边后一项对指标 n 的求和变为对指标 m 的求和,可得

$$\sum_{m=-\infty}^{\infty}J_m(a+b)z^m=\sum_{k=-\infty}^{\infty}J_k(a)z^k\sum_{m=-\infty}^{\infty}J_{m-k}(b)z^{m-k}.$$

交换等式右边求和指标的顺序,可得

$$\sum_{m=-\infty}^{\infty}J_m(a+b)z^m=\sum_{m=-\infty}^{\infty}\left[\sum_{k=-\infty}^{\infty}J_k(a)J_{m-k}(b)\right]z^m.$$

比较 z^m 的系数,可证得

$$J_m(a+b)=\sum_{k=-\infty}^{\infty}J_k(a)J_{m-k}(b).$$

7.3.5 贝塞尔函数的递推公式

任意阶贝塞尔函数有如下递推公式:

$$\frac{d}{dx}\left[\frac{J_m(x)}{x^m}\right]=-\frac{J_{m+1}(x)}{x^m}. \tag{7.3.14}$$

$$\frac{d}{dx}[x^mJ_m(x)]=x^mJ_{m-1}(x). \tag{7.3.15}$$

$$J_{m+1}(x)-\frac{2m}{x}J_m(x)+J_{m-1}(x)=0. \tag{7.3.16}$$

$$J_{m-1}(x)-J_{m+1}(x)=2J_m'(x). \tag{7.3.17}$$

证明:将贝塞尔函数的定义代入(7.3.14)式的左边,可得

$$\frac{d}{dx}\left[\frac{J_m(x)}{x^m}\right]=\frac{d}{dx}\left[\sum_{k=0}^{\infty}(-1)^k\frac{1}{k!\Gamma(m+k+1)}\left(\frac{1}{2}\right)^{m+2k}x^{2k}\right].$$

等式右边进行展开,整理可得

$$\frac{d}{dx}\left[\frac{J_m(x)}{x^m}\right]=\sum_{k=1}^{\infty}(-1)^k\frac{1}{(k-1)!\ \Gamma(m+k+1)}\left(\frac{1}{2}\right)^{m+2k-1}x^{2k-1}.$$

令 $k=k'+1$，将对 k 的求和转换成对 k' 的求和，则上式变为

$$\begin{aligned}\frac{\mathrm{d}}{\mathrm{d}x}\left[\frac{\mathrm{J}_m(x)}{x^m}\right]&=\sum_{k'=0}^{\infty}(-1)^{k'+1}\frac{1}{k'!\Gamma(m+k'+1+1)}\left(\frac{1}{2}\right)^{m+2k'+1}x^{2k'+1}\\&=-\frac{1}{x^m}\sum_{k'=0}^{\infty}(-1)^{k'}\frac{1}{k'!\Gamma(m+1+k'+1)}\left(\frac{x}{2}\right)^{m+2k'+1}\\&=-\frac{\mathrm{J}_{m+1}(x)}{x^m}.\end{aligned}$$

因此，可证得(7.3.14)式。采用类似的思路，可证得(7.3.15)式。

将(7.3.14)式左边进行展开，整理可得

$$\mathrm{J}_m'(x)-\frac{m}{x}\mathrm{J}_m(x)+\mathrm{J}_{m+1}(x)=0. \tag{7.3.18}$$

将(7.3.15)式左边进行展开，整理可得

$$\mathrm{J}_m'(x)+\frac{m}{x}\mathrm{J}_m(x)-\mathrm{J}_{m-1}(x)=0. \tag{7.3.19}$$

将(7.3.18)式和(7.3.19)式相减，即证得(7.3.16)式；将(7.3.18)式和(7.3.19)式相加，即证得(7.3.17)式。

以上递推公式是基于贝塞尔函数的定义推导出的，而贝塞尔函数的定义对于任意的 m 均成立，因此，贝塞尔函数的递推公式(7.3.14)式~(7.3.17)式对于任意的 m 也都成立。另外，对于诺伊曼函数和汉克尔函数，它们都是基于第一类贝塞尔函数的线性叠加而成的，因此，也满足以上递推公式。

7.3.6　贝塞尔方程的本征问题

柱坐标系下的拉普拉斯方程通过分离变量后，得到的关于 $R(\rho)$ 的方程为

$$\rho^2\frac{\mathrm{d}^2R(\rho)}{\mathrm{d}\rho^2}+\rho\frac{\mathrm{d}R(\rho)}{\mathrm{d}\rho}+(\mu\rho^2-m^2)R(\rho)=0, \tag{7.3.20}$$

其中，参数 $m\geqslant 0$，自变量 $\rho\in[0,\rho_0]$，假设 ρ_0 为圆柱体的半径。

如果将(7.3.20)式视为本征方程，则由施图姆–刘维尔本征问题的通用性质可知，本征值 $\mu\geqslant 0$. 本征方程(7.3.20)式与 $R(\rho)$ 在 $\rho=0$ 端趋于有限值的自然边界条件和在 $\rho=\rho_0$ 端满足的齐次边界条件构成本征问题。

下面，在§7.1 中给出的上述方程的通解的基础上，进一步确定本征方程的本征值和本征函数。

当 $\mu=0$ 时，(7.3.20)式的通解为

$$R(\rho)=\begin{cases}A_0+B_0\ln\rho, & m=0,\\ A_m\rho^m+\dfrac{B_m}{\rho^m}, & m>0.\end{cases}$$

当 $\mu>0$ 时，(7.3.20)式的通解为

$$R(\rho)=A_m'\mathrm{J}_m(\sqrt{\mu}\rho)+B_m'\mathrm{N}_m(\sqrt{\mu}\rho),m\geqslant 0.$$

当 $\rho=0$ 时，$R(\rho)$ 需要满足趋于有限值的自然边界条件，故系数

$$B_m=0, B_m'=0, m \geqslant 0.$$

(7.3.20)式的通解退化为

$$R(\rho)=\begin{cases} A_0, & m=0, \\ A_m\rho^m, & m>0, \end{cases} \quad \mu=0. \tag{7.3.21}$$

$$R(\rho)=A_m'\mathrm{J}_m(\sqrt{\mu}\rho), m \geqslant 0, \ \mu>0. \tag{7.3.22}$$

上式中的本征值 μ 需要由圆柱体侧面的齐次边界条件进一步确定。下面以 $R(\rho)$ 在圆柱体侧面分别满足第一类和第二类齐次边界条件为例,给出本征方程(7.3.20)式的本征值和本征函数。

1. $R(\rho)$ 在柱侧满足第一类齐次边界条件时,本征方程的本征值与本征函数

(1) $\mu=0$

将方程的通解(7.3.21)式代入柱侧第一类齐次边界条件 $R(\rho_0)=0$,可得

$$A_m=0, \quad m \geqslant 0.$$

因此,本征值 $\mu=0$ 对应的本征函数

$$R_0(\rho)=0.$$

此种情况下的本征函数等于零,需要舍去。

(2) $\mu>0$

将方程的通解(7.3.22)式代入柱侧第一类齐次边界条件 $R(\rho_0)=0$,可得

$$\mathrm{J}_m(\sqrt{\mu}\rho_0)=0.$$

设 $x_n^{(m)}$ 是贝塞尔函数 $\mathrm{J}_m(x)$ 的第 n 个大于零的零点,则只有当

$$\mu_n^{(m)}=\left[\frac{x_n^{(m)}}{\rho_0}\right]^2$$

时,方程的通解才能满足边界条件。这些特定的 $\mu_n^{(m)}$ 值,称为该本征问题的本征值。将本征值代入通解,可得该本征问题的本征函数

$$R_n(\rho)=\mathrm{J}_m\left(\frac{x_n^{(m)}}{\rho_0}\rho\right),$$

其中,$m \geqslant 0, n=1,2,3,\cdots$.

综合(1)(2)两种情况,$R(\rho)$ 在柱侧满足第一类齐次边界条件时,本征方程(7.3.20)式的本征值只能大于零,其本征值与本征函数分别为

$$\mu_n^{(m)}=\left[\frac{x_n^{(m)}}{\rho_0}\right]^2, \tag{7.3.23}$$

$$R_n(\rho)=\mathrm{J}_m\left(\frac{x_n^{(m)}}{\rho_0}\rho\right), \tag{7.3.24}$$

其中,$x_n^{(m)}$ 是贝塞尔函数 $\mathrm{J}_m(x)$ 的第 n 个大于零的零点,$m \geqslant 0, n=1,2,3,\cdots$.

2. $R(\rho)$ 在柱侧满足第二类齐次边界条件时,本征方程的本征值与本征函数

(1) $\mu=0$

将方程的通解(7.3.21)式代入柱侧第二类齐次边界条件 $R'(\rho_0)=0$,则其通解退化为

$$R(\rho)=\begin{cases}A_0, & m=0,\\ 0, & m>0.\end{cases}$$

上式说明：当本征方程(7.3.20)式中的参数 $m=0$ 时，本征值 $\mu=0$ 对应的本征函数为常数(此处写为单位 1)，即

$$\mu_0=0,$$
$$R_0(\rho)=1.$$

当本征方程(7.3.20)式中的参数 $m\neq0$ 时，本征值 $\mu=0$ 对应的本征函数等于零，此种情况需要舍去。

(2) $\mu>0$

将方程通解(7.3.22)式代入柱侧第二类齐次边界条件 $R'(\rho_0)=0$，可得

$$\mathrm{J}_m'(\sqrt{\mu}\rho_0)=0.$$

假设 $\tilde{x}_n^{(m)}$ 是 $\mathrm{J}_m'(x)$ 的第 n 个大于零的零点，则在柱侧第二类齐次边界条件下，该本征方程的本征值与本征函数分别为

$$\tilde{\mu}_n^{(m)}=\left[\frac{\tilde{x}_n^{(m)}}{\rho_0}\right]^2,$$

$$R_n(\rho)=\mathrm{J}_m\left(\frac{\tilde{x}_n^{(m)}}{\rho_0}\rho\right),$$

其中，$m\geqslant0,n=1,2,3,\cdots$.

综合(1)(2)两种情况，如果本征方程(7.3.20)式中的参数 $m>0$，当 $R(\rho)$ 在柱侧满足第二类齐次边界条件时，则本征方程的本征值只能大于零，本征值与本征函数分别为

$$\tilde{\mu}_n^{(m)}=\left[\frac{\tilde{x}_n^{(m)}}{\rho_0}\right]^2, \tag{7.3.25}$$

$$R_n(\rho)=\mathrm{J}_m\left(\frac{\tilde{x}_n^{(m)}}{\rho_0}\rho\right), \tag{7.3.26}$$

其中，$\tilde{x}_n^{(m)}$ 是 $\mathrm{J}_m'(x)$ 的第 n 个大于零的零点，$n=1,2,3,\cdots$.

如果本征方程(7.3.20)式中的参数 $m=0$，当 $R(\rho)$ 在柱侧满足第二类齐次边界条件时，则本征方程的本征值还要额外包含等于零的情况，本征函数也要额外包括本征值等于零对应的常数本征函数。此种情况下，本征方程的本征值和本征函数分别为

$$0,\tilde{\mu}_n^{(0)}=\left[\frac{\tilde{x}_n^{(0)}}{\rho_0}\right]^2, \tag{7.3.27}$$

$$1,R_n(\rho)=\mathrm{J}_0\left(\frac{\tilde{x}_n^{(0)}}{\rho_0}\rho\right), \tag{7.3.28}$$

其中，$\tilde{x}_n^{(0)}$ 是 $\mathrm{J}_0'(x)$ 的第 n 个大于零的零点，$n=1,2,3,\cdots$.

7.3.7　贝塞尔本征函数的正交性及模的平方

将贝塞尔方程转化为施图姆-刘维尔型方程的形式

$$\frac{\mathrm{d}}{\mathrm{d}\rho}\left[\rho\frac{\mathrm{d}R(\rho)}{\mathrm{d}\rho}\right]-\frac{m^2}{\rho}R(\rho)+\mu\rho R(\rho)=0, \tag{7.3.29}$$

其中，$\rho\in[0,\rho_0]$，μ 为本征值，ρ 为权函数，参数 $m\geqslant 0$.

1. 正交性

根据施图姆-刘维尔本征问题中本征函数正交性的通用公式，可写出如下不同柱侧齐次边界条件确定的贝塞尔本征函数的正交性公式。

(1) 对于给定的大于等于零的参数 m，在定义域 $[0,\rho_0]$ 内，贝塞尔本征函数 $\mathrm{J}_m\left(\frac{x_n^{(m)}}{\rho_0}\rho\right)$ 构成一组完备的本征函数系，本征函数系内任意两个不同的贝塞尔本征函数带权函数 ρ 正交，即

$$\int_0^{\rho_0}\mathrm{J}_m\left(\frac{x_n^{(m)}}{\rho_0}\rho\right)\mathrm{J}_m\left(\frac{x_l^{(m)}}{\rho_0}\rho\right)\rho\mathrm{d}\rho=0, \tag{7.3.30}$$

其中，$x_n^{(m)}$ 和 $x_l^{(m)}$ 分别是 $\mathrm{J}_m(x)$ 的第 n 个和第 l 个大于零的零点，且 $n\neq l$.

(2) 对于给定的大于零的参数 m，在定义域 $[0,\rho_0]$ 内，贝塞尔本征函数 $\mathrm{J}_m\left(\frac{\tilde{x}_n^{(m)}}{\rho_0}\rho\right)$ 构成一组完备的本征函数系，本征函数系内任意两个不同的贝塞尔本征函数带权函数 ρ 正交，即

$$\int_0^{\rho_0}\mathrm{J}_m\left(\frac{\tilde{x}_n^{(m)}}{\rho_0}\rho\right)\mathrm{J}_m\left(\frac{\tilde{x}_l^{(m)}}{\rho_0}\rho\right)\rho\mathrm{d}\rho=0, \tag{7.3.31}$$

其中，$\tilde{x}_n^{(m)}$ 和 $\tilde{x}_l^{(m)}$ 分别是 $\mathrm{J}_m'(x)$ 的第 n 个和第 l 个大于零的零点，且 $n\neq l$.

对于给定的参数 $m=0$，在定义域 $[0,\rho_0]$ 内，常数本征函数 1 和贝塞尔本征函数 $\mathrm{J}_0\left(\frac{\tilde{x}_n^{(0)}}{\rho_0}\rho\right)$ 构成一组完备的本征函数系。除了满足(7.3.31)式的正交关系($m=0$)外，常数本征函数 1 与该本征函数系内任意一个其他的本征函数也正交，即

$$\int_0^{\rho_0}1\cdot\mathrm{J}_0\left(\frac{\tilde{x}_n^{(0)}}{\rho_0}\rho\right)\rho\mathrm{d}\rho=0, \tag{7.3.32}$$

其中，$\tilde{x}_n^{(0)}$ 是 $\mathrm{J}_0'(x)$ 的第 n 个大于零的零点。

(7.3.30)式和(7.3.31)式的证明思路类似于(5.4.16)式的证明，此处不再给出具体的证明过程。对于(7.3.32)式，利用公式 $\frac{\mathrm{d}}{\mathrm{d}x}[x^m\mathrm{J}_m(x)]=x^m\mathrm{J}_{m-1}(x)$，可证得

$$\int_0^{\rho_0}1\cdot\mathrm{J}_0\left(\frac{\tilde{x}_n^{(0)}}{\rho_0}\rho\right)\rho\mathrm{d}\rho=\left(\frac{\rho_0}{\tilde{x}_n^{(0)}}\right)^2 x\mathrm{J}_1(x)\Big|_0^{\tilde{x}_n^{(0)}}=-\left(\frac{\rho_0}{\tilde{x}_n^{(0)}}\right)^2 x\mathrm{J}_0'(x)\Big|_0^{\tilde{x}_n^{(0)}}=0.$$

2. 模的平方

(1) 由柱侧第一类齐次边界条件确定的本征函数 $\mathrm{J}_m\left(\frac{x_n^{(m)}}{\rho_0}\rho\right)$ 的模的平方

$$[N_n^{(m)}]^2=\frac{1}{2}\rho_0^2[\mathrm{J}_{m+1}(x_n^{(m)})]^2, \tag{7.3.33}$$

其中，$m\geqslant 0$，$x_n^{(m)}$ 是 $\mathrm{J}_m(x)$ 的第 n 个大于零的零点。

(2) 由柱侧第二类齐次边界条件确定的本征函数 $\mathrm{J}_m\left(\dfrac{\tilde{x}_n^{(m)}}{\rho_0}\rho\right)$ 的模的平方

$$[N_n^{(m)}]^2=\frac{1}{2}\rho_0^2\left[1-\left(\frac{m}{\tilde{x}_n^{(m)}}\right)^2\right][\mathrm{J}_m(\tilde{x}_n^{(m)})]^2, \tag{7.3.34}$$

其中,$m>0$,$\tilde{x}_n^{(m)}$ 是 $\mathrm{J}_m'(x)$ 的第 n 个大于零的零点。

当 $m=0$ 时,第一个常数本征函数的模的平方

$$[N_0^{(0)}]^2=\int_0^{\rho_0}\rho\mathrm{d}\rho=\frac{1}{2}\rho_0^2, \tag{7.3.35}$$

其他的本征函数的模的平方的公式由(7.3.34)式退化可得

$$[N_n^{(0)}]^2=\frac{1}{2}\rho_0^2[\mathrm{J}_0(\tilde{x}_n^{(0)})]^2, \tag{7.3.36}$$

其中,$\tilde{x}_n^{(0)}$ 是 $\mathrm{J}_0'(x)$ 的第 n 个大于零的零点。

证明:贝塞尔函数的模的平方的计算公式

$$[N_n^{(m)}]^2=\int_0^{\rho_0}[\mathrm{J}_m(\sqrt{\mu_n^{(m)}}\rho)]^2\rho\mathrm{d}\rho. \tag{7.3.37}$$

令 $x=\sqrt{\mu_n^{(m)}}\rho$,则 $\rho=\dfrac{1}{\sqrt{\mu_n^{(m)}}}x$,将其代入上式,将关于 ρ 的积分转换为关于 x 的积分

$$[N_n^{(m)}]^2=\frac{1}{\mu_n^{(m)}}\int_0^{\sqrt{\mu_n^{(m)}}\rho_0}\mathrm{J}_m^2(x)x\mathrm{d}x=\frac{1}{2\mu_n^{(m)}}\int_0^{\sqrt{\mu_n^{(m)}}\rho_0}\mathrm{J}_m^2(x)\mathrm{d}x^2$$

利用分部积分,可得

$$[N_n^{(m)}]^2=\frac{1}{2}\rho_0^2[\mathrm{J}_m(\sqrt{\mu_n^{(m)}}\rho_0)]^2-\frac{1}{\mu_n^{(m)}}\int_0^{\sqrt{\mu_n^{(m)}}\rho_0}x^2\mathrm{J}_m(x)\mathrm{J}_m'(x)\mathrm{d}x. \tag{7.3.38}$$

由贝塞尔方程,可得如下恒等式

$$x^2\mathrm{J}_m(x)=-x^2\frac{\mathrm{d}^2\mathrm{J}_m(x)}{\mathrm{d}x^2}-x\frac{\mathrm{dJ}_m(x)}{\mathrm{d}x}+m^2\mathrm{J}_m(x).$$

将上式代入(7.3.38)式,得

$$\begin{aligned}[N_n^{(m)}]^2&=\frac{1}{2}\rho_0^2[\mathrm{J}_m(\sqrt{\mu_n^{(m)}}\rho_0)]^2+\frac{1}{\mu_n^{(m)}}\int_0^{\sqrt{\mu_n^{(m)}}\rho_0}\left[x^2\frac{\mathrm{d}^2\mathrm{J}_m(x)}{\mathrm{d}x^2}+x\frac{\mathrm{dJ}_m(x)}{\mathrm{d}x}-m^2\mathrm{J}_m(x)\right]\mathrm{J}_m'(x)\mathrm{d}x\\&=\frac{1}{2}\rho_0^2[\mathrm{J}_m(\sqrt{\mu_n^{(m)}}\rho_0)]^2+\frac{1}{2\mu_n^{(m)}}\int_0^{\sqrt{\mu_n^{(m)}}\rho_0}\mathrm{d}[x^2\mathrm{J}_m'^2(x)]-\frac{m^2}{\mu_n^{(m)}}\int_0^{\sqrt{\mu_n^{(m)}}\rho_0}\mathrm{J}_m(x)\mathrm{dJ}_m(x)\\&=\frac{1}{2}\rho_0^2[\mathrm{J}_m(\sqrt{\mu_n^{(m)}}\rho_0)]^2+\frac{1}{2\mu_n^{(m)}}[x^2\mathrm{J}_m'^2(x)]\Big|_0^{\sqrt{\mu_n^{(m)}}\rho_0}-\frac{m^2}{2\mu_n^{(m)}}[\mathrm{J}_m(x)]^2\Big|_0^{\sqrt{\mu_n^{(m)}}\rho_0}.\end{aligned}$$

其中,无论 $m=0$ 或者 $m\neq0$ 时,上式右端第二项的下限和第三项的下限均为零。因此,上式整理可得

$$[N_n^{(m)}]^2=\frac{1}{2}\left[\rho_0^2-\frac{m^2}{\mu_n^{(m)}}\right][\mathrm{J}_m(\sqrt{\mu_n^{(m)}}\rho_0)]^2+\frac{1}{2}\rho_0^2[\mathrm{J}_m'(\sqrt{\mu_n^{(m)}}\rho_0)]^2. \tag{7.3.39}$$

(1) 当本征函数 $\mathrm{J}_m(\sqrt{\mu_n^{(m)}}\rho)$ 是由第一类柱侧齐次边界条件确定的本征函数,其必然满足

$J_m(\sqrt{\mu_n^{(m)}}\rho_0)=0$，本征值 $\mu_n^{(m)}=\left[\dfrac{x_n^{(m)}}{\rho_0}\right]^2$，因此，其模的平方的公式简化为

$$[N_n^{(m)}]^2=\frac{1}{2}\rho_0^2[J_m'(x_n^{(m)})]^2. \qquad (7.3.40)$$

根据(7.3.18)式及第一类齐次边界条件 $J_m(x_n^{(m)})=0$，可得

$$J_m'(x_n^{(m)})=-J_{m+1}(x_n^{(m)}).$$

将上式代入(7.3.40)式，可证得其模的平方的公式

$$[N_n^{(m)}]^2=\frac{1}{2}\rho_0^2[J_{m+1}(x_n^{(m)})]^2.$$

(2) 当本征函数 $J_m(\sqrt{\mu_n^{(m)}}\rho)$ 是由第二类柱侧齐次边界条件确定的本征函数，其必然满足 $J_m'(\sqrt{\mu_n^{(m)}}\rho_0)=0$，本征值 $\mu_n^{(m)}=\left[\dfrac{\tilde{x}_n^{(m)}}{\rho_0}\right]^2$，因此，其模的平方的公式简化为

$$[N_n^{(m)}]^2=\frac{1}{2}\rho_0^2\left[1-\left(\frac{m}{\tilde{x}_n^{(m)}}\right)^2\right][J_m(\tilde{x}_n^{(m)})]^2.$$

7.3.8 贝塞尔本征函数的完备性

1. 由柱侧第一类齐次边界条件确定的贝塞尔本征函数的广义傅里叶级数展开

对于给定的大于等于零的参数 m，贝塞尔本征函数 $\left\{J_m\left(\dfrac{x_n^{(m)}}{\rho_0}\rho\right),n=1,2,3,\cdots\right\}$ 在定义域 $[0,\rho_0]$ 上是完备的。定义域内的任意一个分段光滑的有界函数 $f(\rho)$，都可以将该贝塞尔本征函数作为基底进行广义傅里叶级数展开

$$f(\rho)=\sum_{n=1}^{\infty}C_nJ_m\left(\frac{x_n^{(m)}}{\rho_0}\rho\right), \qquad (7.3.41)$$

展开系数

$$C_n=\frac{1}{[N_n^{(m)}]^2}\int_0^{\rho_0}f(\rho)J_m\left(\frac{x_n^{(m)}}{\rho_0}\rho\right)\rho\mathrm{d}\rho, \qquad (7.3.42)$$

其中，模的平方 $[N_n^{(m)}]^2=\dfrac{1}{2}\rho_0^2[J_{m+1}(x_n^{(m)})]^2$，$x_n^{(m)}$ 是 $J_m(x)$ 的第 n 个大于零的零点。

2. 由柱侧第二类齐次边界条件确定的贝塞尔本征函数的广义傅里叶级数展开

(1) 对于给定的大于零的参数 m，贝塞尔本征函数 $\left\{J_m\left(\dfrac{\tilde{x}_n^{(m)}}{\rho_0}\rho\right),n=1,2,3,\cdots\right\}$ 在定义域 $[0,\rho_0]$ 上是完备的。定义域内的任意一个分段光滑的有界函数 $f(\rho)$，都可以将该贝塞尔本征函数作为基底进行广义傅里叶级数展开

$$f(\rho)=\sum_{n=1}^{\infty}C_nJ_m\left(\frac{\tilde{x}_n^{(m)}}{\rho_0}\rho\right), \qquad (7.3.43)$$

展开系数

$$C_n=\frac{1}{[N_n^{(m)}]^2}\int_0^{\rho_0}f(\rho)\mathrm{J}_m\left(\frac{\tilde{x}_n^{(m)}}{\rho_0}\rho\right)\rho\mathrm{d}\rho, \tag{7.3.44}$$

其中,模的平方$[N_n^{(m)}]^2=\frac{1}{2}\rho_0^2\left[1-\left(\frac{m}{\tilde{x}_n^{(m)}}\right)^2\right][\mathrm{J}_m(\tilde{x}_n^{(m)})]^2$,$\tilde{x}_n^{(m)}$ 是 $\mathrm{J}_m'(x)$的第 n 个大于零的零点。

(2) 当参数 $m=0$ 时,贝塞尔本征函数$\left\{1,\mathrm{J}_0\left(\frac{\tilde{x}_n^{(0)}}{\rho_0}\rho\right),n=1,2,3,\cdots\right\}$在定义域$[0,\rho_0]$上是完备的。定义域内的任意一个分段光滑的有界函数$f(\rho)$,都可以将该贝塞尔本征函数作为基底进行广义傅里叶级数展开

$$f(\rho)=C_0+\sum_{n=1}^{\infty}C_n\mathrm{J}_0\left(\frac{\tilde{x}_n^{(0)}}{\rho_0}\rho\right), \tag{7.3.45}$$

展开系数

$$C_0=\frac{1}{[N_0^{(0)}]^2}\int_0^{\rho_0}f(\rho)\rho\mathrm{d}\rho, \tag{7.3.46}$$

$$C_n=\frac{1}{[N_n^{(0)}]^2}\int_0^{\rho_0}f(\rho)\mathrm{J}_0\left(\frac{\tilde{x}_n^{(0)}}{\rho_0}\rho\right)\rho\mathrm{d}\rho, \tag{7.3.47}$$

其中,模的平方$[N_0^{(0)}]^2=\frac{1}{2}\rho_0^2$,$[N_n^{(0)}]^2=\frac{1}{2}\rho_0^2[\mathrm{J}_0(\tilde{x}_n^{(0)})]^2$,$\tilde{x}_n^{(0)}$ 是 $\mathrm{J}_0'(x)$的第 n 个大于零的零点。

【例 1】 利用贝塞尔函数的性质,计算如下积分

(1) $\int_0^{x_0}x^3\mathrm{J}_0(x)\mathrm{d}x$; (2) $\int_0^{x_0}x\mathrm{J}_2(x)\mathrm{d}x$.

解:(1) 利用贝塞尔函数的递推公式$\frac{\mathrm{d}}{\mathrm{d}x}[x^m\mathrm{J}_m(x)]=x^m\mathrm{J}_{m-1}(x)$,可得

$$\int_0^{x_0}x^3\mathrm{J}_0(x)\mathrm{d}x=\int_0^{x_0}x^2\mathrm{d}[x\mathrm{J}_1(x)].$$

进行分部积分,可得

$$\int_0^{x_0}x^3\mathrm{J}_0(x)\mathrm{d}x=x^2x\mathrm{J}_1(x)\Big|_0^{x_0}-2\int_0^{x_0}x^2\mathrm{J}_1(x)\mathrm{d}x.$$

利用递推公式,后一项积分$\int_0^{x_0}x^2\mathrm{J}_1(x)\mathrm{d}x=\int_0^{x_0}\mathrm{d}[x^2\mathrm{J}_2(x)]$。因此,原积分

$$\int_0^{x_0}x^3\mathrm{J}_0(x)\mathrm{d}x=x_0^3\mathrm{J}_1(x_0)-2x_0^2\mathrm{J}_2(x_0).$$

利用递推公式 $\mathrm{J}_2(x)=\frac{2}{x}\mathrm{J}_1(x)-\mathrm{J}_0(x)$,上述积分的结果最终可用 $\mathrm{J}_0(x_0)$和 $\mathrm{J}_1(x_0)$表示,即

$$\int_0^{x_0}x^3\mathrm{J}_0(x)\mathrm{d}x=x_0^3\mathrm{J}_1(x_0)-4x_0\mathrm{J}_1(x_0)+2x_0^2\mathrm{J}_0(x_0).$$

(2) 利用贝塞尔函数的递推公式$\frac{\mathrm{d}}{\mathrm{d}x}\left[\frac{\mathrm{J}_1(x)}{x}\right]=-\frac{\mathrm{J}_2(x)}{x}$,可得

$$\int_0^{x_0}x\mathrm{J}_2(x)\mathrm{d}x=-\int_0^{x_0}x^2\mathrm{d}\left[\frac{\mathrm{J}_1(x)}{x}\right].$$

进行分部积分,可得

$$\int_0^{x_0} x\mathrm{J}_2(x)\,\mathrm{d}x = -x\mathrm{J}_1(x)\Big|_0^{x_0} + 2\int_0^{x_0}\mathrm{J}_1(x)\,\mathrm{d}x.$$

利用递推公式$\frac{\mathrm{d}}{\mathrm{d}x}[\mathrm{J}_0(x)] = -\mathrm{J}_1(x)$,可得

$$\int_0^{x_0} x\mathrm{J}_2(x)\,\mathrm{d}x = -x_0\mathrm{J}_1(x_0) - 2\mathrm{J}_0(x_0) + 2.$$

【例 2】 利用贝塞尔函数的积分公式证明如下公式:

$$\frac{1}{2\pi}\int_{-\pi}^{\pi}\cos^2\varphi\,\mathrm{e}^{\mathrm{i}x\cos(\varphi-\theta)}\,\mathrm{d}\varphi = \cos^2\theta\mathrm{J}_0(x) - \frac{\cos 2\theta}{x}\mathrm{J}_1(x).$$

证明:令 $\varphi-\theta=\alpha$,即 $\varphi=\alpha+\theta$,则左式积分

$$I = \frac{1}{2\pi}\int_{-\pi-\theta}^{\pi-\theta}\cos^2(\alpha+\theta)\,\mathrm{e}^{\mathrm{i}x\cos\alpha}\,\mathrm{d}\alpha.$$

被积函数是关于 α 的周期函数,其在任意一个周期内的积分均相等,因此,可将上述积分的区间写为$[-\pi,\pi]$。另外,将被积函数中的余弦函数展开,因此,上式变为

$$I = \frac{1}{4\pi}\int_{-\pi}^{\pi}(\mathrm{e}^{\mathrm{i}x\cos\alpha} + \cos 2\theta\cos 2\alpha\,\mathrm{e}^{\mathrm{i}x\cos\alpha} - \sin 2\theta\sin 2\alpha\,\mathrm{e}^{\mathrm{i}x\cos\alpha})\,\mathrm{d}\alpha.$$

被积函数中的第三项,既是关于 α 的周期函数,又是奇函数,因此,其在一个周期内的积分为零。根据贝塞尔函数的积分公式 $\mathrm{J}_m(x) = \frac{(-\mathrm{i})^m}{2\pi}\int_{-\pi}^{\pi}\cos m\varphi\,\mathrm{e}^{\mathrm{i}x\cos\varphi}\,\mathrm{d}\varphi$,可得

$$\mathrm{J}_2(x) = -\frac{1}{2\pi}\int_{-\pi}^{\pi}\cos 2\varphi\,\mathrm{e}^{\mathrm{i}x\cos\varphi}\,\mathrm{d}\varphi,$$

$$\mathrm{J}_0(x) = \frac{1}{2\pi}\int_{-\pi}^{\pi}\mathrm{e}^{\mathrm{i}x\cos\varphi}\,\mathrm{d}\varphi.$$

因此,上述积分可简化为

$$I = \frac{1}{2}\mathrm{J}_0(x) - \frac{\cos 2\theta}{2}\mathrm{J}_2(x).$$

将贝塞尔函数的递推公式 $\mathrm{J}_2(x) = \frac{2}{x}\mathrm{J}_1(x) - \mathrm{J}_0(x)$ 代入上式,整理可得

$$I = \cos^2\theta\mathrm{J}_0(x) - \frac{\cos 2\theta}{x}\mathrm{J}_1(x).$$

因此,最终证得

$$\frac{1}{2\pi}\int_{-\pi}^{\pi}\cos^2(\alpha+\theta)\,\mathrm{e}^{\mathrm{i}x\cos\alpha}\,\mathrm{d}\alpha = \cos^2\theta\mathrm{J}_0(x) - \frac{\cos 2\theta}{x}\mathrm{J}_1(x).$$

【例 3】 将常数函数 $f(\rho)=1$ 在定义域$[0,\rho_0]$上以本征函数 $\mathrm{J}_0\left(\frac{x_n^{(0)}}{\rho_0}\rho\right)$ 为基底进行广义傅里叶级数展开,其中,$x_n^{(0)}$ 是 $\mathrm{J}_0(x)$的第 n 个大于零的零点,$n=1,2,3,\cdots$。

解:根据广义傅里叶级数展开的定义

$$1 = \sum_{n=1}^{\infty} C_n\mathrm{J}_0\left(\frac{x_n^{(0)}}{\rho_0}\rho\right),$$

其中,系数

$$C_n=\frac{1}{[N_n^{(0)}]^2}\int_0^{\rho_0}J_0\left(\frac{x_n^{(0)}}{\rho_0}\rho\right)\rho d\rho.$$

本征函数 $J_0\left(\frac{x_n^{(0)}}{\rho_0}\rho\right)$ 在边界 $\rho=\rho_0$ 端满足第一类齐次边界条件,其模的平方的计算公式为

$$[N_n^{(0)}]^2=\frac{1}{2}\rho_0^2[J_1(x_n^{(0)})]^2.$$

将模的平方代入系数计算公式,可得

$$C_n=\frac{2}{\rho_0^2[J_1(x_n^{(0)})]^2}\int_0^{\rho_0}J_0\left(\frac{x_n^{(0)}}{\rho_0}\rho\right)\rho d\rho.$$

令 $\frac{x_n^{(0)}}{\rho_0}\rho=x$,即 $\rho=\frac{\rho_0}{x_n^{(0)}}x$,则系数

$$C_n=\frac{2}{(x_n^{(0)})^2[J_1(x_n^{(0)})]^2}\int_0^{x_n^{(0)}}J_0(x)x dx=\frac{2}{x_n^{(0)}J_1(x_n^{(0)})}.$$

因此,函数 $f(\rho)=1$ 的广义傅里叶级数展开形式为

$$1=\sum_{n=1}^{\infty}\frac{2}{x_n^{(0)}J_1(x_n^{(0)})}J_0\left(\frac{x_n^{(0)}}{\rho_0}\rho\right),\quad 0<\rho<\rho_0.$$

图 7.3 是常数函数 $f(\rho)=1$ 及其以本征函数 $J_0\left(\frac{x_n^{(0)}}{\rho_0}\rho\right)$ 为基底的广义傅里叶级数展开的图像。从图中可以看出,广义傅里叶级数在定义域内部 $0<\rho<\rho_0$ 平均收敛于常数函数 $f(\rho)=1$(图中设定 $\rho_0=1$),在边界 $\rho=0$ 和 $\rho=\rho_0$ 处不收敛于常数函数 $f(\rho)=1$.

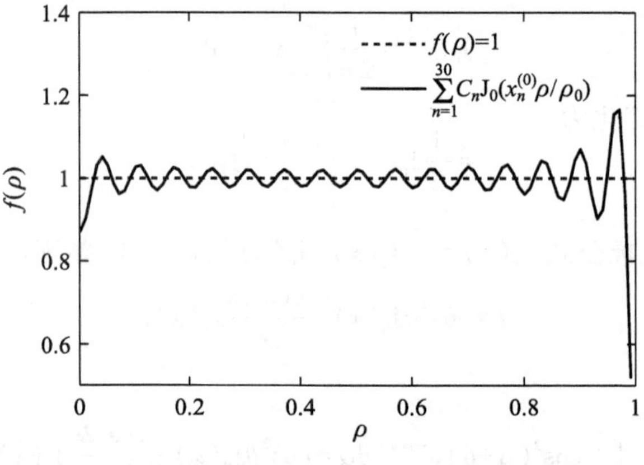

图 7.3 常数函数 $f(\rho)=1$ 及其广义傅里叶级数展开

§7.4 虚宗量贝塞尔方程的求解

授课视频

虚宗量贝塞尔方程

$$x^2\frac{d^2y(x)}{dx^2}+x\frac{dy(x)}{dx}-(x^2+m^2)y(x)=0, \tag{7.4.1}$$

与贝塞尔方程一样,不失一般性,参数 $m\geqslant 0$.

贝塞尔方程和虚宗量贝塞尔方程具有一定的关联性。下面,我们将在已知贝塞尔方程的解的基础上,通过变量代换的方式“间接”地求解虚宗量贝塞尔方程。

令 $x=-\mathrm{i}\varepsilon$、$y(x)=Y(\varepsilon)$,将其代入(7.4.1)式,得到关于 $Y(\varepsilon)$ 的方程

$$\varepsilon^2\frac{\mathrm{d}^2Y(\varepsilon)}{\mathrm{d}\varepsilon^2}+\varepsilon\frac{\mathrm{d}Y(\varepsilon)}{\mathrm{d}\varepsilon}+(\varepsilon^2-m^2)Y(\varepsilon)=0. \tag{7.4.2}$$

(7.4.2)式是贝塞尔方程,它的一个特解是贝塞尔函数

$$\mathrm{J}_m(\varepsilon)=\sum_{k=0}^{\infty}(-1)^k\frac{1}{k!\Gamma(m+k+1)}\left(\frac{\varepsilon}{2}\right)^{m+2k}. \tag{7.4.3}$$

将 $\varepsilon=\mathrm{i}x$ 代入上式,即可得到虚宗量贝塞尔方程的一个特解

$$\mathrm{J}_m(\mathrm{i}x)=\mathrm{i}^m\sum_{k=0}^{\infty}\frac{1}{k!\Gamma(m+k+1)}\left(\frac{x}{2}\right)^{m+2k}. \tag{7.4.4}$$

将(7.4.4)式乘以一个复常数 i^{-m},得到虚宗量贝塞尔方程(7.4.1)式的一个实函数形式的特解,用函数符号 $\mathrm{I}_m(x)$ 标记,即

$$\mathrm{I}_m(x)=\mathrm{i}^{-m}\mathrm{J}_m(\mathrm{i}x)=\sum_{k=0}^{\infty}\frac{1}{k!\Gamma(m+k+1)}\left(\frac{x}{2}\right)^{m+2k}. \tag{7.4.5}$$

与贝塞尔方程类似,根据 m 取值的不同,虚宗量贝塞尔方程的第二个特解可以写为不同的形式。

1. *m* 不为整数

将贝塞尔方程的第一个特解(7.4.3)式的指标 m 换成 $-m$,即可得到贝塞尔方程(7.4.2)式的第二个特解,即

$$\mathrm{J}_{-m}(\varepsilon)=\sum_{k=0}^{\infty}(-1)^k\frac{1}{k!\Gamma(-m+k+1)}\left(\frac{\varepsilon}{2}\right)^{-m+2k}. \tag{7.4.6}$$

将 $\varepsilon=\mathrm{i}x$ 代入上式,得到虚宗量贝塞尔方程的一个特解

$$\mathrm{J}_{-m}(\mathrm{i}x)=\mathrm{i}^{-m}\sum_{k=0}^{\infty}\frac{1}{k!\Gamma(-m+k+1)}\left(\frac{x}{2}\right)^{-m+2k}. \tag{7.4.7}$$

将(7.4.7)式乘以复常数 i^m,即得到虚宗量贝塞尔方程(7.4.1)式的第二个线性无关的实函数形式的特解,用函数符号 $\mathrm{I}_{-m}(x)$ 标记,即

$$\mathrm{I}_{-m}(x)=\mathrm{i}^m\mathrm{J}_{-m}(\mathrm{i}x)=\sum_{k=0}^{\infty}\frac{1}{k!\Gamma(-m+k+1)}\left(\frac{x}{2}\right)^{-m+2k}. \tag{7.4.8}$$

$\mathrm{I}_m(x)$ 和 $\mathrm{I}_{-m}(x)$ 统称为**第一类虚宗量贝塞尔函数**(modified Bessel function of first kind)。类似于贝塞尔方程中的诺伊曼函数的构造,通过 $\mathrm{I}_m(x)$ 和 $\mathrm{I}_{-m}(x)$ 的线性叠加,我们可以构造出虚宗量贝塞尔方程的第二个线性无关的特解,用函数符号 $\mathrm{K}_m(x)$ 标记,即

$$\mathrm{K}_m(x)=\frac{\pi}{2}\frac{\mathrm{I}_{-m}(x)-\mathrm{I}_m(x)}{\sin m\pi}, \tag{7.4.9}$$

$\mathrm{K}_m(x)$ 称为**第二类虚宗量贝塞尔函数**(modified Bessel function of second kind)。

综上,非整数阶虚宗量贝塞尔方程的通解可以写为如下两种等价的形式:

$$y(x)=A_m\mathrm{I}_m(x)+B_m\mathrm{I}_{-m}(x), \tag{7.4.10}$$

$$y(x)=A_m\mathrm{I}_m(x)+B_m\mathrm{K}_m(x). \tag{7.4.11}$$

2. m 为整数

根据贝塞尔函数 $J_m(x)$ 和 $J_{-m}(x)$ 的线性关系,可得

$$J_{-m}(ix)=(-1)^m J_m(ix). \tag{7.4.12}$$

将上式代入(7.4.8)式,可得

$$I_{-m}(x)=i^m(-1)^m J_m(ix)=i^{-m}J_m(ix).$$

由(7.4.5)式可知,$i^{-m}J_m(ix)=I_m(x)$,代入上式,可得

$$I_{-m}(x)=I_m(x). \tag{7.4.13}$$

说明当 m 为整数时,两个特解 $I_m(x)$ 与 $I_{-m}(x)$ 完全相同。

根据诺伊曼函数 $N_m(x)$ 的定义,以及贝塞尔方程和虚宗量贝塞尔方程的关系,我们可以构造出第二类虚宗量贝塞尔函数,用 $K_m(x)$ 表示。第二类虚宗量贝塞尔函数 $K_m(x)$ 的表达式比较复杂[1],本书不给出其表达式,当 m 为整数时,第二类虚宗量贝塞尔函数 $K_m(x)$ 可以用如下函数的极限形式表示[1]:

$$K_m(x)=\frac{\pi}{2}\lim_{\nu\to m}\frac{I_{-\nu}(x)-I_\nu(x)}{\sin\nu\pi}. \tag{7.4.14}$$

综上,整数阶虚宗量贝塞尔方程的通解为第一类和第二类虚宗量贝塞尔函数的线性叠加:

$$y(x)=A_m I_m(x)+B_m K_m(x). \tag{7.4.15}$$

授课视频

§7.5 虚宗量贝塞尔函数的性质

1. 第一类虚宗量贝塞尔函数的定义及其渐近公式

$$I_m(x)=\sum_{k=0}^{\infty}\frac{1}{k!\,\Gamma(m+k+1)}\left(\frac{x}{2}\right)^{m+2k}. \tag{7.5.1}$$

其中,$m\geqslant 0$.

第一类虚宗量贝塞尔函数的 MATLAB 内部指令

- 第一类虚宗量贝塞尔函数 besseli(m, x)

其中,m 和 x 分别是虚宗量贝塞尔函数的阶数和自变量。

第一类虚宗量贝塞尔函数的渐近公式

当 $x\to 0$ 时:$I_m(x)\approx\frac{1}{\Gamma(m+1)}\left(\frac{x}{2}\right)^m$;

当 $x\to\infty$ 时:$I_m(x)\approx\sqrt{\frac{1}{2\pi x}}e^x$.

图 7.4 是第一类虚宗量贝塞尔函数 $I_0(x)$、$I_1(x)$ 和 $I_2(x)$ 的图像。当 $x=0$ 时,$I_0(0)=1$,而 $I_1(0)=0$、$I_2(0)=0$;当 $x\to\infty$ 时,第一类虚宗量贝塞尔函数 $I_0(x)$、$I_1(x)$ 和 $I_2(x)$ 都趋于无穷。说明第一类虚宗量贝塞尔函数 $I_m(x)$ 在定义域$[0,\infty)$内是单调增函数。

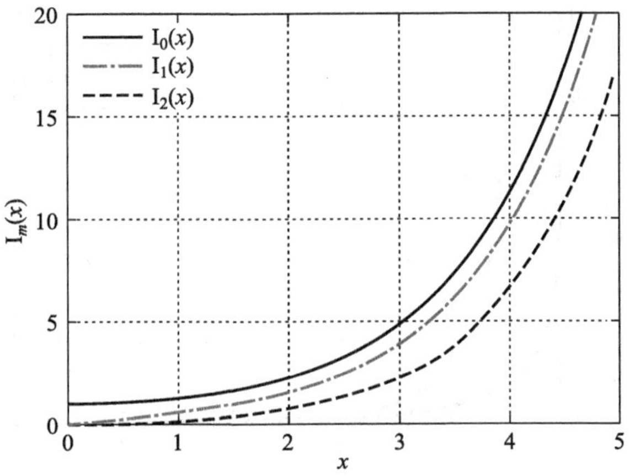

图 7.4 第一类虚宗量贝塞尔函数 $I_0(x)$、$I_1(x)$ 和 $I_2(x)$ 图像

2. 第二类虚宗量贝塞尔函数的定义及其渐近公式

当 m 不等于整数时，第二类虚宗量贝塞尔函数

$$K_m(x)=\frac{\pi}{2}\frac{I_{-m}(x)-I_m(x)}{\sin m\pi}. \tag{7.5.2}$$

当 m 等于整数时，第二类虚宗量贝塞尔函数可用如下函数的极限表示：

$$K_m(x)=\frac{\pi}{2}\lim_{\nu\to m}\frac{I_{-\nu}(x)-I_\nu(x)}{\sin \nu\pi}. \tag{7.5.3}$$

第二类虚宗量贝塞尔函数的 MATLAB 内部指令

- 第二类虚宗量贝塞尔函数 besselk(m, x)

其中，m 和 x 分别是虚宗量贝塞尔函数的阶数和自变量。

第二类虚宗量贝塞尔函数的渐近公式

当 $x\to 0$ 时：$K_m(x)\to\begin{cases}-\ln\left(\dfrac{x}{2}\right), & m=0,\\ \dfrac{\Gamma(x)}{2}\left(\dfrac{2}{x}\right)^m, & m\neq 0.\end{cases}$

当 $x\to\infty$ 时：$K_m(x)\approx\sqrt{\dfrac{\pi}{2x}}e^{-x}$.

图 7.5 是第二类虚宗量贝塞尔函数 $K_0(x)$、$K_1(x)$ 和 $K_2(x)$ 的图像。当 $x\to 0$ 时，第二类虚宗量贝塞尔函数 $K_m(x)$ 都趋于无穷；而当 $x\to\infty$ 时，第二类虚宗量贝塞尔函数都趋于零。说明第二类虚宗量贝塞尔函数 $K_m(x)$ 在定义域[0,∞)内是单调减函数。

【思考】 虚宗量贝塞尔方程是否是本征问题？能否根据柱侧齐次边界条件确定其本征值和本征函数？

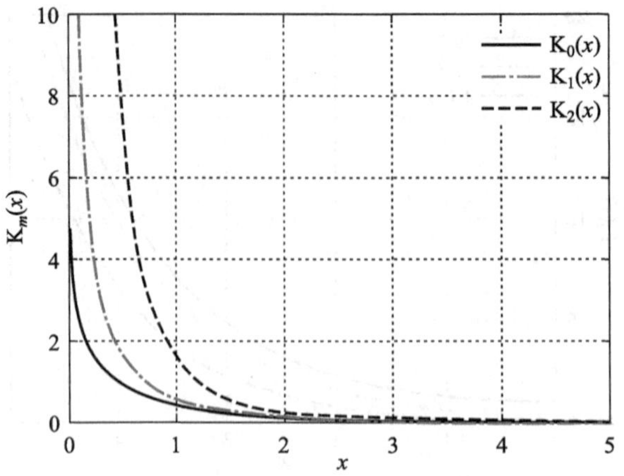

图 7.5　第二类虚宗量贝塞尔函数 $K_0(x)$、$K_1(x)$ 和 $K_2(x)$ 图像

§7.6　柱坐标系下拉普拉斯方程的通解

授课视频

柱坐标系下的拉普拉斯方程

$$\frac{1}{\rho}\frac{\partial}{\partial\rho}\left[\rho\frac{\partial u(\rho,\varphi,z)}{\partial\rho}\right]+\frac{1}{\rho^2}\frac{\partial^2 u(\rho,\varphi,z)}{\partial\varphi^2}+\frac{\partial^2 u(\rho,\varphi,z)}{\partial z^2}=0,$$

其中，$0\leqslant\rho\leqslant\rho_0$，$0\leqslant z\leqslant H$，$\rho_0$ 和 H 分别是圆柱体的半径和高度。

根据 §7.1 的内容可知，通过对柱坐标系下的拉普拉斯方程进行两次分离变量后，得到了三个常微分方程。如果默认分离变量常数 $\mu\geqslant 0$，则这三个常微分方程可以写为如下两种等价的组合形式：

$$\begin{cases}\rho^2\dfrac{\mathrm{d}^2R(\rho)}{\mathrm{d}\rho^2}+\rho\dfrac{\mathrm{d}R(\rho)}{\mathrm{d}\rho}+(\mu\rho^2-m^2)R(\rho)=0,\\ \dfrac{\mathrm{d}^2\Phi(\varphi)}{\mathrm{d}\varphi^2}+m^2\Phi(\varphi)=0,\\ \dfrac{\mathrm{d}^2Z(z)}{\mathrm{d}z^2}-\mu Z(z)=0.\end{cases}\tag{7.6.1}$$

$$\begin{cases}\rho^2\dfrac{\mathrm{d}^2R(\rho)}{\mathrm{d}\rho^2}+\rho\dfrac{\mathrm{d}R(\rho)}{\mathrm{d}\rho}-(\mu\rho^2+m^2)R(\rho)=0,\\ \dfrac{\mathrm{d}^2\Phi(\varphi)}{\mathrm{d}\varphi^2}+m^2\Phi(\varphi)=0,\\ \dfrac{\mathrm{d}^2Z(z)}{\mathrm{d}z^2}+\mu Z(z)=0.\end{cases}\tag{7.6.2}$$

在两次分离变量过程中，引入的两个分离变量常数分别为 m^2 和 μ. 其中，常数 m^2 已经由关于 $\Phi(\varphi)$ 的本征方程及其周期边界条件来确定；常数 μ 需要由另外一个本征方程和齐次边界条件构成的本征问题来确定。

通过与施图姆-刘维尔型方程 $\frac{\mathrm{d}}{\mathrm{d}x}[k(x)y'(x)]-q(x)y(x)+\lambda\rho(x)y(x)=0$ 相比较可知，在默认 $\mu\geqslant 0$ 的前提下，组合(7.6.1)式中关于 $R(\rho)$ 的方程和组合(7.6.2)式中关于 $Z(z)$ 的方程都适合作为确定本征值 μ 的本征方程。理论上，由这两个方程中任意的一个构成的本征问题都可以确定本征值 μ。但如果物理量 $u(\rho,\varphi,z)$ 在柱侧已经满足齐次边界条件，则适宜选择组合(7.6.1)式关于 $R(\rho)$ 的方程作为本征方程来确定本征值 μ；如果物理量 $u(\rho,\varphi,z)$ 在上顶面和下底面都满足齐次边界条件，则适宜选择组合(7.6.2)式中关于 $Z(z)$ 的方程作为本征方程来确定本征值 μ；如果物理量 $u(\rho,\varphi,z)$ 在柱侧、上顶面和下底面的边界条件都是非齐次的，选择组合(7.6.1)式关于 $R(\rho)$ 的方程，或者选择组合(7.6.2)式中关于 $Z(z)$ 的方程作为本征方程都可以，但需要先将对应的边界条件进行齐次化处理。

下面，根据物理量在柱侧或者上顶面和下底面满足第一类或者第二类齐次边界条件的不同情况，分别给出圆柱体内拉普拉斯方程的通解。

1. 物理量在柱侧满足齐次边界条件

此种情况，选择由 $R(\rho)$ 的方程作为本征方程确定本征值，即柱坐标系下拉普拉斯方程的通解选择组合(7.6.1)式的形式。

(1) 当物理量在柱侧满足第一类齐次边界条件以及在轴心线上满足趋于有限值的自然边界条件时，圆柱体内 $R_n(\rho)$、$\Phi_m(\varphi)$ 的本征解和 $Z(z)$ 的通解如表 7.2 所示。

表 7.2 $R_n(\rho)$、$\Phi_m(\varphi)$ 的本征解和 $Z(z)$ 的通解

	$\mu=0$	$\mu>0$
$m=0$	$R_0(\rho)=0$ $\Phi_0(\varphi)=C_0$ $Z(z)=E_0+F_0z$	$R_n(\rho)=\mathrm{J}_0(\sqrt{\mu_n^{(0)}}\rho)$ $\Phi_0(\varphi)=C_0$ $Z(z)=\begin{pmatrix}\cosh(\sqrt{\mu_n^{(0)}}z)\\ \sinh(\sqrt{\mu_n^{(0)}}z)\end{pmatrix}$
$m=1,2,3,\cdots$	$R_0(\rho)=0$ $\Phi_m(\varphi)=\begin{Bmatrix}\cos m\varphi\\ \sin m\varphi\end{Bmatrix}$ $Z(z)=E_0+F_0z$	$R_n(\rho)=\mathrm{J}_m(\sqrt{\mu_n^{(m)}}\rho)$ $\Phi_m(\varphi)=\begin{Bmatrix}\cos m\varphi\\ \sin m\varphi\end{Bmatrix}$ $Z(z)=\begin{pmatrix}\cosh(\sqrt{\mu_n^{(m)}}z)\\ \sinh(\sqrt{\mu_n^{(m)}}z)\end{pmatrix}$

其中，本征值 $\mu_n^{(m)}=\left[\frac{x_n^{(m)}}{\rho_0}\right]^2$，$x_n^{(m)}$ 是 $\mathrm{J}_m(x)$ 的大于零的零点，$n=1,2,3,\cdots$.

因此，在此种情况下，若物理量关于 z 轴不具有旋转对称性，则圆柱体内拉普拉斯方程的

通解

$$u(\rho,\varphi,z)=\sum_{m=0}^{\infty}\sum_{n=1}^{\infty}\mathrm{J}_m(\sqrt{\mu_n^{(m)}}\rho)(C_m\cos m\varphi+D_m\sin m\varphi)[E_{m,n}\cosh(\sqrt{\mu_n^{(m)}}z)+F_{m,n}\sinh(\sqrt{\mu_n^{(m)}}z)].\tag{7.6.3}$$

若物理量关于 z 轴具有旋转对称性,则圆柱体内拉普拉斯方程的通解退化为

$$u(\rho,z)=\sum_{n=1}^{\infty}\mathrm{J}_0(\sqrt{\mu_n^{(0)}}\rho)[E_n\cosh(\sqrt{\mu_n^{(0)}}z)+F_n\sinh(\sqrt{\mu_n^{(0)}}z)].\tag{7.6.4}$$

(2) 当物理量在柱侧满足第二类齐次边界条件以及在轴心线上满足趋于有限值的自然边界条件时,圆柱体内 $R_n(\rho)$、$\Phi_m(\varphi)$ 的本征解和 $Z(z)$ 的通解如表 7.3 所示。

表 7.3 $R_n(\rho)$、$\Phi_m(\varphi)$ 的本征解和 $Z(z)$ 的通解

	$\mu=0$	$\mu>0$
$m=0$	$R_0(\rho)=1$ $\Phi_0(\varphi)=C_0$ $Z(z)=E_0+F_0z$	$R_n(\rho)=\mathrm{J}_0(\sqrt{\tilde{\mu}_n^{(0)}}\rho)$ $\Phi_0(\varphi)=C_0$ $Z(z)=\begin{pmatrix}\cosh(\sqrt{\tilde{\mu}_n^{(0)}}z)\\ \sinh(\sqrt{\tilde{\mu}_n^{(0)}}z)\end{pmatrix}$
$m=1,2,3,\cdots$	$R_0(\rho)=0$ $\Phi_m(\varphi)=\begin{Bmatrix}\cos m\varphi\\ \sin m\varphi\end{Bmatrix}$ $Z(z)=E_0+F_0z$	$R_n(\rho)=\mathrm{J}_m(\sqrt{\tilde{\mu}_n^{(m)}}\rho)$ $\Phi_m(\varphi)=\begin{Bmatrix}\cos m\varphi\\ \sin m\varphi\end{Bmatrix}$ $Z(z)=\begin{pmatrix}\cosh(\sqrt{\tilde{\mu}_n^{(m)}}z)\\ \sinh(\sqrt{\tilde{\mu}_n^{(m)}}z)\end{pmatrix}$

其中,本征值 $\tilde{\mu}_n^{(m)}=\left[\dfrac{\tilde{x}_n^{(m)}}{\rho_0}\right]^2$,$\tilde{x}_n^{(m)}$ 是 $\mathrm{J}_m'(x)$ 的大于零的零点,$n=1,2,3,\cdots$.

因此,在此种情况下,若物理量关于 z 轴不具有旋转对称性,则圆柱体内拉普拉斯方程的通解

$$u(\rho,\varphi,z)=E_0+F_0z+\sum_{m=0}^{\infty}\sum_{n=1}^{\infty}\mathrm{J}_m(\sqrt{\tilde{\mu}_n^{(m)}}\rho)(C_m\cos m\varphi+D_m\sin m\varphi)[E_{m,n}\cosh(\sqrt{\tilde{\mu}_n^{(m)}}z)+F_{m,n}\sinh(\sqrt{\tilde{\mu}_n^{(m)}}z)].\tag{7.6.5}$$

若物理量关于 z 轴具有旋转对称性,则圆柱体内拉普拉斯方程的通解退化为

$$u(\rho,z)=E_0+F_0z+\sum_{n=1}^{\infty}\mathrm{J}_0(\sqrt{\tilde{\mu}_n^{(0)}}\rho)[E_n\cosh(\sqrt{\tilde{\mu}_n^{(0)}}z)+F_n\sinh(\sqrt{\tilde{\mu}_n^{(0)}}z)].\tag{7.6.6}$$

2. 物理量在上顶面和下底面均满足齐次边界条件

此种情况,选择由 $Z(z)$ 的方程作为本征方程确定本征值,即柱坐标系下拉普拉斯方程的通解选择组合(7.6.2)式的形式。

(1) 当物理量在上顶面和下底面均满足第一类齐次边界条件以及在轴心线上满足趋于有限值的自然边界条件时,圆柱体内 $R(\rho)$ 的通解和 $\Phi_m(\varphi)$、$Z_n(z)$ 的本征解如表 7.4 所示。

表 7.4 $R(\rho)$ 的通解和 $\Phi_m(\varphi)$、$Z_n(z)$ 的本征解

	$\mu=0$	$\mu>0$
$m=0$	$R(\rho)=A_0$ $\Phi_0(\varphi)=C_0$ $Z_0(z)=0$	$R(\rho)=\mathrm{I}_0(\sqrt{\mu_n}\rho)$ $\Phi_0(\varphi)=C_0$ $Z_n(z)=\sin(\sqrt{\mu_n}z)$
$m=1,2,3,\cdots$	$R(\rho)=A_m\rho^m$ $\Phi_m(\varphi)=\begin{Bmatrix}\cos m\varphi\\ \sin m\varphi\end{Bmatrix}$ $Z_0(z)=0$	$R(\rho)=\mathrm{I}_m(\sqrt{\mu_n}\rho)$ $\Phi_m(\varphi)=\begin{Bmatrix}\cos m\varphi\\ \sin m\varphi\end{Bmatrix}$ $Z_n(z)=\sin(\sqrt{\mu_n}z)$

其中,本征值 $\mu_n=\dfrac{n^2\pi^2}{H^2}, n=1,2,3,\cdots$.

因此,在此种情况下,若物理量关于 z 轴不具有旋转对称性,则圆柱体内拉普拉斯方程的通解

$$u(\rho,\varphi,z)=\sum_{m=0}^{\infty}\sum_{n=1}^{\infty}\mathrm{I}_m(\sqrt{\mu_n}\rho)(C_{m,n}\cos m\varphi+D_{m,n}\sin m\varphi)\sin(\sqrt{\mu_n}z). \tag{7.6.7}$$

若物理量关于 z 轴具有旋转对称性,则圆柱体内拉普拉斯方程的通解退化为

$$u(\rho,z)=\sum_{n=1}^{\infty}C_n\mathrm{I}_0(\sqrt{\mu_n}\rho)\sin(\sqrt{\mu_n}z). \tag{7.6.8}$$

(2) 当物理量在上顶面和下底面均满足第二类齐次边界条件以及在轴心线上满足趋于有限值的自然边界条件时,圆柱体内 $R(\rho)$ 的通解和 $\Phi_m(\varphi)$、$Z_n(z)$ 的本征解如表 7.5 所示。

表 7.5 $R(\rho)$ 的通解和 $\Phi_m(\varphi)$、$Z_n(z)$ 的本征解

	$\mu=0$	$\mu>0$
$m=0$	$R(\rho)=A_0$ $\Phi_0(\varphi)=C_0$ $Z_0(z)=1$	$R(\rho)=\mathrm{I}_0(\sqrt{\mu_n}\rho)$ $\Phi_0(\varphi)=C_0$ $Z_n(z)=\cos(\sqrt{\mu_n}z)$
$m=1,2,3,\cdots$	$R(\rho)=A_m\rho^m$ $\Phi_m(\varphi)=\begin{Bmatrix}\cos m\varphi\\ \sin m\varphi\end{Bmatrix}$ $Z_0(z)=1$	$R(\rho)=\mathrm{I}_m(\sqrt{\mu_n}\rho)$ $\Phi_m(\varphi)=\begin{Bmatrix}\cos m\varphi\\ \sin m\varphi\end{Bmatrix}$ $Z_n(z)=\cos(\sqrt{\mu_n}z)$

其中,本征值 $\mu_n=\dfrac{n^2\pi^2}{H^2}, n=1,2,3,\cdots$.

因此,在此种情况下,若物理量关于 z 轴不具有旋转对称性,则圆柱体内拉普拉斯方程的通解

$$u(\rho,\varphi,z)=\sum_{m=0}^{\infty}\rho^m(C_{m,0}\cos m\varphi+D_{m,0}\sin m\varphi)+\sum_{m=0}^{\infty}\sum_{n=1}^{\infty}\mathrm{I}_m(\sqrt{\mu_n}\rho)(C_{m,n}\cos m\varphi+D_{m,n}\sin m\varphi)\cos(\sqrt{\mu_n}z).\tag{7.6.9}$$

若物理量关于 z 轴具有旋转对称性,则圆柱体内拉普拉斯方程的通解退化为

$$u(\rho,z)=C_0+\sum_{n=1}^{\infty}C_n\mathrm{I}_0(\sqrt{\mu_n}\rho)\cos(\sqrt{\mu_n}z).\tag{7.6.10}$$

【思考】 如果物理量在上顶面和下底面分别满足第一类和第二类齐次边界条件,则圆柱体内拉普拉斯方程的通解是什么形式?

【例1】 一个半径为 ρ_0、高为 H 的均匀圆柱体,导热系数为 k.假设圆柱体上顶面有均匀分布的恒定热流(热流强度大小为 q_0)垂直流入,下底面有同样的热流垂直流出,圆柱侧面温度保持零度,求解圆柱体内稳定的温度分布。

解:圆柱体内稳定的温度分布满足的定解问题为

$$\begin{cases}\nabla^2u(\rho,\varphi,z)=0,0<\rho<\rho_0,0<z<H,\\ u\big|_{\rho=0}\to\text{有限值},u\big|_{\rho=\rho_0}=0,\\ u_z\big|_{z=0}=\dfrac{q_0}{k},u_z\big|_{z=H}=\dfrac{q_0}{k}.\end{cases}$$

定解问题中的 $u(\rho,\varphi,z)$ 具有 z 轴旋转对称性,与方位角 φ 无关。因此,当 $u(\rho,z)$ 在柱侧满足第一类齐次边界条件和在轴心线上满足自然边界条件时,通解可写为

$$u(\rho,z)=\sum_{n=1}^{\infty}\mathrm{J}_0(\sqrt{\mu_n^{(0)}}\rho)[E_n\cosh(\sqrt{\mu_n^{(0)}}z)+F_n\sinh(\sqrt{\mu_n^{(0)}}z)].$$

其中,本征值 $\mu_n^{(0)}=\left[\dfrac{x_n^{(0)}}{\rho_0}\right]^2$,$x_n^{(0)}$ 是 $\mathrm{J}_0(x)$ 的第 n 个大于零的零点,$n=1,2,3,\cdots$.

将本征值代入上述通解,则通解写为

$$u(\rho,z)=\sum_{n=1}^{\infty}\mathrm{J}_0\left(\frac{x_n^{(0)}}{\rho_0}\rho\right)\left[E_n\cosh\left(\frac{x_n^{(0)}}{\rho_0}z\right)+F_n\sinh\left(\frac{x_n^{(0)}}{\rho_0}z\right)\right].$$

由边界条件 $u_z\big|_{z=0}=\dfrac{q_0}{k}$ 可得

$$\sum_{n=1}^{\infty}F_n\frac{x_n^{(0)}}{\rho_0}\mathrm{J}_0\left(\frac{x_n^{(0)}}{\rho_0}\rho\right)=\frac{q_0}{k}.$$

根据贝塞尔级数展开的系数计算公式可得

$$F_n=\frac{\rho_0}{x_n^{(0)}}\frac{1}{[N_n^{(0)}]^2}\int_0^{\rho_0}\frac{q_0}{k}\mathrm{J}_0\left(\frac{x_n^{(0)}}{\rho_0}\rho\right)\rho\mathrm{d}\rho=\frac{2\rho_0q_0}{k[x_n^{(0)}]^2\mathrm{J}_1(x_n^{(0)})}.$$

由边界条件 $u_z\big|_{z=H}=\dfrac{q_0}{k}$ 可得

$$\sum_{n=1}^{\infty}\left[E_n\frac{x_n^{(0)}}{\rho_0}\sinh\left(\frac{x_n^{(0)}}{\rho_0}H\right)+F_n\frac{x_n^{(0)}}{\rho_0}\cosh\left(\frac{x_n^{(0)}}{\rho_0}H\right)\right]\mathrm{J}_0\left(\frac{x_n^{(0)}}{\rho_0}\rho\right)=\frac{q_0}{k}.$$

根据贝塞尔级数展开的系数计算公式可得

$$\left[E_n \frac{x_n^{(0)}}{\rho_0}\sinh\left(\frac{x_n^{(0)}}{\rho_0}H\right)+F_n \frac{x_n^{(0)}}{\rho_0}\cosh\left(\frac{x_n^{(0)}}{\rho_0}H\right)\right]=\frac{1}{[N_n^{(0)}]^2}\int_0^{\rho_0}\frac{q_0}{k}\mathrm{J}_0\left(\frac{x_n^{(0)}}{\rho_0}\rho\right)\rho\mathrm{d}\rho=\frac{2q_0}{kx_n^{(0)}\mathrm{J}_1(x_n^{(0)})}.$$

由此可得系数

$$E_n=\frac{2\rho_0 q_0}{k\,[x_n^{(0)}]^2\mathrm{J}_1(x_n^{(0)})}\frac{1-\cosh\left(\frac{x_n^{(0)}}{\rho_0}H\right)}{\sinh\left(\frac{x_n^{(0)}}{\rho_0}H\right)}.$$

最终,定解问题的解

$$u(\rho,z)=\frac{2\rho_0 q_0}{k}\sum_{n=1}^{\infty}\frac{1}{[x_n^{(0)}]^2\mathrm{J}_1(x_n^{(0)})}\left[\frac{1-\cosh\left(\frac{x_n^{(0)}}{\rho_0}H\right)}{\sinh\left(\frac{x_n^{(0)}}{\rho_0}H\right)}\cosh\left(\frac{x_n^{(0)}}{\rho_0}z\right)+\sinh\left(\frac{x_n^{(0)}}{\rho_0}z\right)\right]\mathrm{J}_0\left(\frac{x_n^{(0)}}{\rho_0}\rho\right),$$

$$0<\rho<\rho_0,0<z<H.$$

【例 2】 一个半径为 ρ_0、高为 H 的均匀圆柱体,导热系数为 k.假设圆柱体侧面有均匀分布的恒定热流(热流强度大小为 q_0)垂直流入,圆柱上顶面和下底面均保持恒定温度 u_0,求解圆柱体内稳定的温度分布。

解:圆柱体内稳定的温度分布满足的定解问题为

$$\begin{cases}\nabla^2 u(\rho,\varphi,z)=0,0<\rho<\rho_0,0<z<H\\ u\big|_{\rho=0}\to\text{有限值},u_\rho\big|_{\rho=\rho_0}=q_0/k,\\ u\big|_{z=0}=u_0,u\big|_{z=H}=u_0.\end{cases}$$

将上顶面和下底面的边界条件齐次化。设 $u=u_0+v$,则 v 满足的定解问题为

$$\begin{cases}\nabla^2 v(\rho,\varphi,z)=0\\ v\big|_{\rho=0}\to\text{有限值},v_\rho\big|_{\rho=\rho_0}=q_0/k,\\ v\big|_{z=0}=0,v\big|_{z=H}=0.\end{cases}$$

上述定解问题中的 $v(\rho,\varphi,z)$ 具有 z 轴旋转对称性,与方位角 φ 无关。因此,当 $v(\rho,z)$ 在上顶面和下底面均满足第一类齐次边界条件和在轴心线上满足自然边界条件时,通解可写为

$$v(\rho,z)=\sum_{n=1}^{\infty}C_n\mathrm{I}_0(\sqrt{\mu_n}\rho)\sin(\sqrt{\mu_n}z),$$

其中,本征值 $\mu_n=\frac{n^2\pi^2}{H^2},n=1,2,3,\cdots$.

将本征值代入上述通解,则通解可写为

$$v(\rho,z)=\sum_{n=1}^{\infty}C_n\mathrm{I}_0\left(\frac{n\pi}{H}\rho\right)\sin\left(\frac{n\pi}{H}z\right).$$

由柱侧的边界条件 $v_\rho\big|_{\rho=\rho_0}=\frac{q_0}{k}$,可得

$$\sum_{n=1}^{\infty} C_n \frac{n\pi}{H} I_0'\left(\frac{n\pi}{H}\rho_0\right) \sin\left(\frac{n\pi}{H}z\right) = \frac{q_0}{k}.$$

根据傅里叶正弦级数展开的系数计算公式可得

$$C_n = \frac{H}{n\pi} \frac{1}{I_0'\left(\frac{n\pi}{H}\rho_0\right)} \frac{2}{H}\int_0^H \frac{q_0}{k}\sin\left(\frac{n\pi}{H}z\right) dz = \frac{2Hq_0}{n^2\pi^2 k} \frac{1}{I_0'\left(\frac{n\pi}{H}\rho_0\right)}(1-\cos n\pi).$$

当 $n=2l+1(l=0,1,2,\cdots)$ 时，$C_{2l+1}=\dfrac{4Hq_0}{(2l+1)^2\pi^2 k}\dfrac{1}{I_0'\left(\frac{(2l+1)\pi}{H}\rho_0\right)}$.

当 $n=2l(l=0,1,2,\cdots)$ 时，$C_{2l}=0$.

最终，定解问题的解

$$u(\rho,z) = u_0 + \frac{4Hq_0}{\pi^2 k}\sum_{l=0}^{\infty} \frac{1}{(2l+1)^2} \frac{1}{I_0'\left(\frac{(2l+1)\pi}{H}\rho_0\right)} I_0\left(\frac{(2l+1)\pi}{H}\rho\right) \sin\frac{(2l+1)\pi}{H}z,$$

$$0<\rho<\rho_0, 0<z<H.$$

授课视频

§7.7　伽马函数

在 §7.2 中，为了将贝塞尔函数写得更简洁，在其定义中引入了伽马函数（Gamma function）。本节介绍一下伽马函数的定义及常用性质。

1. 伽马函数的定义

伽马函数可以用如下的欧拉积分表示：

$$\Gamma(x) = \int_0^{\infty} e^{-t} t^{x-1} dt, \tag{7.7.1}$$

其中，$x>0$. 伽马函数可以延拓至 $x<0$ 区域，并且，$x=0,-1,-2,\cdots$ 是伽马函数的极点。延拓后的伽马函数的图像如图 7.6 所示。

> 伽马函数的 MATLAB 内部指令
> - 伽马函数 gamma(x)

2. 伽马函数的主要性质

(1)

$$\Gamma(1) = 1. \tag{7.7.2}$$

证明：根据伽马函数的定义，可得 $\Gamma(1)=\int_0^{\infty} e^{-t} dt = -e^{-t}\Big|_0^{\infty} = 1$.

(2)

$$\Gamma\left(\frac{1}{2}\right) = \sqrt{\pi}. \tag{7.7.3}$$

证明：根据伽马函数的定义，可得 $\Gamma\left(\frac{1}{2}\right) = \int_0^{\infty} e^{-t} t^{-1/2} dt$.

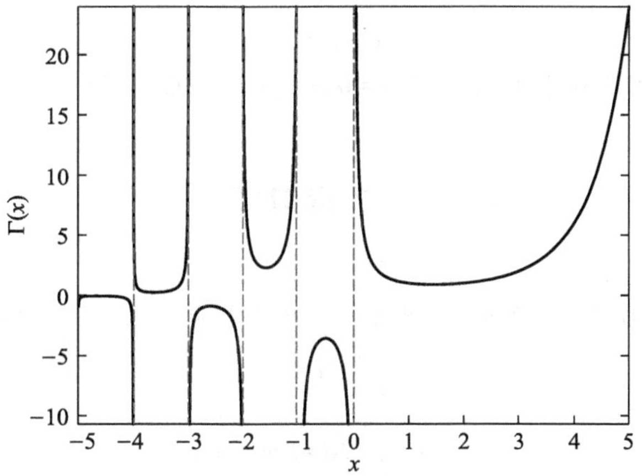

图 7.6 延拓后的伽马函数图像

令 $t=u^2$,代入上式,可得

$$\Gamma\left(\frac{1}{2}\right)=2\int_0^{\infty}\mathrm{e}^{-u^2}\mathrm{d}u.$$

为便于计算积分,乘以一个相同的积分,可得

$$\left[\Gamma\left(\frac{1}{2}\right)\right]^2=\left(2\int_0^{\infty}\mathrm{e}^{-u^2}\mathrm{d}u\right)\left(2\int_0^{\infty}\mathrm{e}^{-v^2}\mathrm{d}v\right)=4\int_0^{\infty}\int_0^{\infty}\mathrm{e}^{-(u^2+v^2)}\mathrm{d}u\mathrm{d}v.$$

将直角坐标系下的二重积分转换为极坐标系下的二重积分,设 $u^2+v^2=\rho^2$,则 $\mathrm{d}u\mathrm{d}v=\rho\mathrm{d}\rho\mathrm{d}\varphi$,代入上述积分,可得

$$\left[\Gamma\left(\frac{1}{2}\right)\right]^2=4\int_0^{\pi/2}\int_0^{\infty}\mathrm{e}^{-\rho^2}\rho\mathrm{d}\rho\mathrm{d}\varphi=\pi.$$

因此,可得 $\Gamma\left(\frac{1}{2}\right)=\sqrt{\pi}$.

(3) $$\Gamma(x+1)=x\Gamma(x). \tag{7.7.4}$$

证明:根据伽马函数的定义,可得

$$\Gamma(x+1)=\int_0^{\infty}\mathrm{e}^{-t}t^x\mathrm{d}t=-\int_0^{\infty}t^x\mathrm{d}\mathrm{e}^{-t}=-t^x\mathrm{e}^{-t}\Big|_{t=0}^{t=\infty}+x\int_0^{\infty}\mathrm{e}^{-t}t^{x-1}\mathrm{d}t=x\Gamma(x).$$

(4) $$\Gamma(n+1)=n!\ . \tag{7.7.5}$$

其中,n 为正整数。

证明:当 n 为正整数时,利用递推公式(7.7.4)式,可得

$$\Gamma(n+1)=n\Gamma(n)=n(n-1)\Gamma(n-1)=\cdots=n(n-1)\cdots1\cdot\Gamma(1)=n!$$

当 n 为正整数时,$\Gamma(n+1)$ 就是阶乘函数 $n!$.

当 n 等于半整数时,例如

$$\Gamma\left(\frac{7}{2}\right)=\frac{5}{2}\Gamma\left(\frac{5}{2}\right)=\frac{5}{2}\,\frac{3}{2}\Gamma\left(\frac{3}{2}\right)=\frac{5}{2}\,\frac{3}{2}\,\frac{1}{2}\Gamma\left(\frac{1}{2}\right)=\frac{5}{2}\,\frac{3}{2}\,\frac{1}{2}\sqrt{\pi}.$$

因此,$\Gamma\left(\frac{7}{2}\right)\Big/\Gamma\left(\frac{1}{2}\right)=\frac{5}{2}\,\frac{3}{2}\,\frac{1}{2}$可以视为半整数的“阶乘”。同样,其他分数的“阶乘”也可

以伽马函数来表示。

(5)
$$\Gamma(-n)=\infty. \tag{7.7.6}$$
其中,n 为自然数。从图 7.6 中可以看出,$x=0,-1,-2,\cdots$都是 $\Gamma(x)$的极点。

第 7 章习题

1. 利用贝塞尔函数的性质,计算如下的积分,结果尽量用低阶的贝塞尔函数表示。

(1) $\int \mathrm{J}_3(x)\,\mathrm{d}x$;　(2) $\int_0^{x_0} x^4\mathrm{J}_1(x)\,\mathrm{d}x$;

(3) $\int_0^{x_0} x\mathrm{J}_0(x)\ln x\,\mathrm{d}x$;　(4) $\int_0^{x_0} \mathrm{J}_0(x)\cos x\,\mathrm{d}x$;

(5) $\int_0^{x_0} \mathrm{J}_0(x)\sin x\,\mathrm{d}x$;　(6) $\int_0^{x_0} x^n\mathrm{J}_n(x)\sin x\,\mathrm{d}x$.

2. 利用贝塞尔函数的积分公式证明如下公式:

(1) $\dfrac{1}{2\pi}\displaystyle\int_{-\pi}^{\pi}\sin\varphi\cos\varphi\,\mathrm{e}^{\mathrm{i}x\cos(\varphi-\theta)}\,\mathrm{d}\varphi=\frac{1}{2}\sin 2\theta\left[\mathrm{J}_0(x)-\frac{2}{x}\mathrm{J}_1(x)\right]$;

(2) $\dfrac{1}{2\pi}\displaystyle\int_{-\pi}^{\pi}\sin^2\varphi\,\mathrm{e}^{\mathrm{i}x\cos(\varphi-\theta)}\,\mathrm{d}\varphi=\sin^2\theta\mathrm{J}_0(x)+\frac{\cos 2\theta}{x}\mathrm{J}_1(x)$.

3. 利用贝塞尔函数的生成函数公式证明如下公式:

(1) $\cos x=\mathrm{J}_0(x)+2\sum\limits_{m=1}^{\infty}(-1)^m\mathrm{J}_{2m}(x)$;

(2) $\sin x=2\sum\limits_{m=0}^{\infty}(-1)^m\mathrm{J}_{2m+1}(x)$.

4. 已知 $x_n^{(1)}$ 是一阶贝塞尔函数 $\mathrm{J}_1(x)$的第 n 个大于零的零点,计算积分:

$$\int_0^a \rho^3\mathrm{J}_0\left(\frac{x_n^{(1)}}{a}\rho\right)\mathrm{d}\rho,$$

其中,a 为大于零的常数。

5. 将下列函数进行广义傅里叶级数展开。

(1) 在定义域$[0,\rho_0]$上将函数 $f(\rho)=\rho$ 以 $\mathrm{J}_1\left(\dfrac{x_n^{(1)}}{\rho_0}\rho\right)$ 为基底进行广义傅里叶级数展开,其中,$x_n^{(1)}$ 为 $\mathrm{J}_1(x)$的第 n 个大于零的零点。

(2) 在定义域$[0,1]$上将函数 $f(x)=1-x^2$ 以 $\mathrm{J}_0(x_n^{(0)}x)$为基底进行广义傅里叶级数展开,其中,$x_n^{(0)}$ 是 $\mathrm{J}_0(x)$的第 n 个大于零的零点。

6. 一个半径为 a 的半圆形区域,假设直径上的电势为零,半圆弧上的电势分布为 $\pi\varphi-\varphi^2$. 求半圆形区域内的电势分布。

7. 一个半径为 ρ_0、高度为 H 的均匀圆柱体,导热系数为 k. 假设圆柱体侧面和下底面的温度都保持零度,上顶面温度分布为 $\rho_0^2-\rho^2$. 求解圆柱体内部稳定的温度分布。

8. 一个半径为 ρ_0、高度为 H 的均匀圆柱体,导热系数为 k,圆柱体下底面有均匀分布的恒定热流(热流强度大小为 q_0)垂直流入,侧面和上顶面的温度均保持为零。求解圆柱体内部稳定的温度分布。

9. 一个半径为 ρ_0、高度为 H 的均匀圆柱体,导热系数为 k. 假设圆柱体上顶面温度为 u_0,下底面温度为零,圆柱体侧面保持绝热。求解圆柱体内稳定的温度分布。

10. 利用伽马函数计算积分 $\int_0^{\infty} x^8 e^{-2x^5} dx$. 提示:变量代换 $2x^5=t$.

11. 写出方程 $y''(x)+x^6 y(x)=0, 0<x<\infty$ 的通解。提示:变量代换 $y(x)=z(x)x^{\frac{1}{2}}, x^4=t$.

习题参考答案

第 8 章　波动方程和热传导方程

本章利用分离变量法求解球体内部与圆柱体内部的波动方程和热传导方程,并研究由此引出的特殊函数——三类球贝塞尔函数。

第 8 章
课件资源

授课视频

§ 8.1　波动方程和热传导方程的分离变量法

8.1.1　三维波动方程的分离变量法

球体内部和圆柱体内部的三维波动方程可统一写为

$$u_{tt}(\boldsymbol{r},t)-a^2\nabla^2u(\boldsymbol{r},t)=0. \tag{8.1.1}$$

其中,$u(\boldsymbol{r},t)$在球心处或圆柱体的轴线上满足自然边界条件,假设$u(\boldsymbol{r},t)$在球面上或者圆柱体外表面(包含侧面和上下底面)上满足齐次边界条件(本章仅以第一类齐次边界条件为例),初始时刻的位移和速度分别为$\varphi(\boldsymbol{r})$和$\psi(\boldsymbol{r})$.

类似一维波动方程的分离变量法,设$u(\boldsymbol{r},t)=U(\boldsymbol{r})T(t)$,代入(8.1.1)式,可得

$$\frac{T''(t)}{a^2T(t)}=\frac{\nabla^2U(\boldsymbol{r})}{U(\boldsymbol{r})}. \tag{8.1.2}$$

上式的左边是关于时间变量t的函数,右边是关于空间变量$\boldsymbol{r}$的函数,对于任意的t和$\boldsymbol{r}$,上式恒成立,因此,等式的左右两边只能等于一个相同的常数,设为$-\lambda$. 分离变量常数λ需要由本征方程

$$\nabla^2U(\boldsymbol{r})+\lambda U(\boldsymbol{r})=0, \tag{8.1.3}$$

及$U(\boldsymbol{r})$满足的边界条件构成的本征问题确定。

在 § 5.4,我们已经证明施图姆-刘维尔本征问题中的本征值λ都是非负的实数。因此,上式中的λ也应是非负的实数。设$\lambda=k^2$,则(8.1.1)式分离为如下两个微分方程:

$$\nabla^2U(\boldsymbol{r})+k^2U(\boldsymbol{r})=0. \tag{8.1.4}$$

$$T''(t)+a^2k^2T(t)=0. \tag{8.1.5}$$

(8.1.4)式称为**亥姆霍兹(Helmholtz)方程**,它是一个本征方程,k^2为本征值;(8.1.5)式为关于$T(t)$的二阶常微分方程。

8.1.2　三维热传导方程的分离变量法

球体内部和圆柱体内部的三维热传导方程可统一写为

$$u_t(\boldsymbol{r},t)-a^2\nabla^2u(\boldsymbol{r},t)=0, \tag{8.1.6}$$

其中,假设 $u(\boldsymbol{r},t)$ 在边界上满足与 § 8.1.1 中波动方程相同的边界条件,初始时刻的温度为 $\varphi(\boldsymbol{r})$.

设 $u(\boldsymbol{r},t)=U(\boldsymbol{r})T(t)$,代入上述方程,可得

$$\frac{T'(t)}{a^2T(t)}=\frac{\nabla^2U(\boldsymbol{r})}{U(\boldsymbol{r})}. \tag{8.1.7}$$

与波动方程的分离过程一样,上式的左右两边应等于一个相同的常数,设为 $-k^2$,因此,(8.1.6)式分离为如下两个微分方程:

$$\nabla^2U(\boldsymbol{r})+k^2U(\boldsymbol{r})=0. \tag{8.1.8}$$

$$T'(t)+a^2k^2T(t)=0. \tag{8.1.9}$$

与(8.1.4)式一样,亥姆霍兹方程(8.1.8)式也是一个本征方程;(8.1.9)式是关于 $T(t)$ 的一阶常微分方程。

对三维波动方程和热传导方程进行分离变量后,得到的关于 $U(\boldsymbol{r})$ 的方程,都是亥姆霍兹方程。作为本征方程,亥姆霍兹方程需要和 $U(\boldsymbol{r})$ 的边界条件构成本征问题,从而进一步确定本征值 k^2 及其对应的本征函数。如果在球坐标系下求解亥姆霍兹方程,由于物理量 $u(\boldsymbol{r},t)$ 在球心处满足自然边界条件,在球面上满足第一类齐次边界条件,因此由 $u(\boldsymbol{r},t)=U(\boldsymbol{r})T(t)$ 可知,$U(\boldsymbol{r})$ 在球心处和球面上也应分别满足自然边界条件和第一类齐次边界条件;同理,如果在柱坐标系下求解亥姆霍兹方程,物理量 $U(\boldsymbol{r})$ 在圆柱体的轴心线上和圆柱体外表面(包含侧面和上下底面)上也应分别满足自然边界条件和第一类齐次边界条件。

§ 8.2 球坐标系下亥姆霍兹方程的分离变量法

授课视频

球坐标系下的亥姆霍兹方程的展开形式为

$$\frac{1}{r^2}\frac{\partial}{\partial r}\left(r^2\frac{\partial U}{\partial r}\right)+\frac{1}{r^2\sin\theta}\frac{\partial}{\partial\theta}\left(\sin\theta\frac{\partial U}{\partial\theta}\right)+\frac{1}{r^2\sin^2\theta}\frac{\partial^2U}{\partial\varphi^2}+k^2U=0, \tag{8.2.1}$$

其中,$U(r,\theta,\varphi)$ 在球心处满足自然边界条件,在球面上满足第一类齐次边界条件。

令 $U(r,\theta,\varphi)=R(r)Y(\theta,\varphi)$,代入上述方程,可得

$$\frac{Y}{r^2}\frac{\mathrm{d}}{\mathrm{d}r}\left(r^2\frac{\mathrm{d}R}{\mathrm{d}r}\right)+\frac{R}{r^2\sin\theta}\frac{\partial}{\partial\theta}\left(\sin\theta\frac{\partial Y}{\partial\theta}\right)+\frac{R}{r^2\sin^2\theta}\frac{\partial^2Y}{\partial\varphi^2}+k^2RY=0. \tag{8.2.2}$$

方程两边同乘以 r^2/YR,经整理可得

$$\frac{1}{R}\frac{\mathrm{d}}{\mathrm{d}r}\left(r^2\frac{\mathrm{d}R}{\mathrm{d}r}\right)+k^2r^2=-\frac{1}{Y\sin\theta}\frac{\partial}{\partial\theta}\left(\sin\theta\frac{\partial Y}{\partial\theta}\right)-\frac{1}{Y\sin^2\theta}\frac{\partial^2Y}{\partial\varphi^2}. \tag{8.2.3}$$

上式左边是关于 r 的函数,右边是关于 θ 和 φ 的函数。对于任意的 r、θ 和 φ,等式恒成立。因此,等式的左右两边只能等于一个相同的常数。在对球坐标系下拉普拉斯方程进行分离变量时,已经证明上述分离变量常数应为 $l(l+1)$,$l=0,1,2,\cdots$。因此,球坐标系下亥姆霍兹方程可以分离为如下两个方程:

$$\frac{\mathrm{d}}{\mathrm{d}r}\left[r^2\frac{\mathrm{d}R(r)}{\mathrm{d}r}\right]+[k^2r^2-l(l+1)]R(r)=0, \tag{8.2.4}$$

$$\frac{1}{\sin\theta}\frac{\partial}{\partial\theta}\left[\sin\theta\frac{\partial Y(\theta,\varphi)}{\partial\theta}\right]+\frac{1}{\sin^2\theta}\frac{\partial^2 Y(\theta,\varphi)}{\partial\varphi^2}+l(l+1)Y(\theta,\varphi)=0. \tag{8.2.5}$$

(8.2.4)式称为**球贝塞尔方程**。由于 $U(r,\theta,\varphi)$ 在球心处和球面上分别满足自然边界条件和第一类齐次边界条件,因此由 $U(r,\theta,\varphi)=R(r)Y(\theta,\varphi)$ 可知,$R(r)$ 在球心处和球面上也应分别满足自然边界条件和第一类齐次边界条件。从而与球贝塞尔方程构成本征问题,k^2 为本征值。(8.2.5)式为**球谐函数方程**,在§6.6 中已经求解,其解为球谐函数 $Y_{l,m}(\theta,\varphi)$,$l=0,1,2,\cdots;m=0,\pm1,\cdots,\pm l$.

§8.3 球贝塞尔方程的求解

授课视频

球坐标系下的亥姆霍兹方程通过分离变量后,得到的径向函数方程是球贝塞尔方程

$$\frac{\mathrm{d}}{\mathrm{d}r}\left[r^2\frac{\mathrm{d}R(r)}{\mathrm{d}r}\right]+[k^2r^2-l(l+1)]R(r)=0, \tag{8.3.1}$$

其中,k^2 为本征值,r^2 为权函数。$R(r)$ 在球心处满足自然边界条件,在球面上满足第一类齐次边界条件。

对于由球坐标系下的亥姆霍兹方程通过分离变量得到的球贝塞尔方程,参数 $l=0,1,2,\cdots$ 这样的整数。然而,仅对球贝塞尔方程而言,参数 l 可取任意非负的实数。因此,为不失一般性,我们假定上述球贝塞尔方程中的参数 $l\geqslant0$.

下面,在贝塞尔方程的解的基础上,通过变量代换的方式,“间接”地求解球贝塞尔方程。

令 $x=kr,R(r)=\sqrt{\dfrac{\pi}{2x}}y(x)$,则有如下关系:

$$\frac{\mathrm{d}R}{\mathrm{d}r}=\frac{\mathrm{d}x}{\mathrm{d}r}\frac{\mathrm{d}}{\mathrm{d}x}\left[\sqrt{\frac{\pi}{2x}}y(x)\right]=\sqrt{\frac{\pi}{2}}k\left[-\frac{1}{2x^{3/2}}y(x)+\frac{1}{x^{1/2}}y'(x)\right],$$

$$\frac{\mathrm{d}}{\mathrm{d}r}\left(r^2\frac{\mathrm{d}R}{\mathrm{d}r}\right)=\sqrt{\frac{\pi}{2}}\left[-\frac{1}{4}x^{-1/2}y(x)+x^{1/2}y'(x)+x^{3/2}y''(x)\right].$$

将上式代入(8.3.1)式,整理可得

$$x^2y''(x)+xy'(x)+\left[x^2-\left(l+\frac{1}{2}\right)^2\right]y(x)=0. \tag{8.3.2}$$

(8.3.2)式为$(l+1/2)$阶的贝塞尔方程,它的通解可以写为第一类贝塞尔函数和第二类贝塞尔函数的线性叠加,即

$$y(x)=C_l\mathrm{J}_{l+1/2}(x)+D_l\mathrm{N}_{l+1/2}(x). \tag{8.3.3}$$

或者,写成第一类汉克尔函数和第二类汉克尔函数的线性叠加,即

$$y(x)=C_l\mathrm{H}_{l+1/2}^{(1)}(x)+D_l\mathrm{H}_{l+1/2}^{(2)}(x). \tag{8.3.4}$$

将(8.3.3)式和(8.3.4)式代入 $R(r)=\sqrt{\dfrac{\pi}{2x}}y(x)$,可得球贝塞尔方程的通解

$$R(r)=C_l\sqrt{\frac{\pi}{2x}}\mathrm{J}_{l+1/2}(x)+D_l\sqrt{\frac{\pi}{2x}}\mathrm{N}_{l+1/2}(x), \tag{8.3.5}$$

或者

$$R(r)=C_l\sqrt{\frac{\pi}{2x}}\mathrm{H}_{l+1/2}^{(1)}(x)+D_l\sqrt{\frac{\pi}{2x}}\mathrm{H}_{l+1/2}^{(2)}(x), \tag{8.3.6}$$

其中,$x=kr$.

为使通解简洁起见,定义**第一类球贝塞尔函数**(spherical Bessel function),并用函数符号 $\mathrm{j}_l(x)$ 来标记,即

$$\mathrm{j}_l(x)=\sqrt{\frac{\pi}{2x}}\mathrm{J}_{l+1/2}(x). \tag{8.3.7}$$

定义**第二类球贝塞尔函数**,也称**球诺伊曼函数**(spherical Neumann function),并用函数符号 $\mathrm{n}_l(x)$ 来标记,即

$$\mathrm{n}_l(x)=\sqrt{\frac{\pi}{2x}}\mathrm{N}_{l+1/2}(x). \tag{8.3.8}$$

定义**第三类球贝塞尔函数**,也称**球汉克尔函数**(spherical Hankel function),用函数符号 $\mathrm{h}_l^{(1)}(x)$ 和 $\mathrm{h}_l^{(2)}(x)$ 来标记,即

$$\begin{cases}\mathrm{h}_l^{(1)}(x)=\sqrt{\dfrac{\pi}{2x}}\mathrm{H}_{l+1/2}^{(1)}(x),\\[2ex] \mathrm{h}_l^{(2)}(x)=\sqrt{\dfrac{\pi}{2x}}\mathrm{H}_{l+1/2}^{(2)}(x).\end{cases} \tag{8.3.9}$$

因此,球贝塞尔方程的通解可以写为如下两种等价的形式:

$$R(r)=C_l\mathrm{j}_l(kr)+D_l\mathrm{n}_l(kr), \tag{8.3.10}$$

$$R(r)=C_l\mathrm{h}_l^{(1)}(kr)+D_l\mathrm{h}_l^{(2)}(kr), \tag{8.3.11}$$

其中,$l\geqslant 0$.

§ 8.4 球贝塞尔函数的性质

授课视频

8.4.1 三类球贝塞尔函数的定义及其渐近公式

1. 第一类球贝塞尔函数

$$\mathrm{j}_l(x)=\sqrt{\frac{\pi}{2x}}\mathrm{J}_{l+1/2}(x), \tag{8.4.1}$$

其中,$l\geqslant 0$.

> 用半整数阶贝塞尔函数表示的第一类球贝塞尔函数的 MATLAB 指令
>
> - 第一类球贝塞尔函数 sqrt(pi/2/*x*) * besselj(*l*+1/2, *x*)
>
> 其中,l 和 x 分别是球贝塞尔函数的阶数和自变量。

根据第一类球贝塞尔函数的定义(8.4.1)式以及§7.3中贝塞尔函数的渐近公式,可得到第一类球贝塞尔函数的渐近公式

当 $x=0$ 时,$j_0(0)=1$;$j_l(0)=0, l>0$.

当 $x\to\infty$ 时,$j_l(x)\approx\dfrac{1}{x}\cos\left(x-\dfrac{l+1}{2}\pi\right), l>0$.

另外,对于任意的 x,都有零阶第一类球贝塞尔函数的恒等式:$j_0(x)=\dfrac{\sin x}{x}$.

图8.1是第一类球贝塞尔函数 $j_0(x)$、$j_1(x)$ 和 $j_2(x)$ 的图像,当 $x=0$ 时,$j_0(0)=1$,而 $j_1(0)=0$、$j_2(0)=0$;当 $x\to\infty$ 时,第一类球贝塞尔函数整体呈现振荡并逐渐衰减的形态。

2. 第二类球贝塞尔函数(球诺伊曼函数)

$$n_l(x)=\sqrt{\frac{\pi}{2x}}N_{l+1/2}(x), \tag{8.4.2}$$

其中,$l\geqslant 0$.

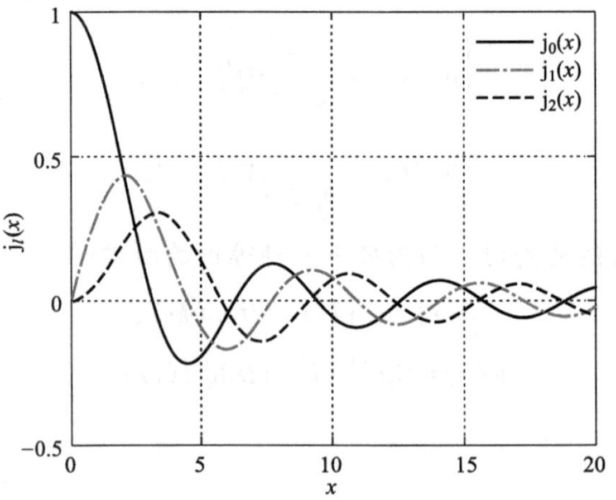

图8.1 第一类球贝塞尔函数 $j_0(x)$、$j_1(x)$ 和 $j_2(x)$ 图像

> 用半整数阶诺伊曼函数表示的球诺伊曼函数的 MATLAB 指令
> - 球诺伊曼函数 sqrt(pi/2/x) * bessely(l+1/2, x)
>
> 其中,l 和 x 分别是球诺伊曼函数的阶数和自变量。

根据球诺伊曼函数的定义(8.4.2)式以及§7.3中诺伊曼函数的渐近公式,可得到球诺伊曼函数的渐近公式

当 $x=0$ 时,$n_l(0)\to-\infty$, $l\geqslant 0$.

当 $x\to\infty$ 时,$n_l(x)\approx\dfrac{1}{x}\sin\left(x-\dfrac{l+1}{2}\pi\right), l>0$.

另外,对于任意的 x,都有零阶球诺伊曼函数的恒等式:$n_0(x)=-\dfrac{\cos x}{x}$.

图 8.2 是球诺伊曼函数 $n_0(x)$、$n_1(x)$ 和 $n_2(x)$ 的图像。当 $x\to 0$ 时，球诺伊曼函数均趋于负无穷；而当 $x\to\infty$ 时，球诺伊曼函数整体呈现振荡并逐渐衰减的形态。

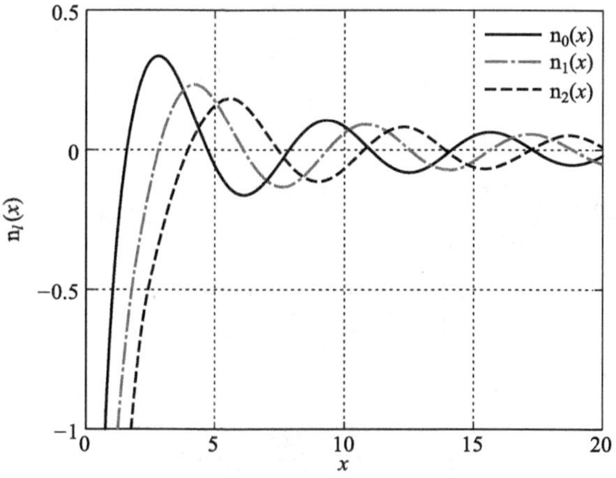

图 8.2　球诺伊曼函数 $n_0(x)$、$n_1(x)$ 和 $n_2(x)$ 图像

3. 第三类球贝塞尔函数(球汉克尔函数)

$$\begin{cases} h_l^{(1)}(x)=j_l(x)+i\cdot n_l(x), \\ h_l^{(2)}(x)=j_l(x)-i\cdot n_l(x). \end{cases} \tag{8.4.3}$$

根据球贝塞尔函数和球诺伊曼函数的渐近公式，可得到球汉克尔函数的渐近公式

当 $x=0$ 时，$h_0^{(1)}(0)\to 1-i\infty$，$h_0^{(2)}(0)\to 1+i\infty$；$h_l^{(1)}(0)\to -i\infty$，$h_l^{(2)}(0)\to i\infty$，$l>0$.

当 $x\to\infty$ 时，$h_l^{(1)}(x)\approx(-i)^{l+1}\dfrac{e^{ix}}{x}$；$h_l^{(2)}(x)\approx i^{l+1}\dfrac{e^{-ix}}{x}$，$l>0$.

另外，对于任意的 x，都有零阶球汉克尔函数的恒等式：

$$h_0^{(1)}(x)=-i\frac{e^{ix}}{x};h_0^{(2)}(x)=i\frac{e^{-ix}}{x}.$$

8.4.2 球贝塞尔函数的递推公式

$$\frac{d}{dx}[x^{l+1}j_l(x)]=x^{l+1}j_{l-1}(x),\ l\geqslant 1. \tag{8.4.4}$$

$$\frac{d}{dx}\left[\frac{j_l(x)}{x^l}\right]=-\frac{j_{l+1}(x)}{x^l},\ l\geqslant 0. \tag{8.4.5}$$

$$j_{l+1}(x)-\frac{2l+1}{x}j_l(x)+j_{l-1}(x)=0,\ l\geqslant 1. \tag{8.4.6}$$

证明： 由贝塞尔函数的递推公式 $\dfrac{d}{dx}[x^m J_m(x)]=x^m J_{m-1}(x)$，令指标 $m=l+1/2$，则有

$$\frac{d}{dx}[x^{l+1/2}J_{l+1/2}(x)]=x^{l+1/2}J_{l-1/2}(x). \tag{8.4.7}$$

由(8.4.1)式可推得

$$J_{l+1/2}(x)=\sqrt{\frac{2x}{\pi}}\mathrm{j}_l(x), \tag{8.4.8}$$

$$J_{l-1/2}(x)=\sqrt{\frac{2x}{\pi}}\mathrm{j}_{l-1}(x). \tag{8.4.9}$$

将以上两式代入(8.4.7)式,即可证得(8.4.4)式。

由贝塞尔函数的递推公式$\frac{\mathrm{d}}{\mathrm{d}x}\left[\frac{J_m(x)}{x^m}\right]=-\frac{J_{m+1}(x)}{x^m}$,令指标 $m=l+1/2$,则有

$$\frac{\mathrm{d}}{\mathrm{d}x}\left[\frac{J_{l+1/2}(x)}{x^{l+1/2}}\right]=-\frac{J_{l+3/2}(x)}{x^{l+1/2}}. \tag{8.4.10}$$

由(8.4.1)式可推得

$$J_{l+3/2}(x)=\sqrt{\frac{2x}{\pi}}\mathrm{j}_{l+1}(x). \tag{8.4.11}$$

将(8.4.8)式和(8.4.11)式代入(8.4.10)式,即可证得(8.4.5)式。

由贝塞尔函数的递推公式 $J_{m+1}(x)-\frac{2m}{x}J_m(x)+J_{m-1}(x)=0$,令指标 $m=l+1/2$,则有

$$J_{l+3/2}(x)-\frac{2l+1}{x}J_{l+1/2}(x)+J_{l-1/2}(x)=0, \tag{8.4.12}$$

将(8.4.8)式、(8.4.9)式和(8.4.11)式代入上式,即可证得(8.4.6)式。

另外,球诺伊曼函数和球汉克尔函数,它们都是由球贝塞尔函数线性叠加而成的,因此,也满足以上的递推公式。

8.4.3 球贝塞尔方程的本征问题

球贝塞尔方程的解 $R(r)$ 在球心处满足自然边界条件,在球面上满足齐次边界条件(仅以第一类齐次边界条件为例),与球贝塞尔方程构成本征问题

$$\begin{cases}\frac{\mathrm{d}}{\mathrm{d}r}\left[r^2\frac{\mathrm{d}R(r)}{\mathrm{d}r}\right]+[k^2r^2-l(l+1)]R(r)=0,\\ R(r)\big|_{r=0}\to\text{有限值}, R(r)\big|_{r=r_0}=0,\end{cases} \tag{8.4.13}$$

其中,r_0 为球体半径,参数 $l\geqslant 0$,k^2 为本征值,r^2 为权函数。

当 $k^2=0$ 时,(8.4.13)式中的球贝塞尔方程退化为欧拉方程,其通解为

$$R(r)=A_lr^l+\frac{B_l}{r^{l+1}}, \tag{8.4.14}$$

将其代入(8.4.13)式中的边界条件,可得其解 $R(r)=0$,该种情况需要舍去。

当 $k^2>0$ 时,(8.4.13)式中的球贝塞尔方程的通解为

$$R(r)=C_l\mathrm{j}_l(kr)+D_l\mathrm{n}_l(kr). \tag{8.4.15}$$

$R(r)$ 需要满足在球心处趋于有限值的自然边界条件,而诺伊曼函数 $\mathrm{n}_l(kr)$ 在 $r=0$ 处趋于负无穷,因此,需要舍去特解 $\mathrm{n}_l(kr)$.

由 $R(r)$ 在球面上满足的第一类齐次边界条件 $R(r)\big|_{r=r_0}=0$,可得

$$\mathrm{j}_l(kr_0)=0 \tag{8.4.16}$$

设 $x_n^{(l)}$ 是球贝塞尔函数 $\mathrm{j}_l(x)$ 的第 n 个大于零的零点,则本征问题(8.4.13)式的本征值和本征函数分别为

$$[k_n^{(l)}]^2=\left[\frac{x_n^{(l)}}{r_0}\right]^2, \tag{8.4.17}$$

$$R_n(r)=\mathrm{j}_l\left(\frac{x_n^{(l)}}{r_0}r\right), \tag{8.4.18}$$

其中,$n=1,2,3,\cdots$.

需要说明的是,根据(8.4.1)式,$x_n^{(l)}$ 既可以视为球贝塞尔函数 $\mathrm{j}_l(x)$ 的零点,也可以视为半整数阶贝塞尔函数 $\mathrm{J}_{l+1/2}(x)$ 的零点。

8.4.4 球贝塞尔函数的正交性及模的平方

将球贝塞尔方程转化为施图姆-刘维尔型方程的形式:

$$\frac{\mathrm{d}}{\mathrm{d}r}\left[r^2\frac{\mathrm{d}R(r)}{\mathrm{d}r}\right]-l(l+1)R(r)+k^2r^2R(r)=0, \tag{8.4.19}$$

其中,$r\in[0,r_0]$,k^2 为本征值,r^2 为权函数。

对于给定的大于等于零的参数 l,在定义域 $[0,r_0]$ 内,球贝塞尔本征函数 $\mathrm{j}_l\left(\frac{x_n^{(l)}}{r_0}r\right)$ 构成一组完备的本征函数系,本征函数系内任意两个不同的球贝塞尔本征函数带权函数 r^2 正交,即

$$\int_0^{r_0}\mathrm{j}_l\left(\frac{x_m^{(l)}}{r_0}r\right)\mathrm{j}_l\left(\frac{x_n^{(l)}}{r_0}r\right)r^2\mathrm{d}r=[N_n^{(l)}]^2\delta_{mn}. \tag{8.4.20}$$

$$[N_n^{(l)}]^2=\frac{1}{2}r_0^3[\mathrm{j}_{l+1}(x_n^{(l)})]^2, \tag{8.4.21}$$

或者用半整数阶贝塞尔函数表示模的平方

$$[N_n^{(l)}]^2=\frac{\pi r_0^3}{4x_n^{(l)}}[\mathrm{J}_{l+3/2}(x_n^{(l)})]^2. \tag{8.4.22}$$

其中,δ_{mn} 为克罗内克符号,$N_n^{(l)}$ 为球贝塞尔本征函数 $\mathrm{j}_l\left(\frac{x_n^{(l)}}{r_0}r\right)$ 的模,r_0 为球面半径,$x_n^{(l)}$ 是球贝塞尔函数 $\mathrm{j}_l(x)$ 的第 n 个大于零的零点,$l\geqslant 0$,$n=1,2,3,\cdots$.

证明:球贝塞尔本征函数的模的平方的计算公式

$$[N_n^{(l)}]^2=\int_0^{r_0}\mathrm{j}_l\left(\frac{x_n^{(l)}}{r_0}r\right)\mathrm{j}_l\left(\frac{x_n^{(l)}}{r_0}r\right)r^2\mathrm{d}r. \tag{8.4.23}$$

将 $x=\frac{x_n^{(l)}}{r_0}r$ 代入(8.4.1)式,则有

$$\mathrm{j}_l\left(\frac{x_n^{(l)}}{r_0}r\right)=\sqrt{\frac{\pi r_0}{2x_n^{(l)}r}}\mathrm{J}_{l+1/2}\left(\frac{x_n^{(l)}}{r_0}r\right). \tag{8.4.24}$$

将上式代入(8.4.23)式,可得

$$[N_n^{(l)}]^2=\frac{\pi r_0}{2x_n^{(l)}}\int_0^{r_0}J_{l+1/2}\left(\frac{x_n^{(l)}}{r_0}r\right)J_{l+1/2}\left(\frac{x_n^{(l)}}{r_0}r\right)r\mathrm{d}r. \tag{8.4.25}$$

上式右边的积分正好是半整数阶贝塞尔函数的模的平方的计算公式。根据第一类齐次边界条件下,贝塞尔本征函数的模的平方的公式(7.3.33)式,可得(8.4.25)式中的积分

$$\int_0^{r_0}J_{l+1/2}\left(\frac{x_n^{(l)}}{r_0}r\right)J_{l+1/2}\left(\frac{x_n^{(l)}}{r_0}r\right)r\mathrm{d}r=\frac{1}{2}r_0^2\left[J_{l+3/2}(x_n^{(l)})\right]^2. \tag{8.4.26}$$

将上式代入(8.4.25)式,可得$[N_n^{(l)}]^2=\frac{\pi r_0^3}{4x_n^{(l)}}[J_{l+3/2}(x_n^{(l)})]^2$,即为(8.4.22)式。

由(8.4.11)式,可得

$$J_{l+3/2}(x_n^{(l)})=\sqrt{\frac{2x_n^{(l)}}{\pi}}\,j_{l+1}(x_n^{(l)}). \tag{8.4.27}$$

将其代入(8.4.22)式,可得$[N_n^{(l)}]^2=\frac{1}{2}r_0^3[j_{l+1}(x_n^{(l)})]^2$,即为(8.4.21)式。

8.4.5 球贝塞尔本征函数的完备性

对于给定的大于等于零的参数 l,球贝塞尔本征函数系$\left\{j_l\left(\frac{x_n^{(l)}}{r_0}r\right),n=1,2,3,\cdots\right\}$在定义域$[0,r_0]$是完备的。定义域内的任意一个分段光滑的有界函数$f(r)$,都可以将球贝塞尔本征函数作为基底进行广义傅里叶级数展开:

$$f(r)=\sum_{n=1}^{\infty}C_n j_l\left(\frac{x_n^{(l)}}{r_0}r\right), \tag{8.4.28}$$

展开系数

$$C_n=\frac{1}{[N_n^{(l)}]^2}\int_0^{r_0}f(r)j_l\left(\frac{x_n^{(l)}}{r_0}r\right)r^2\mathrm{d}r, \tag{8.4.29}$$

其中,球贝塞尔函数的模的平方$[N_n^{(l)}]^2=\frac{1}{2}r_0^3[j_{l+1}(x_n^{(l)})]^2$,$x_n^{(l)}$ 是球贝塞尔函数 $j_l(x)$ 的第 n 个大于零的零点。

【例 1】 利用球贝塞尔函数的性质,计算积分$\int_0^{r_0}x^4j_0(x)\mathrm{d}x$.

解:根据球贝塞尔函数的递推公式$\frac{\mathrm{d}}{\mathrm{d}x}[x^{l+1}j_l(x)]=x^{l+1}j_{l-1}(x)$,可得

$$\frac{\mathrm{d}}{\mathrm{d}x}[x^2j_1(x)]=x^2j_0(x),$$

代入积分,可得

$$\int_0^{r_0}x^4j_0(x)\mathrm{d}x=\int_0^{r_0}x^2\mathrm{d}[x^2j_1(x)].$$

利用分部积分,可得

$$\int_0^{r_0} x^4 \mathrm{j}_0(x)\,\mathrm{d}x = x^4 \mathrm{j}_1(x)\Big|_0^{r_0} - 2\int_0^{r_0} x^3 \mathrm{j}_1(x)\,\mathrm{d}x.$$

进一步由$\dfrac{\mathrm{d}}{\mathrm{d}x}[x^3\mathrm{j}_2(x)] = x^3\mathrm{j}_1(x)$，可得

$$\int_0^{r_0} x^4 \mathrm{j}_0(x)\,\mathrm{d}x = r_0^4\mathrm{j}_1(r_0) - 2x^3\mathrm{j}_2(x)\Big|_0^{r_0} = r_0^4\mathrm{j}_1(r_0) - 2r_0^3\mathrm{j}_2(r_0).$$

§ 8.5 球坐标系下波动方程和热传导方程的通解

授课视频

本节仅给出物理量 $u(\boldsymbol{r},t)$ 在球心处满足自然边界条件，在球面上满足第一类齐次边界条件的情况下，球体内波动方程和热传导方程的通解。由于球坐标系下波动方程和热传导方程关于 $U(\boldsymbol{r})$ 的方程都是亥姆霍兹方程，所以，我们先给出亥姆霍兹方程的通解，然后再分别给出波动方程和热传导方程的通解。

8.5.1 球体内亥姆霍兹方程的通解

球坐标系下的亥姆霍兹方程

$$\nabla^2 U(r,\theta,\varphi) + k^2 U(r,\theta,\varphi) = 0, \tag{8.5.1}$$

其中，$U(r,\theta,\varphi)$ 在球心处和球面上分别满足如下的自然边界条件和第一类齐次边界条件：

$$U(r,\theta,\varphi)\big|_{r=0} \to \text{有限值}. \tag{8.5.2}$$

$$U(r,\theta,\varphi)\big|_{r=r_0} = 0. \tag{8.5.3}$$

其中，r_0 为球体的半径。

§ 8.2 中，设 $U(r,\theta,\varphi) = R(r)Y(\theta,\varphi)$，通过分离变量法，得到关于 $Y(\theta,\varphi)$ 的方程为球谐函数方程，其通解为球谐函数 $Y_{l,m}(\theta,\varphi)$，其中，$l=0,1,2,\cdots$；$m=0,\pm1,\pm2,\cdots,\pm l$.

关于 $R(r)$ 的方程是球贝塞尔方程，其通解

$$R(r) = C_l\mathrm{j}_l(kr) + D_l\mathrm{n}_l(kr). \tag{8.5.4}$$

由于球诺伊曼函数 $\mathrm{n}_l(0)\to-\infty$，因此，根据自然边界条件(8.5.2)式，通解 $R(r)$ 中的特解 $\mathrm{n}_l(kr)$ 需要舍去。根据第一类齐次边界条件(8.5.3)式，可推得球贝塞尔方程的本征值和本征函数分别为

$$k_n^{(l)} = \frac{x_n^{(l)}}{r_0}, \tag{8.5.5}$$

$$R_n(r) = \mathrm{j}_l\left(\frac{x_n^{(l)}}{r_0}r\right), \tag{8.5.6}$$

其中，$x_n^{(l)}$ 是球贝塞尔函数 $\mathrm{j}_l(x)$ 的第 n 个大于零的零点，$n=1,2,3,\cdots$.

根据叠加原理，球体内亥姆霍兹方程的通解可写为

$$U(r,\theta,\varphi) = \sum_{n=1}^{\infty}\sum_{l=0}^{\infty}\sum_{m=-l}^{l} C_{n,l,m}\mathrm{j}_l\left(\frac{x_n^{(l)}}{r_0}r\right)Y_{l,m}(\theta,\varphi). \tag{8.5.7}$$

如果物理量 $U(r,\theta,\varphi)$ 具有球对称性，即其解与角度变量 θ 和 φ 均无关，则球体内亥姆霍兹方程的通解退化为

$$U(r)=\sum_{n=1}^{\infty}C_n\mathrm{j}_0\left(\frac{x_n^{(0)}}{r_0}r\right). \tag{8.5.8}$$

其中，$x_n^{(0)}$ 是球贝塞尔函数 $\mathrm{j}_0(x)$ 的第 n 个大于零的零点，$n=1,2,3,\cdots$.

8.5.2 球体内波动方程的通解

将本征值(8.5.5)式代入(8.1.5)式，得到关于 $T(t)$ 的二阶常微分方程

$$T''(t)+\left(\frac{x_n^{(l)}}{r_0}a\right)^2T(t)=0. \tag{8.5.9}$$

其通解为

$$T_n(t)=A_n\cos\left(\frac{x_n^{(l)}}{r_0}at\right)+B_n\sin\left(\frac{x_n^{(l)}}{r_0}at\right). \tag{8.5.10}$$

将(8.5.7)式和(8.5.10)式进行组合、叠加，可得球体内波动方程的通解

$$u(r,\theta,\varphi,t)=\sum_{n=1}^{\infty}\sum_{l=0}^{\infty}\sum_{m=-l}^{l}\mathrm{j}_l\left(\frac{x_n^{(l)}}{r_0}r\right)Y_{l,m}(\theta,\varphi)\left[A_{n,l,m}\cos\left(\frac{x_n^{(l)}}{r_0}at\right)+B_{n,l,m}\sin\left(\frac{x_n^{(l)}}{r_0}at\right)\right], \tag{8.5.11}$$

其中，$x_n^{(l)}$ 是球贝塞尔函数 $\mathrm{j}_l(x)$ 的第 n 个大于零的零点，$n=1,2,3\cdots$.

如果物理量 u 具有球对称性，即与角度 θ 和 φ 均无关，则球体内波动方程的通解退化为

$$u(r,t)=\sum_{n=1}^{\infty}\mathrm{j}_0\left(\frac{x_n^{(0)}}{r_0}r\right)\left[A_n\cos\left(\frac{x_n^{(0)}}{r_0}at\right)+B_n\sin\left(\frac{x_n^{(0)}}{r_0}at\right)\right], \tag{8.5.12}$$

其中，$x_n^{(0)}$ 是球贝塞尔函数 $\mathrm{j}_0(x)$ 的第 n 个大于零的零点，$n=1,2,3\cdots$.

(8.5.11)式和(8.5.12)式中的系数可由物理量 u 的初始条件进一步确定。

8.5.3 球体内热传导方程的通解

将本征值(8.5.5)式代入(8.1.9)式，得到关于 $T(t)$ 的一阶常微分方程

$$T'(t)+\left(\frac{x_n^{(l)}}{r_0}a\right)^2T(t)=0. \tag{8.5.13}$$

其通解为

$$T_n(t)=A_n\exp\left[-\left(\frac{x_n^{(l)}}{r_0}a\right)^2t\right]. \tag{8.5.14}$$

将(8.5.7)式和(8.5.14)式进行组合、叠加，可得球体内热传导方程的通解

$$u(r,\theta,\varphi,t)=\sum_{n=1}^{\infty}\sum_{l=0}^{\infty}\sum_{m=-l}^{l}A_{n,l,m}\mathrm{j}_l\left(\frac{x_n^{(l)}}{r_0}r\right)Y_{l,m}(\theta,\varphi)\exp\left[-\left(\frac{x_n^{(l)}}{r_0}a\right)^2t\right], \tag{8.5.15}$$

其中，$x_n^{(l)}$ 是球贝塞尔函数 $\mathrm{j}_l(x)$ 的第 n 个大于零的零点，$n=1,2,3,\cdots$.

如果物理量 u 具有球对称性，即与角度 θ 和 φ 均无关，则球体内热传导方程的通解退化为

$$u(r,t)=\sum_{n=1}^{\infty}A_n\mathrm{j}_0\left(\frac{x_n^{(0)}}{r_0}r\right)\exp\left[-\left(\frac{x_n^{(0)}}{r_0}a\right)^2t\right], \tag{8.5.16}$$

其中，$x_n^{(0)}$ 是球贝塞尔函数 $\mathrm{j}_0(x)$ 的第 n 个大于零的零点，$n=1,2,3,\cdots$.

(8.5.15)式和(8.5.16)式中的系数可由物理量 u 的初始条件进一步确定。

【例题】 一个半径为 r_0 的匀质球体，初始时刻，球体温度为 u_0. 现把它放入温度为 U_0 的烘箱中，球体表面温度保持为 U_0. 求此过程中球内的温度变化。

解：球内温度变化满足的定解问题为

$$\begin{cases} u_t(\boldsymbol{r},t)-a^2\nabla^2 u(\boldsymbol{r},t)=0, \\ u\big|_{r=0}\to\text{有限值},\ u\big|_{r=r_0}=U_0, \\ u\big|_{t=0}=u_0. \end{cases}$$

首先，把边界条件进行齐次化。令 $u(\boldsymbol{r},t)=U_0+v(\boldsymbol{r},t)$，则 $v(\boldsymbol{r},t)$ 满足如下定解问题

$$\begin{cases} v_t(\boldsymbol{r},t)-a^2\nabla^2 v(\boldsymbol{r},t)=0, \\ v\big|_{r=0}\to\text{有限值},v\big|_{r=r_0}=0, \\ v\big|_{t=0}=u_0-U_0. \end{cases}$$

由于物理量 $v(\boldsymbol{r},t)$ 具有球对称性，即与角度 θ 和 φ 均无关。在满足球面第一类齐次边界条件和在球心处满足趋于有限值的自然边界条件下，$v(r,t)$ 的通解可写为

$$v(r,t)=\sum_{n=1}^{\infty}A_n \mathrm{j}_0\left(\frac{x_n^{(0)}}{r_0}r\right)\exp\left[-\left(\frac{x_n^{(0)}}{r_0}a\right)^2 t\right],$$

其中，$x_n^{(0)}$ 是球贝塞尔函数 $\mathrm{j}_0(x)$ 的第 n 个大于零的零点，$n=1,2,3,\cdots$.

由初始条件 $v\big|_{t=0}=u_0-U_0$，即

$$\sum_{n=1}^{\infty}A_n \mathrm{j}_0\left(\frac{x_n^{(0)}}{r_0}r\right)=u_0-U_0.$$

系数

$$\begin{aligned} A_n &=\frac{1}{[N_n^{(0)}]^2}\int_0^{r_0}(u_0-U_0)\mathrm{j}_0\left(\frac{x_n^{(0)}}{r_0}r\right)r^2\mathrm{d}r \\ &=\frac{2(u_0-U_0)}{r_0^3[\mathrm{j}_1(x_n^{(0)})]^2}\int_0^{r_0}\mathrm{j}_0\left(\frac{x_n^{(0)}}{r_0}r\right)r^2\mathrm{d}r. \end{aligned}$$

设 $x=\dfrac{x_n^{(0)}}{r_0}r$，即 $r=\dfrac{r_0}{x_n^{(0)}}x$，则系数的积分简化为

$$A_n=\frac{2(u_0-U_0)}{(x_n^{(0)})^3[\mathrm{j}_1(x_n^{(0)})]^2}\int_0^{x_n^{(0)}}\mathrm{j}_0(x)x^2\mathrm{d}x.$$

根据公式 $\dfrac{\mathrm{d}}{\mathrm{d}x}[x^2\mathrm{j}_1(x)]=x^2\mathrm{j}_0(x)$，可计算得到系数

$$A_n=\frac{2(u_0-U_0)}{x_n^{(0)}\mathrm{j}_1(x_n^{(0)})}.$$

因此，$v(r,t)$ 的解为

$$v(r,t)=\sum_{n=1}^{\infty}\frac{2(u_0-U_0)}{x_n^{(0)}\mathrm{j}_1(x_n^{(0)})}\mathrm{j}_0\left(\frac{x_n^{(0)}}{r_0}r\right)\exp\left[-\left(\frac{x_n^{(0)}}{r_0}a\right)^2 t\right].$$

球内温度 $u(r,t)$ 的解为

$$u(r,t)=U_0+\sum_{n=1}^{\infty}\frac{2(u_0-U_0)}{x_n^{(0)}\mathrm{j}_1(x_n^{(0)})}\mathrm{j}_0\left(\frac{x_n^{(0)}}{r_0}r\right)\exp\left[-\left(\frac{x_n^{(0)}}{r_0}a\right)^2 t\right],r<r_0,t>0.$$

§8.6 柱坐标系下波动方程和热传导方程的通解

本节仅给出物理量 $u(\boldsymbol{r},t)$ 在圆柱体轴线上满足自然边界条件，在圆柱体外表面（包含侧面和上下底面）满足第一类齐次边界条件的情况下，圆柱体内波动方程和热传导方程的通解。由于柱坐标系下波动方程和热传导方程关于 $U(\boldsymbol{r})$ 的方程都是亥姆霍兹方程，所以，我们仍然先给出亥姆霍兹方程的通解，然后再分别给出波动方程和热传导方程的通解。

8.6.1 圆柱体内亥姆霍兹方程的通解

柱坐标系下的亥姆霍兹方程的展开形式为

$$\frac{1}{\rho}\frac{\partial}{\partial\rho}\left(\rho\frac{\partial U}{\partial\rho}\right)+\frac{1}{\rho^2}\frac{\partial^2 U}{\partial\varphi^2}+\frac{\partial^2 U}{\partial z^2}+k^2U=0. \tag{8.6.1}$$

$U(\rho,\varphi,z)$ 在圆柱体侧面和上下底面分别满足如下的边界条件：

$$U\big|_{\rho=0}\to\text{有限值},\quad U\big|_{\rho=\rho_0}=0. \tag{8.6.2}$$

$$U\big|_{z=0}=0,\quad U\big|_{z=H}=0. \tag{8.6.3}$$

其中，ρ_0 为圆柱体的半径，H 为圆柱体的高度。

令 $U(\rho,\varphi,z)=R(\rho)\Phi(\varphi)Z(z)$，代入(8.6.1)式，可得

$$\frac{\Phi Z}{\rho}\frac{\mathrm{d}}{\mathrm{d}\rho}\left(\rho\frac{\mathrm{d}R}{\mathrm{d}\rho}\right)+\frac{RZ}{\rho^2}\frac{\mathrm{d}^2\Phi}{\mathrm{d}\varphi^2}+\frac{R\Phi\mathrm{d}^2Z}{\mathrm{d}z^2}+k^2R\Phi Z=0.$$

方程两边同乘以 $\dfrac{\rho^2}{R\Phi Z}$，整理可得

$$\frac{\rho}{R}\frac{\mathrm{d}}{\mathrm{d}\rho}\left(\rho\frac{\mathrm{d}R}{\mathrm{d}\rho}\right)+\frac{\rho^2}{Z}\frac{\mathrm{d}^2Z}{\mathrm{d}z^2}+k^2\rho^2=-\frac{1}{\Phi}\frac{\mathrm{d}^2\Phi}{\mathrm{d}\varphi^2}. \tag{8.6.4}$$

上式左边是关于 ρ 和 z 的函数，右边是关于 φ 的函数。对于任意的 ρ、z 和 φ，上式恒成立，因此，等式的左右两边只能等于一个相同的常数。与§6.1中球坐标系的分离变量法一样，函数 $\Phi(\varphi)$ 需要满足周期边界条件，这个分离变量常数只能等于 $m^2(m=0,1,2,\cdots)$ 这样特定的常数。因此，柱坐标系下亥姆霍兹方程(8.6.1)式分离为如下两个方程：

$$\frac{\mathrm{d}^2\Phi(\varphi)}{\mathrm{d}\varphi^2}+m^2\Phi(\varphi)=0. \tag{8.6.5}$$

$$\frac{\rho}{R}\frac{\mathrm{d}}{\mathrm{d}\rho}\left(\rho\frac{\mathrm{d}R}{\mathrm{d}\rho}\right)+\frac{\rho^2}{Z}\frac{\mathrm{d}^2Z}{\mathrm{d}z^2}+k^2\rho^2-m^2=0. \tag{8.6.6}$$

(8.6.5)式的本征函数

$$\Phi_m(\varphi)=C_m\cos m\varphi+D_m\sin m\varphi,\quad m=0,1,2,\cdots. \tag{8.6.7}$$

(8.6.6)式仍然是偏微分方程，需要通过分离变量法对其进行进一步的分离。(8.6.6)式两边同乘以 $1/\rho^2$，整理可得

$$\frac{1}{\rho R}\frac{\mathrm{d}}{\mathrm{d}\rho}\left(\rho\frac{\mathrm{d}R}{\mathrm{d}\rho}\right)+k^2-\frac{m^2}{\rho^2}=-\frac{1}{Z}\frac{\mathrm{d}^2Z}{\mathrm{d}z^2}. \tag{8.6.8}$$

同样,要保证对于任意的 ρ 和 z,上式恒成立,等式的左右两边只能等于相同的常数,设为 λ. 因此,上式分离为如下两个二阶常微分方程:

$$\frac{\mathrm{d}^2 Z(z)}{\mathrm{d}z^2}+\lambda Z(z)=0. \tag{8.6.9}$$

$$\rho^2\frac{\mathrm{d}^2 R(\rho)}{\mathrm{d}\rho^2}+\rho\frac{\mathrm{d}R(\rho)}{\mathrm{d}\rho}+[(k^2-\lambda)\rho^2-m^2]R(\rho)=0. \tag{8.6.10}$$

由于 $U(\rho,\varphi,z)=R(\rho)\Phi(\varphi)Z(z)$,根据边界条件(8.6.2)式,可得 $R(\rho)$ 的边界条件为 $R(0)\to$有限值、$R(\rho_0)=0$;根据边界条件(8.6.3)式,可得 $Z(z)$ 的边界条件为 $Z(0)=0$、$Z(H)=0$.

本征方程(8.6.9)式和边界条件 $Z(0)=0$、$Z(H)=0$ 构成本征问题,本征值

$$\lambda_l=\left(\frac{l\pi}{H}\right)^2, \tag{8.6.11}$$

本征函数

$$Z_l(z)=\sin\frac{l\pi z}{H}, \tag{8.6.12}$$

其中,$l=1,2,3,\cdots$.

本征方程(8.6.10)式中的本征值 $k^2-\lambda_l\geqslant 0$,设

$$\mu^2=k^2-\lambda_l. \tag{8.6.13}$$

如果 $\mu^2=0$,则(8.6.10)式退化为欧拉方程

$$\rho^2\frac{\mathrm{d}^2 R(\rho)}{\mathrm{d}\rho^2}+\rho\frac{\mathrm{d}R(\rho)}{\mathrm{d}\rho}-m^2R(\rho)=0. \tag{8.6.14}$$

在满足 $R(0)\to$有限值和 $R(\rho_0)=0$ 的边界条件下,其解为零,这种情况需要舍去。

因此,分离变量常数 $\mu^2>0$. (8.6.10)式简写为

$$\rho^2\frac{\mathrm{d}^2 R(\rho)}{\mathrm{d}\rho^2}+\rho\frac{\mathrm{d}R(\rho)}{\mathrm{d}\rho}+(\mu^2\rho^2-m^2)R(\rho)=0. \tag{8.6.15}$$

在满足 $R(0)\to$有限值和 $R(\rho_0)=0$ 的边界条件下,(8.6.15)式的本征值和本征函数分别为

$$\mu_n^{(m)}=\frac{x_n^{(m)}}{\rho_0}, \tag{8.6.16}$$

$$R_n(\rho)=C_n\mathrm{J}_m\left(\frac{x_n^{(m)}}{\rho_0}\rho\right). \tag{8.6.17}$$

其中,$x_n^{(m)}$ 是 $\mathrm{J}_m(x)$ 的第 n 个大于零的零点,$n=1,2,3,\cdots$。

将(8.6.11)式和(8.6.16)式代入(8.6.13)式,可得本征值

$$(k_{n,l}^{(m)})^2=\left(\frac{x_n^{(m)}}{\rho_0}\right)^2+\left(\frac{l\pi}{H}\right)^2. \tag{8.6.18}$$

因此,通过叠加原理,圆柱体内亥姆霍兹方程的通解可写为

$$U(\rho,\varphi,z)=\sum_{m=0}^{\infty}\sum_{l=1}^{\infty}\sum_{n=1}^{\infty}\mathrm{J}_m\left(\frac{x_n^{(m)}}{\rho_0}\rho\right)\sin\left(\frac{l\pi z}{H}\right)(C_{m,l,n}\cos m\varphi+D_{m,l,n}\sin m\varphi). \tag{8.6.19}$$

8.6.2 圆柱体内波动方程的通解

将本征值(8.6.18)式代入(8.1.5)式,得到波动方程分离变量中的 $T(t)$ 的通解

$$T_n(t)=A_{m,l,n}\cos ak_{n.l}^{(m)}t+B_{m,l,n}\sin ak_{n.l}^{(m)}t. \tag{8.6.20}$$

将(8.6.19)式和(8.6.20)式进行组合、叠加,可得圆柱体内波动方程的通解为

$$u(\rho,\varphi,z,t)=\sum_{m=0}^{\infty}\sum_{l=1}^{\infty}\sum_{n=1}^{\infty}\mathrm{J}_m\left(\frac{x_n^{(m)}}{\rho_0}\rho\right)\sin\left(\frac{l\pi z}{H}\right)(C_m\cos m\varphi+D_m\sin m\varphi)(A_{m,l,n}\cos ak_{n.l}^{(m)}t+B_{m,l,n}\sin ak_{n.l}^{(m)}t) \tag{8.6.21}$$

其中,$x_n^{(m)}$ 是 $\mathrm{J}_m(x)$ 的第 n 个大于零的零点。

如果物理量 u 围绕 z 轴具有旋转对称性,则圆柱体内波动方程的通解退化为

$$u(\rho,z,t)=\sum_{l=1}^{\infty}\sum_{n=1}^{\infty}\mathrm{J}_0\left(\frac{x_n^{(0)}}{\rho_0}\rho\right)\sin\left(\frac{l\pi z}{H}\right)(A_{l,n}\cos ak_{n.l}^{(0)}t+B_{l,n}\sin ak_{n.l}^{(0)}t), \tag{8.6.22}$$

其中,$x_n^{(0)}$ 是 $\mathrm{J}_0(x)$ 的第 n 个大于零的零点。

(8.6.21)式和(8.6.22)式中的系数可由 u 的初始条件进一步确定。

8.6.3 圆柱体内热传导方程的通解

将本征值(8.6.18)式代入(8.1.9)式,得到热传导方程分离变量中的 $T(t)$ 的通解

$$T_n(t)=A_{m,l,n}\exp[-(ak_{n.l}^{(m)})^2t]. \tag{8.6.23}$$

将(8.6.19)式和(8.6.23)式进行组合、叠加,可得圆柱体内热传导方程的通解为

$$u(\rho,\varphi,z,t)=\sum_{m=0}^{\infty}\sum_{l=1}^{\infty}\sum_{n=1}^{\infty}\mathrm{J}_m\left(\frac{x_n^{(m)}}{\rho_0}\rho\right)\sin\left(\frac{l\pi z}{H}\right)(C_{m,l,n}\cos m\varphi+D_{m,l,n}\sin m\varphi)\exp[-(ak_{n.l}^{(m)})^2t], \tag{8.6.24}$$

其中,$x_n^{(m)}$ 是 $\mathrm{J}_m(x)$ 的第 n 个大于零的零点,$n=1,2,3\cdots$。

如果物理量 u 围绕 z 轴具有旋转对称性,则圆柱体内热传导方程的通解退化为

$$u(\rho,z,t)=\sum_{l=1}^{\infty}\sum_{n=1}^{\infty}A_{l,n}\mathrm{J}_0\left(\frac{x_n^{(0)}}{\rho_0}\rho\right)\sin\left(\frac{l\pi z}{H}\right)\exp[-(ak_{n.l}^{(0)})^2t], \tag{8.6.25}$$

其中,$x_n^{(0)}$ 是 $\mathrm{J}_0(x)$ 的第 n 个大于零的零点,$n=1,2,3\cdots$。

(8.6.24)式和(8.6.25)式中的系数可由 u 的初始条件进一步确定。

第8章习题

1. 一个半径为 R 的圆形薄膜,边缘固定。假设薄膜的初始形状 $u(\rho,t)\big|_{t=0}=A\left(1-\frac{\rho^2}{R^2}\right)$,初始速度为零,$A$ 为常量,求解薄膜的振动情况。

2. 一个半径为 ρ_0、无限长的圆柱体,假设其初始温度为 $U_0(1-\rho^2/\rho_0^2)$,其中,U_0 为常量。现将柱体表面温度保持为零度,求解圆柱体内部的温度变化。

3. 一个半径为 R 的圆形薄膜,边缘固定。假设单位质量的薄膜受到周期力 $f(r,t)=\sin\omega t$ 的作用,且

初始位移和初始速度均为零。求解薄膜的受迫振动情况。

4. 一个均匀无限长的空心圆柱体，内外半径分别为 ρ_1 和 ρ_2，圆柱体的内外表面温度保持为零度，内部初始温度为 $f(\rho)$，求解圆柱体内部的温度变化。

5. 一个圆柱体高为 H，半径为 ρ_0，柱侧温度保持为零度，上顶面和下底面绝热，圆柱体内的初始温度分布为 $u_0+u_1\cos\dfrac{\pi z}{H}$，$u_0$ 和 u_1 为常量。求解圆柱体内的热传导问题。

习题参考答案

第 9 章 厄 米 方 程

一维线性谐振子的本征问题是量子力学中十分重要的内容，其本征解在现代物理学中的应用非常广泛。本章以一维线性谐振子定态薛定谔方程为实例，引出厄米方程，进而介绍厄米方程的求解以及厄米多项式的性质。

第 9 章
课件资源

授课视频

§ 9.1 厄米方程的导出

在量子力学中，一维线性谐振子的定态（本征）波函数 $\psi(x)$ 满足如下的定态薛定谔方程：

$$-\frac{\hbar^2}{2m}\frac{\mathrm{d}^2\psi(x)}{\mathrm{d}x^2}+\frac{1}{2}m\omega^2x^2\psi(x)=E\psi(x), \tag{9.1.1}$$

其中，$x\in(-\infty,\infty)$，$\hbar$ 为量子力学中一个基本常量——约化普朗克常量，m 为谐振子的质量，ω 为谐振子的角频率，E 为谐振子的能量（本征值）。

根据波函数平方可积的要求，$\psi(x)$ 需满足边界条件

$$\psi(\pm\infty)\to 0. \tag{9.1.2}$$

定态薛定谔方程(9.1.1)式和边界条件(9.1.2)式构成一维线性谐振子的本征问题。为求解定态薛定谔方程(9.1.1)式，先将其进行简化。(9.1.1)式两边同乘以常量$\frac{2m}{\hbar^2}$，可得

$$-\frac{\mathrm{d}^2\psi(x)}{\mathrm{d}x^2}+\frac{m^2\omega^2}{\hbar^2}x^2\psi(x)=\frac{2mE}{\hbar^2}\psi(x).$$

令 $\alpha=\sqrt{\frac{m\omega}{\hbar}}$，则上式可写为

$$-\frac{\mathrm{d}^2\psi(x)}{\mathrm{d}x^2}+\alpha^4x^2\psi(x)=\frac{2mE}{\hbar^2}\psi(x).$$

设 $\xi=\alpha x$、$\psi(x)=\varphi(\xi)$，则上式可化为关于 $\varphi(\xi)$ 的二阶常微分方程

$$-\alpha^2\frac{\mathrm{d}^2\varphi(\xi)}{\mathrm{d}\xi^2}+\alpha^2\xi^2\varphi(\xi)=\frac{2mE}{\hbar^2}\varphi(\xi).$$

上式两边同除以 α^2，并将 $\alpha=\sqrt{\frac{m\omega}{\hbar}}$ 代入，可得

$$-\frac{\mathrm{d}^2\varphi(\xi)}{\mathrm{d}\xi^2}+\xi^2\varphi(\xi)=\frac{2E}{\hbar\omega}\varphi(\xi).$$

再令 $\mu=\dfrac{2E}{\hbar\omega}$,则上式最终简化为

$$\frac{d^2\varphi(\xi)}{d\xi^2}+(\mu-\xi^2)\varphi(\xi)=0. \tag{9.1.3}$$

上式是定态薛定谔方程(9.1.1)式的简化形式。其中,$\xi=\alpha x$,由 $x\in(-\infty,\infty)$,可知 $\xi\in(-\infty,\infty)$;边界条件要求$\psi(x)\big|_{x\to\pm\infty}\to 0$,故要求$\varphi(\xi)\big|_{\xi\to\pm\infty}\to 0$.

在求解(9.1.3)式之前,首先分析该方程在奇点处的解的渐近形式。$\xi=\pm\infty$ 是方程(9.1.3)式的奇点。当 $\xi\to\pm\infty$ 时,$\mu\ll\xi^2$,(9.1.3)式退化为

$$\frac{d^2\varphi(\xi)}{d\xi^2}-\xi^2\varphi(\xi)=0, \tag{9.1.4}$$

(9.1.4)式在 $\xi\to\pm\infty$ 时的渐近解为

$$\varphi(\xi)\sim Ce^{\xi^2/2}+De^{-\xi^2/2}. \tag{9.1.5}$$

需要说明的是,(9.1.5)式只是(9.1.4)式的近似解,即仅在 $\xi\to\pm\infty$ 的条件下,满足(9.1.4)式。根据波函数边界条件 $\varphi(\xi)\big|_{\xi\to\pm\infty}\to 0$,应有 $C=0$. 因此,(9.1.5)式的渐近解退化为

$$\varphi(\xi)\sim De^{-\xi^2/2}. \tag{9.1.6}$$

上式是(9.1.3)式在 $\xi\to\pm\infty$ 时的渐近解。考虑到解的渐近行为,(9.1.3)式的严格解也应该包含 $e^{-\xi^2/2}$ 项。因此,设(9.1.3)式的严格解的形式为

$$\varphi(\xi)=e^{-\xi^2/2}y(\xi). \tag{9.1.7}$$

将(9.1.7)式代入(9.1.3)式,得到关于 $y(\xi)$ 的二阶常微分方程

$$\frac{d^2y(\xi)}{d\xi^2}-2\xi\frac{dy(\xi)}{d\xi}+(\mu-1)y(\xi)=0. \tag{9.1.8}$$

为简洁起见,令 $\lambda=\mu-1$,则上式简化为

$$\frac{d^2y(\xi)}{d\xi^2}-2\xi\frac{dy(\xi)}{d\xi}+\lambda y(\xi)=0. \tag{9.1.9}$$

(9.1.9)式称为**厄米方程**,其定义域为 $\xi\in(-\infty,\infty)$. 对于一维线性谐振子的本征问题而言,上式的解 $y(\xi)$ 还需满足波函数边界条件$\varphi(\xi)\big|_{\xi\to\pm\infty}\to 0$. 由于 $\varphi(\xi)=e^{-\xi^2/2}y(\xi)$,所以要求 $y(\xi)$ 在 $\xi\to\pm\infty$ 时的发散性不能超过函数 $e^{\xi^2/2}$ 的发散性。

§9.2 厄米方程的求解

授课视频

9.2.1 厄米方程的级数解法

厄米方程

$$\frac{d^2y(\xi)}{d\xi^2}-2\xi\frac{dy(\xi)}{d\xi}+\lambda y(\xi)=0, \tag{9.2.1}$$

其中,$\xi\in(-\infty,\infty)$,λ 为任意常数。

类似于勒让德方程的求解方法,厄米方程也可以利用常点邻域的级数解法进行求解。$\xi=0$是厄米方程的常点,根据常点邻域的级数解法,其解可以写成泰勒级数展开的形式

$$y(\xi)=\sum_{n=0}^{\infty}c_n\xi^n. \tag{9.2.2}$$

为确定展开系数 c_n,将上式代入厄米方程,整理可得

$$\sum_{n=2}^{\infty}c_n n(n-1)\xi^{n-2}-\sum_{n=1}^{\infty}c_n 2n\xi^n+\lambda\sum_{n=0}^{\infty}c_n\xi^n=0.$$

上式左侧是关于 ξ 的多项式,对于任意的 ξ,上式恒为零。因此,要求 ξ 的任意次幂项的系数均为零。

ξ^0 项的系数:$2c_2+\lambda c_0=0\Rightarrow c_2=\dfrac{-\lambda}{2}c_0$.

ξ^1 项的系数:$6c_3-(2-\lambda)c_1=0\Rightarrow c_3=\dfrac{2-\lambda}{6}c_1$.

…………

ξ^n 项的系数:$c_{n+2}(n+2)(n+1)-(2n-\lambda)c_n=0$.

由上式可得系数的递推公式

$$c_{n+2}=\frac{2n-\lambda}{(n+2)(n+1)}c_n. \tag{9.2.3}$$

根据(9.2.3)式,可以推导出 ξ 的任意偶次幂项的系数最终可由 c_0 表示,ξ 的任意奇次幂项的系数最终可由 c_1 表示。

用 $2k$ 代替(9.2.3)式中的 $n+2$,即 $n=2k-2$,可得到 ξ 的偶次幂项系数的递推关系

$$c_{2k}=\frac{2(2k-2)-\lambda}{2k(2k-1)}c_{2k-2}. \tag{9.2.4}$$

根据递推规律,进一步可得

$$c_{2k}=\frac{2(2k-2)-\lambda}{2k(2k-1)}\frac{2(2k-4)-\lambda}{(2k-2)(2k-3)}c_{2k-4}. \tag{9.2.5}$$

依次递推,ξ 的偶次幂项系数 c_{2k}最终可由 c_0 表示,即

$$c_{2k}=\frac{(-\lambda)(4-\lambda)\cdots[2(2k-2)-\lambda]}{(2k)!}c_0. \tag{9.2.6}$$

用 $2k+1$ 代替(9.2.3)式中的 $n+2$,即 $n=2k-1$,可得到 ξ 的奇次幂项系数的递推关系

$$c_{2k+1}=\frac{2(2k-1)-\lambda}{(2k+1)2k}c_{2k-1}. \tag{9.2.7}$$

根据递推规律,进一步可得

$$c_{2k+1}=\frac{2(2k-1)-\lambda}{(2k+1)2k}\frac{2(2k-3)-\lambda}{(2k-1)(2k-2)}c_{2k-3}. \tag{9.2.8}$$

依次递推,ξ 的奇次项幂项系数 c_{2k+1}最终可由 c_1 表示,即

$$c_{2k+1}=\frac{(2-\lambda)(6-\lambda)\cdots[2(2k-1)-\lambda]}{(2k+1)!}c_1. \tag{9.2.9}$$

于是,厄米方程的级数解可写为

$$
\begin{aligned}
y(\xi) &= c_0+\sum_{k=1}^{\infty}c_{2k}\xi^{2k}+c_1\xi+\sum_{k=1}^{\infty}c_{2k+1}\xi^{2k+1}\\
&=c_0\left\{1+\sum_{k=1}^{\infty}\frac{(-\lambda)(4-\lambda)\cdots[2(2k-2)-\lambda]}{(2k)!}\xi^{2k}\right\}\\
&\quad+c_1\left\{\xi+\sum_{k=1}^{\infty}\frac{(2-\lambda)(6-\lambda)\cdots[2(2k-1)-\lambda]}{(2k+1)!}\xi^{2k+1}\right\}.
\end{aligned}
$$

或者简写为

$$
y(\xi)=c_0y_0(\xi)+c_1y_1(\xi), \tag{9.2.10}
$$

其中，$y_0(\xi)$是由 ξ 的偶次幂项组成的无穷级数，$y_1(\xi)$是由 ξ 的奇次幂项组成的无穷级数，即

$$
y_0(\xi)=1+\sum_{k=1}^{\infty}\frac{(-\lambda)(4-\lambda)\cdots[2(2k-2)-\lambda]}{(2k)!}\xi^{2k}, \tag{9.2.11}
$$

$$
y_1(\xi)=\xi+\sum_{k=1}^{\infty}\frac{(2-\lambda)(6-\lambda)\cdots[2(2k-1)-\lambda]}{(2k+1)!}\xi^{2k+1}. \tag{9.2.12}
$$

如上所示，$y_0(\xi)$和 $y_1(\xi)$均是 $\xi=0$ 邻域内的无穷级数，需要判断其收敛性。根据递推公式(9.2.4)式，可知无穷级数 $y_0(\xi)$的收敛半径

$$
R=\lim_{k\to\infty}\left|\frac{c_{2k-2}}{c_{2k}}\right|=\lim_{k\to\infty}\left|\frac{2k\cdot(2k-1)}{2(2k-2)-\lambda}\right|\to\infty. \tag{9.2.13}
$$

同样，根据递推公式(9.2.7)式，可知无穷级数 $y_1(\xi)$的收敛半径也为 $R\to\infty$. 因此，无穷级数解(9.2.10)式在整个定义域$(-\infty,\infty)$内收敛于某个确定的函数。

至此，已经求出了厄米方程(9.2.1)式的解，即无穷级数解(9.2.10)式~(9.2.12)式。然而，对于一维线性谐振子的本征问题而言，待求的本征波函数 $\varphi(\xi)=\mathrm{e}^{-\xi^2/2}y(\xi)$需要满足 $\varphi(\pm\infty)\to0$ 的边界条件，故要求 $y(\xi)$在 $\xi\to\pm\infty$ 时的发散行为不能超过函数 $\mathrm{e}^{\xi^2/2}$. 为此，需要进一步确定无穷级数解(9.2.11)式和(9.2.12)式在 $\xi\to\pm\infty$ 时的渐近行为。

以(9.2.11)式的无穷级数解 $y_0(\xi)$为例

$$
y_0(\xi)=c_0+c_2\xi^2+\cdots+c_{2k-2}\xi^{2k-2}+c_{2k}\xi^{2k}+\cdots.
$$

根据递推公式(9.2.4)式，可得无穷级数 $y_0(\xi)$中相邻两项展开系数的比值

$$
\frac{c_{2k}}{c_{2k-2}}=\frac{2(2k-2)-\lambda}{2k(2k-1)}.
$$

当 $k\to\infty$ 时，上式的极限

$$
\lim_{k\to\infty}\frac{c_{2k}}{c_{2k-2}}=\lim_{k\to\infty}\frac{1/k-1/k^2-\lambda/(4k^2)}{1-1/(2k)}\sim\frac{1}{k}. \tag{9.2.14}
$$

另外，函数 e^{ξ^2}的泰勒级数展开为

$$
\mathrm{e}^{\xi^2}=1+\xi^2+\frac{\xi^4}{2!}+\cdots+\frac{(\xi^2)^{k-1}}{(k-1)!}+\frac{(\xi^2)^k}{k!}+\cdots.
$$

上式中相邻两项展开系数的比值

$$
\frac{c_k}{c_{k-1}}=\frac{1}{k}. \tag{9.2.15}
$$

当 $\xi\to\pm\infty$ 时，无穷级数 $y_0(\xi)$和函数 e^{ξ^2}的渐近行为主要取决于 ξ 的高次幂项。比较

(9.2.14)式和(9.2.15)式可知,无穷级数 $y_0(\xi)$ 和函数 e^{ξ^2} 具有相同的渐近行为,说明当 $\xi\to\pm\infty$ 时,$y_0(\xi)\sim e^{\xi^2}$. 因此,待求的谐振子的本征波函数在 $\xi\to\pm\infty$ 时的渐近行为

$$\varphi(\xi)=y_0(\xi)e^{-\xi^2/2}\sim e^{\xi^2}e^{-\xi^2/2}\sim e^{\xi^2/2}, \tag{9.2.16}$$

不能满足波函数 $\varphi(\pm\infty)\to 0$ 的边界条件。同样可以验证,无穷级数 $y_1(\xi)$ 也是如此。

能否像求解勒让德方程一样,当 λ 取某些特定值时,无穷级数解退化为多项式?如果可以,那么当 $\xi\to\pm\infty$,多项式的发散性必然不超过函数 $e^{\xi^2/2}$,获得的波函数必然满足 $\varphi(\pm\infty)\to 0$ 的边界条件。

根据递推公式(9.2.3)式,可得 ξ 的偶次幂项的系数的递推公式

$$c_{2n+2}=\frac{4n-\lambda}{(2n+2)(2n+1)}c_{2n}. \tag{9.2.17}$$

当 $\lambda=4n, n=0,1,2,\cdots$ 时,系数 $c_{2n+2}=0$,继而由递推公式可得系数 $c_{2n+4}=0, c_{2n+6}=0,\cdots$. 因此,由 ξ 的偶次幂项构成的无穷级数 $y_0(\xi)$ 退化为关于 ξ 的最高次幂为 $2n$ 的多项式,而此时由 ξ 的奇次幂项构成无穷级数 $y_1(\xi)$ 仍然是无穷级数。为了保证波函数满足边界条件,令(9.2.10)式中的系数 $c_1=0$,舍去发散性超过函数 $e^{\xi^2/2}$ 的无穷级数解 $y_1(\xi)$,保留发散性低于函数 $e^{\xi^2/2}$ 的多项式解 $y_0(\xi)$. 于是,厄米方程的无穷级数解(9.2.10)式退化为多项式

$$\begin{aligned}
y(\xi)=c_0y_0(\xi)&=c_0\left\{1+\sum_{k=1}^{n}\frac{(-4n)(4-4n)\cdots[2(2k-2)-4n]}{(2k)!}\xi^{2k}\right\}\\
&=c_0\left[1+\sum_{k=1}^{n}\frac{(-1)^k4^kn(n-1)\cdots(n-k+1)}{(2k)!}\xi^{2k}\right]\\
&=c_0\left[1+\sum_{k=1}^{n}\frac{(-1)^kn!}{(2k)!\ (n-k)!}(2\xi)^{2k}\right]\\
&=c_0\sum_{k=0}^{n}\frac{(-1)^kn!}{(2k)!\ (n-k)!}(2\xi)^{2k}.
\end{aligned} \tag{9.2.18}$$

出于简化多项式 $y(\xi)$ 的目的,并形成一个数学上统一的表达式,取系数

$$c_0=\frac{(-1)^n(2n)!}{n!}. \tag{9.2.19}$$

将(9.2.18)式中的求和指标 k 暂改写为 k',并将(9.2.19)式代入,则(9.2.18)式简化为

$$y(\xi)=\sum_{k'=0}^{n}\frac{(-1)^{k'+n}(2n)!}{(2k')!\ (n-k')!}(2\xi)^{2k'}. \tag{9.2.20}$$

令 $k=n-k'$,即 $k'=n-k$,代入上式,将求和指标 k' 用 k 代替,可得

$$y(\xi)=\sum_{k=0}^{n}\frac{(-1)^k(2n)!}{(2n-2k)!\ k!}(2\xi)^{2n-2k}. \tag{9.2.21}$$

上式为**偶数阶厄米多项式**,用函数符号 $H_{2n}(\xi)$ 标记,即

$$H_{2n}(\xi)=\sum_{k=0}^{n}\frac{(-1)^k(2n)!}{(2n-2k)!\ k!}(2\xi)^{2n-2k}, \tag{9.2.22}$$

其中,$n=0,1,2,\cdots$.

同理,由递推公式(9.2.3)式,可得 ξ 的奇次幂项系数的递推公式

$$c_{2n+3}=\frac{4n+2-\lambda}{(2n+3)(2n+2)}c_{2n+1}. \tag{9.2.23}$$

当 $\lambda=4n+2, n=0,1,2,\cdots$ 时，$y_1(\xi)$ 退化为多项式，而此时 $y_0(\xi)$ 仍然是无穷级数。为满足波函数边界条件，令系数 $c_0=0$，舍去无穷级数解 $y_0(\xi)$，保留多项式解 $y_1(\xi)$. 于是，厄米方程的无穷级数解(9.2.10)式退化为多项式 $y(\xi)=c_1y_1(\xi)$. 经过与上述相似的推导过程，将得到的 $y(\xi)$ 定义为**奇数阶厄米多项式**，用函数符号 $\mathrm{H}_{2n+1}(\xi)$ 表示，即

$$\mathrm{H}_{2n+1}(\xi)=\sum_{k=0}^{n}\frac{(-1)^k(2n+1)!}{(2n+1-2k)!\ k!}(2\xi)^{2n+1-2k}, \tag{9.2.24}$$

其中，$n=0,1,2,\cdots$.

综上，将两种情况统一起来，只有当 $\lambda=2n, n=0,1,2,\cdots$ 时，厄米方程(9.2.1)式才有多项式解，统一写为

$$\mathrm{H}_n(\xi)=\sum_{k=0}^{\left[\frac{n}{2}\right]}(-1)^k\frac{n!}{k!(n-2k)!}(2\xi)^{n-2k}, \tag{9.2.25}$$

其中，

$$\left[\frac{n}{2}\right]=\begin{cases}\dfrac{n}{2}, n=0,2,4,\cdots,\\[2mm] \dfrac{n-1}{2}, n=1,3,5,\cdots.\end{cases} \tag{9.2.26}$$

(9.2.25)式称为**厄米多项式**(Hermite polynomial)。

9.2.2 一维线性谐振子的本征波函数

根据§9.1中定义的参量关系可知，$\lambda=\mu-1, \mu=\dfrac{2E}{\hbar\omega}$. 将厄米方程的本征值 $\lambda=2n$ 代入两式，可得谐振子的能量 E 只能取如下特定值

$$E_n=\left(n+\frac{1}{2}\right)\hbar\omega, \tag{9.2.27}$$

其中，$n=0,1,2,\cdots$.

对于特定的能量 E_n，(9.1.3)式的解为

$$\varphi_n(\xi)=C_n\mathrm{e}^{-\xi^2/2}\mathrm{H}_n(\xi), \tag{9.2.28}$$

将 $\xi=\alpha x$ 代入上式，可得到定态薛定谔方程(9.1.1)式的解为

$$\psi_n(x)=C_n\mathrm{e}^{-\alpha^2x^2/2}\mathrm{H}_n(\alpha x), \tag{9.2.29}$$

其中，$x\in(-\infty,\infty)$，$\alpha=\sqrt{\dfrac{m\omega}{\hbar}}$，$C_n$ 为归一化系数。

根据波函数的归一化条件

$$\int_{-\infty}^{\infty}|\psi_n(x)|^2\mathrm{d}x=1, \tag{9.2.30}$$

并借助厄米多项式的模的平方的计算公式

$$\int_{-\infty}^{\infty}\mathrm{H}_n(\xi)\mathrm{H}_n(\xi)\mathrm{e}^{-\xi^2}\mathrm{d}\xi=2^n n!\sqrt{\pi},\tag{9.2.31}$$

可得归一化系数

$$C_n=\left(\frac{\alpha}{2^n n!\sqrt{\pi}}\right)^{1/2}.\tag{9.2.32}$$

综上,一维线性谐振子定态薛定谔方程(9.1.1)式的归一化的本征波函数

$$\psi_n(x)=\left(\frac{\alpha}{2^n n!\sqrt{\pi}}\right)^{1/2}\mathrm{e}^{-\alpha^2x^2/2}\mathrm{H}_n(\alpha x),\tag{9.2.33}$$

本征能量为(9.2.27)式,其中,$n=0,1,2,\cdots,\alpha=\sqrt{\dfrac{m\omega}{\hbar}},x\in(-\infty,\infty)$.

§9.3 厄米多项式的性质

授课视频

厄米多项式的定义

$$\mathrm{H}_n(\xi)=\sum_{k=0}^{\left[\frac{n}{2}\right]}(-1)^k\frac{n!}{k!(n-2k)!}(2\xi)^{n-2k},$$

其中,$\xi\in(-\infty,+\infty)$,$\left[\dfrac{n}{2}\right]=\begin{cases}\dfrac{n}{2}, & n=0,2,4,\cdots,\\ \dfrac{n-1}{2}, & n=1,3,5,\cdots.\end{cases}$

> 厄米多项式的 MATLAB 内部指令
> - 厄米多项式 hermiteH(n, x)
>
> 其中,n 和 x 分别是厄米多项式的阶数和自变量。

厄米多项式相关性质的证明与勒让德多项式非常相似。针对勒让德多项式的性质,我们在§6.3中给出了详细的证明。下面将直接给出厄米多项式的相关性质,不再给出具体证明。

9.3.1 前几个厄米多项式

根据厄米多项式的定义,可写出前几个厄米多项式

$$\begin{cases}\mathrm{H}_0(\xi)=1,\\ \mathrm{H}_1(\xi)=2\xi,\\ \mathrm{H}_2(\xi)=4\xi^2-2,\\ \mathrm{H}_3(\xi)=8\xi^3-12\xi.\end{cases}\tag{9.3.1}$$

其中,$\xi\in(-\infty,\infty)$.

为了更加直观地了解厄米多项式,图9.1画出了前四个厄米多项式 $\mathrm{H}_n(\xi)$ 在 $\xi\in[-2,2]$ 范围内的图像。

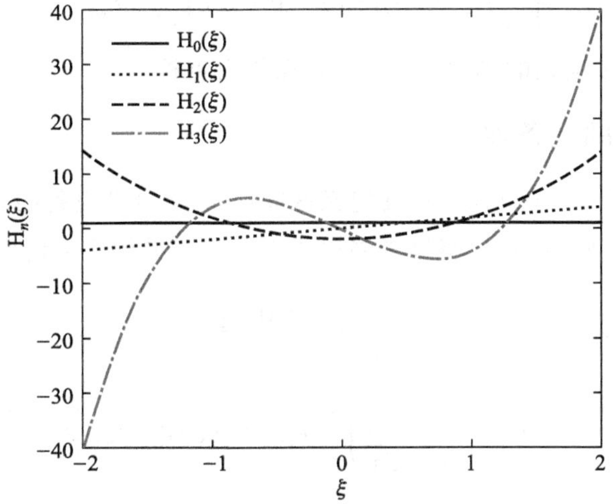

图 9.1 前四个厄米多项式 $H_n(\xi)$ 的图像

9.3.2 厄米多项式的奇偶性及在 $\xi=0$ 处的取值

从图 9.1 可以看出，与勒让德多项式一样，当 n 为偶数时，厄米多项式 $H_n(\xi)$ 关于 y 轴对称，为偶函数；当 n 为奇数时，厄米多项式 $H_n(\xi)$ 关于原点对称，为奇函数。$H_n(\xi)$ 的奇偶性可以用如下公式表示：

$$H_n(-\xi)=(-1)^n H_n(\xi), \tag{9.3.2}$$

其严格证明可以根据厄米多项式的定义得出。

另外，根据厄米多项式的定义，可得到厄米多项式 $H_n(\xi)$ 在 $\xi=0$ 处的取值

$$H_{2n+1}(0)=0. \tag{9.3.3}$$

$$H_{2n}(0)=(-1)^n\frac{(2n)!}{n!}. \tag{9.3.4}$$

9.3.3 厄米多项式的微分公式

厄米多项式可用如下的初等函数的导数表示：

$$H_n(\xi)=(-1)^n e^{\xi^2}\frac{d^n}{d\xi^n}e^{-\xi^2}. \tag{9.3.5}$$

9.3.4 厄米多项式的正交性及模的平方

将厄米方程转化为施图姆-刘维尔型方程的形式

$$\frac{d}{d\xi}\left[e^{-\xi^2}\frac{dy(\xi)}{d\xi}\right]+\lambda e^{-\xi^2}y(\xi)=0,$$

其中，$\xi\in(-\infty,\infty)$，λ 为厄米方程的本征值，$e^{-\xi^2}$ 为权函数。

在定义域 $(-\infty,\infty)$ 内，不同阶的厄米多项式构成一组完备的本征函数系 $\{H_n(\xi), n=0,1,2,\cdots\}$，本征函数系内任意两个不同阶的厄米多项式带权函数 $e^{-\xi^2}$ 正交，即

$$\int_{-\infty}^{\infty} \mathrm{H}_m(\xi)\mathrm{H}_n(\xi)\mathrm{e}^{-\xi^2}\mathrm{d}\xi = 2^n n!\ \sqrt{\pi}\,\delta_{mn}, \tag{9.3.6}$$

其中，$2^n n!\ \sqrt{\pi}$ 为厄米多项式的模的平方，δ_{mn} 为克罗内克符号。

9.3.5 厄米多项式的完备性

厄米多项式 $\{\mathrm{H}_n(\xi), n=0,1,2,\cdots\}$ 在定义区间 $(-\infty,\infty)$ 是完备的。定义域内任意的一个分段光滑的有界函数 $f(\xi)$，都可以将厄米多项式作为基底进行广义傅里叶级数展开

$$f(\xi) = \sum_{n=0}^{\infty} C_n \mathrm{H}_n(\xi), \tag{9.3.7}$$

展开系数

$$C_n = \frac{1}{2^n n!\ \sqrt{\pi}} \int_{-\infty}^{\infty} f(\xi)\mathrm{H}_n(\xi)\mathrm{e}^{-\xi^2}\mathrm{d}\xi. \tag{9.3.8}$$

9.3.6 厄米多项式的递推公式

厄米多项式满足如下的递推公式：

$$\mathrm{H}_{n+1}(\xi) - 2\xi\mathrm{H}_n(\xi) + 2n\mathrm{H}_{n-1}(\xi) = 0, \tag{9.3.9}$$

$$\mathrm{H}_n'(\xi) = 2n\mathrm{H}_{n-1}(\xi), \tag{9.3.10}$$

其中，$n \geqslant 1$.

第 9 章习题

1. 已知函数 $y(\xi)$ 满足如下的厄米方程：

$$\frac{\mathrm{d}^2 y(\xi)}{\mathrm{d}\xi^2} - 2\xi \frac{\mathrm{d}y(\xi)}{\mathrm{d}\xi} + \lambda y(\xi) = 0, -\infty < \xi < \infty.$$

(1) 将上述厄米方程化成施图姆-刘维尔型方程的形式。

(2) 当本征值为 $\lambda = 2n, n=0,1,2\cdots$ 时，厄米方程有多项式解，即为厄米多项式 $\{\mathrm{H}_n(\xi)\}$. 请写出厄米多项式的正交形式。

(3) 将定义域为 $(-\infty,\infty)$ 的函数 $f(\xi)$ 以厄米多项式为基进行广义傅里叶级数展开。

2. 将定义域为 $(-\infty,\infty)$ 的函数 $f(\xi) = 2\xi^2 + 1$ 以厄米多项式 $\mathrm{H}_n(\xi)$ 为基底进行广义傅里叶级数展开。

3. 已知厄米多项式满足正交关系 $\int_{-\infty}^{\infty} \mathrm{H}_m(\xi)\mathrm{H}_n(\xi)\mathrm{e}^{-\xi^2}\mathrm{d}\xi = 2^n n!\sqrt{\pi}\,\delta_{mn}$，前几个厄米多项式为 $\mathrm{H}_0(\xi) = 1, \mathrm{H}_1(\xi) = 2\xi, \mathrm{H}_2(\xi) = 4\xi^2 - 2, \mathrm{H}_3(\xi) = 8\xi^3 - 12\xi$. 计算积分 $\int_{-\infty}^{\infty} \xi^3 \mathrm{H}_3(\xi)\mathrm{e}^{-\xi^2}\mathrm{d}\xi$.

4. 计算积分 $\int_{-\infty}^{\infty} \mathrm{H}_3(\xi)\delta(\xi-1)\mathrm{d}\xi$.

5. 一维线性谐振子的本征波函数为 $\psi_n(x) = \left(\frac{\alpha}{2^n n!\ \sqrt{\pi}}\right)^{1/2} \mathrm{e}^{-\alpha^2 x^2/2}\mathrm{H}_n(\alpha x)$，$\alpha = \sqrt{\frac{m\omega}{\hbar}}$ 为参量，$\mathrm{H}_n(\alpha x)$ 为厄米多项式，$n=0,1,2,\cdots$。

(1) 请写出本征波函数 $\psi_n(x)$ 的正交性及模的表达式。

（2）将定义在$(-\infty,\infty)$的任意函数$f(x)$以本征波函数$\psi_n(x)$为基底进行广义傅里叶级数展开。

6. 一维线性谐振子的本征波函数为$\psi_n(x)=\left(\dfrac{\alpha}{2^n n!\sqrt{\pi}}\right)^{1/2}\mathrm{e}^{-\alpha^2x^2/2}\mathrm{H}_n(\alpha x)$，$\alpha=\sqrt{\dfrac{m\omega}{\hbar}}$为参量，$\mathrm{H}_n(\alpha x)$为厄米多项式，$n=0,1,2,\cdots$。

（1）利用厄米多项式的递推公式，证明如下公式

$$\frac{\mathrm{d}\psi_n(x)}{\mathrm{d}x}=\alpha\left[\sqrt{\frac{n}{2}}\psi_{n-1}(x)-\sqrt{\frac{n+1}{2}}\psi_{n+1}(x)\right],n\geqslant 1,$$

$$\frac{\mathrm{d}^2\psi_n(x)}{\mathrm{d}x^2}=\frac{\alpha^2}{2}\left[\sqrt{n(n-1)}\psi_{n-2}(x)-(2n+1)\psi_n(x)+\sqrt{(n+1)(n+2)}\psi_{n+2}(x)\right],n\geqslant 2.$$

（2）利用上述的公式，计算如下积分

$$I_1=\int_{-\infty}^{\infty}\psi_n(x)\frac{\mathrm{d}\psi_n(x)}{\mathrm{d}x}\mathrm{d}x,$$

$$I_2=\int_{-\infty}^{\infty}\psi_n(x)\frac{\mathrm{d}^2\psi_n(x)}{\mathrm{d}x^2}\mathrm{d}x.$$

7. 一维线性谐振子的本征波函数为$\psi_n(x)=\left(\dfrac{\alpha}{2^n n!\sqrt{\pi}}\right)^{1/2}\mathrm{e}^{-\alpha^2x^2/2}\mathrm{H}_n(\alpha x)$，$\alpha=\sqrt{\dfrac{m\omega}{\hbar}}$为参量，$\mathrm{H}_n(\alpha x)$为厄米多项式，$n=0,1,2,\cdots$。

（1）利用厄米多项式的递推公式，证明如下公式

$$x\psi_n(x)=\frac{1}{\alpha}\left[\sqrt{\frac{n}{2}}\psi_{n-1}(x)+\sqrt{\frac{n+1}{2}}\psi_{n+1}(x)\right],n\geqslant 1.$$

$$x^2\psi_n(x)=\frac{1}{2\alpha^2}\left[\sqrt{n(n-1)}\psi_{n-2}(x)+(2n+1)\psi_n(x)+\sqrt{(n+1)(n+2)}\psi_{n+2}(x)\right],n\geqslant 2.$$

（2）利用上述的公式，计算如下积分

$$I_1=\int_{-\infty}^{\infty}\psi_n(x)x\psi_n(x)\mathrm{d}x,$$

$$I_2=\int_{-\infty}^{\infty}\psi_n(x)x^2\psi_n(x)\mathrm{d}x.$$

习题参考答案

第 10 章　连带拉盖尔方程和拉盖尔方程

氢原子的定态问题在量子力学中占据着特别重要的地位，其定态（本征）解对氢原子光谱和氢原子性质给予了完美的解释，也为了解其他复杂原子及分子结构奠定了基础。本章以求解氢原子定态薛定谔方程为实例，引出连带拉盖尔方程，并介绍连带拉盖尔方程的求解以及连带拉盖尔多项式的性质。另外，根据连带拉盖尔方程和拉盖尔方程的退化关系，给出拉盖尔方程的解以及拉盖尔多项式的性质。

第 10 章
课件资源

§10.1　连带拉盖尔方程的导出

授课视频

在仅考虑核外电子受到氢原子核库仑势的情况下，氢原子核外电子的定态波函数 $\psi(r,\theta,\varphi)$ 满足如下的定态薛定谔方程：

$$\left(-\frac{\hbar^2}{2\mu_e}\nabla^2-\frac{e^2}{r}\right)\psi(r,\theta,\varphi)=E\psi(r,\theta,\varphi), \tag{10.1.1}$$

其中，球坐标系下的拉普拉斯算子 $\nabla^2=\frac{1}{r^2}\frac{\partial}{\partial r}\left(r^2\frac{\partial}{\partial r}\right)+\frac{1}{r^2\sin\theta}\frac{\partial}{\partial\theta}\left(\sin\theta\frac{\partial}{\partial\theta}\right)+\frac{1}{r^2\sin^2\theta}\frac{\partial^2}{\partial\varphi^2}$，$\mu_e$、$e$ 和 $\hbar$ 分别为电子的折合质量、电子电荷量绝对值和约化普朗克常量（量子力学中的一个基本常量），E 为待定的电子本征能量，波函数的自变量 $r\in[0,\infty)$、$\theta\in[0,\pi]$、$\varphi\in[0,2\pi]$.

当 $E>0$ 时，对于 E 的任何值，方程（10.1.1）式都有解，此种情况下的解描述的是电子不受原子核约束的自由运动状态；当 $E<0$ 时，核外电子处于束缚态，此种情况下的解描述的是电子在原子核束缚下的运动状态。下面，仅针对核外电子处于束缚态时，对其满足的定态薛定谔方程进行求解。

按照波函数的统计诠释，$|\psi(r,\theta,\varphi)|^2$ 表示电子出现在位置 (r,θ,φ) 处的概率密度，因此有

$$\int_0^{2\pi}\int_0^{\pi}\int_0^{\infty}|\psi(r,\theta,\varphi)|^2r^2\sin\theta\,\mathrm{d}r\mathrm{d}\theta\mathrm{d}\varphi=1, \tag{10.1.2}$$

该式称为波函数平方可积条件，表示在全空间中找到电子的概率为单位 1. 定态薛定谔方程（10.1.1）式和波函数平方可积条件（10.1.2）式构成氢原子的本征问题。

类似于球坐标系下拉普拉斯方程的求解，利用分离变量法，设

$$\psi(r,\theta,\varphi)=R(r)Y(\theta,\varphi), \tag{10.1.3}$$

将上式代入（10.1.1）式，可得

$$\frac{\hbar^2}{2\mu_e}\frac{Y}{r^2}\frac{\mathrm{d}}{\mathrm{d}r}\left(r^2\frac{\mathrm{d}R}{\mathrm{d}r}\right)+\frac{\hbar^2}{2\mu_e}\frac{R}{r^2\sin\theta}\frac{\partial}{\partial\theta}\left(\sin\theta\frac{\partial Y}{\partial\theta}\right)+\frac{\hbar^2}{2\mu_e}\frac{R}{r^2\sin^2\theta}\frac{\partial^2Y}{\partial\varphi^2}+\frac{e^2}{r}RY+ERY=0.$$

上式两边同乘以$\frac{r^2}{RY}\frac{2\mu_e}{\hbar^2}$,整理可得

$$\frac{1}{R}\frac{\mathrm{d}}{\mathrm{d}r}\left(r^2\frac{\mathrm{d}R}{\mathrm{d}r}\right)+\frac{2\mu_e r}{\hbar^2}e^2+\frac{2\mu_e r^2}{\hbar^2}E=-\frac{1}{Y\sin\theta}\frac{\partial}{\partial\theta}\left(\sin\theta\frac{\partial Y}{\partial\theta}\right)-\frac{1}{Y\sin^2\theta}\frac{\partial^2 Y}{\partial\varphi^2}.$$

上式左边是关于 r 的函数,右边是关于 θ 和 φ 的函数。对于任意的 r、θ 和 φ,等式恒成立。因此,等式的左右两边只能等于一个相同的常数。在求解球坐标系下的拉普拉斯方程时,已经推导出上述分离变量常数为 $l(l+1)$,$l=0,1,2,\cdots$.因此,定态薛定谔方程(10.1.1)式分离为如下两个独立的方程:

$$\frac{1}{\sin\theta}\frac{\partial}{\partial\theta}\left(\sin\theta\frac{\partial Y}{\partial\theta}\right)+\frac{1}{\sin^2\theta}\frac{\partial^2 Y}{\partial\varphi^2}+l(l+1)Y=0. \tag{10.1.4}$$

$$\frac{\mathrm{d}}{\mathrm{d}r}\left[r^2\frac{\mathrm{d}R(r)}{\mathrm{d}r}\right]+\left[\frac{2\mu_e r^2}{\hbar^2}\left(\frac{e^2}{r}+E\right)\right]R(r)-l(l+1)R(r)=0. \tag{10.1.5}$$

(10.1.4)式为球谐函数方程,在§6.6中已经求解,其本征函数解为球谐函数 $Y_{l,m}(\theta,\varphi)$,$l=0,1,2,\cdots;m=0,\pm1,\cdots,\pm l$. (10.1.5)式是径向函数 $R(r)$满足的本征方程,其中的本征能量(本征值)E 待定。

为求解(10.1.5)式,先对其进行化简。做如下函数代换,令

$$R(r)=\frac{u(r)}{r}. \tag{10.1.6}$$

则有

$$\frac{\mathrm{d}}{\mathrm{d}r}\left[r^2\frac{\mathrm{d}R(r)}{\mathrm{d}r}\right]=r\frac{\mathrm{d}^2u(r)}{\mathrm{d}r^2}. \tag{10.1.7}$$

将以上两式代入(10.1.5)式,得到关于 $u(r)$ 的二阶常微分方程

$$\frac{\mathrm{d}^2u(r)}{\mathrm{d}r^2}+\left[\frac{2\mu_e}{\hbar^2}\frac{e^2}{r}+\frac{2\mu_e E}{\hbar^2}-\frac{l(l+1)}{r^2}\right]u(r)=0. \tag{10.1.8}$$

令

$$\alpha=\sqrt{\frac{-2\mu_e E}{\hbar^2}}, \tag{10.1.9}$$

$$\rho=2\alpha r, \tag{10.1.10}$$

$$u(r)=\omega(\rho) \tag{10.1.11}$$

则有$\frac{\mathrm{d}^2u(r)}{\mathrm{d}r^2}=4\alpha^2\frac{\mathrm{d}^2\omega(\rho)}{\mathrm{d}\rho^2}$,将其代入(10.1.8)式,得到关于 $\omega(\rho)$ 的二阶常微分方程

$$\frac{\mathrm{d}^2\omega(\rho)}{\mathrm{d}\rho^2}+\left[\frac{\mu_e e^2}{\alpha\hbar^2}\frac{1}{\rho}-\frac{1}{4}-\frac{l(l+1)}{\rho^2}\right]\omega(\rho)=0.$$

再令

$$\beta=\frac{\mu_e e^2}{\alpha\hbar^2},\tag{10.1.12}$$

则上面关于 $\omega(\rho)$ 的方程简化为

$$\frac{d^2\omega(\rho)}{d\rho^2}+\left[\frac{\beta}{\rho}-\frac{1}{4}-\frac{l(l+1)}{\rho^2}\right]\omega(\rho)=0,\tag{10.1.13}$$

其中,自变量 $\rho\in[0,\infty)$.

在求解(10.1.13)式之前,首先讨论一下方程在 $\rho\to\infty$ 和 $\rho\to 0$ 奇点处的渐近行为,以便“试探”出(10.1.13)式的解的部分表达式。

当 $\rho\to\infty$ 时,(10.1.13)式退化为

$$\frac{d^2\omega(\rho)}{d\rho^2}-\frac{1}{4}\omega(\rho)=0.\tag{10.1.14}$$

上式通解为 $\omega(\rho)=Ae^{-\rho/2}+Be^{\rho/2}$,$\rho=2\alpha r$. 根据波函数平方可积的条件,径向函数 $R(r)=u(r)/r$ 在 $r\to\infty$ 时应趋于零,该通解中的第二项必须舍去。因此,(10.1.14)式的通解退化为

$$\omega(\rho)=Ae^{-\rho/2}.\tag{10.1.15}$$

当 $\rho\to 0$ 时,(10.1.13)式退化为

$$\frac{d^2\omega(\rho)}{d\rho^2}-\frac{l(l+1)}{\rho^2}\omega(\rho)=0.\tag{10.1.16}$$

(10.1.16)式是欧拉型方程,其通解为 $\omega(\rho)=C\rho^{l+1}+D\rho^{-l}$,$\rho=2\alpha r$. 根据波函数平方可积的条件,在 $r=0$ 附近的体积元 ΔV 内,波函数平方的积分应为有限值,即 $\iiint_{\Delta V}|R(r)Y_{l,m}(\theta,\varphi)|^2\cdot r^2\sin\theta\,dr\,d\theta\,d\varphi=\iiint_{\Delta V}|u(r)Y_{l,m}(\theta,\varphi)|^2\sin\theta\,dr\,d\theta\,d\varphi\to$有限值,故通解中的第二项需要舍去。因此,(10.1.16)式的通解退化为

$$\omega(\rho)=C\rho^{l+1}.\tag{10.1.17}$$

(10.1.15)式和(10.1.17)式分别是(10.1.13)式在 $\rho\to\infty$ 和 $\rho\to 0$ 的渐近解。于是,可设(10.1.13)式的解为

$$\omega(\rho)=e^{-\rho/2}\rho^{l+1}y(\rho),\tag{10.1.18}$$

其中,$y(\rho)$ 为待确定的函数。

将(10.1.18)式代入(10.1.13)式,经过化简,可得到关于 $y(\rho)$ 的二阶常微分方程

$$\rho y''(\rho)+(2l+2-\rho)y'(\rho)+(\beta-l-1)y(\rho)=0.\tag{10.1.19}$$

为简洁起见,令

$$\mu=2l+1,\tag{10.1.20}$$

$$\lambda=\beta-l-1,\tag{10.1.21}$$

其中,$l=0,1,2,\cdots$,则(10.1.19)式进一步简化为

$$\rho y''(\rho)+(\mu+1-\rho)y'(\rho)+\lambda y(\rho)=0,\tag{10.1.22}$$

(10.1.22)式称为**连带拉盖尔方程**,定义域为 $\rho\in[0,\infty)$.

对于氢原子的定态问题而言,上面连带拉盖尔方程的解还需满足径向函数 $R(r)=u(r)/r$ 在 $r\to\infty$ 时趋于零的边界条件。由于 $\omega(\rho)=e^{-\rho/2}\rho^{l+1}y(\rho)$,所以,要求连带拉盖尔方程的解 $y(\rho)$ 在 $\rho\to\infty$ 时的发散性不能超过函数 $e^{\rho/2}$ 的发散性。

§ 10.2　连带拉盖尔方程的求解

授课视频

10.2.1　连带拉盖尔方程的级数解法

为更符合函数的一般性描述,将(10.1.22)式中的自变量 ρ 用 x 代替,则连带拉盖尔方程写为

$$xy''(x)+(\mu+1-x)y'(x)+\lambda y(x)=0, \tag{10.2.1}$$

其中,自变量 $x\in[0,\infty)$,参数 $\mu\geqslant 0,\lambda$ 为待定的本征值。

根据§10.1中的(10.1.20)式可知,对于由氢原子定态薛定谔方程引出的连带拉盖尔方程,参数 $\mu=1,3,5,\cdots$这样的奇数。然而,仅对连带拉盖尔方程而言,参数 μ 可取任意非负的实数。因此,为不失一般性,假定上述连带拉盖尔方程中的参数 $\mu\geqslant 0$.

类似于贝塞尔方程的求解,连带拉盖尔方程也可以利用正则奇点邻域的级数解法进行求解。$x=0$ 是连带拉盖尔方程的正则奇点,根据正则奇点邻域的级数解法,连带拉盖尔方程的通解写为

$$y(x)=\sum_{n=0}^{\infty}c_n x^{s+n}. \tag{10.2.2}$$

将(10.2.2)式代入(10.2.1)式,整理可得

$$\sum_{n=0}^{\infty}c_n(s+n)(s+n+\mu)x^{s+n-1}-\sum_{n=0}^{\infty}c_n(s+n-\lambda)x^{s+n}=0. \tag{10.2.3}$$

上式对于任意的 x 恒成立,要求任意 x 的次幂项的系数均为零。由 x^{s-1} 项系数等于零,即 $c_0 s(s+\mu)=0$,可得指标参数

$$s_1=0,s_2=-\mu. \tag{10.2.4}$$

下面,先根据第一个指标,求解连带拉盖尔方程的第一个特解。将 $s_1=0$ 代入(10.2.3)式,可得

$$\sum_{n=0}^{\infty}c_n n(n+\mu)x^{n-1}-\sum_{n=0}^{\infty}c_n(n-\lambda)x^n=0.$$

由一般项 x^{n-1} 项系数等于零,可得系数递推公式

$$c_n=\frac{(n-1-\lambda)}{n(n+\mu)}c_{n-1}. \tag{10.2.5}$$

根据上式可知,c_n 最终可由 c_0 表示,即

$$c_n=(-1)^n\frac{\lambda(\lambda-1)\cdots(\lambda-n+1)}{n!(n+\mu)(n-1+\mu)\cdots(1+\mu)}c_0. \tag{10.2.6}$$

因此,连带拉盖尔方程的第一个特解为

$$y_1(x)=c_0\sum_{n=0}^{\infty}(-1)^n\frac{\lambda(\lambda-1)\cdots(\lambda-n+1)}{n!(n+\mu)(n-1+\mu)\cdots(1+\mu)}x^n. \tag{10.2.7}$$

$y_1(x)$是 $x=0$ 邻域内的无穷级数,需要判断其在定义域$[0,\infty)$内的收敛性。由递推公式

(10.2.5)式可知,无穷级数 $y_1(x)$ 的收敛半径

$$R=\lim_{n\to\infty}\left|\frac{c_{n-1}}{c_n}\right|=\lim_{n\to\infty}\frac{n(n+\mu)}{n-1-\lambda}\to\infty .$$

说明无穷级数 $y_1(x)$ 在整个定义域 $[0,\infty)$ 内是收敛于某确定函数的。至此,已经求出了连带拉盖尔方程(10.2.1)式的一个特解 $y_1(x)$,即(10.2.7)式。然而,对于氢原子的本征问题,特解 $y_1(x)$ 还需满足波函数的边界条件。为此,需要进一步判断特解 $y_1(x)$ 是否满足径向函数 $R(r)=u(r)/r$ 在 $r\to\infty$ 时趋于零的条件。

根据递推公式(10.2.5)式,无穷级数 $y_1(x)$ 中相邻两项展开系数的比值为

$$\frac{c_n}{c_{n-1}}=\frac{(n-1-\lambda)}{n(n+\mu)}.$$

当 $n\to\infty$ 时,

$$\lim_{n\to\infty}\frac{c_n}{c_{n-1}}\sim\frac{1}{n}. \tag{10.2.8}$$

另外,函数 e^x 的泰勒级数展开为

$$e^x=1+x+\cdots+\frac{x^{n-1}}{(n-1)!}+\frac{x^n}{n!}+\cdots, \tag{10.2.9}$$

其相邻两项展开系数的比值为

$$\frac{c_n}{c_{n-1}}=\frac{1}{n}. \tag{10.2.10}$$

当 $x\to\infty$ 时,无穷级数 $y_1(x)$ 和函数 e^x 的渐近行为主要取决于 x 的高次幂项。比较(10.2.8)式和(10.2.10)式可知,当 $x\to\infty$ 时,无穷级数 $y_1(x)$ 和幂级数 e^x 具有相同的渐近行为,即 $y_1(x)\sim e^x$.

根据变量关系 $x=\rho$,可知 $y_1(\rho)\sim e^\rho$. 将其代入(10.1.18)式,可得

$$\omega(\rho)\sim e^{\rho/2}\rho^{l+1}, \tag{10.2.11}$$

其中,$\rho=2\alpha r$.上式说明,当 $r\to\infty$ 时,径向函数 $R(r)=u(r)/r\to\infty$,不满足径向函数在 $r\to\infty$ 时趋于零的条件。

能否像勒让德方程和厄米方程求解过程一样,当 λ 取某些特定值时,无穷级数 $y_1(x)$ 可以截断为多项式?如果可以,将多项式解 $y_1(x)$ 代入(10.1.18)式,得到的 $\omega(\rho)$ 必然可以满足径向函数 $R(r)=u(r)/r$ 在 $r\to\infty$ 时趋于零的边界条件。

由递推公式(10.2.5)式可得

$$c_{n+1}=\frac{(n-\lambda)}{(n+1)(n+1+\mu)}c_n. \tag{10.2.12}$$

当 $\lambda=n,n=0,1,2,\cdots$ 时,系数 $c_{n+1}=0$,继而由递推公式可得系数 $c_{n+2}=0,c_{n+3}=0,\cdots$.因此,(10.2.7)式的无穷级数 $y_1(x)$ 退化为最高次幂为 n 的多项式,即

$$\begin{aligned}y_1(x)&=c_0\sum_{k=0}^{n}(-1)^k\frac{n(n-1)\cdots(n-k+1)}{k!(k+\mu)(k-1+\mu)\cdots(1+\mu)}x^k\\&=c_0\sum_{k=0}^{n}(-1)^k\frac{n(n-1)\cdots(n-k+1)}{k!(k+\mu)(k-1+\mu)\cdots(1+\mu)}\frac{(n-k)!\mu\Gamma(\mu)}{(n-k)!\mu\Gamma(\mu)}x^k\end{aligned}$$

$$=c_0\sum_{k=0}^{n}(-1)^k\frac{n!\mu\Gamma(\mu)}{k!(n-k)!\Gamma(k+\mu+1)}x^k.$$

考虑到参数 μ 有取非整数的情况,因此,上式关于 μ 的"阶乘"用伽马函数表示。出于简化多项式 $y_1(\xi)$ 的目的,并形成一个数学上统一的表达式,取系数

$$c_0=\frac{\Gamma(\mu+n+1)}{n!\mu\Gamma(\mu)},$$

则 $y_1(x)$ 得以确定,并用函数符号 $\mathrm{L}_n^{\mu}(x)$ 标记,即

$$\mathrm{L}_n^{\mu}(x)=\sum_{k=0}^{n}(-1)^k\frac{\Gamma(\mu+n+1)}{k!(n-k)!\Gamma(\mu+k+1)}x^k. \tag{10.2.13}$$

上式称为**连带拉盖尔多项式**(associated Laguerre polynomial)。

根据(10.2.4)式中的第二个指标 $s_2=-\mu$,可得到连带拉盖尔方程第二个特解

$$y_2(x)=\sum_{n=0}^{\infty}c_nx^{n-\mu}, \tag{10.2.14}$$

其中,参数 $\mu\geqslant 0$.

对于大于零的参数 μ,当 $x\to 0$ 时,$y_2(x)\to\infty$,不能满足在 $r=0$ 附近体积元 ΔV 内,波函数平方的积分应为有限值的条件,因此,对于由氢原子定态薛定谔方程引出的连带拉盖尔方程,此特解需要舍去;对于等于零的参数 μ,根据(10.2.4)式可知,两个指标都等于零,因此,特解 $y_2(x)=y_1(x)$,这个特解与 $y_1(x)$ 相同,也没有必要保留。

综上,只有当本征值 $\lambda=n,n=0,1,2,\cdots$ 时,连带拉盖尔方程(10.2.1)式有多项式解 $\mathrm{L}_n^{\mu}(x)$,该解满足径向函数 $R(r)=u(r)/r$ 在 $r\to\infty$ 时趋于零的条件。

10.2.2 氢原子核外电子的本征波函数

下面在求得连带拉盖尔方程的解的基础上,进一步求解氢原子核外电子的本征能量和本征波函数。

从连带拉盖尔方程的求解过程可知,只有当本征值 $\lambda=n,n=0,1,2,\cdots$ 时,连带拉盖尔方程才有多项式解。由于指标 n 在氢原子波函数中有特殊的物理含义,所以此处将连带拉盖尔多项式中的指标 n 改为 n_r,即 $\lambda=n_r,n_r=0,1,2,\cdots$ 时,连带拉盖尔方程才有多项式解 $\mathrm{L}_{n_r}^{\mu}(x)$.

根据本征值 $\lambda=n_r$,并结合(10.1.21)式 $\lambda=\beta-l-1$,可推得参数 β 只能取如下某些特定值

$$\beta=n_r+l+1, \tag{10.2.15}$$

其中,$n_r=0,1,2,\cdots;l=0,1,2,\cdots$.令

$$n=n_r+l+1, \tag{10.2.16}$$

则

$$\beta=n, \tag{10.2.17}$$

其中,$n=1,2,3,\cdots$.

将(10.2.17)式代入(10.1.12)式,即 $\beta=\dfrac{\mu_e e^2}{\alpha\hbar^2}$,可得参量 α 只能取如下特定值

$$\alpha=\frac{\mu_e e^2}{n\hbar^2}.\tag{10.2.18}$$

再将(10.2.18)式代入(10.1.9)式,即 $\alpha=\sqrt{\frac{-2\mu_e E}{\hbar^2}}$,可得能量 E 只能取如下特定值

$$E_n=-\frac{\mu_e e^4}{2n^2\hbar^2},\tag{10.2.19}$$

E_n 称为氢原子的**本征能量**,其中,$n=1,2,3,\cdots$.

下面,根据 §10.1 定态薛定谔方程的求解过程,自下而上写出氢原子的径向本征函数。连带拉盖尔方程(10.2.1)式的解为

$$y_{n_r}(x)=\mathrm{L}_{n_r}^{\mu}(x).\tag{10.2.20}$$

由(10.2.16)式可知,$n_r=n-l-1$,利用(10.1.20)式 $\mu=2l+1$,并将 $x=\rho$ 代入上式,则上式重新标记为

$$y_{n,l}(\rho)=\mathrm{L}_{n-l-1}^{2l+1}(\rho).\tag{10.2.21}$$

将上式代入(10.1.18)式,即得到方程(10.1.13)式的解

$$\omega_{n,l}(\rho)=\mathrm{e}^{-\rho/2}\rho^{l+1}\mathrm{L}_{n-l-1}^{2l+1}(\rho).\tag{10.2.22}$$

将 $\rho=2\alpha r$ 代入上式,即得到(10.1.8)式的解

$$u_{n,l}(r)=\mathrm{e}^{-\alpha r}(2\alpha r)^{l+1}\mathrm{L}_{n-l-1}^{2l+1}(2\alpha r).\tag{10.2.23}$$

再将上式代入(10.1.6)式,即得径向本征方程(10.1.5)式的本征函数解

$$R_{n,l}(r)=C_{n,l}\mathrm{e}^{-\alpha r}(2\alpha r)^{l}\mathrm{L}_{n-l-1}^{2l+1}(2\alpha r).\tag{10.2.24}$$

为了保证径向本征函数的归一化,上式中额外引入了归一化系数 $C_{n,l}$,为了让自变量与连带拉盖尔多项式的自变量保持一致,系数 $C_{n,l}$ 包含了上式推导中出现的常量 2α。系数 $C_{n,l}$ 可利用波函数的归一化条件求得。

下面引入一个表征原子尺寸的标志性常量——**玻尔半径**

$$a=\frac{\hbar^2}{\mu_e e^2},\tag{10.2.25}$$

比较上式和(10.2.18)式,可得参量 α 和玻尔半径 a 有如下关系

$$\alpha=\frac{1}{na}.\tag{10.2.26}$$

将(10.2.26)式代入(10.2.24)式,将径向本征函数用玻尔半径表示

$$R_{n,l}(r)=C_{n,l}\mathrm{e}^{-\frac{r}{na}}\left(\frac{2r}{na}\right)^{l}\mathrm{L}_{n-l-1}^{2l+1}\left(\frac{2r}{na}\right).\tag{10.2.27}$$

将径向函数乘以球谐函数,即得到氢原子的本征波函数

$$\psi_{n,l,m}(r,\theta,\varphi)=R_{n,l}(r)Y_{l,m}(\theta,\varphi)=C_{n,l}\mathrm{e}^{-\frac{r}{na}}\left(\frac{2r}{na}\right)^{l}\mathrm{L}_{n-l-1}^{2l+1}\left(\frac{2r}{na}\right)Y_{l,m}(\theta,\varphi).\tag{10.2.28}$$

利用本征波函数的归一化条件

$$\int_0^{2\pi}\int_0^{\pi}\int_0^{\infty}|\psi_{n,l,m}(r,\theta,\varphi)|^2r^2\sin\theta\mathrm{d}r\mathrm{d}\theta\mathrm{d}\varphi=\int_0^{\infty}|R_{n,l}(r)|^2r^2\mathrm{d}r=1,\tag{10.2.29}$$

并借助连带拉盖尔多项式的递推公式

$$(n+\mu)\mathrm{L}_{n-1}^{\mu}(x)+(n+1)\mathrm{L}_{n+1}^{\mu}(x)=(2n-x+\mu+1)\mathrm{L}_{n}^{\mu}(x), \tag{10.2.30}$$

以及连带拉盖尔多项式的模的平方的计算公式

$$\int_0^{\infty}\mathrm{L}_n^{\mu}(x)\mathrm{L}_n^{\mu}(x)x^{\mu}\mathrm{e}^{-x}\mathrm{d}x=\frac{\Gamma(\mu+n+1)}{n!}, \tag{10.2.31}$$

可推得归一化系数

$$C_{n,l}=\sqrt{\left(\frac{2}{na}\right)^3\frac{(n-l-1)!}{2n(n+l)!}}. \tag{10.2.32}$$

综上,氢原子定态薛定谔方程(10.1.1)式的归一化本征波函数为

$$\psi_{n,l,m}(r,\theta,\varphi)=\sqrt{\left(\frac{2}{na}\right)^3\frac{(n-l-1)!}{2n(n+l)!}}\mathrm{e}^{-\frac{r}{na}}\left(\frac{2r}{na}\right)^l\mathrm{L}_{n-l-1}^{2l+1}\left(\frac{2r}{na}\right)Y_{l,m}(\theta,\varphi), \tag{10.2.33}$$

本征能量

$$E_n=-\frac{\mu_e e^4}{2n^2\hbar^2}, \tag{10.2.34}$$

其中,$a=\dfrac{\hbar^2}{\mu_e e^2}$为玻尔半径;$n=1,2,3,\cdots$称为主量子数,$l=0,1,2,\cdots,n-1$ 称为角动量量子数,$m=0,\pm1,\pm2,\cdots,\pm l$ 称为磁量子数。

§ 10.3 连带拉盖尔多项式的性质

授课视频

10.3.1 连带拉盖尔多项式的定义及其前几个公式

连带拉盖尔多项式的定义

$$\mathrm{L}_n^{\mu}(x)=\sum_{k=0}^{n}(-1)^k\frac{\Gamma(\mu+n+1)}{k!(n-k)!\Gamma(\mu+k+1)}x^k, \tag{10.3.1}$$

其中,$n=0,1,2,\cdots;\mu\geqslant0$;自变量 $x\in[0,\infty)$.

> 关于连带拉盖尔多项式的 MATLAB 内部指令
>
> - 连带拉盖尔多项式 laguerreL(n, μ, x)
>
> 其中,n 和 μ 对应连带拉盖尔多项式的阶数,x 是连带拉盖尔多项式的自变量。

根据连带拉盖尔多项式 $\mathrm{L}_n^{\mu}(x)$ 的定义,可以写出前几个连带拉盖尔多项式

$$\mathrm{L}_0^0(x)=1,\mathrm{L}_1^0(x)=-x+1,\mathrm{L}_2^0(x)=\frac{1}{2}x^2-2x+1,\cdots.$$

$$\mathrm{L}_0^1(x)=1,\mathrm{L}_1^1(x)=-x+2,\mathrm{L}_2^1(x)=\frac{1}{2}x^2-3x+3,\cdots.$$

$$\mathrm{L}_0^2(x)=1,\mathrm{L}_1^2(x)=-x+3,\mathrm{L}_2^2(x)=\frac{1}{2}x^2-4x+6,\cdots.$$

为了直观地了解连带拉盖尔多项式，图 10.1 画出了前几个连带拉盖尔多项式 $L_n^{\mu}(x)$ 的图像，其中，$n=0,1,2,\mu=0,1,2$. 自变量 x 的定义域为 $[0,\infty)$，为保证图像清晰起见，这里仅给出了 $x\in[0,10]$ 范围内连带拉盖尔多项式 $L_n^{\mu}(x)$ 的图像。

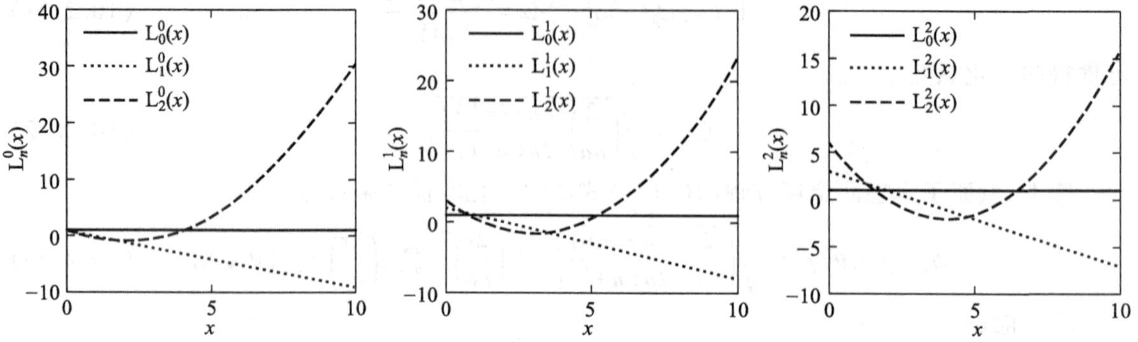

图 10.1　前几个连带拉盖尔多项式 $L_n^{\mu}(x)$ 的图像

10.3.2　连带拉盖尔多项式的微分公式

连带拉盖尔多项式可用如下初等函数的导数表示

$$L_n^{\mu}(x)=\frac{x^{-\mu}e^{x}}{n!}\frac{d^n}{dx^n}(x^{n+\mu}e^{-x}). \tag{10.3.2}$$

10.3.3　连带拉盖尔多项式的正交性及模的平方

将连带拉盖尔方程转化为施图姆-刘维尔型方程的形式

$$\frac{d}{dx}\left[x^{\mu+1}e^{-x}\frac{dy(x)}{dx}\right]+\lambda x^{\mu}e^{-x}y(x)=0.$$

其中，$x\in[0,\infty)$，λ 是本征值，$x^{\mu}e^{-x}$ 为权函数。

对于给定的大于零的参数 μ，在定义域 $[0,\infty)$ 内，不同阶的连带拉盖尔多项式构成一组完备的本征函数系 $\{L_n^{\mu}(x),n=0,1,2,\cdots\}$，本征函数系内任意两个不同阶的本征函数带权函数 $x^{\mu}e^{-x}$ 正交，即

$$\int_0^{\infty}L_n^{\mu}(x)L_m^{\mu}(x)x^{\mu}e^{-x}dx=\frac{\Gamma(\mu+n+1)}{n!}\delta_{mn}, \tag{10.3.3}$$

其中，$\frac{\Gamma(\mu+n+1)}{n!}$ 为连带拉盖尔多项式的模的平方，δ_{mn} 为克罗内克符号。

10.3.4　连带拉盖尔多项式的完备性

对于给定大于零的参数 μ，连带拉盖尔多项式 $\{L_n^{\mu}(x),n=0,1,2,\cdots\}$ 在定义区间 $[0,\infty)$ 是完备的。定义域内任意的一个分段光滑的有界函数 $f(x)$，都可以将连带拉盖尔多项式作为基底进行广义傅里叶级数展开

$$f(x)=\sum_{n=0}^{\infty}C_n\mathrm{L}_n^{\mu}(x), \tag{10.3.4}$$

展开系数

$$C_n=\frac{n!}{\Gamma(\mu+n+1)}\int_0^{\infty}f(x)\mathrm{L}_n^{\mu}(x)x^{\mu}\mathrm{e}^{-x}\mathrm{d}x. \tag{10.3.5}$$

10.3.5 连带拉盖尔多项式的递推公式

连带拉盖尔多项式满足如下的递推公式

$$(n+1)\mathrm{L}_{n+1}^{\mu}(x)=(2n-x+\mu+1)\mathrm{L}_n^{\mu}(x)-(n+\mu)\mathrm{L}_{n-1}^{\mu}(x), \tag{10.3.6}$$

其中，$n\geqslant 1$.

§ 10.4 拉盖尔方程的求解

授课视频

在 § 10.2 中，我们利用正则奇点邻域的级数解法，求解了连带拉盖尔方程

$$xy''(x)+(\mu+1-x)y'(x)+\lambda y(x)=0,\quad 0\leqslant x<\infty, \tag{10.4.1}$$

得出结论：只有当本征值 $\lambda=n, n=0,1,2,\cdots$ 时，连带拉盖尔方程才有多项式解，即连带拉盖尔多项式

$$\mathrm{L}_n^{\mu}(x)=\sum_{k=0}^{n}(-1)^k\frac{\Gamma(\mu+n+1)}{k!(n-k)!\Gamma(\mu+k+1)}x^k. \tag{10.4.2}$$

其中，$n=0,1,2,\cdots,\mu\geqslant 0$.

当连带拉盖尔方程(10.4.1)中的参数 $\mu=0$ 时，连带拉盖尔方程退化为

$$xy''(x)+(1-x)y'(x)+\lambda y(x)=0. \tag{10.4.3}$$

上式称为**拉盖尔方程**，其定义域仍为 $x\in[0,\infty)$. 与连带勒让德方程和勒让德方程的关系一样，拉盖尔方程也是连带拉盖尔方程的特例。令连带拉盖尔方程的多项式解中的参数 $\mu=0$，即得到拉盖尔方程的多项式解，用函数符号 $\mathrm{L}_n(x)$ 标记这个多项式解，即

$$\mathrm{L}_n(x)=\sum_{k=0}^{n}(-1)^k\frac{n!}{(k!)^2(n-k)!}x^k. \tag{10.4.4}$$

上式称为**拉盖尔多项式**(Laguerre polynomial)，其定义域为 $x\in[0,\infty)$.

> 拉盖尔多项式的 MATLAB 内部指令
> - 拉盖尔多项式 laguerreL(n, x)
>
> 其中，n 和 x 分别是拉盖尔多项式的阶数和自变量。

授课视频

§10.5　拉盖尔多项式的性质

拉盖尔多项式是连带拉盖尔多项式的一个特例,因此,拉盖尔多项式的性质可由连带拉盖尔多项式的性质退化而来。

10.5.1　前几个拉盖尔多项式

根据拉盖尔多项式的定义,可以写出前几个拉盖尔多项式

$$\begin{cases} \mathrm{L}_0(x)=1, \\ \mathrm{L}_1(x)=-x+1, \\ \mathrm{L}_2(x)=\dfrac{1}{2}x^2-2x+1, \\ \mathrm{L}_3(x)=-\dfrac{1}{6}x^3+\dfrac{3}{2}x^2-3x+1. \end{cases} \tag{10.5.1}$$

另外,根据拉盖尔多项式的定义,可得

$$\mathrm{L}_n(0)=1. \tag{10.5.2}$$

为了更加直观地了解拉盖尔多项式,图 10.2 画出了前几个拉盖尔多项式 $\mathrm{L}_n(x)$,$n=0,1,2,3$ 的图像。自变量 x 的定义域为$[0,\infty)$,为保证图像清晰起见,图 10.2 仅给出了 $x\in[0,5]$ 范围内 $\mathrm{L}_n(x)$的图像。

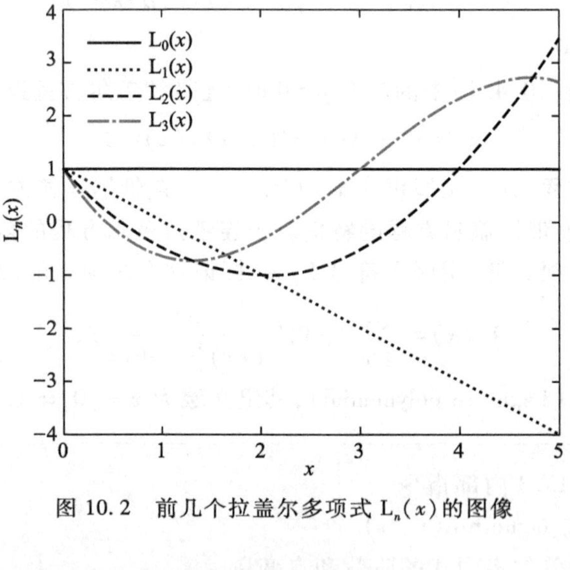

图 10.2　前几个拉盖尔多项式 $\mathrm{L}_n(x)$的图像

10.5.2　连带拉盖尔多项式与拉盖尔多项式的关系

连带拉盖尔多项式与拉盖尔多项式满足如下关系:

$$\mathrm{L}_n^{\mu}(x)=(-1)^{\mu}\frac{\mathrm{d}^{\mu}}{\mathrm{d}x^{\mu}}\mathrm{L}_{n+\mu}(x), \tag{10.5.3}$$

这里,μ 和 n 均为自然数。

证明:根据拉盖尔多项式的定义

$$\mathrm{L}_{n+\mu}(x)=\sum_{k=0}^{n+\mu}(-1)^k\frac{(n+\mu)!}{(k!)^2(n+\mu-k)!}x^k,$$

将上式代入(10.5.3)式的右边,可得

$$\begin{aligned}(-1)^\mu\frac{\mathrm{d}^\mu}{\mathrm{d}x^\mu}\mathrm{L}_{n+\mu}(x)&=(-1)^\mu\frac{\mathrm{d}^\mu}{\mathrm{d}x^\mu}\left[\sum_{k=0}^{n+\mu}(-1)^k\frac{(n+\mu)!}{(k!)^2(n+\mu-k)!}x^k\right]\\&=(-1)^\mu\sum_{k=\mu}^{n+\mu}(-1)^k\frac{(n+\mu)!k(k-1)\cdots(k-\mu+1)}{(k!)^2(n+\mu-k)!}x^{k-\mu}\\&=(-1)^\mu\sum_{k=\mu}^{n+\mu}(-1)^k\frac{(n+\mu)!}{k!(n+\mu-k)!(k-\mu)!}x^{k-\mu}\end{aligned}$$

令 $k-\mu=k'$,即 $k=k'+\mu$,将上式中对 k 的求和转换成对 k'的求和,得

$$\begin{aligned}(-1)^\mu\frac{\mathrm{d}^\mu}{\mathrm{d}x^\mu}\mathrm{L}_{n+\mu}(x)&=\sum_{k'=0}^{n}(-1)^{k'}\frac{(n+\mu)!}{(k'+\mu)!(n-k')!(k')!}x^{k'}\\&=\sum_{k'=0}^{n}(-1)^{k'}\frac{\Gamma(n+\mu+1)}{\Gamma(k'+\mu+1)(n-k')!(k')!}x^{k'}\\&=\mathrm{L}_n^\mu(x).\end{aligned}$$

因此证得,$\mathrm{L}_n^\mu(x)=(-1)^\mu\dfrac{\mathrm{d}^\mu}{\mathrm{d}x^\mu}\mathrm{L}_{n+\mu}(x)$.

10.5.3 拉盖尔多项式的微分公式

拉盖尔多项式可用如下的初等函数的导数表示:

$$\mathrm{L}_n(x)=\frac{\mathrm{e}^x}{n!}\frac{\mathrm{d}^n}{\mathrm{d}x^n}(x^n\mathrm{e}^{-x}).\tag{10.5.4}$$

10.5.4 拉盖尔多项式的正交性及模的平方

将拉盖尔方程转化为施图姆-刘维尔型方程的形式:

$$\frac{\mathrm{d}}{\mathrm{d}x}\left[x\mathrm{e}^{-x}\frac{\mathrm{d}y(x)}{\mathrm{d}x}\right]+\lambda\mathrm{e}^{-x}y(x)=0,\tag{10.5.5}$$

其中,$x\in[0,\infty)$,λ 是本征值,e^{-x} 为权函数。

在定义域$[0,\infty)$内,不同阶的拉盖尔多项式构成一组完备的本征函数系$\{\mathrm{L}_n(x),n=0,1,2,\cdots\}$,本征函数系内任意两个不同阶的本征函数带权函数 e^{-x} 正交,即

$$\int_0^\infty \mathrm{L}_m(x)\mathrm{L}_n(x)\mathrm{e}^{-x}\mathrm{d}x=\delta_{mn},\tag{10.5.6}$$

其中,δ_{mn} 为克罗内克符号。上式说明,由(10.4.4)式定义的是归一化的拉盖尔多项式。

10.5.5 拉盖尔多项式的完备性

拉盖尔多项式$\{L_n(x), n=0,1,2,\cdots\}$在定义域$[0,\infty)$内是完备的。定义域内任意的一个分段光滑的有界函数$f(x)$,都可以将拉盖尔多项式作为基底进行广义傅里叶级数展开

$$f(x)=\sum_{n=0}^{\infty} C_n L_n(x), \tag{10.5.7}$$

展开系数

$$C_n=\int_0^{\infty} f(x) L_n(x) e^{-x} dx. \tag{10.5.8}$$

10.5.6 拉盖尔多项式的递推公式

拉盖尔多项式满足如下的递推公式:

$$(n+1) L_{n+1}(x)=(2n+1-x) L_n(x)-n L_{n-1}(x), \tag{10.5.9}$$

其中,$n \geqslant 1$.

需要说明的是,拉盖尔多项式也可以定义为

$$L_n(x)=\sum_{k=0}^{n}(-1)^k \frac{(n!)^2}{(k!)^2(n-k)!} x^k. \tag{10.5.10}$$

与(10.4.4)式相比,由(10.5.10)式定义的拉盖尔多项式相比,多乘了一个常数$n!$,此种定义的拉盖尔多项式和由(10.2.13)式定义的连带拉盖尔多项式之间没有直接的退化关系。如果采用此种定义的拉盖尔多项式,上述关于拉盖尔多项式的前几个公式、模的公式、微分公式、广义傅里叶级数展开系数公式以及递推公式的系数均需要相应地进行改变。

第 10 章习题

1. 已知拉盖尔方程 $x\frac{d^2y(x)}{dx^2}+(1-x)\frac{dy(x)}{dx}+\lambda y(x)=0$,其中,$x\in[0,\infty)$.

(1) 将拉盖尔方程转化为施图姆-刘维尔型方程的形式。

(2) 当本征值为$\lambda=n, n=0,1,2\cdots$时,拉盖尔方程有多项式解,对应的本征函数系为拉盖尔多项式$\{L_n(x)\}$。请写出拉盖尔多项式正交性的表达式。

(3) 将定义域为$[0,\infty)$的函数$f(x)$以拉盖尔多项式为基底进行广义傅里叶级数展开。

2. 将定义域为$[0,\infty)$的函数$f(x)=x^2+x$以连带拉盖尔多项式$L_n^1(x)$为基底进行广义傅里叶级数展开。

3. 已知拉盖尔多项式满足正交关系:$\int_0^{\infty} L_m(x) L_n(x) e^{-x} dx=\delta_{mn}$,拉盖尔多项式前几项为$L_0(x)=1$,$L_1(x)=-x+1$,$L_2(x)=\frac{1}{2}x^2-2x+1$.计算积分$\int_0^{\infty} x^2 L_2(x) e^{-x} dx$.

4. 计算拉盖尔多项式积分 $I=\int_0^\infty x^2\mathrm{L}_{n-1}(x)\mathrm{L}_{n+1}(x)\mathrm{e}^{-x}\mathrm{d}x, n\geqslant 1.$

5. 已知氢原子的本征波函数

$$\psi_{n,l,m}(r,\theta,\varphi)=\sqrt{\left(\frac{2}{na}\right)^3\frac{(n-l-1)!}{2n(n+l)!}}\mathrm{e}^{-\frac{r}{na}}\left(\frac{2r}{na}\right)^l\mathrm{L}_{n-l-1}^{2l+1}\left(\frac{2r}{na}\right)Y_{l,m}(\theta,\varphi),$$

其中，$n=1,2,3,\cdots,l=0,1,2,\cdots,n-1,m=0,\pm1,\pm2,\cdots,\pm l.$

（1）由连带拉盖尔多项式和球谐函数的正交性关系，验证本征波函数满足的正交关系：

$$\int_0^{2\pi}\int_0^{\pi}\int_0^{\infty}\psi_{n,l,m}(r,\theta,\varphi)\psi^*_{n',l',m'}(r,\theta,\varphi)r^2\sin\theta\mathrm{d}r\mathrm{d}\theta\mathrm{d}\varphi=\delta_{nn'}\delta_{ll'}\delta_{mm'}.$$

（2）将定义在整个三维空间的函数 $f(r,\theta,\varphi)$ 以本征波函数 $\psi_{n,l,m}(r,\theta,\varphi)$ 为基底进行广义傅里叶级数展开。

6. 利用连带拉盖尔多项式的递推公式 $(n+\mu)\mathrm{L}_{n-1}^{\mu}(x)+(n+1)\mathrm{L}_{n+1}^{\mu}(x)=(2n-x+\mu+1)\mathrm{L}_n^{\mu}(x)$ 及其正交关系 $\int_0^\infty \mathrm{L}_n^{\mu}(x)\mathrm{L}_n^{\mu}(x)x^{\mu}\mathrm{e}^{-x}\mathrm{d}x=\frac{\Gamma(\mu+n+1)}{n!}$，计算氢原子本征波函数

$$\psi_{n,l,m}(r,\theta,\varphi)=C_{n,l}\mathrm{e}^{-\frac{r}{na}}\left(\frac{2r}{na}\right)^l\mathrm{L}_{n-l-1}^{2l+1}\left(\frac{2r}{na}\right)Y_{l,m}(\theta,\varphi)$$

的归一化系数。

习题参考答案

第 11 章　格林函数法

物理上经常需要计算由源产生的物理场，例如由静电荷产生的静电场、由恒定电流产生的静磁场、由交变电流产生的交变电磁场以及由热源产生的温度场等。一般都采用非齐次偏微分方程描述这类物理场，其中，方程的非齐次项是与源分布有关的函数。格林函数法是求解这类非齐次偏微分方程的一种常用方法。格林函数法先计算点源（用 δ 函数描述）在一定的边界条件和初始条件下所产生的场，即格林函数（Green function）；然后，根据叠加原理或者格林第二公式，得到给定源分布函数产生的场。

第 11 章
课件资源

本章利用格林函数法分别求解泊松方程、时谐波动方程以及一般含时的波动方程。

§11.1　泊松方程的格林函数法

授课视频

11.1.1　格林第二公式和格林函数的对称性

1. 格林第二公式

设矢量函数 $\boldsymbol{A}(\boldsymbol{r})=u(\boldsymbol{r})\nabla v(\boldsymbol{r})$，其中，标量函数 $u(\boldsymbol{r})$ 和 $v(\boldsymbol{r})$ 在区域 Ω 内具有连续的二阶导数，且在 Ω 的边界面 $\partial\Omega$ 上具有连续的一阶导数。将其代入高斯公式 $\iiint_{\Omega}\nabla\cdot\boldsymbol{A}\mathrm{d}V=\oint_{\partial\Omega}\boldsymbol{A}\cdot\hat{\boldsymbol{e}}_{\mathrm{n}}\mathrm{d}S$，可得

$$\iiint_{\Omega}\nabla\cdot(u\nabla v)\mathrm{d}V=\oint_{\partial\Omega}u\nabla v\cdot\hat{\boldsymbol{e}}_{\mathrm{n}}\mathrm{d}S,\tag{11.1.1}$$

其中，$\hat{\boldsymbol{e}}_{\mathrm{n}}$ 为边界面 $\partial\Omega$ 外法向的单位矢量，$\nabla v\cdot\hat{\boldsymbol{e}}_{\mathrm{n}}$ 为矢量 ∇v 在 $\partial\Omega$ 外法向上的投影，即

$$\nabla v\cdot\hat{\boldsymbol{e}}_{\mathrm{n}}=\frac{\partial v}{\partial n},\tag{11.1.2}$$

其中，n 代表外法向的自变量。

将上式代入（11.1.1）式，可得**格林第一公式**

$$\iiint_{\Omega}(u\nabla^2 v+\nabla u\cdot\nabla v)\mathrm{d}V=\oint_{\partial\Omega}u\frac{\partial v}{\partial n}\mathrm{d}S.\tag{11.1.3}$$

同理，若设矢量函数 $\boldsymbol{A}'(\boldsymbol{r})=v(\boldsymbol{r})\nabla u(\boldsymbol{r})$，将其代入高斯公式，可得如下公式：

$$\iiint_{\Omega}(v\nabla^2 u+\nabla u\cdot\nabla v)\mathrm{d}V=\oint_{\partial\Omega}v\frac{\partial u}{\partial n}\mathrm{d}S.\tag{11.1.4}$$

将（11.1.3）式与（11.1.4）式相减，可得**格林第二公式**

$$\iiint_{\Omega}(u\nabla^2 v-v\nabla^2 u)\,\mathrm{d}V=\oiint_{\partial\Omega}\left(u\frac{\partial v}{\partial n}-v\frac{\partial u}{\partial n}\right)\mathrm{d}S. \tag{11.1.5}$$

2. 格林函数的对称性

首先,以更为一般的亥姆霍兹方程(当 $k^2=0$ 时,亥姆霍兹方程退化为泊松方程)的定解问题

$$\begin{cases}\nabla^2 U(\boldsymbol{r})+k^2 U(\boldsymbol{r})=-f(\boldsymbol{r}),\\ \left[\alpha\dfrac{\partial U(\boldsymbol{r})}{\partial n}+\beta U(\boldsymbol{r})\right]_{\partial\Omega}=\varphi(\boldsymbol{r})\mid_{\partial\Omega}\end{cases} \tag{11.1.6}$$

为例,引入格林函数的概念,并推导出格林函数的对称性。其中,(11.1.6)式第一式中的 $f(\boldsymbol{r})$ 为源的分布函数,其产生稳定的物理场 $U(\boldsymbol{r})$.不失一般性,将 $U(\boldsymbol{r})$ 在边界 $\partial\Omega$ 处写为第三类边界条件的形式,$\varphi(\boldsymbol{r})$ 是边界 $\partial\Omega$ 上的已知函数。当 α 和 β 均不为零时,$U(\boldsymbol{r})$ 满足的是第三类边界条件;当 α 或 β 等于零时,$U(\boldsymbol{r})$ 分别退化为第一类或第二类边界条件。

为求解定解问题(11.1.6)式中的物理场 $U(\boldsymbol{r})$,先考虑点源产生的场。用狄拉克函数 $\delta(\boldsymbol{r}-\boldsymbol{r}_0)$ 代替源分布函数 $f(\boldsymbol{r})$,其产生的场称为格林函数,记为 $G(\boldsymbol{r},\boldsymbol{r}_0)$.若令 $G(\boldsymbol{r},\boldsymbol{r}_0)$ 满足对应的齐次边界条件,则 $G(\boldsymbol{r},\boldsymbol{r}_0)$ 满足的定解问题为

$$\begin{cases}\nabla^2 G(\boldsymbol{r},\boldsymbol{r}_0)+k^2 G(\boldsymbol{r},\boldsymbol{r}_0)=-\delta(\boldsymbol{r}-\boldsymbol{r}_0),\\ \left[\alpha\dfrac{\partial G(\boldsymbol{r},\boldsymbol{r}_0)}{\partial n}+\beta G(\boldsymbol{r},\boldsymbol{r}_0)\right]_{\partial\Omega}=0.\end{cases} \tag{11.1.7}$$

对于有界区域中格林函数的定解问题,通常令格林函数 $G(\boldsymbol{r},\boldsymbol{r}_0)$ 在边界上满足齐次边界条件,一方面,这样可以使格林函数更容易求解;更重要的是,只有格林函数 $G(\boldsymbol{r},\boldsymbol{r}_0)$ 满足齐次边界条件,有界区域内的物理场 $U(\boldsymbol{r})$ 才能用格林函数来表示,这一点在后续的推导中可以看到。

满足上述定解问题的格林函数,点源和场的位置是对称的。互换源和场的位置,场的大小保持不变,即

$$G(\boldsymbol{r}_0,\boldsymbol{r})=G(\boldsymbol{r},\boldsymbol{r}_0). \tag{11.1.8}$$

另外,无界区域中的格林函数,由于没有边界的影响,自然也满足对称性。

证明:根据(11.1.7)式可知,位于 $\boldsymbol{r}_1$ 处的点源在 $\boldsymbol{r}$ 处产生的场满足的定解问题为

$$\begin{cases}\nabla^2 G(\boldsymbol{r},\boldsymbol{r}_1)+k^2 G(\boldsymbol{r},\boldsymbol{r}_1)=-\delta(\boldsymbol{r}-\boldsymbol{r}_1),\\ \left[\alpha\dfrac{\partial G(\boldsymbol{r},\boldsymbol{r}_1)}{\partial n}+\beta G(\boldsymbol{r},\boldsymbol{r}_1)\right]_{\partial\Omega}=0.\end{cases} \tag{11.1.9}$$

将(11.1.7)式中的第一式乘以 $G(\boldsymbol{r},\boldsymbol{r}_1)$,(11.1.9)式中的第一式乘以 $G(\boldsymbol{r},\boldsymbol{r}_0)$,然后两式相减,并在区域 Ω 内进行体积分,可得

$$\begin{aligned}&\iiint_{\Omega}[G(\boldsymbol{r},\boldsymbol{r}_1)\nabla^2 G(\boldsymbol{r},\boldsymbol{r}_0)-G(\boldsymbol{r},\boldsymbol{r}_0)\nabla^2 G(\boldsymbol{r},\boldsymbol{r}_1)]\,\mathrm{d}V\\ =&\iiint_{\Omega}[-G(\boldsymbol{r},\boldsymbol{r}_1)\delta(\boldsymbol{r}-\boldsymbol{r}_0)+G(\boldsymbol{r},\boldsymbol{r}_0)\delta(\boldsymbol{r}-\boldsymbol{r}_1)]\,\mathrm{d}V.\end{aligned} \tag{11.1.10}$$

利用格林第二公式以及狄拉克函数的性质,上式可简化为

$$\oiint_{\partial\Omega}\left[G(\boldsymbol{r},\boldsymbol{r}_1)\frac{\partial G(\boldsymbol{r},\boldsymbol{r}_0)}{\partial n}-G(\boldsymbol{r},\boldsymbol{r}_0)\frac{\partial G(\boldsymbol{r},\boldsymbol{r}_1)}{\partial n}\right]\mathrm{d}S=-G(\boldsymbol{r}_0,\boldsymbol{r}_1)+G(\boldsymbol{r}_1,\boldsymbol{r}_0). \tag{11.1.11}$$

需要说明的是,由(11.1.7)式和(11.1.9)式中的格林函数方程可以看出,$G(\boldsymbol{r},\boldsymbol{r}_0)$和$G(\boldsymbol{r},\boldsymbol{r}_1)$的二阶导数分别在$\boldsymbol{r}_0$和$\boldsymbol{r}_1$处具有δ函数的奇异性,这样看来,格林第二公式在上面的推导中并不适用。解决这一问题可采用两种方式。一种方式是,将δ函数视为极窄的但有非零宽度的某种连续函数,如§4.2中介绍的,可用高斯函数、洛伦兹函数等函数的极限形式来定义δ函数,这样,$G(\boldsymbol{r},\boldsymbol{r}_0)$和$G(\boldsymbol{r},\boldsymbol{r}_1)$便具有连续的二阶导数,因此,可以直接应用格林第二公式[2];另一种方式是,分别在$\boldsymbol{r}_0$和$\boldsymbol{r}_1$点处各抠除一个小体积,然后在这个新的区域应用格林第二公式[1]。新区域的边界面除了原来的界面$\partial\Omega$之外,还要包含$\boldsymbol{r}_0$和$\boldsymbol{r}_1$邻域处的两个界面,最后令抠除的小体积趋于零。这两种方式得到的结果完全相同。第一种方式更加简便,此后遇到类似积分,将直接应用格林第二公式进行处理。

将(11.1.7)式中的第二式乘以$G(\boldsymbol{r},\boldsymbol{r}_1)$,(11.1.9)式中的第二式乘以$G(\boldsymbol{r},\boldsymbol{r}_0)$,然后两式相减,可得

$$\left[G(\boldsymbol{r},\boldsymbol{r}_1)\frac{\partial G(\boldsymbol{r},\boldsymbol{r}_0)}{\partial n}-G(\boldsymbol{r},\boldsymbol{r}_0)\frac{\partial G(\boldsymbol{r},\boldsymbol{r}_1)}{\partial n}\right]_{\partial\Omega}=0. \tag{11.1.12}$$

将上式代入(11.1.11)式,即可证得$G(\boldsymbol{r}_1,\boldsymbol{r}_0)=G(\boldsymbol{r}_0,\boldsymbol{r}_1)$.

11.1.2 无界区域的泊松方程

1. 三维无界区域的泊松方程

以三维无界区域中静电荷产生的静电场的电势为例,求解其满足的泊松方程

$$\nabla^2 u(\boldsymbol{r})=-\frac{\rho(\boldsymbol{r})}{\varepsilon_0}, \tag{11.1.13}$$

其中,$\rho(\boldsymbol{r})$为静电荷的电荷密度函数,ε_0为介电常量。

引入对应的格林函数方程

$$\nabla^2 G(\boldsymbol{r},\boldsymbol{r}_0)=-\delta(\boldsymbol{r}-\boldsymbol{r}_0). \tag{11.1.14}$$

如果通过上式得到格林函数的解,则利用叠加原理,可得泊松方程的解

$$u(\boldsymbol{r}_0)=\frac{1}{\varepsilon_0}\iiint G(\boldsymbol{r},\boldsymbol{r}_0)\rho(\boldsymbol{r})\,\mathrm{d}V. \tag{11.1.15}$$

上式中电势$u(\boldsymbol{r}_0)$的自变量是$\boldsymbol{r}_0$,习惯上采用$\boldsymbol{r}$作为函数的自变量,因此,将上式中的$\boldsymbol{r}$和$\boldsymbol{r}_0$对调,并利用格林函数的对称性,可得

$$u(\boldsymbol{r})=\frac{1}{\varepsilon_0}\iiint G(\boldsymbol{r},\boldsymbol{r}_0)\rho(\boldsymbol{r}_0)\,\mathrm{d}V_0. \tag{11.1.16}$$

上式就是三维无界区域中静电场的电势满足的泊松方程的基本积分公式。尽管形式上(11.1.16)式中的积分是在整个区域内的体积分,但一般情况下,电荷密度$\rho(\boldsymbol{r}_0)$仅在局部区域不等于零,因此,上式中的实际积分区域仅局限于电荷密度不为零的区域。

(11.1.16)式的结果符合电势的叠加原理:$G(\boldsymbol{r},\boldsymbol{r}_0)$表示位于$\boldsymbol{r}_0$处的点电荷在$\boldsymbol{r}$处产生的电势;由(11.1.13)式可知,在$\boldsymbol{r}_0$处体积元$\mathrm{d}V_0$内共有$\dfrac{\rho(\boldsymbol{r}_0)}{\varepsilon_0}\mathrm{d}V_0$个如此的点电荷,这些点电荷在$\boldsymbol{r}$处产生的电势为$G(\boldsymbol{r},\boldsymbol{r}_0)\dfrac{\rho(\boldsymbol{r}_0)}{\varepsilon_0}\mathrm{d}V_0$,将区域中全部点电荷在$\boldsymbol{r}$处产生的电势叠加起来便是

$\boldsymbol{r}$ 处的总电势 $u(\boldsymbol{r})$.

下面,求解格林函数方程(11.1.14)式。以 $\boldsymbol{r}_0$ 点为球心,做一个以 $\varepsilon(\varepsilon\to 0)$ 为半径的小球。在 $\varepsilon\leqslant|\boldsymbol{r}-\boldsymbol{r}_0|<\infty$ 的球外区域,格林函数方程是齐次的,即

$$\nabla^2 G(\boldsymbol{r},\boldsymbol{r}_0)=0. \tag{11.1.17}$$

将(11.1.14)式中的格林函数方程在 $0\leqslant|\boldsymbol{r}-\boldsymbol{r}_0|\leqslant\varepsilon$ 的小球内进行体积分,根据高斯公式,可得 $G(\boldsymbol{r},\boldsymbol{r}_0)$ 在小球面上满足边界条件

$$\oiint_{|\boldsymbol{r}-\boldsymbol{r}_0|=\varepsilon}\nabla G(\boldsymbol{r},\boldsymbol{r}_0)\cdot\hat{\boldsymbol{e}}_{\mathrm{n}}\mathrm{d}S=-1, \tag{11.1.18}$$

其中,$\hat{\boldsymbol{e}}_{\mathrm{n}}$ 代表球面外法向的单位矢量。

(11.1.17)式附加边界条件(11.1.18)式等价于(11.1.14)式。为便于求解,将点电荷所在位置 $\boldsymbol{r}_0$ 作为球坐标系的坐标原点,并令 $r=|\boldsymbol{r}-\boldsymbol{r}_0|$.由于点电荷位于坐标原点,其产生的电势 $G(\boldsymbol{r},\boldsymbol{r}_0)$ 具有球对称性(与极角 θ 和方位角 φ 均无关),可简写为 $G(r)$.根据球坐标系下拉普拉斯算子和标量函数梯度的定义,(11.1.17)式和(11.1.18)式分别简化为

$$\frac{1}{r^2}\frac{\mathrm{d}}{\mathrm{d}r}\left[r^2\frac{\mathrm{d}G(r)}{\mathrm{d}r}\right]=0. \tag{11.1.19}$$

$$\int_0^{2\pi}\int_0^{\pi}\frac{\mathrm{d}G(r)}{\mathrm{d}r}r^2\Big|_{r=\varepsilon}\sin\theta\mathrm{d}\theta\mathrm{d}\varphi=-1. \tag{11.1.20}$$

(11.1.19)式的通解

$$G(r)=-\frac{C}{r}+D. \tag{11.1.21}$$

取无穷远点为电势零点,则常数 $D=0$;再将 $G(r)=-\dfrac{C}{r}$ 代入边界条件(11.1.20)式,可推得常数 $C=-\dfrac{1}{4\pi}$.因此,(11.1.19)式的解

$$G(r)=\frac{1}{4\pi r}. \tag{11.1.22}$$

将 $r=|\boldsymbol{r}-\boldsymbol{r}_0|$ 代入上式,可得格林函数方程(11.1.14)式的解

$$G(\boldsymbol{r},\boldsymbol{r}_0)=\frac{1}{4\pi|\boldsymbol{r}-\boldsymbol{r}_0|}. \tag{11.1.23}$$

上式结果说明,格林函数 $G(\boldsymbol{r},\boldsymbol{r}_0)$ 代表位于 $\boldsymbol{r}_0$ 处的电荷量为 ε_0 的正点电荷在 $\boldsymbol{r}$ 处产生的电势。将上式代入(11.1.16)式,便可得到三维无界区域中的电势

$$u(\boldsymbol{r})=\frac{1}{4\pi\varepsilon_0}\iiint\frac{\rho(\boldsymbol{r}_0)}{|\boldsymbol{r}-\boldsymbol{r}_0|}\mathrm{d}V_0. \tag{11.1.24}$$

另外,将(11.1.23)式代入(11.1.14)式,可得到一个物理上常用的公式

$$\nabla^2\frac{1}{|\boldsymbol{r}-\boldsymbol{r}_0|}=-4\pi\delta(\boldsymbol{r}-\boldsymbol{r}_0). \tag{11.1.25}$$

如果 $\boldsymbol{r}_0$ 位于球坐标系的坐标原点,则上式退化为

$$\nabla^2 \frac{1}{r} = -4\pi\delta(r). \tag{11.1.26}$$

2. 二维无界区域的泊松方程

将一个无限长带有自由电荷的柱形带电体平行于三维直角坐标系的 z 轴放置,假设带电体上的电荷密度与 z 无关,记为 $f(\boldsymbol{\rho})$,$\boldsymbol{\rho}$ 为 Oxy 平面内的矢量,则该带电体产生的电势与 z 无关,满足如下的二维泊松方程:

$$\nabla^2 u(\boldsymbol{\rho}) = -\frac{f(\boldsymbol{\rho})}{\varepsilon_0}. \tag{11.1.27}$$

引入对应的格林函数方程

$$\nabla^2 G(\boldsymbol{\rho},\boldsymbol{\rho}_0) = -\delta(\boldsymbol{\rho}-\boldsymbol{\rho}_0). \tag{11.1.28}$$

下面,求解格林函数方程(11.1.28)式。以 $\boldsymbol{\rho}_0$ 为圆心,做一个以 $\varepsilon(\varepsilon\to 0)$ 为半径的小圆。在 $\varepsilon \leqslant |\boldsymbol{\rho}-\boldsymbol{\rho}_0| < \infty$ 的圆外区域,格林函数方程是齐次的,即

$$\nabla^2 G(\boldsymbol{\rho},\boldsymbol{\rho}_0) = 0. \tag{11.1.29}$$

将(11.1.28)式在 $0 \leqslant |\boldsymbol{\rho}-\boldsymbol{\rho}_0| \leqslant \varepsilon$ 的小圆内进行面积分,根据二维高斯公式,可得 $G(\boldsymbol{\rho},\boldsymbol{\rho}_0)$ 在 $|\boldsymbol{\rho}-\boldsymbol{\rho}_0| = \varepsilon$ 的圆周上满足边界条件

$$\oint_{|\boldsymbol{\rho}-\boldsymbol{\rho}_0|=\varepsilon} \nabla G(\boldsymbol{\rho},\boldsymbol{\rho}_0) \cdot \hat{\boldsymbol{e}}_{\mathrm{n}} \mathrm{d}l = -1, \tag{11.1.30}$$

其中,$\hat{\boldsymbol{e}}_{\mathrm{n}}$ 代表圆周的外法向单位矢量。

(11.1.29)式附加边界条件(11.1.30)式等价于(11.1.28)式。为便于求解,将电荷所在位置 $\boldsymbol{\rho}_0$ 作为极坐标系的坐标原点,并令 $\rho = |\boldsymbol{\rho}-\boldsymbol{\rho}_0|$.由于电荷位于坐标原点,所以其产生的电势 $G(\boldsymbol{\rho},\boldsymbol{\rho}_0)$ 具有轴对称性(与方位角 φ 无关),可简写为 $G(\rho)$.根据极坐标系下拉普拉斯算子和标量函数梯度的定义,(11.1.29)式和(11.1.30)式分别简化为

$$\frac{1}{\rho}\frac{\mathrm{d}}{\mathrm{d}\rho}\left(\rho\frac{\mathrm{d}G}{\mathrm{d}\rho}\right) = 0. \tag{11.1.31}$$

$$\left(\frac{\mathrm{d}G}{\mathrm{d}\rho}2\pi\rho\right)_{\rho=\varepsilon} = -1. \tag{11.1.32}$$

(11.1.31)式的通解

$$G(\rho) = C\ln\rho + D. \tag{11.1.33}$$

从上式可以看出,当 $\rho\to\infty$ 时,$G(\rho)$ 无论如何都取不了零电势。因此,不妨取 $\rho=1$ 处为电势零点,这样可得系数 $D=0$.将通解 $G(\rho)=C\ln\rho$ 代入边界条件(11.1.32)式,可得系数 $C=-\frac{1}{2\pi}$.因此,(11.1.31)式的解

$$G(\rho) = \frac{1}{2\pi}\ln\frac{1}{\rho}. \tag{11.1.34}$$

将 $\rho = |\boldsymbol{\rho}-\boldsymbol{\rho}_0|$ 代入上式,可得格林函数方程(11.1.28)式的解

$$G(\boldsymbol{\rho},\boldsymbol{\rho}_0) = \frac{1}{2\pi}\ln\frac{1}{|\boldsymbol{\rho}-\boldsymbol{\rho}_0|}, \tag{11.1.35}$$

格林函数 $G(\boldsymbol{\rho},\boldsymbol{\rho}_0)$ 代表位于 $\boldsymbol{\rho}_0$ 处电荷线密度为 ε_0 的无限长直导线在 $\boldsymbol{\rho}$ 处产生的电势。

根据叠加原理,可知二维泊松方程(11.1.27)式的解

$$u(\boldsymbol{\rho})=\frac{1}{2\pi\varepsilon_0}\iint f(\boldsymbol{\rho}_0)\ln\frac{1}{|\boldsymbol{\rho}-\boldsymbol{\rho}_0|}\mathrm{d}S_0. \tag{11.1.36}$$

11.1.3 有界区域的泊松方程

利用格林函数法,不仅可以求解无界区域的泊松方程,还可以求解第一、第二或者第三类边界条件下有界区域的泊松方程。

下面,以第一类边界条件下静电场的电势问题为例,介绍格林函数法在求解有界区域定解问题中的应用。三维有界区域中静电场的电势满足的定解问题为

$$\begin{cases}\nabla^2u(\boldsymbol{r})=-\dfrac{\rho(\boldsymbol{r})}{\varepsilon_0},\\ u(\boldsymbol{r})\big|_{\partial\Omega}=\varphi(\boldsymbol{r})\big|_{\partial\Omega},\end{cases} \tag{11.1.37}$$

其中,$\rho(\boldsymbol{r})$表示区域Ω内的电荷密度,$\varphi(\boldsymbol{r})\big|_{\partial\Omega}$表示电势$u(\boldsymbol{r})$在区域边界面$\partial\Omega$上的分布函数,$\rho(\boldsymbol{r})$和$\varphi(\boldsymbol{r})$均是已知函数。

引入对应的格林函数方程,并令格林函数满足对应的齐次边界条件,即

$$\begin{cases}\nabla^2G(\boldsymbol{r},\boldsymbol{r}_0)=-\delta(\boldsymbol{r}-\boldsymbol{r}_0),\\ G(\boldsymbol{r},\boldsymbol{r}_0)\big|_{\partial\Omega}=0.\end{cases} \tag{11.1.38}$$

将(11.1.37)式第一式乘以$G(\boldsymbol{r},\boldsymbol{r}_0)$,(11.1.38)式第一式乘以$u(\boldsymbol{r})$,然后两式相减,并在区域$\Omega$内进行体积分,可得

$$\iiint_\Omega[G(\boldsymbol{r},\boldsymbol{r}_0)\nabla^2u(\boldsymbol{r})-u(\boldsymbol{r})\nabla^2G(\boldsymbol{r},\boldsymbol{r}_0)]\mathrm{d}V=\iiint_\Omega\left[-G(\boldsymbol{r},\boldsymbol{r}_0)\frac{\rho(\boldsymbol{r})}{\varepsilon_0}+u(\boldsymbol{r})\delta(\boldsymbol{r}-\boldsymbol{r}_0)\right]\mathrm{d}V.$$

利用格林第二公式以及狄拉克函数的性质,可得

$$\oiint_{\partial\Omega}\left[G(\boldsymbol{r},\boldsymbol{r}_0)\frac{\partial u(\boldsymbol{r})}{\partial n}-u(\boldsymbol{r})\frac{\partial G(\boldsymbol{r},\boldsymbol{r}_0)}{\partial n}\right]\mathrm{d}S=-\frac{1}{\varepsilon_0}\iiint_\Omega G(\boldsymbol{r},\boldsymbol{r}_0)\rho(\boldsymbol{r})\mathrm{d}V+u(\boldsymbol{r}_0). \tag{11.1.39}$$

将边界条件$G(\boldsymbol{r},\boldsymbol{r}_0)\big|_{\partial\Omega}=0$和$u(\boldsymbol{r})\big|_{\partial\Omega}=\varphi(\boldsymbol{r})\big|_{\partial\Omega}$代入上式,整理可得

$$u(\boldsymbol{r}_0)=\frac{1}{\varepsilon_0}\iiint_\Omega G(\boldsymbol{r},\boldsymbol{r}_0)\rho(\boldsymbol{r})\mathrm{d}V-\oiint_{\partial\Omega}\varphi(\boldsymbol{r})\frac{\partial G(\boldsymbol{r},\boldsymbol{r}_0)}{\partial n}\mathrm{d}S. \tag{11.1.40}$$

由(11.1.39)式可以看出,只有当格林函数$G(\boldsymbol{r},\boldsymbol{r}_0)$在边界面上满足齐次边界条件,电势$u(\boldsymbol{r}_0)$才可以由格林函数显式地表示,这也是要求有界区域内的格林函数满足齐次边界条件的原因。将上式中的$\boldsymbol{r}$和$\boldsymbol{r}_0$对调,并利用格林函数的对称性,可得第一类边界条件下静电场的电势的积分表达式

$$u(\boldsymbol{r})=\frac{1}{\varepsilon_0}\iiint_\Omega G(\boldsymbol{r},\boldsymbol{r}_0)\rho(\boldsymbol{r}_0)\mathrm{d}V_0-\oiint_{\partial\Omega}\varphi(\boldsymbol{r}_0)\frac{\partial G(\boldsymbol{r},\boldsymbol{r}_0)}{\partial n_0}\mathrm{d}S_0. \tag{11.1.41}$$

上式第一项表示区域Ω内所有电荷在$\boldsymbol{r}$处产生的电势;第二项表示区域边界面$\partial\Omega$上产生的所有感应电荷在$\boldsymbol{r}$处产生的电势。

下面,利用镜像法求解两类有界区域的格林函数。

1. 半无界区域的格林函数

如图11.1所示,有一个接地的无限大平面Oxy,在平面上方坐标为(x_0,y_0,z_0)的M点放置一个电荷量为ε_0的正点电荷,其在上半区域产生的电势满足如下的格林函数方程:

$$\begin{cases}\nabla^2 G(\boldsymbol{r},\boldsymbol{r}_0)=-\delta(x-x_0)\delta(y-y_0)\delta(z-z_0),z>0,z_0>0,\\ G\mid_{z=0}=0.\end{cases}\tag{11.1.42}$$

若取无穷远点为电势零点，则由(11.1.23)式可知，在无界区域中，M 处的点电荷产生的电势

$$G_0(\boldsymbol{r},\boldsymbol{r}_0)=\frac{1}{4\pi}\frac{1}{|\boldsymbol{r}-\boldsymbol{r}_0|}=\frac{1}{4\pi}\frac{1}{\sqrt{(x-x_0)^2+(y-y_0)^2+(z-z_0)^2}}.\tag{11.1.43}$$

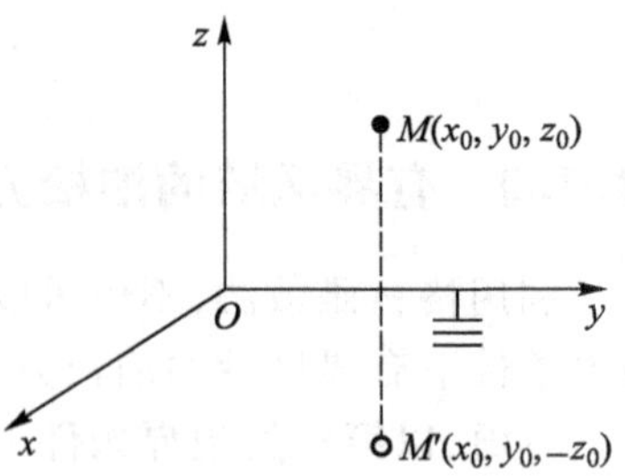

图 11.1 半无界区域点电荷的镜像示意图

当 Oxy 平面接地时，该平面的电势变为零。此时，平面 Oxy 上将会出现非均匀分布的感应电荷，这些感应电荷和 M 处的点电荷在平面 Oxy 上产生的总电势等于零。如果在关于平面 Oxy 对称的位置 $M'=(x_0,y_0,-z_0)$ 处放置一个电量相等、电性相反的像点电荷，则根据对称性可知，像点电荷和 M 处的点电荷在平面 Oxy 上产生的总电势必然也等于零。这样，M'处像点电荷的贡献就等价于感应电荷的贡献，感应电荷和 M 处点电荷在上半区域产生的电势，就等于 M'处像点电荷和 M 处点电荷在上半区域产生的电势。因此，上半区域的格林函数方程(11.1.42)式的解

$$\begin{aligned}G(\boldsymbol{r},\boldsymbol{r}_0)=&\frac{1}{4\pi}\frac{1}{\sqrt{(x-x_0)^2+(y-y_0)^2+(z-z_0)^2}}\\&-\frac{1}{4\pi}\frac{1}{\sqrt{(x-x_0)^2+(y-y_0)^2+(z+z_0)^2}}.\end{aligned}\tag{11.1.44}$$

从上式可以验证格林函数的对称性 $G(\boldsymbol{r},\boldsymbol{r}_0)=G(\boldsymbol{r}_0,\boldsymbol{r})$，即互换源和场的位置，格林函数的大小不变。

对于上半区域，$z=0$ 平面的外法线方向和 z 轴的正方向相反，因此有

$$\frac{\partial G(\boldsymbol{r},\boldsymbol{r}_0)}{\partial n_0}\Big|_{z_0=0}=-\frac{\partial G(\boldsymbol{r},\boldsymbol{r}_0)}{\partial z_0}\Big|_{z_0=0}=-\frac{1}{2\pi}\frac{z}{[(x-x_0)^2+(y-y_0)^2+z^2]^{3/2}}.\tag{11.1.45}$$

如果已知上半区域中的电荷密度为 $\rho(x_0,y_0,z_0)$，无限大平面 Oxy 上的电势为 $\varphi(x_0,y_0)$，将(11.1.44)式和(11.1.45)式代入(11.1.41)式，即可得到上半区域电势的积分表达式

$$\begin{aligned}u(\boldsymbol{r})=&\frac{1}{\varepsilon_0}\int_0^{\infty}\int_{-\infty}^{\infty}\int_{-\infty}^{\infty}\rho(x_0,y_0,z_0)G(x,y,z;x_0,y_0,z_0)\,\mathrm{d}x_0\mathrm{d}y_0\mathrm{d}z_0\\&-\int_{-\infty}^{\infty}\int_{-\infty}^{\infty}\varphi(x_0,y_0)\frac{\partial}{\partial n_0}G(x,y,z;x_0,y_0,z_0)\Big|_{z_0=0}\mathrm{d}x_0\mathrm{d}y_0.\end{aligned}\tag{11.1.46}$$

2. 球形区域外的格林函数

如图 11.2 所示，在一个半径为 R 的接地导体球壳外部、与球心 O 的距离为 r_0 的 M 处，放置一个电荷量为 ε_0 的正点电荷，导体球壳内外的介电常量均为 ε_0，则球外任意一点 N 处的电势满足如下的格林函数方程

$$\begin{cases}\nabla^2 G(\boldsymbol{r},\boldsymbol{r}_0)=-\delta(\boldsymbol{r}-\boldsymbol{r}_0),\ |\boldsymbol{r}|>R,\ |\boldsymbol{r}_0|>R,\\ G\mid_{|\boldsymbol{r}|=R}=0.\end{cases}\tag{11.1.47}$$

由于球壳接地，所以整个球壳上的电势为零，这说明球外 M 处的点电荷和球壳上的感应

电荷在球壳上产生的总电势等于零。如果能够找一点 P，在该点放置一个电荷量为 q 的像点电荷，并能保证 M 处的点电荷和像点电荷在球面上任意一点产生的总电势也等于零，那么，就可以用这个像点电荷替代整个球壳上非均匀分布的感应电荷，简化物理问题的求解。

下面，确定像点电荷的位置及其电荷量 q. 连接原点 O 和点电荷的位置 M 点，形成一条直线。显然，球壳上感应电荷的分布是关于直线 OM 对称的，因此，如果存在能够替代这些感应电荷的像点电荷，那么这个像点电荷必然位于直线 OM 上。假设像电荷位于该直线上的 P 点。

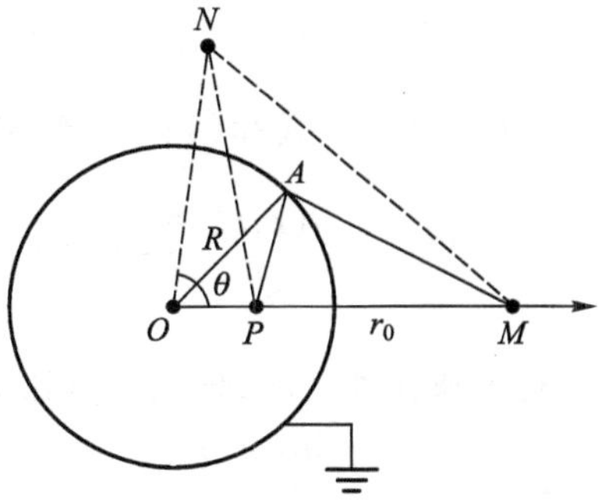

图 11.2 球形区域点电荷的镜像示意图

取球面上任意一点 A，则 M 处电荷量为 ε_0 的点电荷和 P 处电荷量为 q 的像点电荷在 A 点产生的电势

$$G_A=\frac{1}{4\pi|MA|}+\frac{1}{4\pi\varepsilon_0}\frac{q}{|PA|}. \tag{11.1.48}$$

P 是直线 OM 上一点，如果选择的 P 点位置能够保证

$$\frac{|OM|}{|OA|}=\frac{|OA|}{|OP|}, \tag{11.1.49}$$

再加上 $\angle MOA$ 与 $\angle AOP$ 是公共角，则 $\triangle OMA$ 和 $\triangle OAP$ 相似。由(11.1.49)式可得

$$|OP|=\frac{R^2}{r_0}. \tag{11.1.50}$$

可见，确实能够在球壳内找到一个 P 点，满足相似关系(11.1.49)式。另外，由相似关系 $\dfrac{|OM|}{|OA|}=\dfrac{|MA|}{|PA|}$，可得

$$|PA|=\frac{R}{r_0}|MA|. \tag{11.1.51}$$

将(11.1.51)式代入(11.1.48)式，可得 A 点的电势

$$G_A=\frac{1}{4\pi|MA|}+\frac{qr_0}{4\pi\varepsilon_0R|MA|}. \tag{11.1.52}$$

要保证球面任意一点 A 处的电势为零，则像点电荷的电荷量

$$q=-\frac{\varepsilon_0R}{r_0}. \tag{11.1.53}$$

因此，只要在与 O 点相距 R^2/r_0 的 P 点放置一个电荷量为 $q=-\varepsilon_0R/r_0$ 的像点电荷，这个像点电荷就可以替代整个球壳上的感应电荷。这样，球外任意一点 N 处的电势可以等价于原点电荷和像点电荷产生的总电势，即

$$G(\boldsymbol{r},\boldsymbol{r}_0)=\frac{1}{4\pi|MN|}+\frac{-R/r_0}{4\pi|PN|}. \tag{11.1.54}$$

将 OM 作为球坐标系的极轴，则 $\boldsymbol{r}=(r,\theta,\varphi)$，$\boldsymbol{r}_0=(r_0,0,\varphi_0)$，$ON$ 和 OP 的夹角就是球坐标系的极角 θ. 根据余弦定理，可得

$$|MN|=\sqrt{r^2-2rr_0\cos\theta+r_0^2}. \tag{11.1.55}$$

$$|PN|=\sqrt{r^2-2r\frac{R^2}{r_0}\cos\ \theta+\left(\frac{R^2}{r_0}\right)^2}. \tag{11.1.56}$$

将(11.1.55)式和(11.1.56)式代入(11.1.54)式,可得球壳外的格林函数

$$G(\boldsymbol{r},\boldsymbol{r}_0)=\frac{1}{4\pi}\frac{1}{\sqrt{r^2-2rr_0\cos\ \theta+r_0^2}}-\frac{1}{4\pi}\frac{R}{r_0\sqrt{r^2-2r\frac{R^2}{r_0}\cos\ \theta+\left(\frac{R^2}{r_0}\right)^2}}. \tag{11.1.57}$$

对于球壳外区域,球面的外法线方向和半径 $\boldsymbol{r}$ 的正方向相反。因此,由(11.1.57)式可得

$$\frac{\partial G(\boldsymbol{r},\boldsymbol{r}_0)}{\partial n_0}\bigg|_{r_0=R}=-\frac{\partial G(\boldsymbol{r},\boldsymbol{r}_0)}{\partial r_0}\bigg|_{r_0=R}=-\frac{r^2-R^2}{R(r^2-2rR\cos\ \theta+R^2)^{3/2}}. \tag{11.1.58}$$

如果已知球壳外区域中的电荷密度为 $\rho(x_0,y_0,z_0)$,球壳上的电势为 $\varphi(\theta_0,\varphi_0)$,则将(11.1.57)式和(11.1.58)式代入(11.1.41)式,即可得到球壳外电势的积分表达式

$$\begin{aligned}u(\boldsymbol{r})=&\frac{1}{\varepsilon_0}\int_0^{2\pi}\int_0^{\pi}\int_R^{\infty}G(r,\theta,\varphi;r_0,\theta_0,\varphi_0)\rho(r_0,\theta_0,\varphi_0)r_0^2\sin\ \theta_0\mathrm{d}r_0\mathrm{d}\theta_0\mathrm{d}\varphi_0\\&-\int_0^{2\pi}\int_0^{\pi}\varphi(\theta_0,\varphi_0)\frac{\partial}{\partial n_0}G(r,\theta,\varphi;r_0,\theta_0,\varphi_0)\bigg|_{r_0=R}R^2\sin\ \theta_0\mathrm{d}\theta_0\mathrm{d}\varphi_0.\end{aligned} \tag{11.1.59}$$

【思考】 如果点电荷位于球壳内,即 $|\boldsymbol{r}_0|<R$,那么,如何计算格林函数定解问题(11.1.47)式?球壳内电势的积分表达式如何写?

§11.2 时谐波动方程的格林函数法

授课视频

如果波动方程中的物理量 $u(\boldsymbol{r},t)$ 随时间按照某一频率(时谐因子 $\mathrm{e}^{-\mathrm{i}\omega t}$)进行简谐变化,则将这类波动方程称为时谐波动方程。本节利用格林函数法求解这类时谐波动方程。

以电磁波在均匀介质中的传播为例,假设介质中没有自由电荷,只存在电流密度为 $\boldsymbol{J}$ 的电流源,则电场强度 $\boldsymbol{E}(\boldsymbol{r},t)$ 和磁场强度 $\boldsymbol{H}(\boldsymbol{r},t)$ 满足如下的麦克斯韦方程组

$$\begin{cases}\nabla\times\boldsymbol{E}(\boldsymbol{r},t)=-\mu_0\dfrac{\partial\boldsymbol{H}(\boldsymbol{r},t)}{\partial t},\\\nabla\times\boldsymbol{H}(\boldsymbol{r},t)=\varepsilon_0\dfrac{\partial\boldsymbol{E}(\boldsymbol{r},t)}{\partial t}+\sigma\boldsymbol{E}(\boldsymbol{r},t)+\boldsymbol{J}(\boldsymbol{r},t),\\\nabla\cdot\boldsymbol{E}(\boldsymbol{r},t)=0,\\\nabla\cdot\boldsymbol{H}(\boldsymbol{r},t)=0,\end{cases} \tag{11.2.1}$$

其中,ε_0 和 μ_0 分别为介质的介电常量和磁导率,σ 为介质的电导率。

如果电流源是时谐的,即电流密度 $\boldsymbol{J}=\boldsymbol{J}(\boldsymbol{r})\mathrm{e}^{-\mathrm{i}\omega t}$,则电场强度和磁场强度也是时谐的,即 $\boldsymbol{E}=\boldsymbol{E}(\boldsymbol{r})\mathrm{e}^{-\mathrm{i}\omega t}$,$\boldsymbol{H}=\boldsymbol{H}(\boldsymbol{r})\mathrm{e}^{-\mathrm{i}\omega t}$. 这种随时间以单一频率作简谐变化的电磁波称为时谐电磁波。将时谐形式的电场强度和磁场强度代入(11.2.1)式,可得

$$\begin{cases}\nabla\times\boldsymbol{E}(\boldsymbol{r})=\mathrm{i}\omega\mu_0\boldsymbol{H}(\boldsymbol{r}),\\\nabla\times\boldsymbol{H}(\boldsymbol{r})=-\mathrm{i}\omega\varepsilon_0\boldsymbol{E}(\boldsymbol{r})+\sigma\boldsymbol{E}(\boldsymbol{r})+\boldsymbol{J}(\boldsymbol{r}),\\\nabla\cdot\boldsymbol{E}(\boldsymbol{r})=0,\\\nabla\cdot\boldsymbol{H}(\boldsymbol{r})=0.\end{cases} \tag{11.2.2}$$

将方程组(11.2.2)式中第一个方程左右两边进行旋度计算,可得

$$\nabla\times\nabla\times\boldsymbol{E}(\boldsymbol{r})=\mathrm{i}\omega\mu_0\nabla\times\boldsymbol{H}(\boldsymbol{r}).\tag{11.2.3}$$

将方程组(11.2.2)式中第二个方程代入上式,可得

$$\nabla^2\boldsymbol{E}(\boldsymbol{r})+(\omega^2\varepsilon_0\mu_0+\mathrm{i}\omega\mu_0\sigma)\boldsymbol{E}(\boldsymbol{r})=-\mathrm{i}\omega\mu_0\boldsymbol{J}(\boldsymbol{r}).\tag{11.2.4}$$

令

$$k^2=\omega^2\varepsilon_0\mu_0+\mathrm{i}\omega\mu_0\sigma,\tag{11.2.5}$$

则(11.2.4)式简化为

$$\nabla^2\boldsymbol{E}(\boldsymbol{r})+k^2\boldsymbol{E}(\boldsymbol{r})=-\mathrm{i}\omega\mu_0\boldsymbol{J}(\boldsymbol{r}).\tag{11.2.6}$$

同理,可推得

$$\nabla^2\boldsymbol{H}(\boldsymbol{r})+k^2\boldsymbol{H}(\boldsymbol{r})=-\nabla\times\boldsymbol{J}(\boldsymbol{r}).\tag{11.2.7}$$

电场强度和磁场强度的分量满足的方程可统一表示为

$$\nabla^2U(\boldsymbol{r})+k^2U(\boldsymbol{r})=-f(\boldsymbol{r}).\tag{11.2.8}$$

上述方程为亥姆霍兹方程。其中,k 称为波数,非齐次项 $f(\boldsymbol{r})$ 为源的空间分布函数。由(11.2.5)式可以看出,如果介质的电导率不为零,则波数 k^2 为复数;如果介质(真空)的电导率趋于零,则波数 k^2 退化为实数。

引入均匀无限介质中的格林函数方程

$$\nabla^2G(\boldsymbol{r},\boldsymbol{r}_0)+k^2G(\boldsymbol{r},\boldsymbol{r}_0)=-\delta(\boldsymbol{r}-\boldsymbol{r}_0).\tag{11.2.9}$$

如果得到格林方程的解 $G(\boldsymbol{r},\boldsymbol{r}_0)$,利用叠加原理,则可得到均匀无限介质中亥姆霍兹方程(11.2.8)式的积分解

$$U(\boldsymbol{r})=\iiint G(\boldsymbol{r},\boldsymbol{r}_0)f(\boldsymbol{r}_0)\,\mathrm{d}V_0.\tag{11.2.10}$$

下面,分别求解一维、二维和三维无界区域的亥姆霍兹方程对应的格林函数方程,并对格林函数解的物理含义进行讨论。

11.2.1 一维无界区域亥姆霍兹方程对应的格林函数方程

1. 一维亥姆霍兹方程的格林函数的计算

一维亥姆霍兹方程对应的格林函数方程

$$\frac{\mathrm{d}^2G(x,x_0)}{\mathrm{d}x^2}+k^2G(x,x_0)=-\delta(x-x_0).\tag{11.2.11}$$

对上式进行傅里叶变换,可得像函数

$$\tilde{G}(\omega,x_0)=\frac{\mathrm{e}^{-\mathrm{i}\omega x_0}}{\omega^2-k^2}.\tag{11.2.12}$$

对像函数进行傅里叶逆变换,可得格林函数

$$G(x,x_0)=\frac{1}{2\pi}\int_{-\infty}^{\infty}\frac{\mathrm{e}^{\mathrm{i}\omega(x-x_0)}}{\omega^2-k^2}\mathrm{d}\omega.\tag{11.2.13}$$

利用留数定理,可计算得到如下的积分公式

$$\int_{-\infty}^{\infty}\frac{\mathrm{e}^{\mathrm{i}\omega(x-x_0)}}{\omega^2-k^2}\mathrm{d}\omega=\frac{\pi\mathrm{i}}{k}\mathrm{e}^{\mathrm{i}k|x-x_0|},\ \mathrm{Im}(k)\geqslant0.\tag{11.2.14}$$

说明：由于电磁波沿 x 方向传播时，幅值不可能产生增益，因此要求 $\mathrm{Im}(k)\geqslant 0$；当 $\mathrm{Im}(k)=0$ 时，可令 $k=\alpha+\mathrm{i}\beta$，然后取上述积分在 $\beta\to 0$ 的极限。

将(11.2.14)式代入(11.2.13)式，即可得到格林函数方程(11.2.11)式的解

$$G(x,x_0)=\frac{\mathrm{i}}{2k}\mathrm{e}^{\mathrm{i}k|x-x_0|}. \tag{11.2.15}$$

格林函数 $G(x,x_0)$ 乘以时谐因子 $\mathrm{e}^{-\mathrm{i}\omega t}$，可得

$$G(x,x_0)\mathrm{e}^{-\mathrm{i}\omega t}=\begin{cases}\dfrac{\mathrm{i}}{2k}\mathrm{e}^{-\mathrm{i}kx_0}\mathrm{e}^{\mathrm{i}(kx-\omega t)}, & x>x_0,\\ \dfrac{\mathrm{i}}{2k}\mathrm{e}^{\mathrm{i}kx_0}\mathrm{e}^{-\mathrm{i}(kx+\omega t)}, & x<x_0.\end{cases} \tag{11.2.16}$$

其物理含义为位于 $x=x_0$ 处、平行于 Oyz 平面的一个无限大的时谐的面源，产生的沿 x 正方向和负方向传播的**平面波**。

2. 平面波的扩展应用

(1) 平面波按柱面波的驻波展开

$$\mathrm{e}^{\mathrm{i}kx}=\mathrm{J}_0(k\rho)+2\sum_{m=1}^{\infty}\mathrm{i}^m\mathrm{J}_m(k\rho)\cos m\varphi, \tag{11.2.17}$$

其中，$x=\rho\cos\varphi$.

证明：将 $x=\rho\cos\varphi$ 代入上式的左边，整理可得

$$\mathrm{e}^{\mathrm{i}kx}=\mathrm{e}^{\frac{k\rho}{2}\left(\mathrm{i}\mathrm{e}^{\mathrm{i}\varphi}-\frac{1}{\mathrm{i}\mathrm{e}^{\mathrm{i}\varphi}}\right)}. \tag{11.2.18}$$

如果令贝塞尔函数的生成函数

$$\mathrm{e}^{\frac{x}{2}(z-z^{-1})}=\sum_{m=-\infty}^{\infty}\mathrm{J}_m(x)z^m \tag{11.2.19}$$

中的 $x=k\rho, z=\mathrm{i}\mathrm{e}^{\mathrm{i}\varphi}$，则上式的左边正好等于(11.2.18)式的右边。因此，由以上两式，可得

$$\begin{aligned}\mathrm{e}^{\mathrm{i}kx}&=\sum_{m=-\infty}^{\infty}\mathrm{J}_m(k\rho)(\mathrm{i}\mathrm{e}^{\mathrm{i}\varphi})^m\\&=\mathrm{J}_0(k\rho)+\sum_{m=-\infty}^{-1}\mathrm{J}_m(k\rho)(\mathrm{i}\mathrm{e}^{\mathrm{i}\varphi})^m+\sum_{m=1}^{\infty}\mathrm{J}_m(k\rho)(\mathrm{i}\mathrm{e}^{\mathrm{i}\varphi})^m\\&=\mathrm{J}_0(k\rho)+\sum_{m=1}^{\infty}(-1)^m\mathrm{J}_m(k\rho)(\mathrm{i}\mathrm{e}^{\mathrm{i}\varphi})^{-m}+\sum_{m=1}^{\infty}\mathrm{J}_m(k\rho)(\mathrm{i}\mathrm{e}^{\mathrm{i}\varphi})^m\\&=\mathrm{J}_0(k\rho)+\sum_{m=1}^{\infty}\mathrm{i}^m\mathrm{J}_m(k\rho)(\mathrm{e}^{\mathrm{i}m\varphi}+\mathrm{e}^{-\mathrm{i}m\varphi})\\&=\mathrm{J}_0(k\rho)+2\sum_{m=1}^{\infty}\mathrm{i}^m\mathrm{J}_m(k\rho)\cos m\varphi.\end{aligned}$$

因此，(11.2.17)式得证。

当 ρ 足够大时，根据汉克尔函数的渐近公式，可得

$$\mathrm{H}_m^{(1)}(k\rho)\mathrm{e}^{-\mathrm{i}\omega t}=\sqrt{\frac{2}{\pi k\rho}}\mathrm{e}^{\mathrm{i}\left[(k\rho-\omega t)-\frac{m\pi}{2}-\frac{\pi}{4}\right]}, \tag{11.2.20}$$

$$H_m^{(2)}(k\rho)e^{-i\omega t}=\sqrt{\frac{2}{\pi k\rho}}e^{-i\left[(k\rho+\omega t)-\frac{m\pi}{2}-\frac{\pi}{4}\right]}. \tag{11.2.21}$$

根据贝塞尔函数和汉克尔函数的关系，可得

$$J_m(k\rho)e^{-i\omega t}=\frac{1}{2}[H_m^{(1)}(k\rho)+H_m^{(2)}(k\rho)]e^{-i\omega t}. \tag{11.2.22}$$

上式中的 $H_m^{(1)}(k\rho)e^{-i\omega t}$ 和 $H_m^{(2)}(k\rho)e^{-i\omega t}$ 分别表示沿 ρ 正方向和 ρ 负方向传播的柱面波；而 $J_m(k\rho)e^{-i\omega t}$ 其代表沿 ρ 正方向和 ρ 负方向传播的柱面波形成的驻波。

因此，(11.2.17)式的物理含义为：沿 x 正方向传播的平面波可以展开为由柱面波形成的一系列驻波的叠加。

(2) 平面波按球面波的驻波展开

$$e^{ikz}=\sum_{l=0}^{\infty}i^l(2l+1)j_l(kr)P_l(\cos\theta). \tag{11.2.23}$$

证明：将直角坐标系与球坐标系的变量转换公式 $z=r\cos\theta$ 代入上式左边，可得

$$e^{ikz}=e^{ikr\cos\theta}. \tag{11.2.24}$$

根据勒让德多项式 $\{P_l(\cos\theta)\}$ 的完备性，可以将 $e^{ikr\cos\theta}$ 以 $\{P_l(\cos\theta)\}$ 为基底进行广义傅里叶级数展开。为简洁起见，将勒让德多项式的变量 $\cos\theta$ 用 x 表示。因此，(11.2.24)式的右边可写成如下的广义傅里叶级数展开的形式

$$e^{ikrx}=\sum_{l=0}^{\infty}C_lP_l(x), \tag{11.2.25}$$

其中，系数

$$C_l=\frac{2l+1}{2}\int_{-1}^{1}e^{ikrx}P_l(x)dx. \tag{11.2.26}$$

将 e^{ikrx} 进行泰勒级数展开，即

$$e^{ikrx}=\sum_{n=0}^{\infty}\frac{(ikrx)^n}{n!}. \tag{11.2.27}$$

将上式代入(11.2.26)式，可得

$$C_l=\frac{2l+1}{2}\sum_{n=0}^{\infty}\frac{(ikr)^n}{n!}\int_{-1}^{1}x^nP_l(x)dx. \tag{11.2.28}$$

只有当 $n=l+2m, m=0,1,2,\cdots$ 时，上式积分才不为零，其结果为

$$\int_{-1}^{1}x^nP_l(x)dx=\frac{(l+2m)!\Gamma\left(m+\frac{1}{2}\right)}{2^l(2m)!\Gamma\left(l+m+1+\frac{1}{2}\right)}. \tag{11.2.29}$$

为不影响推导的整体性，我们将(11.2.28)式的积分计算放在证明之后。将(11.2.29)式的积分结果代入(11.2.28)式，可得系数

$$C_l=\frac{2l+1}{2}\sum_{m=0}^{\infty}\frac{(ikr)^{l+2m}}{(l+2m)!}\frac{(l+2m)!\Gamma\left(m+\frac{1}{2}\right)}{2^l(2m)!\Gamma\left(l+m+1+\frac{1}{2}\right)}$$

$$=\mathrm{i}^l\frac{2l+1}{2}\sum_{m=0}^{\infty}\frac{(-1)^m(kr)^{l+2m}}{2^l(2m)!\Gamma\left(l+m+1+\frac{1}{2}\right)}\frac{(2m)!\sqrt{\pi}}{2^{2m}m!}$$
$$=\mathrm{i}^l(2l+1)\left[\frac{\sqrt{\pi}}{2}\sum_{m=0}^{\infty}\frac{(-1)^m}{m!\Gamma\left(l+m+1+\frac{1}{2}\right)}\left(\frac{kr}{2}\right)^{l+2m}\right].\tag{11.2.30}$$

根据球贝塞尔函数和贝塞尔函数的定义

$$\mathrm{j}_l(x)=\sqrt{\frac{\pi}{2x}}\mathrm{J}_{l+1/2}(x),$$

$$\mathrm{J}_m(x)=\sum_{k=0}^{\infty}(-1)^k\frac{1}{k!\Gamma(m+k+1)}\left(\frac{x}{2}\right)^{m+2k},$$

可得球贝塞尔函数 $\mathrm{j}_l(kr)$ 的级数表达式

$$\mathrm{j}_l(kr)=\frac{\sqrt{\pi}}{2}\sum_{m=0}^{\infty}\frac{(-1)^m}{m!\Gamma\left(l+m+1+\frac{1}{2}\right)}\left(\frac{kr}{2}\right)^{l+2m}.\tag{11.2.31}$$

将(11.2.31)式代入(11.2.30)式，系数简化为

$$C_l=\mathrm{i}^l(2l+1)\mathrm{j}_l(kr).\tag{11.2.32}$$

将(11.2.32)式代入(11.2.25)式，即证得(11.2.23)式。

当 r 足够大时，由球汉克尔函数的渐进公式，可得

$$\mathrm{h}_l^{(1)}(kr)\mathrm{e}^{-\mathrm{i}\omega t}\approx(-\mathrm{i})^{l+1}\frac{\mathrm{e}^{\mathrm{i}k(r-\omega t)}}{kr},\tag{11.2.33}$$

$$\mathrm{h}_l^{(2)}(kr)\mathrm{e}^{-\mathrm{i}\omega t}\approx\mathrm{i}^{l+1}\frac{\mathrm{e}^{-\mathrm{i}k(r+\omega t)}}{kr}.\tag{11.2.34}$$

根据球贝塞尔函数和球汉克尔函数的关系，可得

$$\mathrm{j}_l(kr)\mathrm{e}^{-\mathrm{i}\omega t}=\frac{1}{2}\left[\mathrm{h}_l^{(1)}(kr)+\mathrm{h}_l^{(2)}(kr)\right]\mathrm{e}^{-\mathrm{i}\omega t}.\tag{11.2.35}$$

上式中的 $\mathrm{h}_l^{(1)}(kr)\mathrm{e}^{-\mathrm{i}\omega t}$ 代表沿 r 正方向传播的球面波，$\mathrm{h}_l^{(2)}(kr)\mathrm{e}^{-\mathrm{i}\omega t}$ 代表沿 r 负方向传播的球面波；而 $\mathrm{j}_l(kr)\mathrm{e}^{-\mathrm{i}\omega t}$ 代表沿 r 正方向和 r 负方向传播的球面波形成的驻波。

因此，(11.2.23)式的物理含义为：沿 z 正方向传播的平面波可以展开为由球面波形成的一系列驻波的叠加。

* * * * * * * * * * * * * * 关于(11.2.28)式的积分的计算 * * * * * * * * * * * * * * *

积分 $I=\int_{-1}^{1}x^n\mathrm{P}_l(x)\,\mathrm{d}x$，其中，$n\geqslant0$，$l\geqslant0$。

① 当 $n<l$ 时，由勒让德多项式的正交性可得 $I=\int_{-1}^{1}x^n\mathrm{P}_l(x)\,\mathrm{d}x=0$.

② 当 $n\geqslant l$ 时，将勒让德多项式的递推公式

$$\begin{cases}\mathrm{P}_l(x)=\mathrm{P}_{l+1}'(x)-2x\mathrm{P}_l'(x)+\mathrm{P}_{l-1}'(x),\\(2l+1)\mathrm{P}_l(x)=\mathrm{P}_{l+1}'(x)-\mathrm{P}_{l-1}'(x).\end{cases}$$

消掉 $P_{l+1}'(x)$，得到

$$P_l(x)=\frac{xP_l'(x)-P_{l-1}'(x)}{l}.$$

将其代入积分，可得

$$\begin{aligned}I&=\frac{1}{l}\int_{-1}^{1}x^{n+1}P_l'(x)\,dx-\frac{1}{l}\int_{-1}^{1}x^{n}P_{l-1}'(x)\,dx\\&=\frac{1}{l}\left[x^{n+1}P_l(x)\Big|_{-1}^{1}-(n+1)\int_{-1}^{1}x^nP_l(x)\,dx-x^nP_{l-1}(x)\Big|_{-1}^{1}+n\int_{-1}^{1}x^{n-1}P_{l-1}(x)\,dx\right]\\&=\frac{1}{l}[-(n+1)I+nI_1].\end{aligned}$$

上式简化可得

$$I=\frac{n}{n+l+1}I_1,$$

其中，$I_1=\int_{-1}^{1}x^{n-1}P_{l-1}(x)\,dx$. 根据递推关系

$$\begin{aligned}I&=\int_{-1}^{1}x^nP_l(x)\,dx=\frac{n}{n+l+1}\int_{-1}^{1}x^{n-1}P_{l-1}(x)\,dx\\&=\frac{n}{n+l+1}\frac{n-1}{(n-1)+(l-1)+1}\int_{-1}^{1}x^{n-2}P_{l-2}(x)\,dx\\&=\frac{n}{n+l+1}\frac{n-1}{(n-1)+(l-1)+1}\cdots\frac{(n-l+1)}{(n-l+1)+1+1}\int_{-1}^{1}x^{n-l}P_0(x)\,dx\\&=\frac{n!\,[1+(-1)^{n-l}]}{(n+l+1)!!\,(n-l)!!}.\end{aligned}$$

当 $n-l$ 为奇数时，$I=\int_{-1}^{1}x^nP_l(x)\,dx=0.$

当 $n-l$ 为偶数，即 $n=l+2m$ 时，有

$$\begin{aligned}I&=\frac{2(l+2m)!}{(2l+2m+1)!!\,(2m)!!}\frac{(2m-1)!!}{(2m-1)!!}\\&=\frac{2(l+2m)!\,(2m-1)!!}{(2l+2m+1)!!\,(2m)!}=\frac{(l+2m)!}{2^l(2m)!}\frac{\dfrac{(2m-1)!!}{2^m}\sqrt{\pi}}{\dfrac{(2l+2m+1)!!}{2^{l+m+1}}\sqrt{\pi}}\\&=\frac{(l+2m)!\,\Gamma\left(m+\dfrac{1}{2}\right)}{2^l(2m)!\,\Gamma\left(l+m+1+\dfrac{1}{2}\right)}.\end{aligned}$$

综上，

$$I=\int_{-1}^{1}x^n\mathrm{P}_l(x)\,\mathrm{d}x=\begin{cases}\dfrac{(l+2m)\,!\,\Gamma\left(m+\dfrac{1}{2}\right)}{2^l(2m)\,!\,\Gamma\left(l+m+1+\dfrac{1}{2}\right)}, n=l+2m, m=0,1,2,\cdots,\\0, n\text{ 为其他自然数}.\end{cases}$$

11.2.2　二维无界区域亥姆霍兹方程对应的格林函数方程

1. 二维亥姆霍兹方程的格林函数的计算

(1) 极坐标系下的格林函数

二维亥姆霍兹方程对应的格林函数方程

$$\nabla^2G(\boldsymbol{\rho},\boldsymbol{\rho}_0)+k^2G(\boldsymbol{\rho},\boldsymbol{\rho}_0)=-\delta(\boldsymbol{\rho}-\boldsymbol{\rho}_0).\tag{11.2.36}$$

以 $\boldsymbol{\rho}_0$ 为圆心，做一个以 $\varepsilon(\varepsilon\to0)$ 为半径的小圆。在 $\varepsilon\leqslant|\boldsymbol{\rho}-\boldsymbol{\rho}_0|<\infty$ 的圆外区域，格林函数方程是齐次的，即

$$\nabla^2G(\boldsymbol{\rho},\boldsymbol{\rho}_0)+k^2G(\boldsymbol{\rho},\boldsymbol{\rho}_0)=0.\tag{11.2.37}$$

对(11.2.36)式在 $0\leqslant|\boldsymbol{\rho}-\boldsymbol{\rho}_0|\leqslant\varepsilon$ 的小圆上进行面积分，结合二维高斯公式，可得 $G(\boldsymbol{\rho},\boldsymbol{\rho}_0)$ 在 $|\boldsymbol{\rho}-\boldsymbol{\rho}_0|=\varepsilon$ 的圆周上满足边界条件

$$\oint_{|\boldsymbol{\rho}-\boldsymbol{\rho}_0|=\varepsilon}\nabla G(\boldsymbol{\rho},\boldsymbol{\rho}_0)\cdot\hat{\boldsymbol{e}}_{\mathrm{n}}\mathrm{d}l+\int_0^{2\pi}\int_0^{\varepsilon}k^2G(\boldsymbol{\rho},\boldsymbol{\rho}_0)\rho\mathrm{d}\rho\mathrm{d}\varphi=-1,\tag{11.2.38}$$

其中，$\hat{\boldsymbol{e}}_{\mathrm{n}}$ 代表圆周的外法向单位矢量。

(11.2.37)式和边界条件(11.2.38)式等价于(11.2.36)式。将源所在位置 $\boldsymbol{\rho}_0$ 作为极坐标系的坐标原点，并令 $\rho=|\boldsymbol{\rho}-\boldsymbol{\rho}_0|$，其产生的格林函数场 $G(\boldsymbol{\rho},\boldsymbol{\rho}_0)$ 满足轴对称条件(与方位角 φ 无关)。因此，根据极坐标系下拉普拉斯算子和标量函数的梯度的定义，(11.2.37)式和(11.2.38)式可分别简化为

$$\frac{1}{\rho}\frac{\mathrm{d}}{\mathrm{d}\rho}\left(\rho\frac{\mathrm{d}G}{\mathrm{d}\rho}\right)+k^2G=0.\tag{11.2.39}$$

$$\left[\frac{\mathrm{d}G(\rho)}{\mathrm{d}\rho}2\pi\rho\right]_{\rho=\varepsilon}+2\pi\int_0^{\varepsilon}k^2G(\rho)\rho\mathrm{d}\rho=-1.\tag{11.2.40}$$

(11.2.39)式为零阶贝塞尔方程。在无限均匀介质中，只可能存在沿 ρ 正方向传播的波，因此，(11.2.39)式的通解退化为

$$G(\rho)=A\mathrm{H}_0^{(1)}(k\rho),\tag{11.2.41}$$

其中，A 为待定系数。

当 $\rho\to0$ 时，$\mathrm{H}_0^{(1)}(k\rho)\to\dfrac{2\mathrm{i}}{\pi}\ln(k\rho)$. 将 $\rho\to0$ 时的通解 $G(\rho)=A\dfrac{2\mathrm{i}}{\pi}\ln(k\rho)$ 代入边界条件(11.2.40)式中，可得

$$4A\mathrm{i}+4A\mathrm{i}k^2\int_0^{\varepsilon}\ln(k\rho)\rho\mathrm{d}\rho=-1.\tag{11.2.42}$$

由洛必达法则可知，当 $\rho\to0$ 时，$\lim\limits_{\rho\to0}\ln(k\rho)\rho=0$. 故积分 $\int_0^{\varepsilon}\ln(k\rho)\rho\mathrm{d}\rho=0$. 由此可得系数

$$A=\frac{\mathrm{i}}{4}. \tag{11.2.43}$$

因此，格林函数方程(11.2.39)式的解

$$G(\rho)=\frac{\mathrm{i}}{4}\mathrm{H}_0^{(1)}(k\rho). \tag{11.2.44}$$

将 $\rho=|\boldsymbol{\rho}-\boldsymbol{\rho}_0|$ 代入上式，可得格林函数方程(11.2.36)式的解

$$G(\boldsymbol{\rho},\boldsymbol{\rho}_0)=\frac{\mathrm{i}}{4}\mathrm{H}_0^{(1)}(k|\boldsymbol{\rho}-\boldsymbol{\rho}_0|). \tag{11.2.45}$$

乘以时谐因子 $\mathrm{e}^{-\mathrm{i}\omega t}$ 后，$G(\boldsymbol{\rho},\boldsymbol{\rho}_0)\mathrm{e}^{-\mathrm{i}\omega t}=\frac{\mathrm{i}}{4}\mathrm{H}_0^{(1)}(k|\boldsymbol{\rho}-\boldsymbol{\rho}_0|)\mathrm{e}^{-\mathrm{i}\omega t}$，其物理含义为位于 $\boldsymbol{\rho}_0$ 处且与 z 轴平行的、无限长的时谐的线源，产生的沿 ρ 正方向传播的柱面波；$G(\rho)\mathrm{e}^{-\mathrm{i}\omega t}$ 代表位于原点且与 z 轴平行的、无限长的时谐的线源产生的沿 ρ 正方向传播的柱面波。

(2) 二维平面直角坐标系下的格林函数

假设源位于直角坐标系中的 (x_0,y_0) 处，则二维亥姆霍兹方程对应的格林函数方程为

$$\left(\frac{\partial^2}{\partial x^2}+\frac{\partial^2}{\partial y^2}\right)G(x,y;x_0,y_0)+k^2G(x,y;x_0,y_0)=-\delta(x-x_0)\delta(y-y_0). \tag{11.2.46}$$

对其进行二维傅里叶变换，可得像函数

$$\widetilde{G}(k_x,k_y;x_0,y_0)=\frac{\mathrm{e}^{-\mathrm{i}(k_xx_0+k_yy_0)}}{k_x^2+k_y^2-k^2}. \tag{11.2.47}$$

对上式进行二维傅里叶逆变换，可得原函数

$$\begin{aligned}G(x,y;x_0,y_0)&=\frac{1}{(2\pi)^2}\int_{-\infty}^{\infty}\int_{-\infty}^{\infty}\frac{\mathrm{e}^{-\mathrm{i}(k_xx_0+k_yy_0)}}{k_x^2+k_y^2-k^2}\mathrm{e}^{\mathrm{i}k_xx+\mathrm{i}k_yy}\mathrm{d}k_x\mathrm{d}k_y\\&=\frac{1}{(2\pi)^2}\int_{-\infty}^{\infty}\mathrm{e}^{\mathrm{i}k_x(x-x_0)}\mathrm{d}k_x\int_{-\infty}^{\infty}\frac{\mathrm{e}^{\mathrm{i}k_y(y-y_0)}}{k_y^2-(k^2-k_x^2)}\mathrm{d}k_y.\end{aligned} \tag{11.2.48}$$

根据积分公式(11.2.14)式，上式后面关于 k_y 的积分

$$\int_{-\infty}^{\infty}\frac{\mathrm{e}^{\mathrm{i}k_y(y-y_0)}}{k_y^2-(k^2-k_x^2)}\mathrm{d}k_y=\frac{\pi\mathrm{i}}{k_y{}'}\mathrm{e}^{\mathrm{i}k_y'|y-y_0|}, \tag{11.2.49}$$

其中，$k_y{}'=\sqrt{k^2-k_x^2}$，且 $\mathrm{Im}(k_y{}')\geqslant 0$。

将(11.2.49)式代入(11.2.48)式，即可得到格林函数方程(11.2.46)式的解

$$G(x,y;x_0,y_0)=\frac{\mathrm{i}}{4\pi}\int_{-\infty}^{\infty}\frac{\mathrm{e}^{\mathrm{i}k_x(x-x_0)+\mathrm{i}k_y'|y-y_0|}}{k_y{}'}\mathrm{d}k_x. \tag{11.2.50}$$

2. 柱面波的扩展应用

(11.2.45)式和(11.2.50)式分别为二维极坐标系和二维直角坐标系下亥姆霍兹方程对应格林函数方程的解，它们描述的都是无限长的线源产生的格林函数场这同一个物理问题，因此，它们的解是等价的，即有如下恒等式：

$$\frac{\mathrm{i}}{4}\mathrm{H}_0^{(1)}(k|\boldsymbol{\rho}-\boldsymbol{\rho}_0|)=\frac{\mathrm{i}}{4\pi}\int_{-\infty}^{\infty}\frac{\mathrm{e}^{\mathrm{i}k_x(x-x_0)+\mathrm{i}k_y'|y-y_0|}}{k_y{}'}\mathrm{d}k_x. \tag{11.2.51}$$

等式两边都乘以时谐因子 $\mathrm{e}^{-\mathrm{i}\omega t}$ 后，左边代表沿 ρ 正方向传播的柱面波，右边代表沿 x 正方

向和 y 的正、负方向传播的平面波。因此,(11.2.51)式物理含义为:柱面波可以转化成 x 和 y 方向的平面波的叠加。

11.2.3 三维无界区域亥姆霍兹方程对应的格林函数方程

1. 三维亥姆霍兹方程的格林函数的计算

(1) 球坐标系下的格林函数

三维亥姆霍兹方程对应的格林函数方程为

$$\nabla^2 G(\boldsymbol{r},\boldsymbol{r}_0)+k^2 G(\boldsymbol{r},\boldsymbol{r}_0)=-\delta(\boldsymbol{r}-\boldsymbol{r}_0). \tag{11.2.52}$$

以 $\boldsymbol{r}_0$ 点为球心,做一个以 $\varepsilon(\varepsilon\to 0)$ 为半径的小球。在 $\varepsilon\leqslant|\boldsymbol{r}-\boldsymbol{r}_0|<\infty$ 的球外区域,格林函数方程是齐次的,即

$$\nabla^2 G(\boldsymbol{r},\boldsymbol{r}_0)+k^2 G(\boldsymbol{r},\boldsymbol{r}_0)=0. \tag{11.2.53}$$

对(11.2.52)式在 $0\leqslant|\boldsymbol{r}-\boldsymbol{r}_0|\leqslant\varepsilon$ 的小球内进行体积分,结合高斯公式,可得 $G(\boldsymbol{r},\boldsymbol{r}_0)$ 在 $|\boldsymbol{r}-\boldsymbol{r}_0|=\varepsilon$ 的球面上满足边界条件

$$\oiint_{|\boldsymbol{r}-\boldsymbol{r}_0|=\varepsilon}\nabla G(\boldsymbol{r},\boldsymbol{r}_0)\cdot\hat{\boldsymbol{e}}_{\mathrm{n}}\mathrm{d}S+\iiint_{\Omega}k^2 G(\boldsymbol{r},\boldsymbol{r}_0)\mathrm{d}V=-1. \tag{11.2.54}$$

其中,$\hat{\boldsymbol{e}}_{\mathrm{n}}$ 代表球面外法向的单位矢量,Ω 为 $\boldsymbol{r}_0$ 点为球心、半径为 ε 的小球体。

将源所在位置 $\boldsymbol{r}_0$ 作为球坐标系的坐标原点,并令 $r=|\boldsymbol{r}-\boldsymbol{r}_0|$,其产生的电势 $G(\boldsymbol{r},\boldsymbol{r}_0)$ 满足球对称条件(与极角 θ 和方位角 φ 均无关)。因此,根据球坐标系下拉普拉斯算子和标量函数的梯度的定义,(11.1.53)式和(11.1.54)式化简为

$$\frac{1}{r^2}\frac{\mathrm{d}}{\mathrm{d}r}\left[r^2\frac{\mathrm{d}G(r)}{\mathrm{d}r}\right]+k^2 G(r)=0. \tag{11.2.55}$$

$$\int_0^{2\pi}\int_0^{\pi}\frac{\partial G(r)}{\partial r}r^2\bigg|_{r=\varepsilon}\sin\theta\mathrm{d}\theta\mathrm{d}\varphi+k^2\int_0^{2\pi}\int_0^{\pi}\int_0^{\varepsilon}G(r)r^2\sin\theta\mathrm{d}r\mathrm{d}\theta\mathrm{d}\varphi=-1. \tag{11.2.56}$$

由(11.2.55)式和边界条件(11.2.56)式构成的定解问题等价于(11.2.52)式。(11.2.55)式是零阶球贝塞尔方程,由于无限均匀介质中,只可能存在沿 r 正方向传播的波,因此,(11.2.55)式的通解退化为

$$G(r)=A\mathrm{h}_0^{(1)}(kr). \tag{11.2.57}$$

根据零阶球汉克尔函数的恒等式 $\mathrm{h}_0^{(1)}(kr)=\mathrm{e}^{\mathrm{i}\left(kr-\frac{\pi}{2}\right)}/kr$,上式可写为

$$G(r)=-\frac{A\mathrm{i}}{k}\frac{\mathrm{e}^{\mathrm{i}kr}}{r}. \tag{11.2.58}$$

将上式代入边界条件(11.2.56)式,通过计算,可得到系数

$$A=\mathrm{i}\frac{k}{4\pi}. \tag{11.2.59}$$

将上式代入(11.2.58)式中,可得到格林函数方程(11.2.55)式的解

$$G(r)=\frac{\mathrm{e}^{\mathrm{i}kr}}{4\pi r}. \tag{11.2.60}$$

将 $r=|\boldsymbol{r}-\boldsymbol{r}_0|$ 代入上式,可得格林函数方程(11.2.52)式的解

$$G(\boldsymbol{r},\boldsymbol{r}_0)=\frac{\mathrm{e}^{\mathrm{i}k|\boldsymbol{r}-\boldsymbol{r}_0|}}{4\pi|\boldsymbol{r}-\boldsymbol{r}_0|}. \tag{11.2.61}$$

或用球贝塞尔函数表示，即

$$G(\boldsymbol{r},\boldsymbol{r}_0)=\mathrm{i}\frac{k}{4\pi}\mathrm{h}_0^{(1)}(k|\boldsymbol{r}-\boldsymbol{r}_0|). \tag{11.2.62}$$

乘以时谐因子 $\mathrm{e}^{-\mathrm{i}\omega t}$ 后，$G(\boldsymbol{r},\boldsymbol{r}_0)\mathrm{e}^{-\mathrm{i}\omega t}=\dfrac{\mathrm{e}^{\mathrm{i}(k|\boldsymbol{r}-\boldsymbol{r}_0|-\omega t)}}{4\pi|\boldsymbol{r}-\boldsymbol{r}_0|}$，其物理含义为位于 $\boldsymbol{r}_0$ 处的时谐点源产生的沿 r 正方向传播的球面波；$G(r)\mathrm{e}^{-\mathrm{i}\omega t}$ 代表位于球心处的时谐点源产生的沿 r 正方向传播的球面波。

(2) 三维直角坐标系下的格林函数

假设源位于直角坐标系中的 (x_0,y_0,z_0) 处，则三维亥姆霍兹方程对应的格林函数方程为

$$\left(\frac{\partial^2}{\partial x^2}+\frac{\partial^2}{\partial y^2}+\frac{\partial^2}{\partial z^2}\right)G(x,y,z;x_0,y_0,z_0)+k^2G(x,y,z;x_0,y_0,z_0)=-\delta(x-x_0)\delta(y-y_0)\delta(z-z_0). \tag{11.2.63}$$

对其进行三维傅里叶变换，可得像函数

$$\tilde{G}(k_x,k_y,k_z;x_0,y_0,z_0)=\frac{\mathrm{e}^{-\mathrm{i}(k_xx_0+k_yy_0+k_zz_0)}}{k_x^2+k_y^2+k_z^2-k^2}. \tag{11.2.64}$$

对上式进行三维傅里叶逆变换，可得

$$\begin{aligned}G(x,y,z;x_0,y_0,z_0)&=\frac{1}{(2\pi)^3}\int_{-\infty}^{\infty}\int_{-\infty}^{\infty}\int_{-\infty}^{\infty}\frac{\mathrm{e}^{\mathrm{i}[k_x(x-x_0)+k_y(y-y_0)+k_z(z-z_0)]}}{k_x^2+k_y^2+k_z^2-k^2}\mathrm{d}k_x\mathrm{d}k_y\mathrm{d}k_z\\&=\frac{1}{(2\pi)^3}\int_{-\infty}^{\infty}\int_{-\infty}^{\infty}\mathrm{e}^{\mathrm{i}[k_x(x-x_0)+k_y(y-y_0)]}\mathrm{d}k_x\mathrm{d}k_y\int_{-\infty}^{\infty}\frac{\mathrm{e}^{\mathrm{i}k_z(z-z_0)}}{k_z^2-(k^2-k_x^2-k_y^2)}\mathrm{d}k_z.\end{aligned} \tag{11.2.65}$$

根据积分公式(11.2.14)式，上式右边关于 k_z 的积分

$$\int_{-\infty}^{\infty}\frac{\mathrm{e}^{\mathrm{i}k_z(z-z_0)}}{k_z^2-(k^2-k_x^2-k_y^2)}\mathrm{d}k_z=\frac{\pi\mathrm{i}}{k_z'}\mathrm{e}^{\mathrm{i}k_z'|z-z_0|}, \tag{11.2.66}$$

其中，$k_z'=\sqrt{k^2-k_x^2-k_y^2}$，且 $\mathrm{Im}(k_z')\geqslant 0$.

将(11.2.66)式代入(11.2.65)式中，可得格林函数方程(11.2.63)式的解

$$G(x,y,z;x_0,y_0,z_0)=\frac{\mathrm{i}}{8\pi^2}\int_{-\infty}^{\infty}\int_{-\infty}^{\infty}\frac{\mathrm{e}^{\mathrm{i}[k_x(x-x_0)+k_y(y-y_0)+k_z'|z-z_0|]}}{k_z'}\mathrm{d}k_x\mathrm{d}k_y. \tag{11.2.67}$$

如果源放在直角坐标系的原点，则上式退化为

$$G(x,y,z)=\frac{\mathrm{i}}{8\pi^2}\int_{-\infty}^{\infty}\int_{-\infty}^{\infty}\frac{\mathrm{e}^{\mathrm{i}(k_xx+k_yy+k_z'|z|)}}{k_z'}\mathrm{d}k_x\mathrm{d}k_y. \tag{11.2.68}$$

2. 球面波的扩展应用

(1) 球面波按平面波展开

(11.2.60)式和(11.2.68)式分别为球坐标系和直角坐标系下亥姆霍兹方程对应格林函数方程的解，它们描述的都是位于原点的点源产生的格林函数场这同一个物理问题。因此，它们的解是等价的，即有如下恒等式

$$\frac{\mathrm{e}^{\mathrm{i}kr}}{4\pi r}=\frac{\mathrm{i}}{8\pi^2}\int_{-\infty}^{\infty}\int_{-\infty}^{\infty}\frac{\mathrm{e}^{\mathrm{i}(k_xx+k_yy+k_z'|z|)}}{k_z'}\mathrm{d}k_x\mathrm{d}k_y. \tag{11.2.69}$$

其物理含义为球面波可转化为平面波的叠加。

(2) 球面波按柱面波展开

根据二维直角坐标系和极坐标系的变量关系,可得

$$\boldsymbol{k}_\rho = k_x \hat{\boldsymbol{e}}_x + k_y \hat{\boldsymbol{e}}_y, \tag{11.2.70}$$

$$\boldsymbol{\rho} = x \hat{\boldsymbol{e}}_x + y \hat{\boldsymbol{e}}_y, \tag{11.2.71}$$

如果将矢量 $\boldsymbol{k}_\rho$ 方向作为极坐标系的极轴方向,则 $\boldsymbol{k}_\rho$ 和 $\boldsymbol{\rho}$ 的夹角就是极坐标系的方位角 φ,因此,由以上两式可得

$$k_x x + k_y y = k_\rho \rho \cos\varphi, \tag{11.2.72}$$

其中,k_ρ 和 ρ 分别表示 ρ 方向的波数和自变量。

将(11.2.72)式代入(11.2.68)式,可得

$$G(\rho,\varphi,z) = \frac{\mathrm{i}}{8\pi^2}\int_0^{2\pi}\int_0^{\infty}\frac{\mathrm{e}^{\mathrm{i}(k_\rho\rho\cos\varphi + k_z'|z|)}}{k_z'}k_\rho \mathrm{d}k_\rho \mathrm{d}\varphi. \tag{11.2.73}$$

利用贝塞尔函数的积分公式 $\mathrm{J}_m(x) = \dfrac{(-\mathrm{i})^m}{2\pi}\displaystyle\int_0^{2\pi}\cos m\varphi \mathrm{e}^{\mathrm{i}x\cos\varphi}\mathrm{d}\varphi$,可得

$$\mathrm{J}_0(k_\rho\rho) = \frac{1}{2\pi}\int_0^{2\pi}\mathrm{e}^{\mathrm{i}k_\rho\rho\cos\varphi}\mathrm{d}\varphi. \tag{11.2.74}$$

将上式代入(11.2.73)式,得

$$G(\rho,\varphi,z) = \frac{\mathrm{i}}{4\pi}\int_0^{\infty}\frac{\mathrm{e}^{\mathrm{i}k_z'|z|}}{k_z'}\mathrm{J}_0(k_\rho\rho)k_\rho \mathrm{d}k_\rho. \tag{11.2.75}$$

其中,$k_z' = \sqrt{k^2 - k_\rho^2}$,且 $\mathrm{Im}(k_z') \geqslant 0$.随积分变量 k_ρ 的增大,上面被积函数中的贝塞尔函数呈现衰减的振荡行为,这类积分称为**索末菲积分**(Sommerfeld integral),需要利用数值积分进行求解。

(11.2.60)式和(11.2.75)式描述的都是位于原点的点源产生的格林函数场这同一个物理问题,因此,有如下恒等式

$$\frac{\mathrm{e}^{\mathrm{i}kr}}{4\pi r} = \frac{\mathrm{i}}{4\pi}\int_0^{\infty}\frac{\mathrm{e}^{\mathrm{i}k_z'|z|}}{k_z'}\mathrm{J}_0(k_\rho\rho)k_\rho \mathrm{d}k_\rho. \tag{11.2.76}$$

上式的物理含义为:球面波可转化为水平方向柱面波形成的驻波和垂直方向平面波的叠加。

【例题】 求解如下半无界区域亥姆霍兹方程的格林函数

$$\begin{cases}\left(\dfrac{\partial^2}{\partial x^2}+\dfrac{\partial^2}{\partial y^2}+\dfrac{\partial^2}{\partial z^2}\right)G + k^2 G = -\delta(x-x_0)\delta(y-y_0)\delta(z-z_0), z>0, z_0>0,\\ G|_{z=0} = 0.\end{cases}$$

方法 1:利用镜像法计算。无限均匀区域中的格林函数的通解

$$G_0(r) = \frac{1}{4\pi}\frac{\mathrm{e}^{\mathrm{i}kr}}{r}.$$

利用镜像法,可以得到半区域中的解

$$G(x,y,z;x_0,y_0,z_0) = \frac{1}{4\pi}\frac{\mathrm{e}^{\mathrm{i}kr}}{r} - \frac{1}{4\pi}\frac{\mathrm{e}^{\mathrm{i}kr'}}{r'}, z>0, z_0>0,$$

其中,$r = \sqrt{(x-x_0)^2+(y-y_0)^2+(z-z_0)^2}$,$r' = \sqrt{(x-x_0)^2+(y-y_0)^2+(z+z_0)^2}$.

方法 2:无限均匀区域中格林函数的通解可写为

$$G_0(\rho,\varphi,z)=\frac{\mathrm{i}}{4\pi}\int_0^{\infty}\frac{\mathrm{e}^{\mathrm{i}k_z'|z-z_0|}}{k_z'}\mathrm{J}_0(k_\rho\rho)k_\rho\mathrm{d}k_\rho,$$

其中，$k_z'=\sqrt{k^2-k_\rho^2}$.

上式积分中，$u_i(z)=\mathrm{e}^{\mathrm{i}k_z'|z-z_0|}$可以视为位于 $z=z_0$ 处的无限大的面源产生的沿 z 正方向和负方向传播的平面波，而 $\mathrm{J}_0(k_\rho\rho)$代表 ρ 方向由柱面波形成的驻波。

当这种模式的波在半无界区域介质中传播时，z 方向的平面波将发生垂直反射，而 ρ 方向的柱面波的驻波并不发生改变。因此，求解半无界区域介质中的波，只需将 z 方向的平面波进行扩展即可。

在 $z>0$ 区域，平面波的解可扩展为

$$u(z)=u_i(z)+u_r(z)=\mathrm{e}^{\mathrm{i}k_z'|z-z_0|}+R\mathrm{e}^{\mathrm{i}k_z'z}.$$

其中，R 为待定系数。

由边界条件 $G|_{z=0}=0$，可得 $u|_{z=0}=0$，即

$$\mathrm{e}^{\mathrm{i}k_z'z_0}+R=0.$$

计算可得，

$$R=-\mathrm{e}^{\mathrm{i}k_z'z_0}.$$

因此，在 $z>0$ 区域，平面波的扩展解

$$u(z)=\mathrm{e}^{\mathrm{i}k_z'|z-z_0|}-\mathrm{e}^{\mathrm{i}k_z'(z+z_0)}.$$

将上式替换 $G_0(\rho,z)=\dfrac{\mathrm{i}}{4\pi}\displaystyle\int_0^{\infty}\frac{\mathrm{e}^{\mathrm{i}k_z'|z-z_0|}}{k_z'}\mathrm{J}_0(k_\rho\rho)k_\rho\mathrm{d}k_\rho$ 中的 $\mathrm{e}^{\mathrm{i}k_z'|z-z_0|}$，即可得到半无界区域中亥姆霍兹方程的格林函数

$$G(\rho,\varphi,z)=\frac{\mathrm{i}}{4\pi}\int_0^{\infty}\frac{\mathrm{e}^{\mathrm{i}k_z'|z-z_0|}-\mathrm{e}^{\mathrm{i}k_z'(z+z_0)}}{k_z'}\mathrm{J}_0(k_\rho\rho)k_\rho\mathrm{d}k_\rho,z>0,z_0>0.$$

§ 11.3　一般含时的波动方程的格林函数法

授课视频

前两节利用格林函数法求解了不含时的泊松方程和时谐的波动方程。当波动方程中的物理量 $u(\boldsymbol{r},t)$随时间呈一般性变化，不再依赖时谐因子 $\mathrm{e}^{-\mathrm{i}\omega t}$ 时，我们将这类波动方程称为一般含时的波动方程。本节利用格林函数法求解这类一般含时的波动方程。

11.3.1　一维无界区域的振动方程

一维无界弦的振动方程

$$\begin{cases}u_{tt}(x,t)-a^2u_{xx}(x,t)=f(x,t),\\u|_{t=0}=\varphi(x),u_t|_{t=0}=\psi(x),\end{cases}\tag{11.3.1}$$

其中，$f(x,t)$是单位质量的弦所受的外力，$\varphi(x)$和 $\psi(x)$分别是弦振动的初始位移和初始速度。

在第 3 章中，我们利用行波法得到定解问题(11.3.1)式的解

$$u(x,t)=\frac{1}{2}[\varphi(x+at)+\varphi(x-at)]+\frac{1}{2a}\int_{x-at}^{x+at}\psi(\xi)\mathrm{d}\xi+\frac{1}{2a}\int_0^t\int_{x-a(t-\tau)}^{x+a(t-\tau)}f(\xi,\tau)\mathrm{d}\xi\mathrm{d}\tau. \tag{11.3.2}$$

在利用格林函数法对定解问题(11.3.1)式进行求解以前，先利用叠加原理，将定解问题(11.3.1)式分解为三个相对简单的定解问题，即设

$$u(x,t)=u^{(1)}(x,t)+u^{(2)}(x,t)+u^{(3)}(x,t),$$

其中，$u^{(1)}(x,t)$、$u^{(2)}(x,t)$和$u^{(3)}(x,t)$分别满足如下的定解问题：

$$\begin{cases}u_{tt}^{(1)}(x,t)-a^2u_{xx}^{(1)}(x,t)=f(x,t),\\ u^{(1)}\big|_{t=0}=0,u_t^{(1)}\big|_{t=0}=0.\end{cases} \tag{11.3.3}$$

$$\begin{cases}u_{tt}^{(2)}(x,t)-a^2u_{xx}^{(2)}(x,t)=0,\\ u^{(2)}\big|_{t=0}=0,u_t^{(2)}\big|_{t=0}=\psi(x).\end{cases} \tag{11.3.4}$$

$$\begin{cases}u_{tt}^{(3)}(x,t)-a^2u_{xx}^{(3)}(x,t)=0,\\ u^{(3)}\big|_{t=0}=\varphi(x),u_t^{(3)}\big|_{t=0}=0.\end{cases} \tag{11.3.5}$$

定解问题(11.3.3)式、(11.3.4)式和(11.3.5)式的振动位移分别是由源$f(x,t)$、“速度源”$\psi(x)$和“位移源”$\varphi(x)$所引起的。因此，可以利用格林函数法，用点源代替这三种源，求解对应的格林函数，然后通过叠加原理，得到三个定解问题的解。

1. 初始条件为零的非齐次方程定解问题的求解

为便于下面的计算，先引入一个函数的傅里叶变换的积分公式。已知函数

$$f(x)=\begin{cases}\dfrac{1}{2a},\ |x|\leqslant at,\\ 0,\ |x|>at.\end{cases} \tag{11.3.6}$$

其傅里叶变换及傅里叶逆变换的公式为

$$\begin{cases}\displaystyle\int_{-\infty}^{\infty}f(x)\mathrm{e}^{-\mathrm{i}kx}\mathrm{d}x=\frac{\sin(akt)}{ak},\\ \displaystyle\frac{1}{2\pi}\int_{-\infty}^{\infty}\frac{\sin(akt)}{ak}\mathrm{e}^{\mathrm{i}kx}\mathrm{d}k=f(x).\end{cases} \tag{11.3.7}$$

证明： $\displaystyle\int_{-\infty}^{\infty}f(x)\mathrm{e}^{-\mathrm{i}kx}\mathrm{d}x=\frac{1}{2a}\int_{-at}^{at}\mathrm{e}^{-\mathrm{i}kx}\mathrm{d}x=\frac{\sin(akt)}{ak}.$

保持定解问题(11.3.3)式的形式不变，将源$f(x,t)$用一个作用于点ξ、时刻τ的狄拉克函数源$\delta(x-\xi)\delta(t-\tau)$替代，则其对应的格林函数方程为

$$\begin{cases}G_{tt}(x,t;\xi,\tau)-a^2G_{xx}(x,t;\xi,\tau)=\delta(x-\xi)\delta(t-\tau),\\ G\big|_{t=0}=0,G_t\big|_{t=0}=0,\end{cases} \tag{11.3.8}$$

$G(x,t;\xi,\tau)$代表由作用于点ξ、时刻τ的狄拉克函数源产生的场。

τ时刻以前，场一直保持为零。只有在τ时刻源开始发生作用后，场才开始变化。(11.3.8)式两边对t在区间$[0,\tau]$进行定积分，可得τ时刻的初始速度$G_t\big|_{t=\tau}=\delta(x-\xi)$.因此，$\tau$时刻以后，格林函数满足的方程和初始条件为

$$\begin{cases}G_{tt}(x,t;\xi,\tau)-a^2G_{xx}(x,t;\xi,\tau)=0,\\ G\big|_{t=\tau}=0,G_t\big|_{t=\tau}=\delta(x-\xi).\end{cases} \tag{11.3.9}$$

定解问题(11.3.8)式和(11.3.9)式描述的是同一个物理问题，二者等价。利用傅里叶变换，定解问题(11.3.9)式变为

$$\begin{cases}\tilde{G}_{tt}(k,t;\xi,\tau)+a^2k^2\tilde{G}(k,t;\xi,\tau)=0,\\ \tilde{G}\big|_{t=\tau}=0,\tilde{G}_t\big|_{t=\tau}=e^{-ik\xi}.\end{cases}\tag{11.3.10}$$

像函数的通解

$$\tilde{G}(k,t;\xi,\tau)=A\cos ak(t-\tau)+B\sin ak(t-\tau).\tag{11.3.11}$$

由初始条件得

$$\tilde{G}\big|_{t=\tau}=0\Rightarrow A=0.$$

$$\tilde{G}_t\big|_{t=\tau}=Bak=e^{-ik\xi}\Rightarrow B=\frac{e^{-ik\xi}}{ak}.$$

因此，像函数的解

$$\tilde{G}(k,t;\xi,\tau)=\frac{\sin ak(t-\tau)}{ak}e^{-ik\xi}.\tag{11.3.12}$$

对上式进行傅里叶逆变换，可得

$$G(x,t;\xi,\tau)=\frac{1}{2\pi}\int_{-\infty}^{\infty}\frac{\sin ak(t-\tau)}{ak}e^{ik(x-\xi)}dk.\tag{11.3.13}$$

结合傅里叶变换公式(11.3.6)式和(11.3.7)式的第二式，可得格林函数的解

$$G(x,t;\xi,\tau)=\begin{cases}\dfrac{1}{2a},\ |x-\xi|\leqslant a(t-\tau),\\ 0,\ |x-\xi|>a(t-\tau).\end{cases}\tag{11.3.14}$$

根据叠加原理，定解问题(11.3.3)式的解为

$$\begin{aligned}u^{(1)}(x,t)&=\int_0^t\int_{-\infty}^{\infty}f(\xi,\tau)G(x,t;\xi,\tau)d\xi d\tau\\&=\frac{1}{2a}\int_0^t\int_{x-a(t-\tau)}^{x+a(t-\tau)}f(\xi,\tau)d\xi d\tau.\end{aligned}\tag{11.3.15}$$

2. 只有初始速度的齐次方程定解问题的求解

定解问题(11.3.4)式只有初始速度是非齐次的，可以把初始速度视为一个“速度源”$\psi(x)$. 由于“速度源”$\psi(x)$是空间变量 x 的函数，所以，将“速度源”$\psi(x)$替换成作用于 ξ 处的狄拉克函数源 $\delta(x-\xi)$，对应的格林函数满足的方程和初始条件为

$$\begin{cases}G_{tt}(x,t;\xi)-a^2G_{xx}(x,t;\xi)=0,\\ G\big|_{t=0}=0,G_t\big|_{t=0}=\delta(x-\xi).\end{cases}\tag{11.3.16}$$

定解问题(11.3.16)式的形式与定解问题(11.3.9)式的区别只是初始时刻 $t=\tau$ 和 $t=0$ 的不同。因此，令(11.3.14)式中 $\tau=0$，则其退化为定解问题(11.3.16)式的解

$$G(x,t;\xi)=\begin{cases}\dfrac{1}{2a}, & |x-\xi|\leqslant at,\\ 0, & |x-\xi|>at.\end{cases} \tag{11.3.17}$$

根据叠加原理,定解问题(11.3.4)式的解

$$u^{(2)}(x,t)=\int_{-\infty}^{\infty}\psi(\xi)G(x,t;\xi)\,\mathrm{d}\xi=\frac{1}{2a}\int_{x-at}^{x+at}\psi(\xi)\,\mathrm{d}\xi. \tag{11.3.18}$$

3. 只有初始位移的齐次方程定解问题的求解

为便于下面的计算,先引入一个函数的傅里叶变换的积分公式。已知函数

$$f(x)=\frac{1}{2}[\delta(x-at)+\delta(x+at)]. \tag{11.3.19}$$

利用傅里叶变换和逆变换的公式以及狄拉克函数的性质,可以证得上述函数的傅里叶变换和逆变换的公式

$$\begin{cases}\displaystyle\int_{-\infty}^{\infty}\frac{1}{2}[\delta(x-at)+\delta(x+at)]\mathrm{e}^{-\mathrm{i}kx}\mathrm{d}x=\cos(akt),\\ \displaystyle\frac{1}{2\pi}\int_{-\infty}^{\infty}\cos(akt)\mathrm{e}^{\mathrm{i}kx}\mathrm{d}k=\frac{1}{2}[\delta(x-at)+\delta(x+at)].\end{cases} \tag{11.3.20}$$

下面继续利用格林函数法求解定解问题(11.3.5)式。定解问题(11.3.5)式只有初始位移是非齐次的,可以把初始位移视为一个“位移源”$\varphi(x)$.由于“位移源”$\varphi(x)$只是空间变量 x 的函数,所以,将“位移源”$\varphi(x)$替换成作用于 ξ 处的狄拉克函数源 $\delta(x-\xi)$,对应的格林函数满足的方程和初始条件为

$$\begin{cases}G_{tt}(x,t;\xi)-a^2G_{xx}(x,t;\xi)=0,\\ G(x,t;\xi)\big|_{t=0}=\delta(x-\xi),\ G_t(x,t;\xi)\big|_{t=0}=0.\end{cases} \tag{11.3.21}$$

利用傅里叶变换,定解问题变为

$$\begin{cases}\tilde{G}_{tt}(k,t;\xi)+a^2k^2\tilde{G}(k,t;\xi)=0,\\ \tilde{G}(k,t;\xi)\big|_{t=0}=\mathrm{e}^{-\mathrm{i}k\xi},\ \tilde{G}_t(k,t;\xi)\big|_{t=0}=0.\end{cases} \tag{11.3.22}$$

像函数的通解

$$\tilde{G}(k,t;\xi)=A\cos(akt)+B\sin(akt). \tag{11.3.23}$$

根据初始条件

$$\tilde{G}_t\big|_{t=0}=0\Rightarrow B=0.$$

$$\tilde{G}\big|_{t=0}=\mathrm{e}^{-\mathrm{i}k\xi}\Rightarrow A=\mathrm{e}^{-\mathrm{i}k\xi}.$$

因此,像函数的解

$$\tilde{G}(k,t;\xi)=\mathrm{e}^{-\mathrm{i}k\xi}\cos(akt). \tag{11.3.24}$$

利用傅里叶逆变换,可得

$$G(x,t;\xi)=\frac{1}{2\pi}\int_{-\infty}^{\infty}\cos(akt)\mathrm{e}^{\mathrm{i}k(x-\xi)}\mathrm{d}k.$$

结合(11.3.20)式第二式,可得

$$G(x,t;\xi)=\frac{1}{2}[\delta(x-\xi-at)+\delta(x-\xi+at)]. \tag{11.3.25}$$

根据叠加原理,定解问题(11.3.5)式的解为

$$\begin{aligned} u^{(3)}(x,t) &= \int_{-\infty}^{\infty} \varphi(\xi)G(x,t;\xi)\mathrm{d}\xi \\ &= \frac{1}{2}\int_{-\infty}^{\infty} \varphi(\xi)[\delta(x-\xi-at)+\delta(x-\xi+at)]\mathrm{d}\xi \\ &= \frac{1}{2}[\varphi(x-at)+\varphi(x+at)]. \end{aligned} \tag{11.3.26}$$

综上,根据叠加原理,可得定解问题(11.3.1)式的解为

$$\begin{aligned} u(x,t) &= u^{(1)}(x,t)+u^{(2)}(x,t)+u^{(3)}(x,t) \\ &= \frac{1}{2a}\int_0^t \int_{x-a(t-\tau)}^{x+a(t-\tau)} f(\xi,\tau)\mathrm{d}\xi\mathrm{d}\tau+\frac{1}{2a}\int_{x-at}^{x+at}\psi(\xi)\mathrm{d}\xi+\frac{1}{2}[\varphi(x+at)+\varphi(x-at)]. \end{aligned}$$

与利用行波法得到的解完全一致。

11.3.2 三维无界区域的波动方程

三维无界区域波动方程的定解问题为

$$\begin{cases} u_{tt}(\boldsymbol{r},t)-a^2\nabla^2 u(\boldsymbol{r},t)=f(\boldsymbol{r},t), \\ u|_{t=0}=\varphi(\boldsymbol{r}),u_t|_{t=0}=\psi(\boldsymbol{r}). \end{cases} \tag{11.3.27}$$

与求解一维无界区域波动方程的定解问题类似,利用叠加原理,将上述定解问题分解成三个相对简单的定解问题,即

$$u(\boldsymbol{r},t)=u^{(1)}(\boldsymbol{r},t)+u^{(2)}(\boldsymbol{r},t)+u^{(3)}(\boldsymbol{r},t),$$

其中,$u^{(1)}(\boldsymbol{r},t)$、$u^{(2)}(\boldsymbol{r},t)$和 $u^{(3)}(\boldsymbol{r},t)$分别满足如下的定解问题:

$$\begin{cases} u_{tt}^{(1)}(\boldsymbol{r},t)-a^2\nabla^2 u^{(1)}(\boldsymbol{r},t)=f(\boldsymbol{r},t), \\ u^{(1)}|_{t=0}=0,u_t^{(1)}|_{t=0}=0. \end{cases} \tag{11.3.28}$$

$$\begin{cases} u_{tt}^{(2)}(\boldsymbol{r},t)-a^2\nabla^2 u^{(2)}(\boldsymbol{r},t)=0, \\ u^{(2)}|_{t=0}=0,u_t^{(2)}|_{t=0}=\psi(\boldsymbol{r}). \end{cases} \tag{11.3.29}$$

$$\begin{cases} u_{tt}^{(3)}(\boldsymbol{r},t)-a^2\nabla^2 u^{(3)}(\boldsymbol{r},t)=0, \\ u^{(3)}|_{t=0}=\varphi(\boldsymbol{r}),u_t^{(3)}|_{t=0}=0. \end{cases} \tag{11.3.30}$$

1. 初始条件为零的非齐次方程定解问题的求解

为便于计算,引入如下函数的傅里叶变换与逆变换的积分公式:

$$\begin{cases} \displaystyle\int_{-\infty}^{\infty}\int_{-\infty}^{\infty}\int_{-\infty}^{\infty}\frac{\delta(r-at)}{4\pi ar}\mathrm{e}^{-\mathrm{i}(k_x x+k_y y+k_z z)}\mathrm{d}x\mathrm{d}y\mathrm{d}z=\frac{\sin(akt)}{ak}, \\ \displaystyle\frac{1}{(2\pi)^3}\int_{-\infty}^{\infty}\int_{-\infty}^{\infty}\int_{-\infty}^{\infty}\frac{\sin(akt)}{ak}\mathrm{e}^{\mathrm{i}(k_x x+k_y y+k_z z)}\mathrm{d}k_x\mathrm{d}k_y\mathrm{d}k_z=\frac{\delta(r-at)}{4\pi ar}. \end{cases} \tag{11.3.31}$$

其中,$r=\sqrt{x^2+y^2+z^2}$、$k=\sqrt{k_x^2+k_y^2+k_z^2}$.

证明:令矢量 $\boldsymbol{k}=k_x\hat{\boldsymbol{e}}_x+k_y\hat{\boldsymbol{e}}_y+k_z\hat{\boldsymbol{e}}_z$,$\boldsymbol{r}=x\hat{\boldsymbol{e}}_x+y\hat{\boldsymbol{e}}_y+z\hat{\boldsymbol{e}}_z$,以矢量 $\boldsymbol{k}$ 的方向为极轴方向,建立球坐标

系，则有

$$k_x x+k_y y+k_z z=\boldsymbol{k}\cdot\boldsymbol{r}=kr\cos\theta. \tag{11.3.32}$$

其中，矢量 $\boldsymbol{k}$ 和 $\boldsymbol{r}$ 的夹角就是球坐标系的极角 θ.

将(11.3.32)式代入(11.3.31)式第一式的左边，可得

$$\begin{aligned}
&\int_{-\infty}^{\infty}\int_{-\infty}^{\infty}\int_{-\infty}^{\infty}\frac{\delta(r-at)}{4\pi ar}e^{-i(k_x x+k_y y+k_z z)}dxdydz\\
&=\int_0^{2\pi}\int_0^{\pi}\int_0^{\infty}\frac{\delta(r-at)}{4\pi ar}e^{-ikr\cos\theta}r^2\sin\theta drd\theta d\varphi\\
&=\int_0^{\infty}\frac{r\delta(r-at)}{2a}\int_0^{\pi}e^{-ikr\cos\theta}\sin\theta d\theta dr\\
&=\int_0^{\infty}\frac{r\delta(r-at)}{2a}\left(\frac{e^{ikr}}{ikr}-\frac{e^{-ikr}}{ikr}\right)dr\\
&=\frac{\sin(akt)}{ak}.
\end{aligned}$$

因此，(11.3.31)式得证。

下面，继续利用格林函数法求解定解问题(11.3.28)式，其对应的格林函数方程及其初始条件为

$$\begin{cases}G_{tt}(\boldsymbol{r},t;\boldsymbol{\xi},\tau)-a^2\nabla^2 G(\boldsymbol{r},t;\boldsymbol{\xi},\tau)=\delta(\boldsymbol{r}-\boldsymbol{\xi})\delta(t-\tau),\\ G|_{t=0}=0,G_t|_{t=0}=0.\end{cases} \tag{11.3.33}$$

其中，$\boldsymbol{r}=(x,y,z)$，$\boldsymbol{\xi}=(x_0,y_0,z_0)$，$\delta(\boldsymbol{r}-\boldsymbol{\xi})\delta(t-\tau)$ 表示位于点 $\boldsymbol{\xi}$、时刻 τ 的狄拉克函数源，$G(\boldsymbol{r},t;\boldsymbol{\xi},\tau)$ 表示由该狄拉克函数源产生的场。

τ 时刻以前，场一直保持为零。τ 时刻以后，格林函数满足如下方程

$$\begin{cases}G_{tt}(\boldsymbol{r},t;\boldsymbol{\xi},\tau)-a^2\nabla^2 G(\boldsymbol{r},t;\boldsymbol{\xi},\tau)=0,\\ G|_{t=\tau}=0,G_t|_{t=\tau}=\delta(\boldsymbol{r}-\boldsymbol{\xi}).\end{cases} \tag{11.3.34}$$

利用三维傅里叶变换，得到像函数满足的定解问题

$$\begin{cases}\tilde{G}_{tt}(\boldsymbol{k},t;\boldsymbol{\xi},\tau)+a^2k^2\tilde{G}(\boldsymbol{k},t;\boldsymbol{\xi},\tau)=0,\\ \tilde{G}|_{t=\tau}=0,\tilde{G}_t|_{t=\tau}=e^{-i\boldsymbol{k}\cdot\boldsymbol{\xi}},\end{cases} \tag{11.3.35}$$

其中，$k^2=k_x^2+k_y^2+k_z^2$.

像函数的通解

$$\tilde{G}(\boldsymbol{k},t;\boldsymbol{\xi},\tau)=A\cos ak(t-\tau)+B\sin ak(t-\tau). \tag{11.3.36}$$

由初始条件

$$\tilde{G}|_{t=\tau}=0\Rightarrow A=0.$$

$$\tilde{G}_t|_{t=\tau}=Bak=e^{-i\boldsymbol{k}\cdot\boldsymbol{\xi}}\Rightarrow B=\frac{e^{-i\boldsymbol{k}\cdot\boldsymbol{\xi}}}{ak}.$$

因此，像函数

$$\tilde{G}(\boldsymbol{k},t;\boldsymbol{\xi},\tau)=\frac{\sin ak(t-\tau)}{ak}e^{-i\boldsymbol{k}\cdot\boldsymbol{\xi}}. \tag{11.3.37}$$

对上式进行三维傅里叶逆变换,可得

$$G(\boldsymbol{r},t;\boldsymbol{\xi},\tau)=\frac{1}{(2\pi)^3}\int_{-\infty}^{\infty}\int_{-\infty}^{\infty}\int_{-\infty}^{\infty}\frac{\sin ak(t-\tau)}{ak}e^{-i\boldsymbol{k}\cdot\boldsymbol{\xi}}e^{i(k_x x+k_y y+k_z z)}dk_x dk_y dk_z$$

$$=\frac{1}{(2\pi)^3}\int_{-\infty}^{\infty}\int_{-\infty}^{\infty}\int_{-\infty}^{\infty}\frac{\sin ak(t-\tau)}{ak}e^{i[k_x(x-x_0)+k_y(y-y_0)+k_z(z-z_0)]}dk_x dk_y dk_z.$$

结合积分公式(11.3.31)式第二式,可得

$$G(\boldsymbol{r},t;\boldsymbol{\xi},\tau)=\frac{\delta[R-a(t-\tau)]}{4\pi aR}. \tag{11.3.38}$$

其中,$R=|\boldsymbol{r}-\boldsymbol{\xi}|$.

由狄拉克函数的性质 $\delta(ax)=\dfrac{\delta(x)}{|a|}$,(11.3.38)式可化简为

$$G(\boldsymbol{r},t;\boldsymbol{\xi},\tau)=\frac{\delta\left(t-\tau-\dfrac{R}{a}\right)}{4\pi a^2 R}, \tag{11.3.39}$$

上式即为格林函数方程(11.3.33)式的解。

根据叠加原理,定解问题(11.3.28)式的解

$$u^{(1)}(\boldsymbol{r},t)=\int_0^t\iiint_\Omega f(\boldsymbol{\xi},\tau)\frac{\delta\left(t-\tau-\dfrac{R}{a}\right)}{4\pi a^2 R}d\boldsymbol{\xi}d\tau=\frac{1}{4\pi a^2}\iiint_{\Omega_r^{at}}\frac{f\left(\boldsymbol{\xi},t-\dfrac{R}{a}\right)}{R}d\boldsymbol{\xi}. \tag{11.3.40}$$

其中,$R=|\boldsymbol{r}-\boldsymbol{\xi}|$,$t-\dfrac{R}{a}\geqslant 0$.

由 $t-\dfrac{R}{a}\geqslant 0$,可得 $|\boldsymbol{\xi}-\boldsymbol{r}|\leqslant at$.因此,积分区域 Ω_r^{at} 代表以 $\boldsymbol{r}$ 为球心,at 为半径的球体,a 为波在空间中的传播速度。(11.3.40)式说明位置 $\boldsymbol{r}$ 处、t 时刻的波的振动受到位于 $\boldsymbol{\xi}$ 处的源在 $t-\dfrac{R}{a}$ 时刻的激励的影响,空间势场的产生与源的激励相比,时间推迟了 R/a,物理上把这种在时间上具有推迟效应的势场称为**推迟势**。

2. 只有初始速度的齐次方程定解问题的求解

定解问题(11.3.29)式对应的格林函数方程及其初始条件为

$$\begin{cases}G_{tt}(\boldsymbol{r},t;\boldsymbol{\xi})-a^2\nabla^2 G(\boldsymbol{r},t;\boldsymbol{\xi})=0,\\ G|_{t=0}=0,G_t|_{t=0}=\delta(\boldsymbol{r}-\boldsymbol{\xi}).\end{cases} \tag{11.3.41}$$

其中,$\boldsymbol{r}=(x,y,z)$,$\boldsymbol{\xi}=(x_0,y_0,z_0)$.通过比较定解问题(11.3.41)式与定解问题(11.3.34)式,可知定解问题(11.3.41)式的解可由(11.3.38)式退化,即令(11.3.38)式中的 $\tau=0$,可得

$$G(\boldsymbol{r},t;\boldsymbol{\xi})=\frac{\delta(R-at)}{4\pi aR}, \tag{11.3.42}$$

其中,$R=|\boldsymbol{r}-\boldsymbol{\xi}|$.

根据叠加原理,定解问题(11.3.29)式的解

$$u^{(2)}(\boldsymbol{r},t)=\iiint_\Omega \psi(\boldsymbol{\xi})G(\boldsymbol{r},t;\boldsymbol{\xi})d\boldsymbol{\xi}=\frac{1}{4\pi a}\iiint_\Omega \psi(\boldsymbol{\xi})\frac{\delta(R-at)}{R}d\boldsymbol{\xi}.$$

由于 $\boldsymbol{\xi}$ 构成的区域为以 $\boldsymbol{r}$ 为中心、R 为半径的无限大球体,因此,上述体积分可写为

$$u^{(2)}(\boldsymbol{r},t)=\frac{1}{4\pi a}\int_0^{2\pi}\int_0^{\pi}\int_0^{\infty}\psi(\boldsymbol{\xi})R\delta(R-at)\sin\theta\mathrm{d}R\mathrm{d}\theta\mathrm{d}\varphi$$
$$=\frac{1}{4\pi a}\int_0^{2\pi}\int_0^{\pi}[\psi(\boldsymbol{\xi})R]_{R=at}\sin\theta\mathrm{d}\theta\mathrm{d}\varphi.$$

若用 $\partial\Omega_r^{at}$ 代表以 $\boldsymbol{r}$ 为球心、at 为半径的球面,$\mathrm{d}S=(at)^2\sin\theta\mathrm{d}\theta\mathrm{d}\varphi$,则 $u^{(2)}(\boldsymbol{r},t)$ 可表示为

$$u^{(2)}(\boldsymbol{r},t)=\frac{1}{4\pi a}\iint_{\partial\Omega_r^{at}}\frac{\psi(\boldsymbol{\xi})}{at}\mathrm{d}S. \tag{11.3.43}$$

说明,位于 $\boldsymbol{r}$ 处、t 时刻的波的振动与该处距离 at 的球面上的波的初始速度 $\psi(\boldsymbol{\xi})$ 有关。

3. 只有初始位移的齐次方程定解问题的求解

为便于下面计算,引入如下函数的傅里叶变换与逆变换的积分公式:

$$\begin{cases}\displaystyle\int_{-\infty}^{\infty}\int_{-\infty}^{\infty}\int_{-\infty}^{\infty}-\frac{\delta'(r-at)}{4\pi r}\mathrm{e}^{-\mathrm{i}(k_xx+k_yy+k_zz)}\mathrm{d}x\mathrm{d}y\mathrm{d}z=\cos(akt),\\ \displaystyle\frac{1}{(2\pi)^3}\int_{-\infty}^{\infty}\int_{-\infty}^{\infty}\int_{-\infty}^{\infty}\cos(akt)\,\mathrm{e}^{\mathrm{i}(k_xx+k_yy+k_zz)}\mathrm{d}k_x\mathrm{d}k_y\mathrm{d}k_z=-\frac{\delta'(r-at)}{4\pi r},\end{cases} \tag{11.3.44}$$

其中,$r=\sqrt{x^2+y^2+z^2}$,$\delta'(r-at)$ 代表狄拉克函数 $\delta(r-at)$ 对变量 r 的一阶导数。

证明:对函数 $f(r)=-\dfrac{\delta'(r-at)}{4\pi r}$ 进行三维傅里叶变换

$$\int_{-\infty}^{\infty}\int_{-\infty}^{\infty}\int_{-\infty}^{\infty}-\frac{\delta'(r-at)}{4\pi r}\mathrm{e}^{-\mathrm{i}(k_xx+k_yy+k_zz)}\mathrm{d}x\mathrm{d}y\mathrm{d}z$$
$$=-\int_0^{2\pi}\int_0^{\pi}\int_0^{\infty}\frac{\delta'(r-at)}{4\pi r}\mathrm{e}^{-\mathrm{i}kr\cos\theta}r^2\sin\theta\mathrm{d}r\mathrm{d}\theta\mathrm{d}\varphi$$
$$=-\int_0^{\infty}\frac{r\delta'(r-at)}{2}\int_0^{\pi}\mathrm{e}^{-\mathrm{i}kr\cos\theta}\sin\theta\mathrm{d}\theta\mathrm{d}r$$
$$=-\int_0^{\infty}\frac{\delta'(r-at)}{k}\sin kr\mathrm{d}r$$
$$=\cos(akt).$$

因此,证得(11.3.44)式。

下面,继续求解定解问题(11.3.30)式,其对应的格林函数方程及其初始条件为

$$\begin{cases}G_{tt}(\boldsymbol{r},t;\boldsymbol{\xi})-a^2\nabla^2G(\boldsymbol{r},t;\boldsymbol{\xi})=0,\\ G|_{t=0}=\delta(\boldsymbol{r}-\boldsymbol{\xi}),G_t|_{t=0}=0.\end{cases} \tag{11.3.45}$$

其中,$\boldsymbol{r}=(x,y,z)$,$\boldsymbol{\xi}=(x_0,y_0,z_0)$,$\delta(\boldsymbol{r}-\boldsymbol{\xi})$ 表示初始时刻位于点 $\boldsymbol{\xi}$ 的狄拉克函数源,$G(\boldsymbol{r},t;\boldsymbol{\xi})$ 表示由该狄拉克函数源产生的场。

对上式进行三维傅里叶变换,可得像函数满足的定解问题

$$\begin{cases}\tilde{G}_{tt}(\boldsymbol{k},t;\boldsymbol{\xi})+a^2k^2\tilde{G}(\boldsymbol{k},t;\boldsymbol{\xi})=0,\\ \tilde{G}|_{t=0}=\mathrm{e}^{-\mathrm{i}\boldsymbol{k}\cdot\boldsymbol{\xi}},\tilde{G}_t|_{t=0}=0.\end{cases} \tag{11.3.46}$$

像函数的通解

$$\tilde{G}(\boldsymbol{k},t;\boldsymbol{\xi})=A\cos\,(akt)+B\sin\,(akt). \tag{11.3.47}$$

由初始条件可得

$$\tilde{G}_t\big|_{t=0}=0\Rightarrow B=0.$$

$$\tilde{G}_t\big|_{t=0}=\mathrm{e}^{-\mathrm{i}\boldsymbol{k}\cdot\boldsymbol{\xi}}\Rightarrow A=\mathrm{e}^{-\mathrm{i}\boldsymbol{k}\cdot\boldsymbol{\xi}}.$$

因此,像函数的解

$$\tilde{G}(\boldsymbol{k},t;\boldsymbol{\xi})=\cos\,(akt)\,\mathrm{e}^{-\mathrm{i}\boldsymbol{k}\cdot\boldsymbol{\xi}}. \tag{11.3.48}$$

对上式进行三维傅里叶逆变换,可得

$$G(\boldsymbol{r},t;\boldsymbol{\xi})=\frac{1}{(2\pi)^3}\int_{-\infty}^{\infty}\int_{-\infty}^{\infty}\int_{-\infty}^{\infty}\cos\,(akt)\,\mathrm{e}^{\mathrm{i}[k_x(x-x_0)+k_y(y-y_0)+k_z(z-z_0)]}\mathrm{d}k_x\mathrm{d}k_y\mathrm{d}k_z.$$

根据积分公式(11.3.44)式第二式,上式的结果为

$$G(\boldsymbol{r},t;\boldsymbol{\xi})=-\frac{\delta'(R-at)}{4\pi R}. \tag{11.3.49}$$

其中,$R=|\boldsymbol{r}-\boldsymbol{\xi}|$.

根据叠加原理,定解问题(11.3.30)式的解

$$\begin{aligned}
u^{(3)}(\boldsymbol{r},t)&=\iiint_\Omega\varphi(\boldsymbol{\xi})\,G(\boldsymbol{r},t;\boldsymbol{\xi})\,\mathrm{d}\boldsymbol{\xi}\\
&=-\frac{1}{4\pi}\int_0^{2\pi}\int_0^{\pi}\int_0^{\infty}\varphi(\boldsymbol{\xi})\,\delta'(R-at)R\sin\,\theta\mathrm{d}R\mathrm{d}\theta\mathrm{d}\varphi\\
&=\frac{1}{4\pi}\int_0^{2\pi}\int_0^{\pi}\frac{\partial}{\partial R}[\varphi(\boldsymbol{\xi})R]_{R=at}\sin\,\theta\mathrm{d}\theta\mathrm{d}\varphi\\
&=\frac{1}{4\pi a}\int_0^{2\pi}\int_0^{\pi}\frac{\partial}{\partial t}[\varphi(\boldsymbol{\xi})at]\sin\,\theta\mathrm{d}\theta\mathrm{d}\varphi\\
&=\frac{1}{4\pi a}\frac{\partial}{\partial t}\int_0^{2\pi}\int_0^{\pi}\frac{\varphi(\boldsymbol{\xi})}{at}(at)^2\sin\,\theta\mathrm{d}\theta\mathrm{d}\varphi.
\end{aligned}$$

若用$\partial\Omega_r^{at}$代表以 $\boldsymbol{r}$ 为球心、at 为半径的球面,$\mathrm{d}S=(at)^2\sin\,\theta\mathrm{d}\theta\mathrm{d}\varphi$,则上式表示为

$$u^{(3)}(\boldsymbol{r},t)=\frac{1}{4\pi a}\frac{\partial}{\partial t}\iint_{\partial\Omega_r^{at}}\frac{\varphi(\boldsymbol{\xi})}{at}\mathrm{d}S, \tag{11.3.50}$$

(11.3.50)式说明,t 时刻、位于 $\boldsymbol{r}$ 处的波的振动与该处距离 at 的球面上的波的初始位移 $\varphi(\boldsymbol{\xi})$ 有关。

综上,由叠加原理可得定解问题(11.3.27)式的解为

$$\begin{aligned}
u(\boldsymbol{r},t)&=u^{(1)}(\boldsymbol{r},t)+u^{(2)}(\boldsymbol{r},t)+u^{(3)}(\boldsymbol{r},t)\\
&=\frac{1}{4\pi a^2}\iiint_{\Omega_r^{at}}\frac{f\left(\boldsymbol{\xi},t-\dfrac{R}{a}\right)}{R}\mathrm{d}\boldsymbol{\xi}+\frac{1}{4\pi a}\iint_{\partial\Omega_r^{at}}\frac{\psi(\boldsymbol{\xi})}{at}\mathrm{d}S+\frac{1}{4\pi a}\frac{\partial}{\partial t}\iint_{\partial\Omega_r^{at}}\frac{\varphi(\boldsymbol{\xi})}{at}\mathrm{d}S,
\end{aligned} \tag{11.3.51}$$

其中,Ω_r^{at} 和$\partial\Omega_r^{at}$分别代表以 $\boldsymbol{r}$ 为球心、at 为半径的球体和球面。

第 11 章习题

1. 利用格林函数法推导定解问题$\begin{cases}\nabla^2 u(\boldsymbol{r})=-f(\boldsymbol{r}),\\ u(\boldsymbol{r})\big|_{\partial\Omega}=\varphi(\boldsymbol{r})\end{cases}$的积分解。

2. 利用镜像法求解如下格林函数方程

$$\begin{cases}G_{xx}(x,y;x_0,y_0)+G_{yy}(x,y;x_0,y_0)=-\delta(x-x_0)\delta(y-y_0),0<x,x_0<\infty;-\infty<y,y_0<\infty,\\ G\big|_{x=0}=0.\end{cases}$$

利用求得的格林函数 $G(x,y;x_0,y_0)$，写出如下定解问题的积分解：

$$\begin{cases}u_{xx}(x,y)+u_{yy}(x,y)=-f(x,y),0<x<\infty;-\infty<y<\infty,\\ u\big|_{x=0}=\varphi(y).\end{cases}$$

3. 利用傅里叶变换法求解如下格林函数方程

$$\nabla^2 G(\boldsymbol{r},\boldsymbol{r}_0)+k^2 G(\boldsymbol{r},\boldsymbol{r}_0)=-\delta(\boldsymbol{r}-\boldsymbol{r}_0).$$

4. 利用格林函数法求解定解问题

$$\begin{cases}u_t(x,t)-a^2u_{xx}(x,t)=f(x,t),-\infty<x<\infty,t>0,\\ u\big|_{t=0}=0.\end{cases}$$

已知：傅里叶逆变换公式 $\mathscr{F}^{-1}[\mathrm{e}^{-\alpha k^2}]=\dfrac{1}{\sqrt{4\alpha\pi}}\mathrm{e}^{-x^2/4\alpha},\alpha>0.$

5. 利用格林函数法求解定解问题

$$\begin{cases}u_t(x,t)-a^2u_{xx}(x,t)=0,-\infty<x<\infty,t>0,\\ u\big|_{t=0}=\varphi(x).\end{cases}$$

6. 求解如下一维半无界区域的亥姆霍兹方程的格林函数

$$\begin{cases}G_{xx}(x;\xi)+k^2G(x;\xi)=-\delta(x-\xi),0<x,\xi<\infty,\\ G\big|_{x=0}=0.\end{cases}$$

其中，k 为虚部大于零的常数。

7. 求解如下一维无界区域的亥姆霍兹方程的格林函数：

$$G_{xx}(x;\xi)+k^2(x)G(x;\xi)=-\delta(x-\xi),-\infty<x,\xi<\infty.$$

其中，$k(x)=\begin{cases}k_1,-\infty<x<0,\\ k_2,0<x<+\infty.\end{cases}$，$k_1$ 和 k_2 均为虚部大于零的常数。

8. 求解如下一维有界区域的亥姆霍兹方程的格林函数

$$\begin{cases}G_{xx}(x;\xi)+k^2G(x;\xi)=-\delta(x-\xi),a<x,\xi<b,\\ G(x;\xi)\big|_{x=a}=0,G(x;\xi)\big|_{x=b}=0.\end{cases}$$

其中，k 为虚部大于零的常数。

9. 求解如下半无界区域的亥姆霍兹方程的格林函数：

$$\begin{cases}\nabla^2G(x,y,z)+k^2G(x,y,z)=-\delta(x-x_0)\delta(y-y_0)\delta(z-z_0),\\ G\big|_{z=0}=0.\end{cases}$$

其中，$-\infty<x,x_0,y,y_0<\infty;z,z_0>0$，$k$ 为虚部大于零的常数。

10. 求解如下三维有界区域的亥姆霍兹方程的格林函数：

$$\begin{cases}\nabla^2 G(x,y,z)+k^2 G(x,y,z)=-\delta(x-x_0)\delta(y-y_0)\delta(z-z_0),\\ G\big|_{z=0}=0, G\big|_{z=H}=0.\end{cases}$$

其中，$-\infty<x,x_0,y,y_0<\infty$；$0<z,z_0<H$，$k$ 为虚部大于零的常数。

11. 利用格林函数法求解如下定解问题：

$$\begin{cases}u_{tt}(x,t)-a^2u_{xx}(x,t)=\sin\dfrac{\pi x}{l}\sin\omega t, 0<x<l, t>0,\\ u\big|_{x=0}=0, u\big|_{x=l}=0,\\ u\big|_{t=0}=0, u_t\big|_{t=0}=0.\end{cases}$$

习题参考答案

第 12 章　变　分　法

变分法是求解泛函极值问题的一种方法。光学中的费马原理、理论力学中的哈密顿原理以及固体物理中的密度泛函理论等都是以泛函的变分法为理论基础的。本章主要包含两部分内容:其一,基于变分运算和变分引理,将泛函的极值问题转化为对应微分方程的定解问题或本征问题;其二,将难以解析求解的微分方程的定解问题或本征问题转化为对应的泛函,并以瑞利-里茨法为例,介绍直接求解泛函极值的近似方法。

第 12 章
课件资源

§12.1　泛　　函

授课视频

12.1.1　泛函的定义

泛函最初源于 1630 年伽利略提出的最速降线问题。如图 12.1 所示,忽略一切摩擦力和阻力,仅在重力作用下,一个小球从原点 $O(0,0)$ 出发沿着竖直面(Oxy 平面)内的轨道自由下滑至 $A(a,b)$ 点。显然,沿不同的轨道,小球的下滑时间不同。那么,小球沿哪一条轨道下滑时间最短呢?直到 1696 年,约翰 · 伯努利首次解决了这个问题,并且以此向其他数学家们提出挑战。陆续地,牛顿、雅克布 · 伯努利等人也采用不同的方法解决了这个问题。

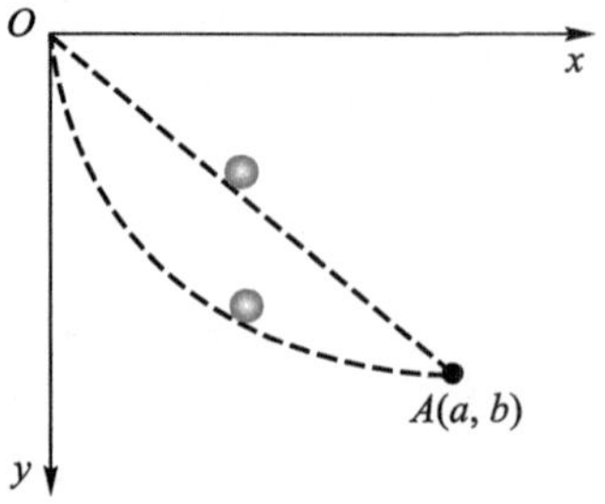

图 12.1　小球自由下滑示意图

为找出小球下滑时间最短的轨道函数,需要先建立小球下滑时间与轨道函数之间的依赖关系。假设小球下滑的轨道函数为 $y(x)$,则 x 轴上 $[x,x+\mathrm{d}x]$ 小区间对应的轨道弧长为

$$\mathrm{d}l=\sqrt{1+[y'(x)]^2}\,\mathrm{d}x. \tag{12.1.1}$$

根据机械能守恒定律,小球从原点下滑到 (x,y) 点时的瞬时速度

$$v=\sqrt{2gy(x)}. \tag{12.1.2}$$

因此,小球通过小弧 $\mathrm{d}l$ 所需的时间

$$\mathrm{d}t=\frac{\mathrm{d}l}{v}=\sqrt{\frac{1+[y'(x)]^2}{2gy(x)}}\,\mathrm{d}x. \tag{12.1.3}$$

将上式对 x 在 $[0,a]$ 区间上进行积分,即可得到小球沿轨道 $y(x)$ 自由下滑到 $A(a,b)$ 所需的时间

$$t[y(x)]=\int_0^a\sqrt{\frac{1+[y'(x)]^2}{2gy(x)}}\,\mathrm{d}x. \tag{12.1.4}$$

由上式可以看出,给定不同的轨道函数 $y(x)$,会有不同的时间 t 与之相对应。函数 $y(x)$ 与时间 t 构成一种映射关系。这种映射关系与函数相似,但又不完全一致。函数的自变量和因变量分别是 x 和 $y(x)$,二者对应数值到数值的映射关系;而(12.1.4)式中的自变量是一系列具体的函数 $y(x)$,函数 $y(x)$ 和时间 t 构成一种函数到数值的映射关系。这种函数到数值的映射关系称为泛函关系。为了与函数区别,常用中括号表示泛函关系,即如(12.1.4)式中的$t[y(x)]$.

如果对于满足给定边界条件的每一个函数 $y(x)$,均有一个唯一的、确定的数值 $\mathrm{J}[y(x)]$ 与之相对应,则称 $\mathrm{J}[y(x)]$ 为函数 $y(x)$ 的泛函。

泛函具有多种形式,本书只限于讨论用积分定义的泛函。例如,(12.1.4)式定义的泛函就是其中的一种简单泛函,概括写为

$$\mathrm{J}[y(x)]=\int_a^b F(x,y,y')\,\mathrm{d}x, \tag{12.1.5}$$

其中,自变量函数 $y(x)$ 在定义区间 $[a,b]$ 上具有连续的二阶导数,且满足一定的边界条件;被积函数 $F(x,y,y')$ 是由 x、$y(x)$ 和 $y'(x)$ 构成的复合函数。

下面列举几种常见的泛函。

1. 泛函的自变量是一个一元函数,但包含自变量的二阶导数 $y''(x)$,此类泛函可概括写为

$$\mathrm{J}[y(x)]=\int_a^b F(x,y,y',y'')\,\mathrm{d}x, \tag{12.1.6}$$

其中,自变量函数 $y(x)$ 在定义区间 $[a,b]$ 上具有连续的四阶导数,且满足一定的边界条件。

2. 泛函的自变量是两个一元函数,此类泛函可概括写为

$$\mathrm{J}[y(x),z(x)]=\int_a^b F(x,y,y',z,z')\,\mathrm{d}x, \tag{12.1.7}$$

其中,自变量函数 $y(x)$ 和 $z(x)$ 都在定义区间 $[a,b]$ 上具有连续的二阶导数,且都满足一定的边界条件。

3. 泛函的自变量是一个三元函数,此类泛函可概括写为

$$\mathrm{J}[u(x,y,z)]=\iiint_\Omega F(x,y,z,u,u_x,u_y,u_z)\,\mathrm{d}x\mathrm{d}y\mathrm{d}z, \tag{12.1.8}$$

其中,自变量 $u(x,y,z)$ 是定义在三维有界区域 Ω 内的具有连续二阶导数的函数,且在 Ω 的表面上满足一定的边界条件。

【思考】 泛函与函数、复合函数的区别。

12.1.2 泛函的极值

在函数的定义域 $[a,b]$ 内,将两个函数曲线间的最大距离 $\|y_1(x)-y_2(x)\|_0=\max\limits_{a\leqslant x\leqslant b}|y_1(x)-y_2(x)|$定义为两个函数的零阶距离[15]。显然,两条曲线重合的充要条件是两条曲线函数的零阶距离等于零。

如果存在任意的小量 $\varepsilon>0$,使当 $\|y(x)-y_0(x)\|_0<\varepsilon$ 时,均有 $\mathrm{J}[y(x)]\geqslant\mathrm{J}[y_0(x)]$,也就

是说在函数 $y_0(x)$“附近”的任何函数，其泛函值均大于等于 $J[y_0(x)]$，那么我们称 $y_0(x)$ 为泛函的**极小函数**，$J[y_0(x)]$ 为泛函的**极小值**；反之，若均有 $J[y(x)]\leqslant J[y_0(x)]$，则称 $y_0(x)$ 为泛函的**极大函数**，$J[y_0(x)]$ 为泛函的**极大值**。

12.1.3 泛函的变分

以(12.1.5)式定义的简单泛函为例，介绍泛函的变分。在泛函的定义域内，如果自变量 $y(x)$ 做微小改变而变成 $y(x)+\delta y(x)$，相应地，泛函的变化为

$$J[y(x)+\delta y(x)]-J[y(x)]=\int_a^b[F(x,y+\delta y,y'+\delta y')-F(x,y,y')]\mathrm{d}x, \tag{12.1.9}$$

其中，$\delta y(x)$ 称为函数 $y(x)$ 的变分。

根据二元函数的泰勒级数展开公式

$$\begin{aligned}&f(x+\Delta x,y+\Delta y)\\&=f(x,y)+\left(\Delta x\frac{\partial}{\partial x}+\Delta y\frac{\partial}{\partial y}\right)f(x,y)+\frac{1}{2!}\left(\Delta x\frac{\partial}{\partial x}+\Delta y\frac{\partial}{\partial y}\right)^2f(x,y)+\cdots,\end{aligned} \tag{12.1.10}$$

(12.1.9)式中被积函数 $F(x,y+\delta y,y'+\delta y')$ 可在函数 $y(x)$ 附近做泰勒级数展开

$$\begin{aligned}&F(x,y+\delta y,y'+\delta y')\\&=F(x,y,y')+\left(\delta y\frac{\partial}{\partial y}+\delta y'\frac{\partial}{\partial y'}\right)F(x,y,y')+\frac{1}{2!}\left(\delta y\frac{\partial}{\partial y}+\delta y'\frac{\partial}{\partial y'}\right)^2F(x,y,y')+\cdots.\end{aligned} \tag{12.1.11}$$

将(12.1.11)式代入(12.1.9)式，可得

$$\begin{aligned}&J[y(x)+\delta y(x)]-J[y(x)]\\&=\int_a^b\left[\left(\delta y\frac{\partial}{\partial y}+\delta y'\frac{\partial}{\partial y'}\right)F+\frac{1}{2!}\left(\delta y\frac{\partial}{\partial y}+\delta y'\frac{\partial}{\partial y'}\right)^2F+\cdots\right]\mathrm{d}x\\&=\delta J[y(x)]+\frac{1}{2!}\delta^2J[y(x)]+O(\delta y),\end{aligned} \tag{12.1.12}$$

其中，

$$\delta J[y(x)]=\int_a^b\left(\frac{\partial F}{\partial y}\delta y+\frac{\partial F}{\partial y'}\delta y'\right)\mathrm{d}x, \tag{12.1.13}$$

$$\begin{aligned}\delta^2J[y(x)]&=\int_a^b\left(\delta y\frac{\partial}{\partial y}+\delta y'\frac{\partial}{\partial y'}\right)^2F\mathrm{d}x\\&=\int_a^b\left[\frac{\partial^2F}{\partial y^2}(\delta y)^2+2\frac{\partial^2F}{\partial y\partial y'}\delta y\delta y'+\frac{\partial^2F}{\partial y'^2}(\delta y')^2\right]\mathrm{d}x.\end{aligned} \tag{12.1.14}$$

(12.1.13)式和(12.1.14)式分别称为泛函 $J[y(x)]$ 的一阶变分和二阶变分，而 $O(\delta y)$ 为高阶小量，可以忽略。

12.1.4 泛函取极值的必要条件

根据(12.1.12)式可知，泛函 $J[y(x)]$ 取极值的必要条件是

$$\delta J[y(x)]=0. \tag{12.1.15}$$

如果同时 $\delta^2 J[y(x)]>0$,则根据(12.1.12)式必有 $J[y(x)+\delta y(x)]-J[y(x)]>0$,即此时 $J[y(x)]$ 为极小值;如果同时 $\delta^2 J[y(x)]<0$,则必有 $J[y(x)+\delta y(x)]-J[y(x)]<0$,即此时 $J[y(x)]$ 为极大值。

虽然泛函取极值的必要条件(12.1.15)式是以简单泛函(12.1.5)式为例分析而得到的,但可以毫无困难地推广到其他复杂形式的泛函。

12.1.5　变分运算规则

关于变分运算,有如下几条常用的运算规则。以下公式中的 F 和 G 表示包含泛函自变量的函数,以 $F(x,y,y')$ 和 $G(x,y,y')$ 为例。

1. 变分运算是线性运算,即

$$\delta(\alpha F+\beta G)=\alpha\delta F+\beta\delta G, \tag{12.1.16}$$

其中,α 和 β 为常数。

2. 两个函数乘积的变分,满足莱布尼茨公式

$$\delta(FG)=(\delta F)G+F(\delta G). \tag{12.1.17}$$

3. 变分运算和微分运算可交换顺序

$$\delta y'=(\delta y)'. \tag{12.1.18}$$

4. 变分运算和积分运算也可交换顺序

$$\delta\int_a^b F\mathrm{d}x=\int_a^b(\delta F)\mathrm{d}x. \tag{12.1.19}$$

5. 复合函数的变分运算

$$\delta F(x,y,y')=F_y\delta y+F_{y'}\delta y'. \tag{12.1.20}$$

根据上述变分运算规则,可以重新写出简单泛函 $J[y(x)]=\int_a^b F(x,y,y')\mathrm{d}x$ 的一阶变分

$$\delta J[y(x)]=\int_a^b(F_y\delta y+F_{y'}\delta y')\mathrm{d}x.$$

对上式再计算一次变分,可得该泛函的二阶变分

$$\delta^2 J[y(x)]=\int_a^b[F_{yy}(\delta y)^2+2F_{yy'}\delta y\delta y'+F_{y'y'}(\delta y')^2]\mathrm{d}x.$$

以上两式与前面将被积函数做泰勒级数展开而得到的(12.1.13)式和(12.1.14)式完全相同。

§ 12.2　单积分型泛函的极值

授课视频

12.2.1　单积分型泛函的极值

单积分型泛函的变分引理　设函数 $f(x)$ 在区间 $[a,b]$ 上连续,任意函数 $\eta(x)$ 在区间 $[a,b]$ 上也连续,且满足条件 $\eta(a)=\eta(b)=0$,总有积分 $\int_a^b f(x)\eta(x)\mathrm{d}x=0$ 恒成立,则在区间 $[a,b]$ 上

必有 $f(x)\equiv 0$.

下面,基于上述变分引理,推导常见的单积分型泛函的极值函数满足的微分方程。

1. 被积函数含有自变量函数一阶导数的泛函

该类泛函的一般形式可概括为

$$\begin{cases}J[y(x)]=\int_a^b F(x,y,y')\,dx,\\ y(a)=y_a,y(b)=y_b.\end{cases}\tag{12.2.1}$$

其中,自变量函数 $y(x)$ 在区间 $[a,b]$ 内具有连续的二阶导数,且在两端点处满足固定的边界条件,y_a 和 y_b 均为实常数。

该泛函取极值的必要条件为

$$\delta J[y(x)]=\delta\int_a^b F(x,y,y')\,dx=0.\tag{12.2.2}$$

根据变分运算规则,可得

$$\int_a^b [F_y\delta y+F_{y'}(\delta y)']\,dx=0.\tag{12.2.3}$$

通过分部积分,上式可化为

$$\int_a^b F_y\delta y\,dx+F_{y'}\delta y\,\Big|_a^b-\int_a^b\left(\frac{d}{dx}F_{y'}\right)\delta y\,dx=0.\tag{12.2.4}$$

利用 $y(x)$ 在两端点处固定的边界条件,可得 $\delta y(x)\,\big|_a^b=0$. 因此,上式简化为

$$\int_a^b\left(F_y-\frac{d}{dx}F_{y'}\right)\delta y\,dx=0.\tag{12.2.5}$$

最后,根据单积分型泛函的变分引理,可得

$$F_y-\frac{d}{dx}F_{y'}=0.\tag{12.2.6}$$

上式称为**欧拉-拉格朗日方程**(Euler-Lagrange equation),它是泛函的极值函数满足的微分方程。通过求解欧拉-拉格朗日方程在两端固定边界条件下的定解问题,即可得到泛函的极值函数。如果要进一步确定该极值函数使泛函取极大值还是极小值,则需要根据泛函的二阶变分的正负来确定。在很多情况下,可以通过物理分析判断出泛函取极大值还是极小值,无须计算泛函的二阶变分。例如,§12.1 介绍的最速降线问题对应的泛函,显然只存在极小值,并不存在极大值。

在某些特殊情况下,欧拉-拉格朗日方程(12.2.6)式可以退化为更简单的形式。

(1) 如果泛函的被积函数不显含 $y(x)$,即 $J[y(x)]=\int_a^b F(x,y')\,dx$,则欧拉-拉格朗日方程可简化为

$$F_{y'}(x,y')=C,\tag{12.2.7}$$

其中,C 为积分常数。

证明:当被积函数不显含 $y(x)$,欧拉-拉格朗日方程(12.2.7)式退化为

$$\frac{d}{dx}F_{y'}(x,y')=0.$$

对上式进行不定积分,即可推得 $F_{y'}(x,y')=C$.

(2) 如果泛函的被积函数不显含 x,即 $J[y(x)]=\int_a^b F(y,y')\,dx$,则欧拉-拉格朗日方程可化简为

$$F(y,y')-F_{y'}(y,y')y'=C, \tag{12.2.8}$$

其中,C 为积分常数。

证明:当被积函数不显含 x,欧拉-拉格朗日方程(12.2.6)式可写为

$$F_y(y,y')-\frac{d}{dx}F_{y'}(y,y')=0. \tag{12.2.9}$$

另外,对 $F(y,y')-F_{y'}(y,y')y'$ 进行求导,可得

$$\frac{d}{dx}[F(y,y')-F_{y'}(y,y')y']=\left(F_y-\frac{d}{dx}F_{y'}\right)y'. \tag{12.2.10}$$

由(12.2.9)式可知,(12.2.10)式的右边等于零。对(12.2.10)式进行不定积分,即可证得

$$F(y,y')-F_{y'}(y,y')y'=C.$$

2. 被积函数含有自变量函数二阶导数的泛函

该类泛函的一般形式可概括为

$$\begin{cases} J[y(x)]=\int_a^b F(x,y,y',y'')\,dx, \\ y(a)=y_a, y(b)=y_b, \\ y'(a)=y_a^*, y'(b)=y_b^*. \end{cases} \tag{12.2.11}$$

其中,自变量函数 $y(x)$ 在区间 $[a,b]$ 内具有连续的四阶导数,$y(x)$ 及其一阶导数在两端点处均满足固定的边界条件,y_a、y_b 和 y_a^*、y_b^* 均为实常数。

该泛函取极值的必要条件为

$$\delta J[y(x)]=\delta\int_a^b F(x,y,y',y'')\,dx=0. \tag{12.2.12}$$

根据变分运算规则,可得

$$\int_a^b (F_y\delta y+F_{y'}\delta y'+F_{y''}\delta y'')\,dx=0. \tag{12.2.13}$$

交换上式第二项和第三项中变分和微分的次序,并进行分部积分,可得

$$\int_a^b F_y\delta y dx+F_{y'}\delta y\Big|_a^b-\int_a^b\left(\frac{d}{dx}F_{y'}\right)\delta y dx+F_{y''}\delta y'\Big|_a^b-\int_a^b\left(\frac{d}{dx}F_{y''}\right)\delta y' dx=0. \tag{12.2.14}$$

利用 $y(x)$ 和 $y'(x)$ 在两端点处固定的边界条件,可得 $\delta y(x)\big|_a^b=0$, $\delta y'(x)\big|_a^b=0$. 因此,上式可简化为

$$\int_a^b\left(F_y-\frac{d}{dx}F_{y'}\right)\delta y dx-\int_a^b\left(\frac{d}{dx}F_{y''}\right)\delta y' dx=0. \tag{12.2.15}$$

对上式第二项再进行一次分部积分,可得

$$\int_a^b\left(F_y-\frac{d}{dx}F_{y'}+\frac{d^2}{dx^2}F_{y''}\right)\delta y dx=0. \tag{12.2.16}$$

最后,根据单积分型泛函的变分引理,可得

$$F_y-\frac{d}{dx}F_{y'}+\frac{d^2}{dx^2}F_{y''}=0. \tag{12.2.17}$$

上式就是该类泛函的极值函数满足的微分方程，可视为欧拉–拉格朗日方程(12.2.6)式的推广。

3. 被积函数含有两个一元函数的泛函

该类泛函的一般形式可概括为

$$\begin{cases} J[y(x),z(x)]=\int_a^b F(x,y,y',z,z')\,dx, \\ y(a)=y_a, y(b)=y_b, \\ z(a)=z_a, z(b)=z_b. \end{cases} \tag{12.2.18}$$

其中，自变量函数 $y(x)$ 和 $z(x)$ 都在区间 $[a,b]$ 内具有连续的二阶导数，且在两端点处均满足固定的边界条件，y_a、y_b 和 z_a、z_b 均为实常数。

该泛函取极值的必要条件为

$$\delta J[y(x),z(x)]=\delta\int_a^b F(x,y,y',z,z')\,dx=0. \tag{12.2.19}$$

根据变分运算规则，可得

$$\int_a^b [F_y\delta y+F_{y'}\delta y'+F_z\delta z+F_{z'}\delta z']\,dx=0. \tag{12.2.20}$$

交换上式中变分和微分的次序，并进行分部积分，可得

$$\int_a^b F_y\delta y dx+F_{y'}\delta y\Big|_a^b-\int_a^b\left(\frac{d}{dx}F_{y'}\right)\delta y dx+\int_a^b F_z\delta z dx+F_{z'}\delta z\Big|_a^b-\int_a^b\left(\frac{d}{dx}F_{z'}\right)\delta z dx=0. \tag{12.2.21}$$

利用 $y(x)$ 和 $z(x)$ 在两端点处固定的边界条件，可得 $\delta y(x)\big|_a^b=0$，$\delta z(x)\big|_a^b=0$. 因此，上式化简为

$$\int_a^b\left(F_y-\frac{d}{dx}F_{y'}\right)\delta y dx+\int_a^b\left(F_z-\frac{d}{dx}F_{z'}\right)\delta z dx=0. \tag{12.2.22}$$

对于任意的 δy 和 δz，上式恒成立，所以有

$$\begin{cases} \int_a^b\left(F_y-\frac{d}{dx}F_{y'}\right)\delta y dx=0, \\ \int_a^b\left(F_z-\frac{d}{dx}F_{z'}\right)\delta z dx=0. \end{cases} \tag{12.2.23}$$

最后，根据单积分型泛函的变分引理，可得

$$\begin{cases} F_y-\frac{d}{dx}F_{y'}=0, \\ F_z-\frac{d}{dx}F_{z'}=0. \end{cases} \tag{12.2.24}$$

因此，泛函(12.2.18)式的极值函数 $y(x)$ 和 $z(x)$ 各自满足独立的欧拉–拉格朗日方程。

【例 1】 最速降线问题的求解

假设小球起始点为坐标原点，终点坐标为(1,1). 小球下滑时间的泛函形式为

$$\begin{cases} J[y(x)]=\int_0^1\sqrt{\frac{1+y'^2}{2gy}}\,dx, \\ y(0)=0, y(1)=1. \end{cases}$$

解：寻找小球下滑时间最短的轨道曲线，就是求上面泛函的极小函数问题。这个泛函是典型的端点固定的单积分型泛函，且被积函数不显含 x，因此，该泛函的极值函数满足的欧拉-拉格朗日方程的简化形式

$$F(y,y')-F_{y'}(y,y')y'=C.$$

将泛函中的被积函数代入上式，整理可得

$$y(1+y'^2)=\frac{1}{2gC^2}.$$

上式中的 C 是待定的常数，为简便起见，设等式右边的整个常数为 $2k$，k 待求。则上式可简写为

$$y(1+y'^2)=2k.$$

化简上式可得

$$\sqrt{\frac{y}{2k-y}}\,\mathrm{d}y=\mathrm{d}x.$$

设 $y=k(1-\cos\theta)$，则 $\mathrm{d}y=k\sin\theta\mathrm{d}\theta$，代入上式，可得

$$\mathrm{d}x=k(1-\cos\theta)\mathrm{d}\theta.$$

对上式两边进行不定积分，可得

$$x=k(\theta-\sin\theta)+C'.$$

于是，y 和 x 构成如下的参数化方程组

$$\begin{cases}x=k(\theta-\sin\theta)+C',\\y=k(1-\cos\theta).\end{cases}$$

根据边界条件，$y(x)\big|_{x=0}=0$，$y(x)\big|_{x=1}=1$，可求得

$$C'=0;k=0.57;\theta\in[0,2.41].$$

因此，极值函数为

$$\begin{cases}x=0.57(\theta-\sin\theta),\\y=0.57(1-\cos\theta).\end{cases}$$

其中，$\theta\in[0,2.41]$.这个函数曲线称为摆线（旋轮线），如图 12.2 所示。

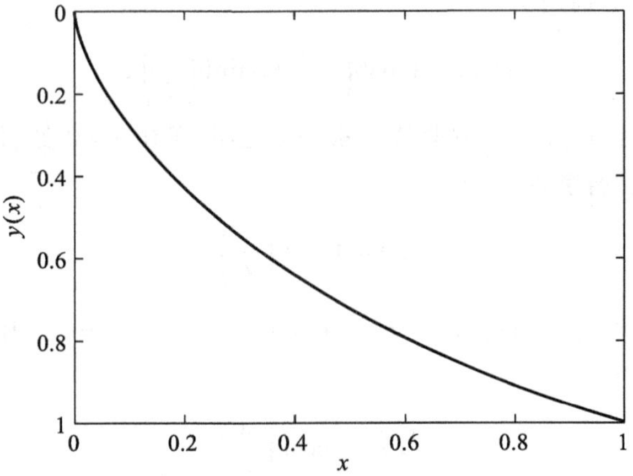

图 12.2　摆线（旋轮线）

由小球下滑的物理规律可知,通过欧拉-拉格朗日方程求得的极值函数 $y(x)$ 只能使泛函取极小值,因此,$y(x)$ 是泛函的极小函数。

【例 2】 如图 12.3 所示,在 Oxy 平面上有两个关于 y 轴对称的固定点 $A(-a,b)$ 和 $B(a,b)$,两点间连接着一条曲线。若将这条曲线绕 x 轴旋转一周,则形成一个封闭曲面,求对应曲面面积最小的曲线方程。

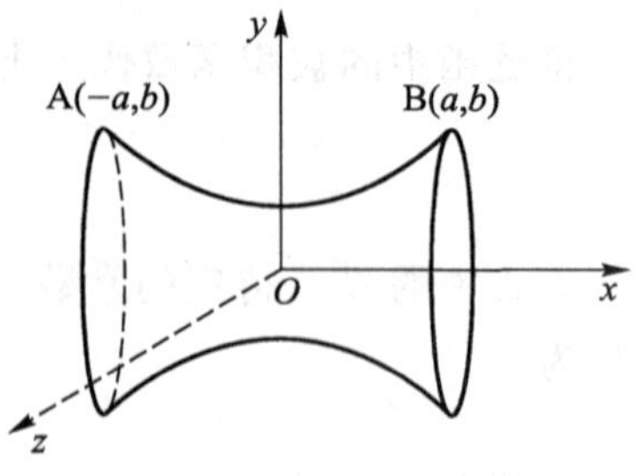

图 12.3 连接 A 和 B 点的曲线绕 x 轴旋转形成的曲面

解:设 $y(x)$ 为连接 A 和 B 点的任意曲线,该曲线上任意一段小弧长为

$$\mathrm{d}l=\sqrt{1+y'^2}\,\mathrm{d}x.$$

这段小弧绕 x 轴一周形成的环带的面积为

$$\mathrm{d}S=2\pi y\mathrm{d}l=2\pi y\sqrt{1+y'^2}\,\mathrm{d}x.$$

将上式两边对 x 在 $[-a,a]$ 区间上进行积分,即可得到整条曲线的环绕面积

$$S[y(x)]=2\pi\int_{-a}^{a}y\sqrt{1+y'^2}\,\mathrm{d}x.$$

显然,曲线函数 $y(x)$ 和环绕面积 $S[y(x)]$ 构成泛函。曲线函数 $y(x)$ 满足边界条件

$$y(-a)=b,y(a)=b.$$

寻找环绕面积最小的曲线,就是求解上述泛函的极小函数问题。由于曲线长度可任意增加,所以,该泛函并无极大值,泛函的极值函数就是极小函数。

上述泛函的被积函数不显含 x,故极值函数满足欧拉-拉格朗日方程的简化形式为

$$F(y,y')-F_{y'}(y,y')y'=C.$$

将被积函数 $F(y,y')=y\sqrt{1+y'^2}$ 代入上式,整理可得

$$y=C\sqrt{1+y'^2}.$$

将上式两边取平方,然后对 x 进行求导,可得

$$y''-\frac{1}{C^2}y=0.$$

该二阶常微分方程的通解为

$$y(x)=A\cosh\left(\frac{x}{C}\right)+B\sinh\left(\frac{x}{C}\right).$$

出于物理考虑,连接 A 和 B 点的曲线的极值点必出现在 $x=0$ 处,即 $y'(0)=0$. 由此可得上式中系数 $B=0$. 因此,通解退化为

$$y(x)=A\cosh\left(\frac{x}{C}\right).$$

另外,将 $y'(0)=0$ 代入上面公式 $y=C\sqrt{1+y'^2}$ 中,可得 $y(0)=C$. 由此可推出上式中 $A=C$. 因此,通解进一步简化为

$$y(x)=C\cosh\left(\frac{x}{C}\right).$$

最后,由边界条件 $y(a)=b$,可确定系数 C.显然,该极值函数是一个双曲余弦函数,也称为

悬链线。

【例 3】 求解如下泛函的极值函数:

$$\begin{cases} J[y(x)] = \int_0^1 (y'^2 - 2xy)\,dx, \\ y(1) = 0, y(2) = -1. \end{cases}$$

解:该泛函的极值函数满足欧拉-拉格朗日方程

$$F_y - \frac{d}{dx}F_{y'} = 0.$$

将被积函数 $F=y'^2-2xy$ 代入上式,可得

$$y''(x) = -x.$$

该二阶微分方程的通解为

$$y(x) = -\frac{x^3}{6} + c_1 x + c_0.$$

利用边界条件 $y(1)=0, y(2)=-1$,可得系数

$$c_1 = \frac{1}{6}, c_0 = 0.$$

因此,如上泛函的极值函数为

$$y(x) = -\frac{x^3}{6} + \frac{x}{6}.$$

【例 4】 求解如下泛函的极值函数:

$$\begin{cases} J[y(x)] = \int_0^1 (1 + y''^2)\,dx, \\ y(0) = 0, y(1) = 1, \\ y'(0) = 0, y'(1) = 1. \end{cases}$$

解:该泛函的极值函数满足的微分方程为

$$F_y - \frac{d}{dx}F_{y'} + \frac{d^2}{dx^2}F_{y''} = 0.$$

将被积函数 $F=1+y''^2$ 代入上式,可得

$$y^{(4)}(x) = 0.$$

该方程的通解为

$$y(x) = c_3 x^3 + c_2 x^2 + c_1 x + c_0.$$

根据边界条件 $y(0)=0, y(1)=1$ 和 $y'(0)=0, y'(1)=1$,可推得

$$c_3 = -1, c_2 = 2, c_1 = 0, c_0 = 0.$$

因此,上述泛函的极值函数为

$$y(x) = -x^3 + 2x^2.$$

【例 5】 求解如下泛函的极值函数:

$$\begin{cases} J[y(x),z(x)] = \int_0^{\frac{\pi}{2}} (y'^2 + z'^2 + 2yz)\,dx, \\ y(0)=0, y\left(\frac{\pi}{2}\right)=1, \\ z(0)=0, z\left(\frac{\pi}{2}\right)=-1. \end{cases}$$

解:该泛函的极值函数 $y(x)$ 和 $z(x)$ 分别满足的欧拉-拉格朗日方程为

$$\begin{cases} F_y - \frac{d}{dx}F_{y'} = 0, \\ F_z - \frac{d}{dx}F_{z'} = 0. \end{cases}$$

将被积函数 $F(y,z)=y'^2+z'^2+2yz$ 代入上式,可得

$$\begin{cases} 2z - \frac{d}{dx}(2y') = 0, \\ 2y - \frac{d}{dx}(2z') = 0. \end{cases}$$

以上两个方程通解分别为

$$y(x)=c_1e^x+c_2e^{-x}+c_3\cos x+c_4\sin x.$$
$$z(x)=c_1e^x+c_2e^{-x}-c_3\cos x-c_4\sin x.$$

由边界条件 $y(0)=0, y\left(\frac{\pi}{2}\right)=1$ 和 $z(0)=0, z\left(\frac{\pi}{2}\right)=-1$,可得系数

$$c_1=0, c_2=0, c_3=0, c_4=1.$$

因此,上述泛函的极值函数为

$$y(x)=\sin x, z(x)=-\sin x.$$

12.2.2　带约束条件的泛函的极值

在某些物理问题中,泛函的自变量 $y(x)$ 除了需要满足边界条件外,还可能受到其他条件的约束。例如,一条长为 L 的细线放置于 Oxy 平面上,其两端分别固定在 x 轴上 $A(a,0)$ 和 $B(b,0)$ 两点。显然,线长 $L>|b-a|$.该细线与 x 轴围成一个封闭区域,寻找所围面积最大的曲线函数。该曲线函数和所围面积构成如下泛函:

$$\begin{cases} J[y(x)] = \int_a^b y\,dx, \\ y(a)=0, y(b)=0, \\ \int_a^b \sqrt{1+y'^2}\,dx = L. \end{cases} \tag{12.2.25}$$

从上式可以看出,泛函的自变量 $y(x)$ 不仅要在两个端点处满足齐次边界条件,还需满足线长为 L 的约束条件,这类泛函称为带约束条件的泛函。

下面,以求解带约束条件的多元函数的极值为例,介绍拉格朗日乘子法。然后,将拉格朗日乘子法扩展应用到带约束条件的泛函的极值问题的求解。

1. 拉格朗日乘子法

已知双曲线函数 $xy=3$，找出该双曲线上距离原点最近的点。该问题实际上就是求解函数 $f(x,y)=x^2+y^2$ 在约束条件 $xy=3$ 下的极值问题。

首先，利用待求极值的原函数和约束条件，构造一个带参量 λ 的新函数

$$I(x,y;\lambda)=x^2+y^2-\lambda(xy-3), \tag{12.2.26}$$

其中，λ 称为**拉格朗日乘子**。

然后，我们将带约束条件 $xy=3$ 的函数 $f(x,y)$ 的极值问题转化为新函数 $I(x,y;\lambda)$ 的极值问题。新函数 $I(x,y;\lambda)$ 取极值的必要条件是

$$\begin{cases}\dfrac{\partial I}{\partial x}=0,\\ \dfrac{\partial I}{\partial y}=0,\\ \dfrac{\partial I}{\partial \lambda}=0.\end{cases} \tag{12.2.27}$$

将(12.2.26)式代入上式，可得

$$\begin{cases}\dfrac{\partial}{\partial x}(x^2+y^2)-\lambda\dfrac{\partial}{\partial x}(xy)=0,\\ \dfrac{\partial}{\partial y}(x^2+y^2)-\lambda\dfrac{\partial}{\partial y}(xy)=0,\\ xy=3.\end{cases} \tag{12.2.28}$$

上式中的第三项正是约束条件，将其代入上面两式就是原函数取极值的必要条件。可见，新函数 $I(x,y)$ 的极值问题等价于带约束条件 $xy=3$ 的原函数 $f(x,y)$ 的极值问题。

整理(12.2.28)式，可得

$$\begin{cases}2x-\lambda y=0,\\ -\lambda x+2y=0,\\ xy=3.\end{cases} \tag{12.2.29}$$

上式中的前两项构成二元一次方程组。该方程组有非零解的条件是系数行列式等于零，由此可推出 $\lambda=\pm 2$.

当 $\lambda=2$ 时，代回方程组可得 $y=x$，根据约束条件 $xy=3$，可推得 $x_1=\sqrt{3}$，$y_1=\sqrt{3}$ 或 $x_2=-\sqrt{3}$，$y_2=-\sqrt{3}$；当 $\lambda=-2$ 时，代回方程组可得 $y=-x$，根据约束条件 $xy=3$，可知此时无解。

因此，在双曲线 $xy=3$ 上，距离原点最近的点为 $(\sqrt{3},\sqrt{3})$ 和 $(-\sqrt{3},-\sqrt{3})$.

从上述计算过程可见，利用拉格朗日乘子法，可以将带约束条件的原函数的极值问题转化为无约束条件的新函数的极值问题，进而转化为带有拉格朗日乘子参数的多元一次线性方程组的求解问题。

2. 利用拉格朗日乘子法求解带约束条件的泛函的极值

以如下带约束条件的简单泛函为例，求解该类泛函的极值问题。

$$\begin{cases} J[y(x)]=\int_a^b F(x,y,y')\mathrm{d}x, \\ y(a)=y_a, y(b)=y_b, \\ \int_a^b G(x,y,y')\mathrm{d}x=C. \end{cases} \tag{12.2.30}$$

其中，$\int_a^b G(x,y,y')\mathrm{d}x=C$ 为约束条件，C、y_a 和 y_b 均为已知的实常数。

首先，根据原泛函和约束条件构造一个新泛函

$$I[y(x)]=\int_a^b F(x,y,y')\mathrm{d}x-\lambda\left[\int_a^b G(x,y,y')\mathrm{d}x-C\right]. \tag{12.2.31}$$

其中，λ 为**拉格朗日乘子**，是待定常数，也可视为新泛函的一个参数。

令 $H(x,y,y')=F(x,y,y')-\lambda G(x,y,y')$，上式可简写为

$$I[y(x)]=\int_a^b H(x,y,y')\mathrm{d}x+\lambda C. \tag{12.2.32}$$

从而，带约束条件的原泛函 $J[y(x)]$ 的极值问题转换为无约束条件的新泛函 $I[y(x)]$ 的极值问题。新泛函 $I[y(x)]$ 取极值的必要条件是

$$\begin{cases} \delta I=0, \\ \dfrac{\partial I}{\partial \lambda}=0. \end{cases} \tag{12.2.33}$$

将(12.2.32)式代入上式，可得

$$\begin{cases} H_y-\dfrac{\mathrm{d}}{\mathrm{d}x}H_{y'}=0, \\ \int_a^b G(x,y,y')\mathrm{d}x=C. \end{cases} \tag{12.2.34}$$

上式中第一项是极值函数满足的欧拉-拉格朗日方程，第二项是约束条件。

将 $H(x,y,y')=F(x,y,y')-\lambda G(x,y,y')$ 代入上式，再附上边界条件，从而构成极值函数 $y(x)$ 所满足的定解问题

$$\begin{cases} F_y(x,y,y')-\lambda G_y(x,y,y')-\dfrac{\mathrm{d}}{\mathrm{d}x}[F_{y'}(x,y,y')-\lambda G_{y'}(x,y,y')]=0, \\ y(a)=y_a, y(b)=y_b, \\ \int_a^b G(x,y,y')\mathrm{d}x=C. \end{cases} \tag{12.2.35}$$

该定解问题可视为包含待定拉格朗日乘子的微分方程附加边界条件和约束条件的本征问题。根据微分方程的具体形式可求出函数 $y(x)$ 的通解，进而由边界条件和约束条件可确定通解中的拉格朗日乘子 λ 和其他系数。一般 λ 可能会有多个取值，相应地，极值函数 $y(x)$ 也可能会有多个。

【例 6】 利用拉格朗日乘子法求解如下带约束条件的泛函的极值问题：

$$\begin{cases} J[y(x)]=\int_a^b y\mathrm{d}x, \\ y(a)=0, y(b)=0, \\ \int_a^b \sqrt{1+y'^2}\mathrm{d}x=L. \end{cases}$$

其中，$L>|b-a|$.

解：根据原泛函和约束条件构造如下新泛函：

$$\mathrm{I}[y(x)]=\int_a^b\left(y-\lambda\sqrt{1+y'^2}\right)\mathrm{d}x+\lambda L.$$

新泛函 $\mathrm{I}[y(x)]$ 取极值的必要条件是

$$\begin{cases}\delta\mathrm{I}=0,\\ \dfrac{\partial\mathrm{I}}{\partial\lambda}=0.\end{cases}$$

由于新泛函的被积函数不显含 x，因此，其极值函数满足的欧拉-拉格朗日方程为

$$H(y,y')-H_{y'}(y,y')y'=C.$$

将被积函数 $H(y,y')=y-\lambda\sqrt{1+y'^2}$ 代入上式，化简可得

$$y=C+\lambda\frac{1}{\sqrt{1+y'^2}}.$$

令 $y'=\tan\alpha$，则有

$$y=C+\lambda\cos\alpha.$$

将上式两边对 x 进行求导，并将 $y'=\tan\alpha$ 代入，可得

$$\tan\alpha=-\lambda\sin\alpha\frac{\mathrm{d}\alpha}{\mathrm{d}x}.$$

再将上式两边进行不定积分，则有

$$x=D-\lambda\sin\alpha.$$

上式与等式 $y=C+\lambda\cos\alpha$ 联立，消去 α，即可得到极值函数 $y(x)$ 满足的方程

$$(x-D)^2+(y-C)^2=\lambda^2.$$

最后，由边界条件 $y(a)=0$、$y(b)=0$ 和约束条件 $\int_a^b\sqrt{1+y'^2}\,\mathrm{d}x=L$ 可以确定 C、D、λ. 显然，该极值曲线是以 (D,C) 为圆心、$|\lambda|$ 为半径、关于 x 轴对称的两段圆弧。

【例 7】　如图 12.4 所示，一条粗细均匀的、长度为 L、线密度为 ρ 的绳子置于竖直的 Oxy 平面内，绳子的两端固定在 $A(-a,b)$ 和 $B(a,b)$ 处。在重力的作用下，绳子自然下垂，求绳线满足的方程。

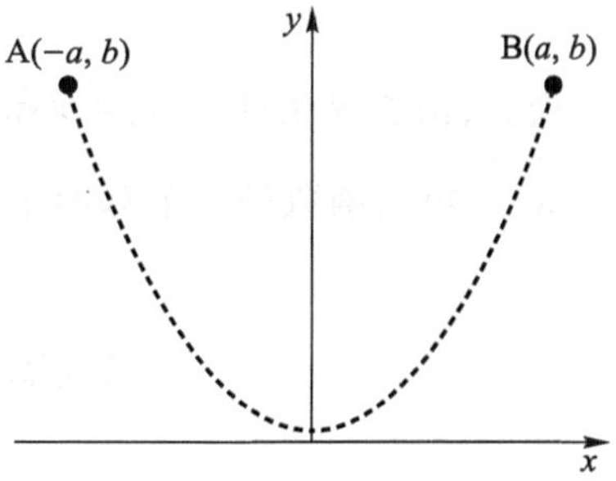

图 12.4　悬链线

解：设 $y(x)$ 为连接 A 点和 B 点的任意曲线，该曲线上任意一段小弧线的长度为

$$\mathrm{d}l=\sqrt{1+y'^2}\,\mathrm{d}x.$$

小弧线对应的绳子的重力势能为

$$\mathrm{d}V=gy\rho\mathrm{d}l=\rho gy\sqrt{1+y'^2}\,\mathrm{d}x.$$

绳子处于静止状态，其动能为零。整个绳子的重力势能

$$E[y(x)]=\rho g\int_{-a}^{a}y\sqrt{1+y'^2}\,\mathrm{d}x.$$

由于绳子处于稳定状态，它的重力势能应处于最小值。因此，上述问题就是求解带约束条件 $\int_{-a}^{a}\sqrt{1+y'^2}\,\mathrm{d}x=L$ 的泛函 $E[y(x)]$ 的极小函数问题。

由于只求极小函数,可忽略常数 ρg. 利用拉格朗日乘子法,构造新的泛函

$$\mathrm{I}[y(x)]=\int_a^b (y-\lambda)\sqrt{1+y'^2}\,\mathrm{d}x+\lambda L.$$

新泛函 $\mathrm{I}[y(x)]$ 取极值的必要条件

$$\begin{cases}\delta\mathrm{I}=0,\\ \dfrac{\partial\mathrm{I}}{\partial\lambda}=0.\end{cases}$$

新泛函的被积函数不显含 x,其极值函数满足的欧拉-拉格朗日方程为

$$H(y,y')-H_{y'}(y,y')y'=C.$$

将被积函数 $H(y,y')=(y-\lambda)\sqrt{1+y'^2}$ 代入上式,化简可得

$$\frac{y-\lambda}{\sqrt{1+y'^2}}=C.$$

将上式两边取平方,然后对 x 进行求导,可得

$$y''-\frac{1}{C^2}(y-\lambda)=0.$$

该二阶常微分方程的通解为

$$y(x)=A\cosh\left(\frac{x}{C}\right)+B\sinh\left(\frac{x}{C}\right)+\lambda.$$

出于物理考虑,连接 A 和 B 点的曲线的极值点出现在 $x=0$ 轴线处,即 $y'(0)=0$. 由此可得上式中 $B=0$. 因此,通解化简为

$$y(x)=A\cosh\left(\frac{x}{C}\right)+\lambda.$$

另外,将 $y'(0)=0$ 代入上面公式 $\dfrac{y-\lambda}{\sqrt{1+y'^2}}=C$ 中,可得 $y(0)=C+\lambda$. 由此可推出上式中 $A=C$,通解进一步化简为

$$y(x)=C\cosh\left(\frac{x}{C}\right)+\lambda.$$

最后,由边界条件 $y(a)=b$ 和绳长公式 $\int_{-a}^{a}\sqrt{1+y'^2}\,\mathrm{d}x=L$ 可进一步确定系数 C 和拉格朗日乘子 λ. 该极值函数是一个双曲余弦函数,也称为悬链线。

§12.3 重积分型泛函的极值

授课视频

二重积分型泛函的变分引理 设函数 $M(x,y)$ 在闭区域 D 内连续,任意函数 $\eta(x,y)$ 及其一阶偏导数均在区域 D 内连续,且 $\eta(x,y)$ 在 D 的边界线 ∂D 上等于零,若积分 $\iint_D M(x,y)\eta(x,y)\,\mathrm{d}x\mathrm{d}y=0$ 恒成立,则在闭区域 D 内必有 $M(x,y)\equiv 0$.

上述变分引理可直接推广至三重积分型泛函。下面,基于上述变分引理,推导重积分型泛

函的极值函数满足的微分方程。

1. 二重积分型泛函

常见的该类泛函可概括为

$$\begin{cases}J[u(x,y)]=\iint_D F(x,y,u,u_x,u_y)\mathrm{d}x\mathrm{d}y,\\ u(x,y)\mid_{\partial D}=\varphi(x,y)\mid_{\partial D}.\end{cases}\tag{12.3.1}$$

其中,自变量函数 $u(x,y)$ 是二元函数,其在区域 D 内具有连续的二阶导数,且在边界线 ∂D 上固定。

与单积分型泛函相同,重积分型泛函取极值的必要条件仍是其一阶变分等于零

$$\delta J[u(x,y)]=0.\tag{12.3.2}$$

将(12.3.1)式中的泛函代入上式,根据变分运算规则,可得

$$\delta J[u(x,y)]=\iint_D(F_u\delta u+F_{u_x}\delta u_x+F_{u_y}\delta u_y)\mathrm{d}x\mathrm{d}y=0.\tag{12.3.3}$$

为方便分部积分计算,设矢量

$$\boldsymbol{A}=F_{u_x}\hat{\boldsymbol{e}}_x+F_{u_y}\hat{\boldsymbol{e}}_y.\tag{12.3.4}$$

根据恒等式

$$\nabla\cdot(\delta u\boldsymbol{A})=\delta\nabla u\cdot\boldsymbol{A}+\delta u\nabla\cdot\boldsymbol{A}=\delta u_xF_{u_x}+\delta u_yF_{u_y}+\delta u\nabla\cdot\boldsymbol{A}.$$

可得

$$\delta u_xF_{u_x}+\delta u_yF_{u_y}=\nabla\cdot(\delta u\boldsymbol{A})-\delta u\nabla\cdot\boldsymbol{A}.\tag{12.3.5}$$

将上式代入(12.3.3)式,可得

$$\delta J[u(x,y)]=\iint_D[F_u\delta u+\nabla\cdot(\delta u\boldsymbol{A})-\delta u\nabla\cdot\boldsymbol{A}]\mathrm{d}x\mathrm{d}y=0.\tag{12.3.6}$$

根据二维高斯公式,上式中第二项面积分可转化为环路积分,即

$$\delta J[u(x,y)]=\iint_D\left(F_u-\frac{\partial}{\partial x}F_{u_x}-\frac{\partial}{\partial y}F_{u_y}\right)\delta u\mathrm{d}x\mathrm{d}y+\oint_{\partial D}\delta u\boldsymbol{A}\cdot\hat{\boldsymbol{e}}_{\mathrm{n}}\mathrm{d}l=0.\tag{12.3.7}$$

利用 $u(x,y)$ 在边界线 ∂D 上的固定边界条件,可得 $\delta u\mid_{\partial D}=0$,因此上式中的环路积分等于零。进一步利用二重积分型泛函的变分引理,可得

$$F_u-\frac{\partial}{\partial x}F_{u_x}-\frac{\partial}{\partial y}F_{u_y}=0.\tag{12.3.8}$$

上式就是二重积分型泛函的极值函数满足的欧拉-拉格朗日方程。

2. 三重积分型泛函

常见的该类泛函可概括为

$$\begin{cases}J[u(x,y,z)]=\iiint_\Omega F(x,y,z,u,u_x,u_y,u_z)\mathrm{d}x\mathrm{d}y\mathrm{d}z,\\ u\mid_{\partial\Omega}=\varphi(x,y,z)\mid_{\partial\Omega}.\end{cases}\tag{12.3.9}$$

其中,自变量函数 $u(x,y,z)$ 在三维区域 Ω 内具有连续的二阶导数,且在边界面 $\partial\Omega$ 上固定。

根据单积分型和二重积分型泛函的极值函数分别满足的一维和二维欧拉-拉格朗日方程,可推广得到该类三重积分型泛函的极值函数满足的三维欧拉-拉格朗日方程

$$F_u-\frac{\partial}{\partial x}F_{u_x}-\frac{\partial}{\partial y}F_{u_y}-\frac{\partial}{\partial z}F_{u_z}=0.\tag{12.3.10}$$

【例题】 将如下泛函的极值问题转化为微分方程的定解问题。

$$\begin{cases} J[u(x,y,z)]=\iiint_{\Omega}\left[\left(\dfrac{\partial u}{\partial x}\right)^2+\left(\dfrac{\partial u}{\partial y}\right)^2+\left(\dfrac{\partial u}{\partial z}\right)^2-2uf(x,y,z)\right]\mathrm{d}x\mathrm{d}y\mathrm{d}z, \\ u\big|_{\partial\Omega}=\varphi(x,y,z)\big|_{\partial\Omega}. \end{cases}$$

解:三重积分型泛函的极值函数满足的欧拉-拉格朗日方程为

$$F_u-\frac{\partial}{\partial x}F_{u_x}-\frac{\partial}{\partial y}F_{u_y}-\frac{\partial}{\partial z}F_{u_z}=0.$$

将被积函数 $F=\left(\dfrac{\partial u}{\partial x}\right)^2+\left(\dfrac{\partial u}{\partial y}\right)^2+\left(\dfrac{\partial u}{\partial z}\right)^2-2uf(x,y,z)$ 代入上式,得

$$\begin{cases} \dfrac{\partial^2 u}{\partial x^2}+\dfrac{\partial^2 u}{\partial y^2}+\dfrac{\partial^2 u}{\partial z^2}=-f(x,y,z), \\ u\big|_{\partial\Omega}=\varphi(x,y,z)\big|_{\partial\Omega}. \end{cases}$$

上式是泊松方程的定解问题,上述泛函的极值函数就是该泊松方程定解问题的解。

§12.4 定解问题和本征问题的泛函形式

授课视频

由§12.2和§12.3内容可以看到,求解一个无约束条件的泛函的极值问题,可以转化为求解对应的欧拉-拉格朗日方程的定解问题;求解一个带约束条件的泛函的极值问题,可以转化为求解带拉格朗日乘子的欧拉-拉格朗日方程的本征问题。同样,求解一个微分方程的定解问题或本征问题,也可以将其转化为求解对应的泛函的极值问题。为此,需要解决两个问题:其一,如何将定解问题或本征问题转化为对应的泛函;其二,如何直接求解泛函的极值问题。

本节主要介绍如何将定解问题和本征问题转化为对应的泛函,下一节将介绍如何直接求解泛函的极值问题。

12.4.1 定解问题的泛函形式

以第一类齐次边界条件下的泊松方程所满足的定解问题

$$\begin{cases} \nabla^2 u(\boldsymbol{r})=-f(\boldsymbol{r}), \\ u\big|_{\partial\Omega}=0 \end{cases} \tag{12.4.1}$$

为例,推导其对应的泛函形式。

根据利用变分引理推导欧拉-拉格朗日方程"逆推"的思路,上式中的泊松方程必然来自

$$\iiint_{\Omega}\left[\nabla^2 u(\boldsymbol{r})+f(\boldsymbol{r})\right]\delta u(\boldsymbol{r})\,\mathrm{d}V=0. \tag{12.4.2}$$

利用公式 $u\nabla^2 u=\nabla\cdot(u\nabla u)-\nabla u\cdot\nabla u$,上式中的第一项积分

$$\iiint_{\Omega}\nabla^2 u(\boldsymbol{r})\delta u(\boldsymbol{r})\,\mathrm{d}V=\iiint_{\Omega}\nabla\cdot\left[\nabla u(\boldsymbol{r})\delta u(\boldsymbol{r})\right]\mathrm{d}V-\iiint_{\Omega}\nabla u(\boldsymbol{r})\cdot\nabla\delta u(\boldsymbol{r})\,\mathrm{d}V.$$

由高斯公式,上式右边第一项的体积分可化为面积分,即

$$\iiint_{\Omega}\nabla^2 u(\boldsymbol{r})\delta u(\boldsymbol{r})\,\mathrm{d}V=\oiint_{\partial\Omega}\nabla u(\boldsymbol{r})\delta u(\boldsymbol{r})\,\mathrm{d}S-\iiint_{\Omega}\nabla u(\boldsymbol{r})\cdot\nabla\delta u(\boldsymbol{r})\,\mathrm{d}V.$$

由于 $u(\boldsymbol{r})$ 在边界 $\partial\Omega$ 上固定，$\delta u(\boldsymbol{r})\big|_{\partial\Omega}=0$，所以上式右边第一项为零。通过变分运算，(12.4.2)式中的第一项积分最终可化为

$$\iiint_{\Omega}\nabla^2 u(\boldsymbol{r})\delta u(\boldsymbol{r})\,\mathrm{d}V=-\frac{1}{2}\delta\iiint_{\Omega}\nabla u(\boldsymbol{r})\cdot\nabla u(\boldsymbol{r})\,\mathrm{d}V. \tag{12.4.3}$$

通过变分运算，(12.4.2)式中的第二项积分可写为

$$\iiint_{\Omega}f(\boldsymbol{r})\delta u(\boldsymbol{r})\,\mathrm{d}V=\delta\iiint_{\Omega}f(\boldsymbol{r})u(\boldsymbol{r})\,\mathrm{d}V. \tag{12.4.4}$$

将(12.4.3)式和(12.4.4)式代入(12.4.2)式，可得

$$-\frac{1}{2}\delta\iiint_{\Omega}[\nabla u(\boldsymbol{r})\cdot\nabla u(\boldsymbol{r})-2f(\boldsymbol{r})u(\boldsymbol{r})]\,\mathrm{d}V=-\frac{1}{2}\delta\mathrm{J}[u(\boldsymbol{r})]=0.$$

因此，上述泊松方程的定解问题对应如下泛函的极值问题为

$$\begin{cases}\mathrm{J}[u(\boldsymbol{r})]=\iiint_{\Omega}[\nabla u(\boldsymbol{r})\cdot\nabla u(\boldsymbol{r})-2f(\boldsymbol{r})u(\boldsymbol{r})]\,\mathrm{d}V,\\ u\big|_{\partial\Omega}=0.\end{cases} \tag{12.4.5}$$

定解问题(12.4.1)式的解即泛函(12.4.5)式的极值函数。

【例 1】 推导如下定解问题对应的泛函形式：

$$\begin{cases}\nabla^2 u(\boldsymbol{r})+k^2u(\boldsymbol{r})=-f(\boldsymbol{r}),\\ u\big|_{\partial\Omega}=0.\end{cases}$$

解：上式中的亥姆霍兹方程必然来自

$$\iiint_{\Omega}[\nabla^2u(\boldsymbol{r})+k^2u(\boldsymbol{r})+f(\boldsymbol{r})]\delta u(\boldsymbol{r})\,\mathrm{d}V=0,$$

其中，

$$\iiint_{\Omega}\nabla^2 u(\boldsymbol{r})\delta u(\boldsymbol{r})\,\mathrm{d}V=-\frac{1}{2}\delta\iiint_{\Omega}\nabla u(\boldsymbol{r})\cdot\nabla u(\boldsymbol{r})\,\mathrm{d}V,$$

$$\iiint_{\Omega}k^2u(\boldsymbol{r})\delta u(\boldsymbol{r})\,\mathrm{d}V=\frac{1}{2}\delta\iiint_{\Omega}k^2[u(\boldsymbol{r})]^2\,\mathrm{d}V,$$

$$\iiint_{\Omega}f(\boldsymbol{r})\delta u(\boldsymbol{r})\,\mathrm{d}V=\delta\iiint_{\Omega}f(\boldsymbol{r})u(\boldsymbol{r})\,\mathrm{d}V.$$

将以上三式代入方程 $\iiint_{\Omega}[\nabla^2u(\boldsymbol{r})+k^2u(\boldsymbol{r})+f(\boldsymbol{r})]\delta u(\boldsymbol{r})\,\mathrm{d}V$，可得

$$-\frac{1}{2}\delta\iiint_{\Omega}\{\nabla u(\boldsymbol{r})\cdot\nabla u(\boldsymbol{r})-k^2[u(\boldsymbol{r})]^2-2f(\boldsymbol{r})u(\boldsymbol{r})\}\,\mathrm{d}V=0.$$

因此，上述定解问题对应如下泛函的极值问题

$$\begin{cases}\mathrm{J}[u(\boldsymbol{r})]=\iiint_{\Omega}\{\nabla u(\boldsymbol{r})\cdot\nabla u(\boldsymbol{r})-k^2[u(\boldsymbol{r})]^2-2f(\boldsymbol{r})u(\boldsymbol{r})\}\,\mathrm{d}V,\\ u\big|_{\partial\Omega}=0.\end{cases}$$

定解问题的解即上述泛函的极值函数。

12.4.2 本征问题的泛函形式

1. 一维施图姆-刘维尔本征问题对应的泛函形式

下面以一维施图姆-刘维尔本征问题

$$\begin{cases}\dfrac{\mathrm{d}}{\mathrm{d}x}\left[k(x)\dfrac{\mathrm{d}y(x)}{\mathrm{d}x}\right]-q(x)y(x)+\lambda\rho(x)y(x)=0,\\ y(a)=0,y(b)=0\end{cases}\tag{12.4.6}$$

为例，推导其对应的泛函形式。其中，λ 为待求本征值，$\rho(x)$ 为权函数，假设 $y(x)$ 为实函数，其定义域 $x\in[a,b]$.

根据利用变分引理推导欧拉-拉格朗日方程"逆推"的思路，上式中的本征方程必然来自

$$\int_a^b\left\{\frac{\mathrm{d}}{\mathrm{d}x}\left[k(x)\frac{\mathrm{d}y(x)}{\mathrm{d}x}\right]-q(x)y(x)+\lambda\rho(x)y(x)\right\}\delta y(x)\,\mathrm{d}x=0.\tag{12.4.7}$$

通过分部积分，上式的第一项积分可写为

$$\int_a^b\frac{\mathrm{d}}{\mathrm{d}x}\left[k(x)\frac{\mathrm{d}y(x)}{\mathrm{d}x}\right]\delta y(x)\,\mathrm{d}x=k(x)\frac{\mathrm{d}y(x)}{\mathrm{d}x}\delta y(x)\Big|_a^b-\int_a^b k(x)\frac{\mathrm{d}y(x)}{\mathrm{d}x}\delta\frac{\mathrm{d}y(x)}{\mathrm{d}x}\mathrm{d}x.$$

由于 $y(x)$ 在两端固定，$\delta y(a)$ 和 $\delta y(b)$ 均为零，所以上式右边第一项为零。通过变分运算，(12.4.7)式的第一项积分最终可写为

$$\int_a^b\frac{\mathrm{d}}{\mathrm{d}x}\left[k(x)\frac{\mathrm{d}y(x)}{\mathrm{d}x}\right]\delta y(x)\,\mathrm{d}x=-\frac{1}{2}\delta\int_a^b k(x)\left[\frac{\mathrm{d}y(x)}{\mathrm{d}x}\right]^2\mathrm{d}x.\tag{12.4.8}$$

通过变分运算，(12.4.7)式的第二项和第三项积分可分别写为

$$\int_a^b -q(x)y(x)\delta y(x)\,\mathrm{d}x=-\frac{1}{2}\delta\int_a^b q(x)[y(x)]^2\mathrm{d}x.\tag{12.4.9}$$

$$\int_a^b \lambda\rho(x)y(x)\delta y(x)\,\mathrm{d}x=\frac{1}{2}\delta\int_a^b \lambda\rho(x)[y(x)]^2\mathrm{d}x.\tag{12.4.10}$$

将(12.4.8)式～(12.4.10)式代入(12.4.7)式，可得

$$-\frac{1}{2}\delta\int_a^b\left\{k(x)\left[\frac{\mathrm{d}y(x)}{\mathrm{d}x}\right]^2+q(x)[y(x)]^2-\lambda\rho(x)[y(x)]^2\right\}\mathrm{d}x=0.\tag{12.4.11}$$

因此，一维施图姆-刘维尔本征问题对应如下泛函的极值问题：

$$\begin{cases}\mathrm{J}[y(x)]=\displaystyle\int_a^b\left\{k(x)\left[\frac{\mathrm{d}y(x)}{\mathrm{d}x}\right]^2+q(x)[y(x)]^2\right\}\mathrm{d}x-\lambda\int_a^b[y(x)]^2\rho(x)\,\mathrm{d}x,\\ y(a)=0,y(b)=0.\end{cases}\tag{12.4.12}$$

如果将上式中的泛函视为由拉格朗日乘子法构造的泛函，那么，该无约束条件的泛函的极值问题可还原为如下带约束条件的泛函的极值问题：

$$\begin{cases}\mathrm{I}[y(x)]=\displaystyle\int_a^b\left\{k(x)\left[\frac{\mathrm{d}y(x)}{\mathrm{d}x}\right]^2+q(x)[y(x)]^2\right\}\mathrm{d}x,\\ \displaystyle\int_a^b[y(x)]^2\rho(x)\,\mathrm{d}x=C,\\ y(a)=0,y(b)=0.\end{cases}\tag{12.4.13}$$

其中，C 可取任意常数。若取 $C=1$，则约束条件 $\int_a^b[y(x)]^2\rho(x)\,\mathrm{d}x=1$ 称为极值函数的归一化条件。

2. 三维本征问题对应的泛函形式

以如下三维本征问题

$$\begin{cases}\nabla^2 u(\boldsymbol{r})+\lambda u(\boldsymbol{r})=0,\\ u\mid_{\partial\Omega}=0\end{cases} \tag{12.4.14}$$

为例[假设权函数为 1，$u(\boldsymbol{r})$为实函数]，推导其对应的泛函形式。

上式中的本征方程来自

$$\iiint_\Omega [\nabla^2 u(\boldsymbol{r})+\lambda u(\boldsymbol{r})]\delta u(\boldsymbol{r})\mathrm{d}V=0. \tag{12.4.15}$$

上式两项积分可分别化简为

$$\iiint_\Omega \nabla^2 u(\boldsymbol{r})\delta u(\boldsymbol{r})\mathrm{d}V=-\frac{1}{2}\delta\iiint_\Omega \nabla u(\boldsymbol{r})\cdot\nabla u(\boldsymbol{r})\mathrm{d}V, \tag{12.4.16}$$

$$\iiint_\Omega \lambda u(\boldsymbol{r})\delta u(\boldsymbol{r})\mathrm{d}V=\frac{1}{2}\delta\iiint_\Omega \lambda[u(\boldsymbol{r})]^2\mathrm{d}V. \tag{12.4.17}$$

将(12.4.16)式和(12.4.17)式代入(12.4.15)式，可得

$$-\frac{1}{2}\delta\iiint_\Omega \{\nabla u(\boldsymbol{r})\cdot\nabla u(\boldsymbol{r})-\lambda[u(\boldsymbol{r})]^2\}\mathrm{d}V=0.$$

因此，上述本征问题对应的泛函为

$$\mathrm{J}[u(\boldsymbol{r})]=\iiint_\Omega \{\nabla u(\boldsymbol{r})\cdot\nabla u(\boldsymbol{r})-\lambda[u(\boldsymbol{r})]^2\}\mathrm{d}V. \tag{12.4.18}$$

同样，如果将上式视为由拉格朗日乘子法构造的泛函，那么，该无约束条件的泛函的极值问题可以还原为如下带约束条件的泛函的极值问题

$$\begin{cases}\mathrm{I}[u(\boldsymbol{r})]=\iiint_\Omega \nabla u(\boldsymbol{r})\cdot\nabla u(\boldsymbol{r})\mathrm{d}V,\\ \iiint_\Omega [u(\boldsymbol{r})]^2\mathrm{d}V=C,\\ u\mid_{\partial\Omega}=0.\end{cases} \tag{12.4.19}$$

其中，C 可取任意常数。若取 $C=1$，则约束条件 $\iiint_\Omega [u(\boldsymbol{r})]^2\mathrm{d}V=1$ 称为极值函数的归一化条件。

3. 本征值与泛函极值的关系

设实函数 $y_n(x)$是泛函(12.4.13)式的一个极值函数，且取约束条件中的常数 $C=1$，则 $y_n(x)$满足如下的泛函

$$\begin{cases}\mathrm{I}[y_n(x)]=\int_a^b\left\{k(x)\left[\frac{\mathrm{d}y_n(x)}{\mathrm{d}x}\right]^2+q(x)[y_n(x)]^2\right\}\mathrm{d}x,\\ \int_a^b[y_n(x)]^2\rho(x)\mathrm{d}x=1,\\ y_n(a)=0,y_n(b)=0.\end{cases} \tag{12.4.20}$$

极值函数 $y_n(x)$必然也满足(12.4.6)式中本征方程，即

$$\begin{cases}\frac{\mathrm{d}}{\mathrm{d}x}\left[k(x)\frac{\mathrm{d}y_n(x)}{\mathrm{d}x}\right]-q(x)y_n(x)+\lambda_n\rho(x)y_n(x)=0,\\ y_n(a)=0,y_n(b)=0.\end{cases} \tag{12.4.21}$$

下面，根据(12.4.20)式和(12.4.21)式，推导泛函的极值 $\mathrm{I}[y_n(x)]$和本征问题的本征值

λ_n 的关系。

将(12.4.21)式第一式两边同乘 $y_n(x)$,并在定义域$[a,b]$内积分,同时结合归一化条件 $\int_a^b [y_n(x)]^2\rho(x)\mathrm{d}x=1$,可得本征值

$$\lambda_n=\int_a^b\left\{-y_n(x)\frac{\mathrm{d}}{\mathrm{d}x}\left[k(x)\frac{\mathrm{d}y_n(x)}{\mathrm{d}x}\right]+q(x)[y_n(x)]^2\right\}\mathrm{d}x. \qquad (12.4.22)$$

通过分部积分及边界条件,上式第一项可简化为

$$\int_a^b -y_n(x)\frac{\mathrm{d}}{\mathrm{d}x}\left[k(x)\frac{\mathrm{d}y_n(x)}{\mathrm{d}x}\right]\mathrm{d}x=\int_a^b k(x)\left[\frac{\mathrm{d}y_n(x)}{\mathrm{d}x}\right]^2\mathrm{d}x. \qquad (12.4.23)$$

将上式代入(12.4.22)式,可得

$$\lambda_n=\int_a^b\left\{k(x)\left[\frac{\mathrm{d}y_n(x)}{\mathrm{d}x}\right]^2+q(x)[y_n(x)]^2\right\}\mathrm{d}x. \qquad (12.4.24)$$

比较上式和(12.4.20)式中的第一式,可以看出,本征值 λ_n 就是泛函的极值 $\mathrm{I}[y_n(x)]$.

以上说明,本征问题(12.4.21)的一系列本征值$\{\lambda_n, n=1,2,3,\cdots\}$正好对应着泛函(12.4.20)式的一系列极值 $\mathrm{I}[y_n(x)]$;而本征问题(12.4.21)式的本征函数$\{y_n(x), n=1,2,3,\cdots\}$对应着泛函(12.4.20)式的一系列极值函数。

由于泛函 $\mathrm{I}[y_n(x)]$的二阶变分

$$\delta^2\mathrm{I}[y_n(x)]=2\int_a^b k(x)[\delta y_n'(x)]^2+q(x)[\delta y_n(x)]^2\mathrm{d}x \qquad (12.4.25)$$

恒为正,因此,上述泛函的极值都是极小值。这些极小值中的最小值,自然就是本征问题的最小本征值。

【例 2】 求解如下带约束条件的泛函的极值问题:

$$\begin{cases}\mathrm{J}[y(x)]=\int_{-1}^1(1-x^2)y'^2\mathrm{d}x,\\ y(\pm1)\to\text{有限值},\\ \int_{-1}^1[y(x)]^2\mathrm{d}x=1.\end{cases}$$

解:根据拉格朗日乘子法,构造新的泛函

$$\mathrm{I}[y(x)]=\int_{-1}^1 H(x,y,y')\mathrm{d}x=\int_{-1}^1[(1-x^2)y'^2-\lambda y^2]\mathrm{d}x+\lambda.$$

新泛函的极值函数满足的欧拉-拉格朗日方程为

$$H_y-\frac{\mathrm{d}}{\mathrm{d}x}H_{y'}=0$$

化简上式,可得新泛函的极值函数满足如下微分方程的定解问题

$$\begin{cases}\frac{\mathrm{d}}{\mathrm{d}x}\left[(1-x)^2\frac{\mathrm{d}y(x)}{\mathrm{d}x}\right]+\lambda y(x)=0,\\ y(\pm1)\to\text{有限值},\\ \int_{-1}^1[y(x)]^2\mathrm{d}x=1.\end{cases}$$

上式中的微分方程正是勒让德方程。从上式可以看出,该定解问题是由勒让德方程附加

自然边界条件的本征问题和额外的本征函数归一化条件构成。在自然边界条件下,勒让德方程本征问题的本征值(即拉格朗日乘子 λ)和归一化的本征函数分别为

$$\lambda_l=l(l+1),\quad l=0,1,2,\cdots.$$

$$y_l(x)=\sqrt{\frac{2l+1}{2}}\mathrm{P}_l(x).$$

本征函数 $y_l(x)$ 既是无约束条件的新泛函 $\mathrm{I}[y(x)]$ 的极值函数,也是带约束条件的泛函 $\mathrm{J}[y(x)]$ 的极值函数;本征值 λ_l 就是泛函 $\mathrm{J}[y(x)]$ 的极值。

下面,我们来验证当泛函 $\mathrm{J}[y(x)]$ 的自变量 $y(x)$ 取极值函数 $y_l(x)=\sqrt{\frac{2l+1}{2}}\mathrm{P}_l(x)$ 时,泛函的极值 $\mathrm{J}[y_l(x)]$ 就是对应本征问题的本征值 λ_l.

将极值函数 $y_l(x)=\sqrt{\frac{2l+1}{2}}\mathrm{P}_l(x)$ 代入泛函 $\mathrm{J}[y(x)]=\int_{-1}^{1}(1-x^2)y'^2\mathrm{d}x$ 中,得

$$\begin{aligned}\mathrm{J}[y_l(x)]&=\frac{2l+1}{2}\int_{-1}^{1}(1-x^2)[\mathrm{P}_l'(x)]^2\mathrm{d}x\\&=\frac{2l+1}{2}(1-x^2)\mathrm{P}_l'(x)\mathrm{P}_l(x)\Big|_{-1}^{1}-\frac{2l+1}{2}\int_{-1}^{1}\mathrm{P}_l(x)\frac{\mathrm{d}}{\mathrm{d}x}[(1-x^2)\mathrm{P}_l'(x)]\mathrm{d}x\\&=-\frac{2l+1}{2}\int_{-1}^{1}\mathrm{P}_l(x)\frac{\mathrm{d}}{\mathrm{d}x}[(1-x^2)\mathrm{P}_l'(x)]\mathrm{d}x.\end{aligned}$$

由勒让德方程可得如下的恒等式:

$$\mathrm{P}_l(x)\frac{\mathrm{d}}{\mathrm{d}x}\left[(1-x^2)\frac{\mathrm{dP}_l(x)}{\mathrm{d}x}\right]=-l(l+1)[\mathrm{P}_l(x)]^2.$$

将之代入泛函,可得

$$\mathrm{J}[y_l(x)]=\frac{2l+1}{2}\int_{-1}^{1}l(l+1)[\mathrm{P}_l(x)]^2\mathrm{d}x=l(l+1).$$

可见,当泛函 $\mathrm{J}[y(x)]$ 的自变量取极值函数 $y_l(x)=\sqrt{\frac{2l+1}{2}}\mathrm{P}_l(x)$ 时,泛函的极值确实是对应本征问题的本征值 $l(l+1)$.

§12.5 瑞利-里茨法

授课视频

从§12.4的内容可知,微分方程的定解问题或本征问题可以转化为泛函的极值问题。在微分方程的定解问题或本征问题难以被解析计算的情况下,我们可以考虑直接求解对应泛函的极值问题。在直接求解泛函极值的问题上,人们发展了一些近似解法,其中,具有代表性的是瑞利-里茨法(Rayleigh-Ritz method)。本节主要介绍利用瑞利-里茨法来求解泛函极值函数的近似解。

以如下端点固定的单积分型泛函为例

$$\begin{cases} J[y(x)] = \int_a^b F(x,y,y')\,dx, \\ y(a)=0, y(b)=0 \end{cases} \tag{12.5.1}$$

求解泛函的极值函数。选取满足边界条件 $y(a)=0, y(b)=0$ 的基函数 $\{\varphi_k(x), k=1,2,\cdots,N\}$，用它们的线性组合来逼近泛函的极值函数 $y(x)$，即

$$y(x) = \sum_{k=1}^{N} c_k \varphi_k(x). \tag{12.5.2}$$

将如上含有 N 个参数 $(c_1,c_2,\cdots,c_N)$ 的 $y(x)$ 代入(12.5.1)式，则泛函 $J[y(x)]$ 可视为参数 $(c_1,c_2,\cdots,c_N)$ 的函数，记为 $J(c_1,c_2,\cdots,c_N)$.

根据多元函数 $J(c_1,c_2,\cdots,c_N)$ 取极值的必要条件

$$\frac{\partial J(c_k)}{\partial c_k} = 0,\ k=1,2,\cdots,N, \tag{12.5.3}$$

可得到 N 个关于 c_k 的线性方程。求解此方程组，可确定参数 c_k 的值。将求得的 c_k 代入(12.5.2)中，即得到极值函数的近似解。

基函数的选取可以采用多种形式，例如

1. 选取三角函数作为基函数

$$\varphi_k(x) = \sin\left(\frac{x-a}{b-a}k\pi\right), k=1,2,3,\cdots. \tag{12.5.4}$$

2. 选取多项式作为基函数

$$\varphi_k(x) = \left(1-\frac{x-a}{b-a}\right)(x-a)^k, k=1,2,3,\cdots. \tag{12.5.5}$$

【例题】　利用瑞利-里茨法求解如下泛函的极值函数：

$$\begin{cases} J[y(x)] = \int_0^1 (y'^2 - y^2 - 2xy)\,dx, \\ y(0)=0, y(1)=0. \end{cases}$$

解：选取满足上式边界条件的多项式基函数

$$\varphi_k(x) = x^k(1-x), k=1,2,3,\cdots.$$

则泛函的极值函数可用该基函数的线性组合逼近

$$y(x) = \sum_{k=1}^{N} c_k \varphi_k(x).$$

1. 一级近似解，即仅保留第一个基函数

$$y(x) = c_1\varphi_1(x) = c_1 x(1-x),$$

其中，c_1 为待求系数。将上式代入泛函中，整理可得

$$J[y(x)] = \int_0^1 [c_1^2(1-2x)^2 - c_1^2x^2(1-x)^2 - 2xc_1x(1-x)]\,dx = \frac{3}{10}c_1^2 - \frac{1}{6}c_1.$$

该泛函可视为 c_1 的函数 $J(c_1)$. 根据函数取极值的必要条件 $\dfrac{dJ(c_1)}{dc_1}=0$，可得

$$c_1 = \frac{5}{18}.$$

因此,泛函的极值函数的一级近似解为

$$y(x)=\frac{5}{18}x(1-x).$$

由于该极值函数的近似解仅保留第一个基函数,所以,其计算精度较低。为提高近似解的精度,考虑保留前两个基函数,计算其二级近似解。

2. 二级近似解,保留前两个基函数

$$y(x)=c_1\varphi_1(x)+c_2\varphi_2(x)=c_1x(1-x)+c_2x^2(1-x),$$

其中,c_1 和 c_2 为待求系数。同理,将上式代入泛函中,整理可得

$$\mathrm{J}[y(x)]=\frac{3}{20}c_1^2+\frac{13}{310}c_2^2+\frac{3}{20}c_1c_2-\frac{1}{12}c_1-\frac{1}{20}c_2.$$

该泛函可视为(c_1,c_2)的二元函数 $\mathrm{J}(c_1,c_2)$。根据二元函数取极值的必要条件$\frac{\partial \mathrm{J}(c_1,c_2)}{\partial c_1}=0,\frac{\partial \mathrm{J}(c_1,c_2)}{\partial c_2}=0$,可得

$$\begin{cases}\frac{3}{10}c_1+\frac{3}{20}c_2-\frac{1}{12}=0,\\ \frac{3}{20}c_1+\frac{13}{105}c_2-\frac{1}{20}=0.\end{cases}$$

求解该方程组,可得

$$\begin{cases}c_1=\frac{71}{369},\\ c_2=\frac{7}{41}.\end{cases}$$

因此,泛函的极值函数的二级近似解为

$$y(x)=\frac{71}{369}x(1-x)+\frac{7}{41}x^2(1-x).$$

如果想进一步提高极值函数近似解的精度,可以继续求解三级甚至更高级近似解,此处不再赘述。

为了能够检验上述近似解的精度,本例题选择了一个比较简单的泛函,该泛函极值函数满足的欧拉-拉格朗日方程是可以解析求解的。

3. 泛函极值函数的解析解

泛函的极值函数满足的欧拉-拉格朗日方程为

$$F_y-\frac{\mathrm{d}}{\mathrm{d}x}F_{y'}=0.$$

将泛函的被积函数 $F(x,y,y')=y'^2-y^2-2xy$ 代入上式,整理可得

$$\begin{cases}y''+y+x=0,\\ y(0)=0,y(1)=0.\end{cases}$$

其解就是泛函极值函数的解析解,即

$$y(x)=\frac{\sin x}{\sin 1}-x.$$

图 12.5 中对比了泛函极值函数的一级近似解 $f_1(x)$、二级近似解 $f_2(x)$ 和其解析解 $f_0(x)$。从图中可以看出,一级近似解与解析解有较大偏离,而二级近似解已经比较接近解析解,当取三级或者更高级的近似解,精度会进一步提高。

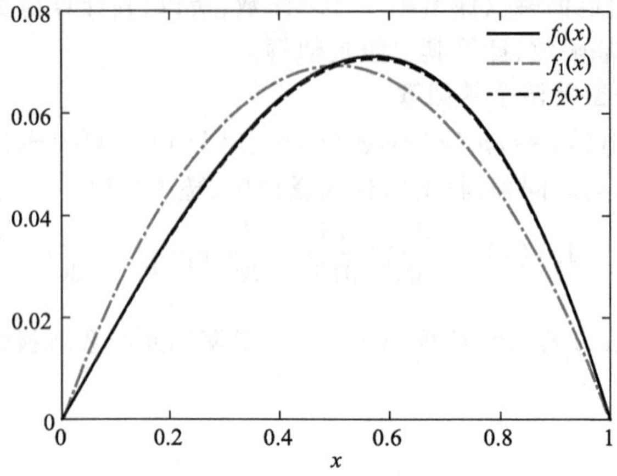

图 12.5 泛函极值函数的解析解与数值解的对比

对于复杂的物理问题,利用瑞利-里茨法在整个定义区域选择一组试探基函数来逼近极值函数,难以满足复杂物理问题的求解需要。因此,又逐渐发展了一种新的方法——**有限元法**(finite element method,FEM),它将整个函数的定义域划分为若干个很小的子区域,在每个子区域内采用灵活的线性基函数来获取该子区域内的极值函数近似解,然后得到整个区域的极值函数近似解。有限元法在物理、力学和工程技术等方面都得到广泛应用,本书不再深入介绍。

第 12 章习题

1. 利用变分法证明两点之间直线距离最短。

2. 求解如下泛函的极值函数:

$$\begin{cases} J[y(x)] = \int_0^1 (y^2+y'^2)\,dx, \\ y(0)=1, y(1)=\sinh 1. \end{cases}$$

3. 求解如下泛函的极值函数:

$$\begin{cases} J[y(x)] = \int_0^1 (x+y''^2)\,dx, \\ y(0)=1, y(1)=0, \\ y'(0)=1, y'(1)=0. \end{cases}$$

4. 求如下带约束条件的泛函的极值和极值函数:

$$\begin{cases} J[y(x)] = \int_0^\pi y'^2\,dx, \\ y(0)=0, y(\pi)=0, \\ \int_0^\pi y^2\,dx = 1. \end{cases}$$

5. 求解如下带约束条件的泛函的极值函数：

$$\begin{cases} J[y(x)] = \int_0^1 (y'^2 + x^2)\,dx, \\ y(0) = 0, y(1) = 0, \\ \int_0^1 y^2\,dx = 2. \end{cases}$$

6. 已知泛函

$$\begin{cases} J[y(x), z(x)] = \int_0^1 (y'^2 + z'^2 - 4xz' - 4z)\,dx, \\ y(0) = 0, y(1) = 1, \\ z(0) = 0, z(1) = 1. \end{cases}$$

（1）求解该泛函的极值函数；

（2）求解该泛函在约束条件 $\int_0^1 (z'^2 - 2xy')\,dx = 2$ 下的极值函数。

7. 已知泛函

$$\begin{cases} J[y(x)] = \int_0^1 (y'^2 + 2y)\,dx, \\ y(0) = 0, y(1) = 0. \end{cases}$$

（1）求解该泛函的极值函数；

（2）利用瑞利-里茨法计算该泛函极值函数的近似解。

（试探基函数选择 $\varphi_k(x) = x^k(1-x)$，$k = 1,2,3,\cdots$，利用一阶近似解计算即可.）

8. 在量子力学中，一维线性谐振子的平均能量 $\bar{E}$ 可表示为如下泛函形式：

$$\begin{cases} \bar{E}[y(x)] = \int_{-\infty}^{\infty} y(x)\left(-\frac{\hbar^2}{2m}\frac{d^2}{dx^2} + \frac{1}{2}m\omega^2 x^2\right) y(x)\,dx, \\ \int_{-\infty}^{\infty} [y(x)]^2\,dx = 1, \end{cases}$$

其中，泛函自变量 $y(x)$ 表示谐振子的波函数，参量 m、ω 均是实常量。如果以高斯型函数 $y_0(x) = A(b)e^{-bx^2}$ 作为谐振子基态波函数的试探函数，b 为变分参量，请利用变分法计算一维线性谐振子的基态能量。

$\left(\text{可能用到的积分公式：}\int_{-\infty}^{\infty} e^{-ax^2}\,dx = \sqrt{\frac{\pi}{a}},\ \int_{-\infty}^{\infty} x^2 e^{-ax^2}\,dx = \frac{1}{2a}\sqrt{\frac{\pi}{a}}.\right)$

9. 已知函数 $y(x)$ 满足如下定解问题：

$$\begin{cases} y''(x) + y(x) + x = 0, 0<x<1, \\ y(0) = 0, y(1) = 0. \end{cases}$$

（1）推导该定解问题对应的泛函形式；

（2）如果取基函数 $\varphi_k(x) = \sin k\pi x$，$k = 1,2,3,\cdots$，利用瑞利-里茨法求该定解问题的近似解。

习题参考答案

附　录

A　柱坐标系下的哈密顿算子及梯度、散度和旋度

直角坐标系的变量 x、y、z 和柱坐标系的变量 ρ、φ、z 的关系(图 A1)为

$$\begin{cases} x=\rho\cos\varphi, \\ y=\rho\sin\varphi, \\ z=z. \end{cases} \Leftrightarrow \begin{cases} \rho=\sqrt{x^2+y^2}, \\ \varphi=\arctan\dfrac{y}{x}, \\ z=z. \end{cases} \tag{A1}$$

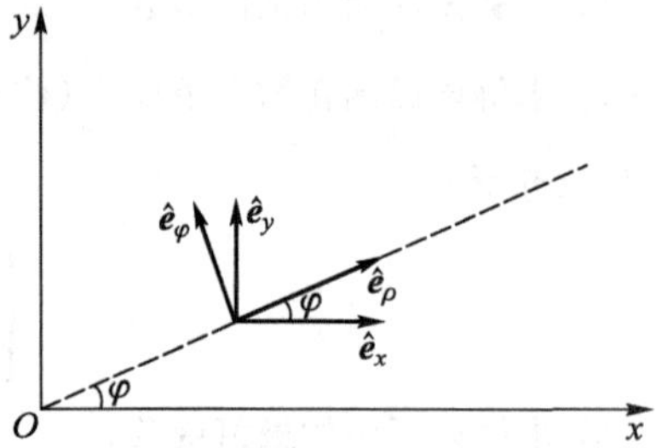

图 A1　直角坐标系和柱坐标系的关系

直角坐标系的单位矢量与柱坐标系的单位矢量的关系为

$$\begin{pmatrix} \hat{e}_x \\ \hat{e}_y \\ \hat{e}_z \end{pmatrix} = \begin{pmatrix} \cos\varphi & -\sin\varphi & 0 \\ \sin\varphi & \cos\varphi & 0 \\ 0 & 0 & 1 \end{pmatrix} \begin{pmatrix} \hat{e}_\rho \\ \hat{e}_\varphi \\ \hat{e}_z \end{pmatrix} \Leftrightarrow \begin{cases} \hat{e}_x=\hat{e}_\rho\cos\varphi-\hat{e}_\varphi\sin\varphi, \\ \hat{e}_y=\hat{e}_\rho\sin\varphi+\hat{e}_\varphi\cos\varphi, \\ \hat{e}_z=\hat{e}_z. \end{cases} \tag{A2}$$

$$\begin{pmatrix} \hat{e}_\rho \\ \hat{e}_\varphi \\ \hat{e}_z \end{pmatrix} = \begin{pmatrix} \cos\varphi & \sin\varphi & 0 \\ -\sin\varphi & \cos\varphi & 0 \\ 0 & 0 & 1 \end{pmatrix} \begin{pmatrix} \hat{e}_x \\ \hat{e}_y \\ \hat{e}_z \end{pmatrix} \Leftrightarrow \begin{cases} \hat{e}_\rho=\hat{e}_x\cos\varphi+\hat{e}_y\sin\varphi, \\ \hat{e}_\varphi=-\hat{e}_x\sin\varphi+\hat{e}_y\cos\varphi, \\ \hat{e}_z=\hat{e}_z. \end{cases} \tag{A3}$$

由(A3)式可得,柱坐标系的单位矢量对变量 ρ、φ、z 的偏导数分别为

$$\begin{cases} \dfrac{\partial\hat{e}_\rho}{\partial\rho}=0, \dfrac{\partial\hat{e}_\varphi}{\partial\rho}=0, \dfrac{\partial\hat{e}_z}{\partial\rho}=0, \\ \dfrac{\partial\hat{e}_\rho}{\partial\varphi}=\hat{e}_\varphi, \dfrac{\partial\hat{e}_\varphi}{\partial\varphi}=-\hat{e}_\rho, \dfrac{\partial\hat{e}_z}{\partial\varphi}=0, \\ \dfrac{\partial\hat{e}_\rho}{\partial z}=0, \dfrac{\partial\hat{e}_\varphi}{\partial z}=0, \dfrac{\partial\hat{e}_z}{\partial z}=0. \end{cases} \tag{A4}$$

1. 柱坐标系下的哈密顿算子

根据复合函数的求导法则,可用柱坐标系的变量表示偏导数$\dfrac{\partial}{\partial x}$

$$\frac{\partial}{\partial x}=\frac{\partial\rho}{\partial x}\frac{\partial}{\partial\rho}+\frac{\partial\varphi}{\partial x}\frac{\partial}{\partial\varphi}=\frac{x}{\sqrt{x^2+y^2}}\frac{\partial}{\partial\rho}+\frac{1}{1+\left(\frac{y}{x}\right)^2}\left(-\frac{y}{x^2}\right)\frac{\partial}{\partial\varphi}$$

$$=\cos\varphi\frac{\partial}{\partial\rho}-\frac{\sin\varphi}{\rho}\frac{\partial}{\partial\varphi}. \tag{A5}$$

同理,可用柱坐标系的变量表示偏导数$\frac{\partial}{\partial y}$

$$\begin{aligned}\frac{\partial}{\partial y}&=\frac{\partial\rho}{\partial y}\frac{\partial}{\partial\rho}+\frac{\partial\varphi}{\partial y}\frac{\partial}{\partial\varphi}=\frac{y}{\sqrt{x^2+y^2}}\frac{\partial}{\partial\rho}+\frac{1}{1+\left(\frac{y}{x}\right)^2}\left(\frac{1}{x}\right)\frac{\partial}{\partial\varphi}\\&=\sin\varphi\frac{\partial}{\partial\rho}+\frac{\cos\varphi}{\rho}\frac{\partial}{\partial\varphi}.\end{aligned} \tag{A6}$$

将(A2)式、(A5)式和(A6)式代入直角坐标系下哈密顿算子的公式

$$\begin{aligned}\nabla&=\hat{\boldsymbol{e}}_x\frac{\partial}{\partial x}+\hat{\boldsymbol{e}}_y\frac{\partial}{\partial y}+\hat{\boldsymbol{e}}_z\frac{\partial}{\partial z}\\&=\hat{\boldsymbol{e}}_\rho\cos^2\varphi\frac{\partial}{\partial\rho}+\hat{\boldsymbol{e}}_\rho\sin^2\varphi\frac{\partial}{\partial\rho}+\hat{\boldsymbol{e}}_\varphi\frac{\sin^2\varphi}{\rho}\frac{\partial}{\partial\varphi}+\hat{\boldsymbol{e}}_\varphi\frac{\cos^2\varphi}{\rho}\frac{\partial}{\partial\varphi}+\hat{\boldsymbol{e}}_z\frac{\partial}{\partial z}.\\&=\hat{\boldsymbol{e}}_\rho\frac{\partial}{\partial\rho}+\hat{\boldsymbol{e}}_\varphi\frac{1}{\rho}\frac{\partial}{\partial\varphi}+\hat{\boldsymbol{e}}_z\frac{\partial}{\partial z}.\end{aligned}$$

从而,推导出柱坐标系下的哈密顿算子

$$\nabla=\hat{\boldsymbol{e}}_\rho\frac{\partial}{\partial\rho}+\hat{\boldsymbol{e}}_\varphi\frac{1}{\rho}\frac{\partial}{\partial\varphi}+\hat{\boldsymbol{e}}_z\frac{\partial}{\partial z}. \tag{A7}$$

2. 柱坐标系下的标量函数的梯度

将柱坐标系下的哈密顿算子作用在标量函数$u(\rho,\varphi,z)$上,可得到柱坐标系下标量函数的梯度

$$\nabla u=\frac{\partial u}{\partial\rho}\hat{\boldsymbol{e}}_\rho+\frac{1}{\rho}\frac{\partial u}{\partial\varphi}\hat{\boldsymbol{e}}_\varphi+\frac{\partial u}{\partial z}\hat{\boldsymbol{e}}_z \tag{A8}$$

3. 柱坐标系下的矢量函数的散度

柱坐标系下的矢量函数$\boldsymbol{A}(\rho,\varphi,z)=A_\rho\hat{\boldsymbol{e}}_\rho+A_\varphi\hat{\boldsymbol{e}}_\varphi+A_z\hat{\boldsymbol{e}}_z$,将柱坐标系下的哈密顿算子与矢量函数$\boldsymbol{A}(\rho,\varphi,z)$进行点乘,可得

$$\begin{aligned}\nabla\cdot\boldsymbol{A}&=\left(\hat{\boldsymbol{e}}_\rho\frac{\partial}{\partial\rho}+\hat{\boldsymbol{e}}_\varphi\frac{1}{\rho}\frac{\partial}{\partial\varphi}+\hat{\boldsymbol{e}}_z\frac{\partial}{\partial z}\right)\cdot\boldsymbol{A}\\&=\hat{\boldsymbol{e}}_\rho\cdot\frac{\partial}{\partial\rho}\boldsymbol{A}+\frac{1}{\rho}\hat{\boldsymbol{e}}_\varphi\cdot\frac{\partial}{\partial\varphi}\boldsymbol{A}+\hat{\boldsymbol{e}}_z\cdot\frac{\partial}{\partial z}\boldsymbol{A}.\end{aligned} \tag{A9}$$

结合(A4)式,可得

$$\frac{\partial}{\partial\rho}\boldsymbol{A}=\frac{\partial}{\partial\rho}(A_\rho\hat{\boldsymbol{e}}_\rho+A_\varphi\hat{\boldsymbol{e}}_\varphi+A_z\hat{\boldsymbol{e}}_z)=\frac{\partial A_\rho}{\partial\rho}\hat{\boldsymbol{e}}_\rho+\frac{\partial A_\varphi}{\partial\rho}\hat{\boldsymbol{e}}_\varphi+\frac{\partial A_z}{\partial\rho}\hat{\boldsymbol{e}}_z. \tag{A10}$$

$$\begin{aligned}\frac{\partial}{\partial\varphi}\boldsymbol{A}&=\frac{\partial}{\partial\varphi}(A_\rho\hat{\boldsymbol{e}}_\rho+A_\varphi\hat{\boldsymbol{e}}_\varphi+A_z\hat{\boldsymbol{e}}_z)=\frac{\partial A_\rho}{\partial\varphi}\hat{\boldsymbol{e}}_\rho+A_\rho\hat{\boldsymbol{e}}_\varphi+\frac{\partial A_\varphi}{\partial\varphi}\hat{\boldsymbol{e}}_\varphi-A_\varphi\hat{\boldsymbol{e}}_\rho+\frac{\partial A_z}{\partial\varphi}\hat{\boldsymbol{e}}_z\\&=\left(\frac{\partial A_\rho}{\partial\varphi}-A_\varphi\right)\hat{\boldsymbol{e}}_\rho+\left(A_\rho+\frac{\partial A_\varphi}{\partial\varphi}\right)\hat{\boldsymbol{e}}_\varphi+\frac{\partial A_z}{\partial\varphi}\hat{\boldsymbol{e}}_z.\end{aligned} \tag{A11}$$

$$\frac{\partial}{\partial z}\boldsymbol{A}=\frac{\partial}{\partial z}(A_\rho\hat{\boldsymbol{e}}_\rho+A_\varphi\hat{\boldsymbol{e}}_\varphi+A_z\hat{\boldsymbol{e}}_z)=\frac{\partial A_\rho}{\partial z}\hat{\boldsymbol{e}}_\rho+\frac{\partial A_\varphi}{\partial z}\hat{\boldsymbol{e}}_\varphi+\frac{\partial A_z}{\partial z}\hat{\boldsymbol{e}}_z. \tag{A12}$$

将(A10)式—(A12)式代入(A9)式,则得到柱坐标系下的矢量函数的散度

$$\nabla\cdot\boldsymbol{A}=\frac{1}{\rho}\frac{\partial}{\partial\rho}(\rho A_\rho)+\frac{1}{\rho}\frac{\partial A_\varphi}{\partial\varphi}+\frac{\partial A_z}{\partial z}. \tag{A13}$$

4. 柱坐标系下的矢量函数的旋度

将柱坐标系下的哈密顿算子与矢量函数 $\boldsymbol{A}(\rho,\varphi,z)$ 进行叉乘,可得

$$\begin{aligned}\nabla\times\boldsymbol{A}&=\left(\hat{\boldsymbol{e}}_\rho\frac{\partial}{\partial\rho}+\hat{\boldsymbol{e}}_\varphi\frac{1}{\rho}\frac{\partial}{\partial\varphi}+\hat{\boldsymbol{e}}_z\frac{\partial}{\partial z}\right)\times\boldsymbol{A}\\&=\hat{\boldsymbol{e}}_\rho\times\frac{\partial}{\partial\rho}\boldsymbol{A}+\frac{1}{\rho}\hat{\boldsymbol{e}}_\varphi\times\frac{\partial}{\partial\varphi}\boldsymbol{A}+\hat{\boldsymbol{e}}_z\times\frac{\partial}{\partial z}\boldsymbol{A}.\end{aligned} \tag{A14}$$

将(A10)式—(A12)式代入(A14)式,可得

$$\begin{aligned}\nabla\times\boldsymbol{A}&=\hat{\boldsymbol{e}}_\rho\times\left(\frac{\partial A_\rho}{\partial\rho}\hat{\boldsymbol{e}}_\rho+\frac{\partial A_\varphi}{\partial\rho}\hat{\boldsymbol{e}}_\varphi+\frac{\partial A_z}{\partial\rho}\hat{\boldsymbol{e}}_z\right)+\\&\quad\frac{1}{\rho}\hat{\boldsymbol{e}}_\varphi\times\left[\left(\frac{\partial A_\rho}{\partial\varphi}-A_\varphi\right)\hat{\boldsymbol{e}}_\rho+\left(A_\rho+\frac{\partial A_\varphi}{\partial\varphi}\right)\hat{\boldsymbol{e}}_\varphi+\frac{\partial A_z}{\partial\varphi}\hat{\boldsymbol{e}}_z\right]+\\&\quad\hat{\boldsymbol{e}}_z\times\left(\frac{\partial A_\rho}{\partial z}\hat{\boldsymbol{e}}_\rho+\frac{\partial A_\varphi}{\partial z}\hat{\boldsymbol{e}}_\varphi+\frac{\partial A_z}{\partial z}\hat{\boldsymbol{e}}_z\right)\\&=\frac{\partial A_\varphi}{\partial\rho}\hat{\boldsymbol{e}}_z-\frac{\partial A_z}{\partial\rho}\hat{\boldsymbol{e}}_\varphi-\frac{1}{\rho}\left(\frac{\partial A_\rho}{\partial\varphi}-A_\varphi\right)\hat{\boldsymbol{e}}_z+\frac{1}{\rho}\frac{\partial A_z}{\partial\varphi}\hat{\boldsymbol{e}}_\rho+\frac{\partial A_\rho}{\partial z}\hat{\boldsymbol{e}}_\varphi-\frac{\partial A_\varphi}{\partial z}\hat{\boldsymbol{e}}_\rho.\\&=\left(\frac{1}{\rho}\frac{\partial A_z}{\partial\varphi}-\frac{\partial A_\varphi}{\partial z}\right)\hat{\boldsymbol{e}}_\rho+\left(\frac{\partial A_\rho}{\partial z}-\frac{\partial A_z}{\partial\rho}\right)\hat{\boldsymbol{e}}_\varphi+\left(\frac{\partial A_\varphi}{\partial\rho}+\frac{1}{\rho}A_\varphi-\frac{1}{\rho}\frac{\partial A_\rho}{\partial\varphi}\right)\hat{\boldsymbol{e}}_z.\end{aligned} \tag{A15}$$

进一步合并上式中的部分项,则得到球坐标系下的矢量函数的旋度

$$\begin{aligned}\nabla\times\boldsymbol{A}&=\left(\frac{1}{\rho}\frac{\partial A_z}{\partial\varphi}-\frac{\partial A_\varphi}{\partial z}\right)\hat{\boldsymbol{e}}_\rho+\left(\frac{\partial A_\rho}{\partial z}-\frac{\partial A_z}{\partial\rho}\right)\hat{\boldsymbol{e}}_\varphi+\left(\frac{1}{\rho}\frac{\partial(\rho A_\varphi)}{\partial\rho}-\frac{1}{\rho}\frac{\partial A_\rho}{\partial\varphi}\right)\hat{\boldsymbol{e}}_z\\&=\begin{vmatrix}\frac{1}{\rho}\hat{\boldsymbol{e}}_\rho & \hat{\boldsymbol{e}}_\varphi & \frac{1}{\rho}\hat{\boldsymbol{e}}_z\\ \frac{\partial}{\partial\rho} & \frac{\partial}{\partial\varphi} & \frac{\partial}{\partial z}\\ A_\rho & \rho A_\varphi & A_z\end{vmatrix}.\end{aligned} \tag{A16}$$

5. 柱坐标系下的拉普拉斯算子

$$\begin{aligned}\nabla^2=\nabla\cdot\nabla&=\left(\hat{\boldsymbol{e}}_\rho\frac{\partial}{\partial\rho}+\hat{\boldsymbol{e}}_\varphi\frac{1}{\rho}\frac{\partial}{\partial\varphi}+\hat{\boldsymbol{e}}_z\frac{\partial}{\partial z}\right)\cdot\left(\hat{\boldsymbol{e}}_\rho\frac{\partial}{\partial\rho}+\hat{\boldsymbol{e}}_\varphi\frac{1}{\rho}\frac{\partial}{\partial\varphi}+\hat{\boldsymbol{e}}_z\frac{\partial}{\partial z}\right)\\&=\hat{\boldsymbol{e}}_\rho\cdot\frac{\partial}{\partial\rho}\left(\hat{\boldsymbol{e}}_\rho\frac{\partial}{\partial\rho}+\hat{\boldsymbol{e}}_\varphi\frac{1}{\rho}\frac{\partial}{\partial\varphi}+\hat{\boldsymbol{e}}_z\frac{\partial}{\partial z}\right)+\frac{1}{\rho}\hat{\boldsymbol{e}}_\varphi\cdot\frac{\partial}{\partial\varphi}\left(\hat{\boldsymbol{e}}_\rho\frac{\partial}{\partial\rho}+\hat{\boldsymbol{e}}_\varphi\frac{1}{\rho}\frac{\partial}{\partial\varphi}+\hat{\boldsymbol{e}}_z\frac{\partial}{\partial z}\right)+\\&\quad\hat{\boldsymbol{e}}_z\cdot\frac{\partial}{\partial z}\left(\hat{\boldsymbol{e}}_\rho\frac{\partial}{\partial\rho}+\hat{\boldsymbol{e}}_\varphi\frac{1}{\rho}\frac{\partial}{\partial\varphi}+\hat{\boldsymbol{e}}_z\frac{\partial}{\partial z}\right).\end{aligned} \tag{A17}$$

将(A17)式展开,并结合(A4)式,则得到柱坐标系下的拉普拉斯算子

$$\nabla^2=\frac{1}{\rho}\frac{\partial}{\partial\rho}\left(\rho\frac{\partial}{\partial\rho}\right)+\frac{1}{\rho^2}\frac{\partial^2}{\partial\varphi^2}+\frac{\partial^2}{\partial z^2}. \tag{A18}$$

B 球坐标系下的哈密顿算子及梯度、散度和旋度

直角坐标系的变量和球坐标系的变量的关系为

$$\begin{cases}x=r\sin\theta\cos\varphi,\\ y=r\sin\theta\sin\varphi,\\ z=r\cos\theta.\end{cases}\Leftrightarrow\begin{cases}r=\sqrt{x^2+y^2+z^2},\\ \theta=\arctan\dfrac{\sqrt{x^2+y^2}}{z},\\ \varphi=\arctan\dfrac{y}{x}.\end{cases} \tag{B1}$$

直角坐标系的单位矢量与球坐标系的单位矢量的关系为

$$\begin{pmatrix}\hat{\boldsymbol{e}}_x\\ \hat{\boldsymbol{e}}_y\\ \hat{\boldsymbol{e}}_z\end{pmatrix}=\begin{pmatrix}\sin\theta\cos\varphi & \cos\theta\cos\varphi & -\sin\varphi\\ \sin\theta\sin\varphi & \cos\theta\sin\varphi & \cos\varphi\\ \cos\theta & -\sin\theta & 0\end{pmatrix}\begin{pmatrix}\hat{\boldsymbol{e}}_r\\ \hat{\boldsymbol{e}}_\theta\\ \hat{\boldsymbol{e}}_\varphi\end{pmatrix}$$

$$\Leftrightarrow\begin{cases}\hat{\boldsymbol{e}}_x=\hat{\boldsymbol{e}}_r\sin\theta\cos\varphi+\hat{\boldsymbol{e}}_\theta\cos\theta\cos\varphi-\hat{\boldsymbol{e}}_\varphi\sin\varphi,\\ \hat{\boldsymbol{e}}_y=\hat{\boldsymbol{e}}_r\sin\theta\sin\varphi+\hat{\boldsymbol{e}}_\theta\cos\theta\sin\varphi+\hat{\boldsymbol{e}}_\varphi\cos\varphi,\\ \hat{\boldsymbol{e}}_z=\hat{\boldsymbol{e}}_r\cos\theta-\hat{\boldsymbol{e}}_\theta\sin\theta.\end{cases} \tag{B2}$$

$$\begin{pmatrix}\hat{\boldsymbol{e}}_r\\ \hat{\boldsymbol{e}}_\theta\\ \hat{\boldsymbol{e}}_\varphi\end{pmatrix}=\begin{pmatrix}\sin\theta\cos\varphi & \sin\theta\sin\varphi & \cos\theta\\ \cos\theta\cos\varphi & \cos\theta\sin\varphi & -\sin\theta\\ -\sin\varphi & \cos\varphi & 0\end{pmatrix}\begin{pmatrix}\hat{\boldsymbol{e}}_x\\ \hat{\boldsymbol{e}}_y\\ \hat{\boldsymbol{e}}_z\end{pmatrix}$$

$$\Leftrightarrow\begin{cases}\hat{\boldsymbol{e}}_r=\hat{\boldsymbol{e}}_x\sin\theta\cos\varphi+\hat{\boldsymbol{e}}_y\sin\theta\sin\varphi+\hat{\boldsymbol{e}}_z\cos\theta,\\ \hat{\boldsymbol{e}}_\theta=\hat{\boldsymbol{e}}_x\cos\theta\cos\varphi+\hat{\boldsymbol{e}}_y\cos\theta\sin\varphi-\hat{\boldsymbol{e}}_z\sin\theta,\\ \hat{\boldsymbol{e}}_\varphi=-\hat{\boldsymbol{e}}_x\sin\varphi+\hat{\boldsymbol{e}}_y\cos\varphi.\end{cases} \tag{B3}$$

由(B3)式可得,球坐标系各单位矢量对变量 r、θ、φ 的偏导数分别为

$$\begin{cases}\dfrac{\partial\hat{\boldsymbol{e}}_r}{\partial r}=0,\dfrac{\partial\hat{\boldsymbol{e}}_\theta}{\partial r}=0,\dfrac{\partial\hat{\boldsymbol{e}}_\varphi}{\partial r}=0,\\ \dfrac{\partial\hat{\boldsymbol{e}}_r}{\partial\theta}=\hat{\boldsymbol{e}}_\theta,\dfrac{\partial\hat{\boldsymbol{e}}_\theta}{\partial\theta}=-\hat{\boldsymbol{e}}_r,\dfrac{\partial\hat{\boldsymbol{e}}_\varphi}{\partial\theta}=0,\\ \dfrac{\partial\hat{\boldsymbol{e}}_r}{\partial\varphi}=\sin\theta\hat{\boldsymbol{e}}_\varphi,\dfrac{\partial\hat{\boldsymbol{e}}_\theta}{\partial\varphi}=\cos\theta\hat{\boldsymbol{e}}_\varphi,\dfrac{\partial\hat{\boldsymbol{e}}_\varphi}{\partial\varphi}=-\sin\theta\hat{\boldsymbol{e}}_r-\cos\theta\hat{\boldsymbol{e}}_\theta.\end{cases} \tag{B4}$$

1. 球坐标系下的哈密顿算子

根据复合函数的求导法则,可用球坐标系的变量表示偏导数$\dfrac{\partial}{\partial x}$

$$
\begin{aligned}
\frac{\partial}{\partial x}&=\frac{\partial r}{\partial x}\frac{\partial}{\partial r}+\frac{\partial\theta}{\partial x}\frac{\partial}{\partial\theta}+\frac{\partial\varphi}{\partial x}\frac{\partial}{\partial\varphi}\\
&=\frac{x}{\sqrt{x^2+y^2+z^2}}\frac{\partial}{\partial r}+\frac{1}{1+\dfrac{x^2+y^2}{z^2}}\frac{x}{z\sqrt{x^2+y^2}}\frac{\partial}{\partial\theta}+\frac{1}{1+\dfrac{y^2}{x^2}}\left(-\frac{y}{x^2}\right)\frac{\partial}{\partial\varphi}\\
&=\sin\theta\cos\varphi\frac{\partial}{\partial r}+\frac{\cos\theta\cos\varphi}{r}\frac{\partial}{\partial\theta}-\frac{\sin\varphi}{r\sin\theta}\frac{\partial}{\partial\varphi}.
\end{aligned}
\tag{B5}
$$

同理,分别用球坐标系的变量表示偏导数$\frac{\partial}{\partial y}$和$\frac{\partial}{\partial z}$

$$
\begin{aligned}
\frac{\partial}{\partial y}&=\frac{\partial r}{\partial y}\frac{\partial}{\partial r}+\frac{\partial\theta}{\partial y}\frac{\partial}{\partial\theta}+\frac{\partial\varphi}{\partial y}\frac{\partial}{\partial\varphi}\\
&=\frac{y}{\sqrt{x^2+y^2+z^2}}\frac{\partial}{\partial r}+\frac{1}{1+\dfrac{x^2+y^2}{z^2}}\frac{y}{z\sqrt{x^2+y^2}}\frac{\partial}{\partial\theta}+\frac{1}{1+\dfrac{y^2}{x^2}}\left(\frac{1}{x}\right)\frac{\partial}{\partial\varphi}\\
&=\sin\theta\sin\varphi\frac{\partial}{\partial r}+\frac{\cos\theta\sin\varphi}{r}\frac{\partial}{\partial\theta}+\frac{\cos\varphi}{r\sin\theta}\frac{\partial}{\partial\varphi}.
\end{aligned}
\tag{B6}
$$

$$
\begin{aligned}
\frac{\partial}{\partial z}&=\frac{\partial r}{\partial z}\frac{\partial}{\partial r}+\frac{\partial\theta}{\partial z}\frac{\partial}{\partial\theta}+\frac{\partial\varphi}{\partial z}\frac{\partial}{\partial\varphi}\\
&=\frac{z}{\sqrt{x^2+y^2+z^2}}\frac{\partial}{\partial r}+\frac{1}{1+\dfrac{x^2+y^2}{z^2}}\left(-\frac{\sqrt{x^2+y^2}}{z^2}\right)\frac{\partial}{\partial\theta}\\
&=\cos\theta\frac{\partial}{\partial r}-\frac{\sin\theta}{r}\frac{\partial}{\partial\theta}.
\end{aligned}
\tag{B7}
$$

将(B2)式以及(B5)式—(B7)式代入直角坐标系下的哈密顿算子公式,可得

$$
\begin{aligned}
\nabla&=\hat{\boldsymbol{e}}_x\frac{\partial}{\partial x}+\hat{\boldsymbol{e}}_y\frac{\partial}{\partial y}+\hat{\boldsymbol{e}}_z\frac{\partial}{\partial z}\\
&=(\hat{\boldsymbol{e}}_r\sin\theta\cos\varphi+\hat{\boldsymbol{e}}_\theta\cos\theta\cos\varphi-\hat{\boldsymbol{e}}_\varphi\sin\varphi)\left(\sin\theta\cos\varphi\frac{\partial}{\partial r}+\frac{\cos\theta\cos\varphi}{r}\frac{\partial}{\partial\theta}-\frac{\sin\varphi}{r\sin\theta}\frac{\partial}{\partial\varphi}\right)+\\
&\quad(\hat{\boldsymbol{e}}_r\sin\theta\sin\varphi+\hat{\boldsymbol{e}}_\theta\cos\theta\sin\varphi+\hat{\boldsymbol{e}}_\varphi\cos\varphi)\left(\sin\theta\sin\varphi\frac{\partial}{\partial r}+\frac{\cos\theta\sin\varphi}{r}\frac{\partial}{\partial\theta}+\frac{\cos\varphi}{r\sin\theta}\frac{\partial}{\partial\varphi}\right)+\\
&\quad(\hat{\boldsymbol{e}}_r\cos\theta-\hat{\boldsymbol{e}}_\theta\sin\theta)\left(\cos\theta\frac{\partial}{\partial r}-\frac{\sin\theta}{r}\frac{\partial}{\partial\theta}\right).
\end{aligned}
\tag{B8}
$$

将(B8)展开并化简,则得到球坐标系下的哈密顿算子

$$
\nabla=\hat{\boldsymbol{e}}_r\frac{\partial}{\partial r}+\hat{\boldsymbol{e}}_\theta\frac{1}{r}\frac{\partial}{\partial\theta}+\hat{\boldsymbol{e}}_\varphi\frac{1}{r\sin\theta}\frac{\partial}{\partial\varphi}.
\tag{B9}
$$

2. 球坐标系下的标量函数的梯度

将球坐标系下的哈密顿算子作用在标量函数 $u(r,\theta,\varphi)$ 上,则得到球坐标系下的标量函数的梯度

$$\nabla u=\frac{\partial u}{\partial r}\hat{\boldsymbol{e}}_r+\frac{1}{r}\frac{\partial u}{\partial \theta}\hat{\boldsymbol{e}}_\theta+\frac{1}{r\sin\theta}\frac{\partial u}{\partial \varphi}\hat{\boldsymbol{e}}_\varphi. \tag{B10}$$

3. 球坐标系下的矢量函数的散度

球坐标系下的矢量函数 $\boldsymbol{A}(r,\theta,\varphi)=A_r\hat{\boldsymbol{e}}_r+A_\theta\hat{\boldsymbol{e}}_\theta+A_\varphi\hat{\boldsymbol{e}}_\varphi$，将球坐标系下的哈密顿算子与矢量函数 $\boldsymbol{A}(r,\theta,\varphi)$ 进行点乘，可得

$$\begin{aligned}\nabla\cdot\boldsymbol{A}&=\left(\hat{\boldsymbol{e}}_r\frac{\partial}{\partial r}+\hat{\boldsymbol{e}}_\theta\frac{1}{r}\frac{\partial}{\partial\theta}+\hat{\boldsymbol{e}}_\varphi\frac{1}{r\sin\theta}\frac{\partial}{\partial\varphi}\right)\cdot\boldsymbol{A}\\&=\hat{\boldsymbol{e}}_r\cdot\frac{\partial}{\partial r}\boldsymbol{A}+\frac{1}{r}\hat{\boldsymbol{e}}_\theta\cdot\frac{\partial}{\partial\theta}\boldsymbol{A}+\frac{1}{r\sin\theta}\hat{\boldsymbol{e}}_\varphi\cdot\frac{\partial}{\partial\varphi}\boldsymbol{A}.\end{aligned} \tag{B11}$$

结合（B4）式，可得

$$\frac{\partial}{\partial r}\boldsymbol{A}=\frac{\partial}{\partial r}(A_r\hat{\boldsymbol{e}}_r+A_\theta\hat{\boldsymbol{e}}_\theta+A_\varphi\hat{\boldsymbol{e}}_\varphi)=\frac{\partial A_r}{\partial r}\hat{\boldsymbol{e}}_r+\frac{\partial A_\theta}{\partial r}\hat{\boldsymbol{e}}_\theta+\frac{\partial A_\varphi}{\partial r}\hat{\boldsymbol{e}}_\varphi. \tag{B12}$$

$$\begin{aligned}\frac{\partial}{\partial\theta}\boldsymbol{A}&=\frac{\partial}{\partial\theta}(A_r\hat{\boldsymbol{e}}_r+A_\theta\hat{\boldsymbol{e}}_\theta+A_\varphi\hat{\boldsymbol{e}}_\varphi)\\&=\frac{\partial A_r}{\partial\theta}\hat{\boldsymbol{e}}_r+A_r\hat{\boldsymbol{e}}_\theta+\frac{\partial A_\theta}{\partial\theta}\hat{\boldsymbol{e}}_\theta-A_\theta\hat{\boldsymbol{e}}_r+\frac{\partial A_\varphi}{\partial\theta}\hat{\boldsymbol{e}}_\varphi\\&=\left(\frac{\partial A_r}{\partial\theta}-A_\theta\right)\hat{\boldsymbol{e}}_r+\left(A_r+\frac{\partial A_\theta}{\partial\theta}\right)\hat{\boldsymbol{e}}_\theta+\frac{\partial A_\varphi}{\partial\theta}\hat{\boldsymbol{e}}_\varphi.\end{aligned} \tag{B13}$$

$$\begin{aligned}\frac{\partial}{\partial\varphi}\boldsymbol{A}&=\frac{\partial}{\partial\varphi}(A_r\hat{\boldsymbol{e}}_r+A_\theta\hat{\boldsymbol{e}}_\theta+A_\varphi\hat{\boldsymbol{e}}_\varphi)\\&=\frac{\partial A_r}{\partial\varphi}\hat{\boldsymbol{e}}_r+A_r\sin\theta\hat{\boldsymbol{e}}_\varphi+\frac{\partial A_\theta}{\partial\varphi}\hat{\boldsymbol{e}}_\theta+A_\theta\cos\theta\hat{\boldsymbol{e}}_\varphi+\frac{\partial A_\varphi}{\partial\varphi}\hat{\boldsymbol{e}}_\varphi-A_\varphi\sin\theta\hat{\boldsymbol{e}}_r-A_\varphi\cos\theta\hat{\boldsymbol{e}}_\theta\\&=\left(\frac{\partial A_r}{\partial\varphi}-A_\varphi\sin\theta\right)\hat{\boldsymbol{e}}_r+\left(\frac{\partial A_\theta}{\partial\varphi}-A_\varphi\cos\theta\right)\hat{\boldsymbol{e}}_\theta+\left(A_r\sin\theta+A_\theta\cos\theta+\frac{\partial A_\varphi}{\partial\varphi}\right)\hat{\boldsymbol{e}}_\varphi.\end{aligned} \tag{B14}$$

将（B12）式—（B14）式代入（B11）式，则得到球坐标系下的矢量函数的散度

$$\begin{aligned}\nabla\cdot\boldsymbol{A}&=\frac{\partial A_r}{\partial r}+\frac{2}{r}A_r+\frac{1}{r}\frac{\partial A_\theta}{\partial\theta}+\frac{A_\theta}{r\sin\theta}\cos\theta+\frac{1}{r\sin\theta}\frac{\partial A_\varphi}{\partial\varphi}\\&=\frac{1}{r^2}\frac{\partial}{\partial r}(r^2A_r)+\frac{1}{r\sin\theta}\frac{\partial}{\partial\theta}(\sin\theta A_\theta)+\frac{1}{r\sin\theta}\frac{\partial A_\varphi}{\partial\varphi}.\end{aligned} \tag{B15}$$

4. 球坐标系下矢量函数的旋度

将球坐标系下的哈密顿算子与矢量函数 $\boldsymbol{A}(r,\theta,\varphi)$ 进行叉乘，可得

$$\begin{aligned}\nabla\times\boldsymbol{A}&=\left(\hat{\boldsymbol{e}}_r\frac{\partial}{\partial r}+\hat{\boldsymbol{e}}_\theta\frac{1}{r}\frac{\partial}{\partial\theta}+\hat{\boldsymbol{e}}_\varphi\frac{1}{r\sin\theta}\frac{\partial}{\partial\varphi}\right)\times\boldsymbol{A}\\&=\hat{\boldsymbol{e}}_r\times\frac{\partial}{\partial r}\boldsymbol{A}+\frac{1}{r}\hat{\boldsymbol{e}}_\theta\times\frac{\partial}{\partial\theta}\boldsymbol{A}+\frac{1}{r\sin\theta}\hat{\boldsymbol{e}}_\varphi\times\frac{\partial}{\partial\varphi}\boldsymbol{A}.\end{aligned} \tag{B16}$$

将（B12）式—（B14）式代入（B16）式，可得

$$\nabla\times\boldsymbol{A}=\frac{\partial A_\theta}{\partial r}\hat{\boldsymbol{e}}_\varphi-\frac{\partial A_\varphi}{\partial r}\hat{\boldsymbol{e}}_\theta-\frac{1}{r}\frac{\partial A_r}{\partial\theta}\hat{\boldsymbol{e}}_\varphi+\frac{A_\theta}{r}\hat{\boldsymbol{e}}_\varphi+\frac{1}{r}\frac{\partial A_\varphi}{\partial\theta}\hat{\boldsymbol{e}}_r+$$
$$\frac{1}{r\sin\theta}\frac{\partial A_r}{\partial\varphi}\hat{\boldsymbol{e}}_\theta-\frac{A_\varphi}{r}\hat{\boldsymbol{e}}_\theta-\frac{1}{r\sin\theta}\frac{\partial A_\theta}{\partial\varphi}\hat{\boldsymbol{e}}_r+\frac{A_\varphi}{r\sin\theta}\cos\theta\hat{\boldsymbol{e}}_r$$
$$=\left(\frac{1}{r}\frac{\partial A_\varphi}{\partial\theta}+\frac{A_\varphi}{r\sin\theta}\cos\theta-\frac{1}{r\sin\theta}\frac{\partial A_\theta}{\partial\varphi}\right)\hat{\boldsymbol{e}}_r+\left(\frac{1}{r\sin\theta}\frac{\partial A_r}{\partial\varphi}-\frac{\partial A_\varphi}{\partial r}-\frac{A_\varphi}{r}\right)\hat{\boldsymbol{e}}_\theta+$$
$$\left(\frac{\partial A_\theta}{\partial r}+\frac{A_\theta}{r}-\frac{1}{r}\frac{\partial A_r}{\partial\theta}\right)\hat{\boldsymbol{e}}_\varphi. \tag{B17}$$

进一步合并上式中的部分项,则得到球坐标系下的矢量函数的旋度

$$\nabla\times\boldsymbol{A}=\left(\frac{1}{r\sin\theta}\frac{\partial(\sin\theta A_\varphi)}{\partial\theta}-\frac{1}{r\sin\theta}\frac{\partial A_\theta}{\partial\varphi}\right)\hat{\boldsymbol{e}}_r+$$
$$\left(\frac{1}{r\sin\theta}\frac{\partial A_r}{\partial\varphi}-\frac{1}{r}\frac{\partial(rA_\varphi)}{\partial r}\right)\hat{\boldsymbol{e}}_\theta+\left(\frac{1}{r}\frac{\partial(rA_\theta)}{\partial r}-\frac{1}{r}\frac{\partial A_r}{\partial\theta}\right)\hat{\boldsymbol{e}}_\varphi$$
$$=\begin{vmatrix}\dfrac{1}{r^2\sin\theta}\hat{\boldsymbol{e}}_r & \dfrac{1}{r\sin\theta}\hat{\boldsymbol{e}}_\theta & \dfrac{1}{r}\hat{\boldsymbol{e}}_\varphi\\ \dfrac{\partial}{\partial r} & \dfrac{\partial}{\partial\theta} & \dfrac{\partial}{\partial\varphi}\\ A_r & rA_\theta & r\sin\theta A_\varphi\end{vmatrix}. \tag{B18}$$

5. 球坐标系下的拉普拉斯算子

$$\nabla^2=\nabla\cdot\nabla=\left(\hat{\boldsymbol{e}}_r\frac{\partial}{\partial r}+\hat{\boldsymbol{e}}_\theta\frac{1}{r}\frac{\partial}{\partial\theta}+\hat{\boldsymbol{e}}_\varphi\frac{1}{r\sin\theta}\frac{\partial}{\partial\varphi}\right)\cdot\left(\hat{\boldsymbol{e}}_r\frac{\partial}{\partial r}+\hat{\boldsymbol{e}}_\theta\frac{1}{r}\frac{\partial}{\partial\theta}+\hat{\boldsymbol{e}}_\varphi\frac{1}{r\sin\theta}\frac{\partial}{\partial\varphi}\right)$$
$$=\hat{\boldsymbol{e}}_r\cdot\frac{\partial}{\partial r}\left(\hat{\boldsymbol{e}}_r\frac{\partial}{\partial r}+\hat{\boldsymbol{e}}_\theta\frac{1}{r}\frac{\partial}{\partial\theta}+\hat{\boldsymbol{e}}_\varphi\frac{1}{r\sin\theta}\frac{\partial}{\partial\varphi}\right)+\frac{1}{r}\hat{\boldsymbol{e}}_\theta\cdot\frac{\partial}{\partial\theta}\left(\hat{\boldsymbol{e}}_r\frac{\partial}{\partial r}+\hat{\boldsymbol{e}}_\theta\frac{1}{r}\frac{\partial}{\partial\theta}+\hat{\boldsymbol{e}}_\varphi\frac{1}{r\sin\theta}\frac{\partial}{\partial\varphi}\right)+$$
$$\frac{1}{r\sin\theta}\hat{\boldsymbol{e}}_\varphi\cdot\frac{\partial}{\partial\varphi}\left(\hat{\boldsymbol{e}}_r\frac{\partial}{\partial r}+\hat{\boldsymbol{e}}_\theta\frac{1}{r}\frac{\partial}{\partial\theta}+\hat{\boldsymbol{e}}_\varphi\frac{1}{r\sin\theta}\frac{\partial}{\partial\varphi}\right). \tag{B19}$$

将(B16)式展开,并结合(B4)式,则得到球坐标系下的拉普拉斯算子

$$\nabla^2=\frac{1}{r^2}\frac{\partial}{\partial r}\left(r^2\frac{\partial}{\partial r}\right)+\frac{1}{r^2\sin\theta}\frac{\partial}{\partial\theta}\left(\sin\theta\frac{\partial}{\partial\theta}\right)+\frac{1}{r^2\sin^2\theta}\frac{\partial^2}{\partial\varphi^2}. \tag{B20}$$

参 考 书 目